# Lecture Notes in Physics

Edited by H. Araki, Kyoto, J. Ehlers, München, K. Hepp, Zürich
R. Kippenhahn, München, D. Ruelle, Bures-sur-Yvette
H.A. Weidenmüller, Heidelberg, J. Wess, Karlsruhe and J. Zittartz, Köln

Managing Editor: W. Beiglböck

326



A. Grauel

# Feldtheoretische Beschreibung der Thermodynamik für Grenzflächen

Springer-Verlag Berlin Heidelberg GmbH

**Autor**

Adolf Grauel
Abteilung für Theoretische Physik, Naturwissenschaftliches
und Medizinisches Institut an der Universität Tübingen
Gustav-Werner-Straße 3, D-7410 Reutlingen
und
Universität Paderborn
Warburger Straße 100, D-4790 Paderborn

ISBN 978-3-662-13758-1 ISBN 978-3-540-46111-1 (eBook)
DOI 10.1007/978-3-540-46111-1



2158/3140-543210 – Printed on acid-free paper

Zusammenfassung

Es wird eine Thermodynamik und Transporttheorie im Rahmen einer feldtheoretischen Beschreibung vorgeschlagen. Dazu wird ein Konzept für eine Thermodynamik mit Materie belegter Grenzfläche entwickelt, bei der explizit die Materie in der Grenzfläche und die Grenzflächeneigenschaften berücksichtigt werden. Bilanzgleichungen für semipermeable Grenzbereiche mit Materie werden hergeleitet,im Limes verschwindender Grenzbereichsdicke erhalten wir Bilanzgleichungen für eine semipermeable Grenzfläche. Die Materialeigenschaften der Grenzfläche werden durch konstitutive Gleichungen charakterisiert, die zusammen mit den Bilanzgleichungen einen Satz von Feldgleichungen ergeben. Es werden konstitutive Gleichungen für eine viskose Flüssigkeit in der Grenzfläche und eine nichtviskose, chemisch reagierende Flüssigkeitsmischung in der Grenzfläche aufgestellt. Die konstitutiven Gleichungen werden durch kinematische Prinzipien (Transformationseigenschaften) und durch eine Entropie-Ungleichung (Ungleichung mit Nebenbedingungen) eingeschränkt. Aus der Entropie-Ungleichung folgen weiterhin alle thermodynamischen Gesetze für eine Grenzfläche. Darüber hinaus werden Einschränkungen für die Koeffizienten in den aufgestellten Transportgesetzen diskutiert, die aus der Entropie-Ungleichung folgen. Die aufgestellten Feldgleichungen können angewandt werden auf fluide Filme, Flüssigkeits-Membranen, Grenzschichten etc. mit der Möglichkeit von Materie-, Wärme- und Impulsaustausch mit angrenzenden Medien. Weiterhin ist zugelassen, daß die Grenzschicht semipermeabel ist und chemische Reaktionen in der Grenzschicht ablaufen können. Die Theorie kann ebenfalls auf polarisierbare Flüssigkeiten und polare Medien in Grenzschichten angewendet werden. Im Limes Grenzschichtdicke gegen Null erhalten wir exakte Feldgleichungen für Phasengrenzflächen. Es können damit Phasengrenzflächen, wie z.B. diejenigen zwischen $He^3$ und $He^4$ (supraflüssig) untersucht werden und auch sich zeitlich verändernde und gekrümmte Phasengrenzflächen, wozu die differentialgeometrischen Relationen zeitabhängig eingeführt wurden. In einem einführenden Beispiel wurde die dissipative Strukturbildung an einer Phasengrenzfläche (Marangoni-Effekt) untersucht. Mathematisch gesprochen, repräsentieren die hergeleiteten Gleichungen einen vollständigen Satz von Randbedingungen.

Inhaltsverzeichnis

Danksagung

Herrn Professor Dr. J. Schröter danke ich herzlich für sein stetiges Interesse an dieser Arbeit. Viel konnte ich auch von seinen kritischen Bemerkungen und aus Diskussionen lernen, die zum Gelingen dieser Arbeit beitrugen.

Herrn Professor Dr. K.H. Anthony danke ich herzlich für kritische und wertvolle Anmerkungen, die zur Verbesserung dieser Arbeit beitrugen.

Meiner Frau danke ich für die ausgeführte Tipparbeit der Schrift, verbliebene Fehler gehen ausschließlich zu meinen Lasten.

# I. Einleitung

Aus der experimentellen Erfahrung wissen wir, daß die biologische Materie keine Festkörpereigenschaften besitzt, sie hat ein flüssigkeitsähnliches Verhalten. Weiterhin ist bekannt, daß biologische Membranen eine sehr geringe Dicke gegenüber ihren äußeren Abmessungen besitzen. Elektronenoptische Aufnahmen von biologischen Membranen zeigen eine glatte Kontur der Oberfläche.

Das motiviert uns eine Membran als eine zwei-dimensionale Flüssigkeit zu betrachten und nicht als ein zwei-dimensionales Gitter [1,2]. Da die Membranen im allgemeinen gekrümmt sind und eine geschlossene Oberfläche besitzen, ist in diesem Modell eine Flüssigkeit bzw. eine Flüssigkeitsmischung auf einer geschlossenen Fläche zu verteilen und deshalb sprechen wir von einer Flüssigkeits-Membran, repräsentiert durch eine zweidimensionale Flüssigkeit. Diese zwei-dimensionale Flüssigkeit besitzt eine mechanische Steifigkeit, die durch die Oberflächenspannung oder Grenzflächenspannung gegeben ist. An solchen Grenzflächen können Unstetigkeiten der physikalischen Größen und Felder, wie z.B. das Temperaturfeld oder das Geschwindigkeitsfeld auftreten und Prozesse irreversibel und temperaturabhängig ablaufen. Weiterhin ist zu beachten, daß chemische Reaktionen an diesen Grenzflächen auftreten können, die einen Massentransport durch die Membran stimulieren können und hydrodynamische Instabilitäten bewirken können. Jede biologische Zelle ist von einer Membran umgeben, die ihrerseits das extrazelluläre Medium von dem intrazellulären Medium trennt und mit diesen in Materieaustausch steht. Dabei ist der Transport von Materie in Form von Molekülen, Atomen, Elektronen oder Ionen durch die Membran wichtig, da er entscheidet, ob eine Zelle aushungert bis zum Absterben oder ob sich ein stationärer Zustand einstellen kann. In anderen Worten, die zwei-dimensionale Flüssigkeit in der Grenzfläche als Membranmodell, muß für Materie permeabel sein.

Nach diesen Vorbemerkungen liegt die Frage nahe, wie wir im Rahmen der Thermodynamik und Transporttheorie die angesprochene Problematik behandeln können. Das Problem,Thermodynamik an Grenzflächen,ist nicht neu, es ist bisher mit mehr oder weniger Erfolg, gemessen an der Brauchbarkeit der Resultate, bearbeitet worden. In einer Arbeit Waldmann [3] wurde eine Grenzfläche bestehend aus zwei nichtmischbaren Flüssigkeiten untersucht. Für diese Grenzfläche wurde angenommen, daß sie keine Massendichte, Impulsdichte, Drehimpulsdichte, Energiedichte und Entropiedichte besitzt und für Flüsse von diesen Größen, ausgenommen der Massenfluß, permeabel sei.

Diese Beschreibung ist für unser Vorhaben wenig geeignet, da keine physikalischen Eigenschaften der Grenzfläche berücksichtigt werden. Die aufgestellten Bilanzgleichungen sind Bilanzgleichungen für die physikalischen Größen in den Volumina, die an die Grenzfläche angrenzen. Eine Erweiterung dieses Systems auf zwei nichtmischbaren Flüssigkeiten, haben Bedeaux, Albano und Mazur [4] vorgenommen, indem sie eine singuläre Energiedichte, Wärmeströme und Impulsflüsse an der Grenzfläche zugelassen haben. Es wird eine Gibbssche Gleichung für die Grenzfläche angeschrieben,ohne diese zu begründen. Insbesondere wird nicht gesagt, wo Krümmungseigenschaften der Grenzfläche eingehen und von welchen Variablen, z.B. die Grenzflächenentropie abhängt. Hier setzt unsere Kritik ein, die Gibbs'sche Gleichung für die Grenzfläche und andere thermodynamische Relationen, können wir nicht einfach aus der Thermodynamik für Volumenbereiche übernehmen. Die Gibbssche Gleichung für eine Grenzfläche muß aus einer Thermodynamik folgen, die die spezifischen Eigenschaften der Grenzfläche berücksichtigt. Ich schlage deshalb eine Beschreibung der Thermodynamik für Grenzflächen auf feldtheoretischer Grundlage vor. Dazu werden Bi -

lanzgleichungen an der Grenzfläche aufgestellt und konstitutive Gleichungen begründet. Die Bilanzgleichungen zusammen mit den konstitutiven Gleichungen ergeben einen Satz von Feldgleichungen für die thermodynamischen Felder an der Grenzfläche.

In Abschnitt II geben wir zunächst eine Einführung in die Physik der biologischen Materie, wie sie in den Membranen vorkommt und begründen, wie wir das Gleichungssystem an das Membranproblem anpassen. Da wir beliebig gekrümmte Flächen und Grenzbereiche behandeln, die sich gegenüber einem Beobachtersystem im Raum bewegen können, geben wir in Abschnitt III eine kurze Einführung in die Differentialgeometrie bewegter Flächen. Hier wird nur das Rüstzeug an Differentialgeometrie zusammengestellt, was in den Lehrbüchern über dieses Gebiet fehlt, nämlich eine Geometrie bewegter Flächen. Speziell dient dieser Abschnitt zur Vorbereitung des Abschnittes IV. Dort wird ein Transporttheorem für permeable Grenzbereiche aufgestellt. Wir diskutieren Bilanzgleichungen für eine Flüssigkeitsmischung in einem semipermeablen Grenzbereich. Im Limes verschwindender Grenzbereichsdicke erhalten wir Bilanzgleichungen für semipermeable Grenzflächen. In Kapitel V entwickeln wir eine Materialtheorie für die mit einer Massendichte, Impulsdichte, Energiedichte und Entropiedichte belegten, semipermeablen Fläche. Wir begründen konstitutive Gleichungen für eine viskose Flüssigkeit in der Grenzfläche und wir diskutieren konstitutive Gleichungen für eine nichtviskose, chemisch reagierende Flüssigkeitsmischung. In einem letzten Abschnitt VI diskutieren wir eine Grenzfläche zwischen zwei nichtmischbaren Flüssigkeiten.

## II Problematik und Motivation

### 2.1 Einführung in die Physik der biologischen Materie

Biologische Materie ist ziemlich kompliziert in ihrem Aufbau. Von einem biologischen Festkörper werden wir nur in beschränktem Umfang reden können. Die biologische Materie besitzt weder reine Flüssigkeitseigenschaften noch reine Festkörpereigenschaften. Der biologischen Materie fehlt vollständig die regelmäßige Anordnung von Molekülen in den drei Raumrichtungen, wie wir dieses als selbstverständlich bei den Molekül - kristallen annehmen. Dafür besitzt die biologische Materie eine gewisse Ordnung, genannt Ausrichtung in einer Schichtung. Wir betrachten im folgenden biologische Materie wie sie, z.B. in biologischen Membranen organisiert ist. Es gilt als experimentell gesichert, daß die lebende Zelle von ihrer Umgebung, durch eine geordnete Schicht von Molekülen, physikalisch getrennt ist. Diese geordnete Schicht von Molekülen um die lebende Zelle besitzt unser wissenschaftliches Interesse. Wir werden deshalb die biologische Materie, die hier als eine geordnete Schicht von Molekülen vorliegt, genau untersuchen müssen, um eine biologische Membran mathematisch modellieren zu können und um Aussagen über die Materialeigenschaften, die Transporteigenschaften, die Stabilität etc. machen zu können. Elektronenoptische Aufnahmen von Zell-Membranen zeigen eine trilaminare Struktur, zwei parallele,dunkle Linien,getrennt durch einen hellen Zwischenraum,umschließen die Zelle bzw.den Zellkern(Fig.2.1).In diesem Bereich zwischen den dunklen Linien befindet sich eine geordnete Doppelschicht von Molekülen. Bei verschiedenen Beobachtungen stellt man fest, daß die meisten Zellorganellen durch eine ähnliche Struktur be - grenzt sind. Eine erste Deutung dieser beobachteten Struktur stammt von Gorter/Grendel [5], die annahmen, daß die Zellen mit einer doppelten Lipid-Schicht umgeben sind. Da eine Lipid-Schicht auf Wasser eine Orientierung besitzt, wie Fig.2.2 zeigt, die Schicht an der Berandung der Zelle aber zu beiden Seiten an Wasser grenzt, deduzierten Gorter und Grendel, daß die molekularen Einzelschichten in entgegengesetzter Richtung orientiert sein müssen. Dieses bedeutet, daß die hydrophilen Köpfe der Lipide dem Wasser zugewandt sein müssen, ihre hydrophoben Kohlenwasserstoffketten (siehe Fig.2.3) einander zugekehrt sein müssen, was den hellen Zwischenraum in Fig. 2.1 erklärt.

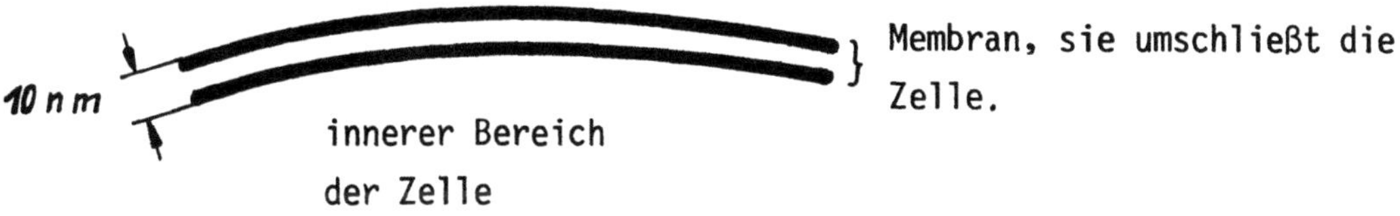


Fig.2.1

Aus dieser Beobachtung ist erkennbar, daß innerhalb der Lipid-Doppel - schicht eine Richtungsorientierung, wie in Fig. 2.4 gezeigt, gegeben ist. Dieses Modell ist mehrfach experimentell bestätigt worden und hat sich in der Grundstruktur als richtig herausgestellt [6] . Die unterschiedliche Auffassung der heutigen, zu den früheren Doppelschichtanordnungen, ist durch die Anordnung der Membranproteine gegeben. Die früheren Modelle nahmen an, daß die Proteine filmartig an der Oberfläche der Lipid-Doppelschicht angelagert sind. Die heutige Erkenntnis ist, daß neben dieser filmartigen Anlagerung, auch Proteine die ganze Lipid-Doppelschicht durchsetzen können. Damit ist vorstellbar, daß die Proteine mit den Kohlenwasserstoffketten in Wechselbeziehung stehen und daß zwischen den Proteinen, die die Dicke der Membran durchsetzen können, auch Kanäle entstehen können. Weiterhin wird heute akzeptiert, daß die Lipid-Doppelschicht als eine zwei-dimensionale Flüssigkeit betrachtet werden kann, die elastische Eigenschaften besitzt [2] .

Das schematische Bild in Fig.2.4 mit der Richtungsorientierung regt an, nach ähnlichen Strukturen in der Physik zu suchen. Wir finden solche Strukturen bei den smektischen Flüssigkristallen [8] , allerdings mit einem Unterschied zu den flüssigkristallinen Strukturen in biologischen Membranen. Lipide mit ihren polaren Köpfen besitzen eine starke Wechselwirkung mit Wasser, dadurch sind Lipidverbindungen in beliebigem Verhältnis mit Wasser mischbar, es kommt zu flüssigkristallinen Phasen [7], genannt lyotroper Polymorphismus. Damit mögen die lyotropen flüssigkristallinen Strukturen genügend gegenüber den smektischen Flüssigkristallen abgegrenzt sein.

## 2.2 Funktion und Eigenschaften von biologischen Membranen

Die wesentlichen Bestandteile der biologischen Membranen (Fig.2.5) sind die Lipide und die Proteine, wobei der Volumenanteil von Proteinen annähernd gleich dem der Lipide sein kann. Die Proteine existieren als Transportproteine, Enzymproteine und Strukturproteine. Heute wird angenommen, daß den Wechselwirkungen zwischen den Proteinen untereinander sowie den Proteinen mit den Lipiden eine entscheidende Bedeutung für die Wirksamkeit der Transport- und Enzymproteine zukommt [9].

Die Funktion der Membran ist, verschiedene Raumbereiche voneinander abzugrenzen, so daß innerhalb der Begrenzung Prozesse ablaufen können , bei begrenzter Störung durch die äußere Umgebung. Die Zelle ist von einer äußeren Membran umgeben, der Plasmamembran (Fig.2.6). Innerhalb der Zelle finden wir weitere Untereinheiten, die ebenfalls, jeweils von einer Membran umgeben sind. Es ist klar, daß wir einerseits von der äußeren Membran gewisse mechanische Eigenschaften (Elastizität etc.) ver -

langen müssen, um den Zusammenhalt der Zelle zu garantieren. Andererseits muß die Membran gewisse Permeabilitätseigenschaften besitzen, da die richtige Versorgung der Zelle mit Nährstoffen einer wichtigen Rolle zukommt. Denn die Versorgung der Zelle durch die Membran entscheidet , ob es zu einem Wachsen der Zelle kommt, zu einem stationären Zustand oder bei geringer Nährstoffzufuhr zu einem Absterben der Zelle kommt . Diese Versorgung ist aber ganz eng mit der Permselektivität,d.h. für die Membran für gewisse Stoffe durchlässig zu sein und für andere Stoffe undurchlässig zu sein, d.h. letztlich auch mit den Transporteigenschaften an der Membran verknüpft. Veränderungen der Transporteigenschaften bringen auch eine Veränderung in der Versorgung der Zelle mit sich. Kurzum: Die Membran hat die Eigenschaft,gewisse Stoffe aus dem extrazellulären Bereich in den intrazellulären Bereich durchzulassen und umgekehrt Schadstoffe in der Zelle durch die Membran zu lassen.

Wir verstehen jetzt unter Stofftransport durch die Membran, den Transport einer Substanz durch die Membran, z.B. von dem extrazellulären Raum in den intrazellulären Raum oder umgekehrt. Dieser Transport ist eine Diffusion von Materie, wobei die treibenden Kräfte, Konzentrationsunterschiede, Druckunterschiede zu beiden Seiten der Membran darstellen oder Transport von geladenen Teilchen in elektrischen Feldern an und in der Membran. Diese Erscheinungen nennen wir passiven Transport im Gegensatz zu den Erscheinungen des aktiven Transportes. Existiert in der Membran eine energieliefernde Reaktion, so kann ein Transport durch die Membran ohne äußere Konzentrationsunterschiede etc. auftreten. Dieser Transport wird aktiver Transport genannt, eine präzisere Definition ist in [11,12] gegeben.

Die äußere Form der Membran repräsentiert sich durch eine kugelige Oberfläche, flache Säckchen und Röhrchen. Bei der Modellierung einer

Membran müssen wir deshalb eine beliebige Krümmung der Oberfläche zulassen.

Für diese Charakterisierung einer Membran als eine zwei-dimensionale Flüssigkeit, die in Materieaustausch mit der Umgebung steht, schlage ich ein neues Konzept auf feldtheoretischer Grundlage vor. Dieses Konzept hat als Grundlage eine semipermeable Grenzfläche, die eine mechanische Steifigkeit besitzt und die weiterhin eine Massendichte, eine Impuls - dichte, eine Energiedichte und eine Entropiedichte besitzt. Weiterhin lassen wir zu, daß an der Grenzfläche chemische Reaktionen ablaufen können. Diese Grenzfläche, die mit ihrer Umgebung in Wärme- und Materieaustausch steht, wird im Rahmen einer kontinuumstheoretischen Betrachtung, im Rahmen der Thermodynamik behandelt. Im Rahmen dieser Betrachtung werden Materialgleichungen für die Grenzfläche und Transporteigenschaften an dieser Grenzfläche als Membranmodell behandelt. In einer ersten Durchrechnung berücksichtigen wir nicht die polare Struktur der lyotropen Membranmaterie. Aus der Diskussion wird deutlich werden, daß dieses Konzept geeignet ist, auch die polare Struktur der lyotropen Materie einzubeziehen, mit dem Ziel, biologische Materie in Membranen und das Transportgeschehen möglichst präzise beschreiben zu können.

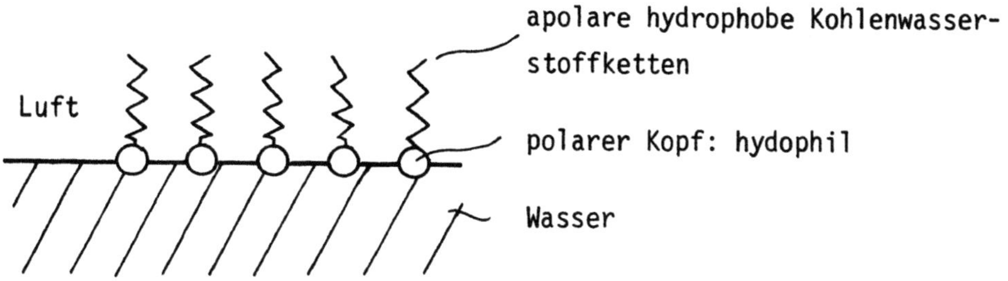


<u>Fig.2.2</u> Lipidschicht auf Wasser. Der polare Kopf des Phospholipidmoleküls ist hydrophil und befindet sich an der Wasseroberfläche, wobei die apolare hydrophobe Kohlenwasserstoffketten aus dem Wasser herausragen. Der polare Kopf und die Kohlenwasserstoffketten sind in Fig.2.3 dargestellt.

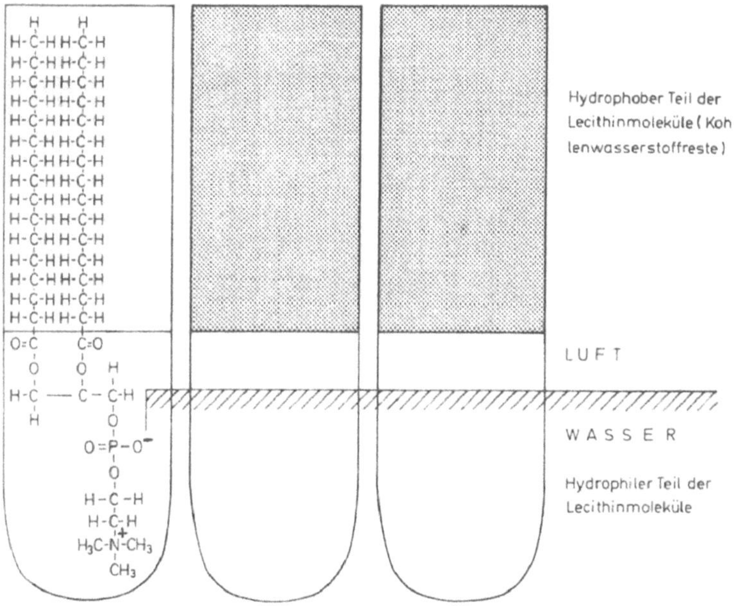


<u>Fig.2.2a</u> Film von Lecithinmolekülen an der Grenzfläche Wasser/Luft (entnommen: A.Holldorf/E.Förster: Die Zelle, Wiss.Verlags-Gesellschaft, Stuttgart 1971).

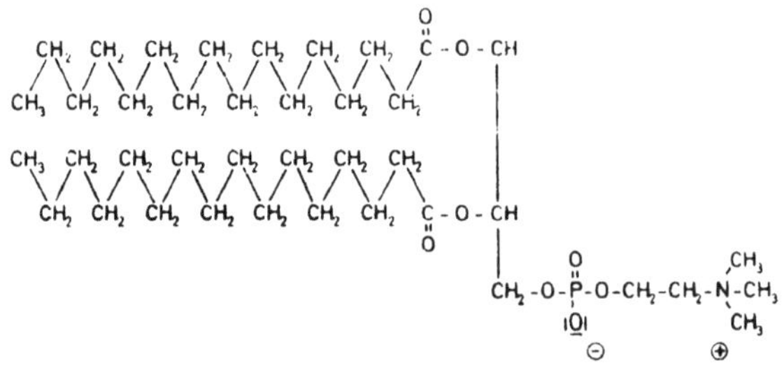

Fig.2.3 zeigt ein Phospholipidmolekül entnommen aus [7].

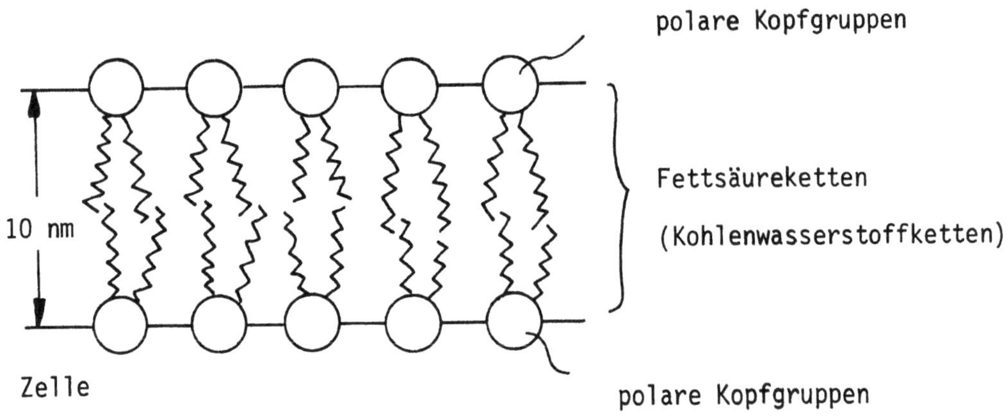


Fig.2.4 Schematisches Bild der Lipid-Doppelschicht, mit der die Zelle umgeben ist.

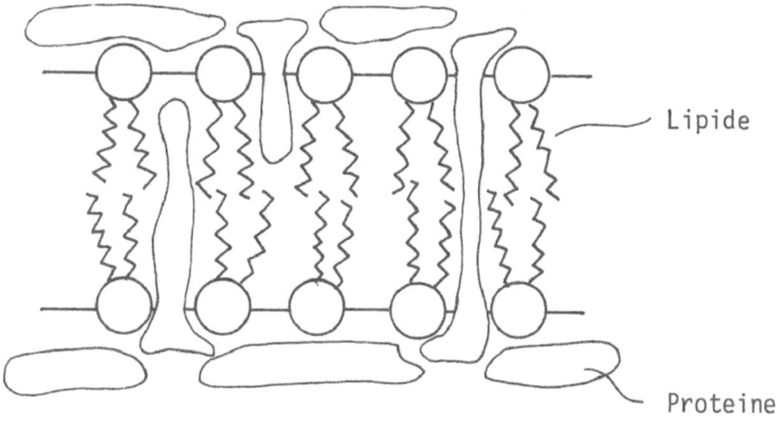


Fig.2.5 Aufbau einer Membran aus Lipiden und Proteinen.

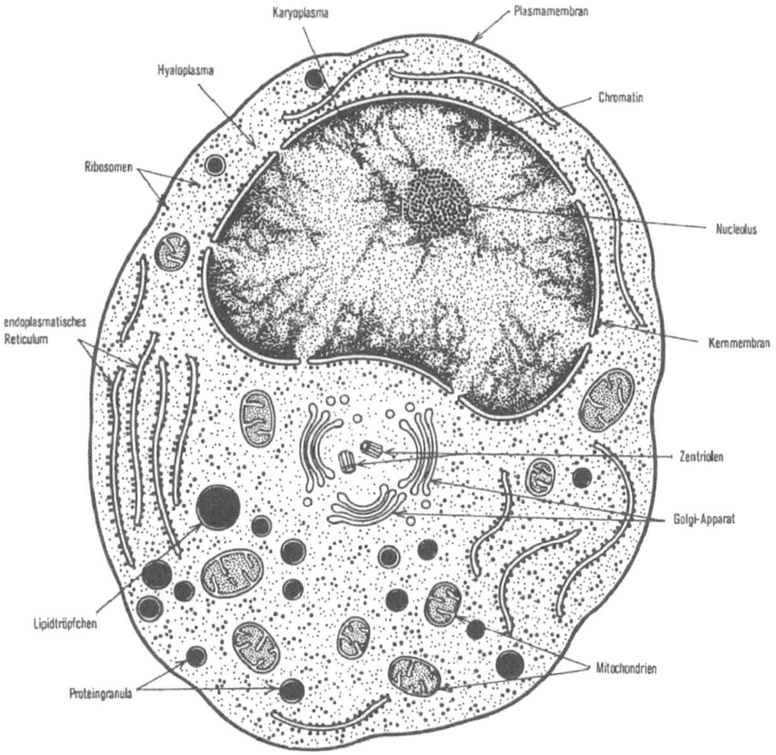


Fig.2.6 Allgemeine Organisation einer Zelle (entnommen aus [10]). Die Plasmamembran umgibt die Zelle. Innerhalb der Zelle existieren kleinere Einheiten, wie z.B. die Mitochondrien, Hohlräume des endoplasmatischen Reticulums und der Golgi-Apparat.

## III Preliminarien zur Kinematik von Flächen

### 3.1 Vorbemerkung

Dieser Abschnitt dient zur Vorbereitung der kontinuumstheoretischen Betrachtungen, die wir für die Aufstellung von Bilanzgleichungen an Grenzschichten und an Grenzflächen in Abschnitt IV benötigen sowie für die Definition von Feldern, wie z.B. das Geschwindigkeitsfeld in einer Grenzschicht und an den Grenzflächen.

Will man an Grenzflächen bzw. Grenzbereichen physikalische Vorgänge beschreiben, so ist eine saubere Begriffsanalyse und eine eindeutige mathematische Begriffsbildung der verwendeten Koordinatensysteme notwendig.

Das physikalische Gebilde Grenzbereich ist ein drei-dimensionaler Bereich, bei dem die Ausdehnung in einer Koordinatenrichtung sehr klein ist, verglichen zu der Ausdehnung in den beiden anderen Koordinatenrichtungen und der im Limes $\varepsilon \to 0$ ($\varepsilon$ ist die Dicke des Grenzbereiches) zu einer Grenzfläche wird. Den drei-dimensionalen Grenzbereich bzw. die Grenzfläche, die wir als einen zwei-dimensionalen Bereich betrachten, seien Bereiche mit kontinuierlicher Massenverteilung und wir wollen solche Bereiche als ein drei- bzw. zwei-dimensionales Kontinuum betrachten. Durch diese Betrachtung ist es möglich, Marken an jeder beliebigen Stelle anzubringen, die Marken können direkt am Material angebracht werden. Nehmen wir an, daß bei einer Bewegung oder Deformation die Bereiche zusammenhängende Bereiche bleiben sollen, dann ermöglicht uns diese Annahme einen eindeutigen Zusammenhang zwischen einem äußeren Beobachtersystem und den Marken, an denen wir uns ein Koordinatensystem, genannt materielles Koordinatensystem, befestigt denken. Diese materiellen Koordinaten auch innere Koordinaten genannt, werden auch als Namen für Teilchen benutzt.

Wenn wir im folgenden von Teilchen sprechen, dann sind das in unserer Vorstellung kleine Volumenelemente mit materiellen Koordinaten und im Falle einer mit Masse belegten Fläche wären diese dann sinngemäß kleine Flächenelemente. Bei einer Deformation des Bereiches wird das materielle Koordinatensystem substanziell mitgeführt.

Im Abschnitt 3.1 begründen wir physikalisch unser Vorgehen, für die in Abschnitt II dargelegten Probleme, einer kontinuumstheoretischen Beschreibung. Es geht dabei auch darum zu zeigen, daß durch die Feldtheorie, die in den folgenden Abschnitten genau begründet wird, eine optimale Anpassung erreicht werden kann. Dazu ist eine präzise Begriffsanalyse der Kinematik von nicht materiell belegten Flächen im Abschnitt 3.2 und der Bewegung von Flächen mit Materieverteilung Abschnitt 3.3 erforderlich. Das Studium der Kinematik erfolgt ohne jede Verbindung zu einer Bewegung von Materie. Typische Deformationsmaße der Kontinuumstheorie sind damit noch nicht definierbar, sie werden an Flächen mit Materieverteilung begründet. Wir führen materielle Koordinaten ein, die in Relation zu einem äußeren Koordinatensystem (Referenzsystem) beurteilt werden. Der Abschnitt 3.4 knüpft an die Überlegungen des Abschnittes 3.2 an, dort erklären wir analytisch eine Parallelabbildung.

## 3.2 Kinematik von nichtmateriellen Flächen

Das wichtigste mathematische Hilfsmittel in diesem Abschnitt stellt die Differentialgeometrie und die Tensoranalysis dar. Diese Gebiete sind in der Mathematik weit entwickelt, so daß wir bei allgemeinen Bemerkungen auf die Literatur zurückgreifen können. Allerdings ist zu bemerken, daß in der Mathematik die differentialgeometrischen Überlegungen zeitunabhängig durchgeführt werden, die Zeit tritt gelegentlich als mathematischer

Parameter auf. Darstellungen der Geometrie die die Zeit berücksichtigen, werden hier nicht vorausgesetzt, wir werden diese Geometrie für unsere Zwecke aufbereiten und zusammenstellen. Neues wird ausführlich besprochen, Bekanntes mit Literaturangaben belegt.

### 3.2.1 Preliminarien zur zeitabhängigen Differentialgeometrie

Die hier zu besprechenden Gegenstände sind geometrische Objekte, die koordinatisiert werden. Einige der definierten Größen werden später als geometrische Felder oder Feldvariable in Erscheinung treten (siehe hierzu den Abschnitt über konstitutive Gleichungen).

Für die Gleichung einer Fläche $\Sigma(t)$ die sich im Raum gegenüber einem festgehaltenen Koordinatensystem $(x^1, x^2, x^3)$ im Verlaufe der Zeit bewegen soll, schreiben wir in vektorieller Form:

$$\underset{\sim}{r}(u^1, u^2, t) = \underset{\sim}{b}_i \, x^i(u^1, u^2, t) \,. \tag{3.1}$$

Hierbei ist $\underset{\sim}{r}$ ein Ortsvektor von Koordinatenursprung des Systems $(x^1, x^2, x^3)$ zu einem Raumpunkt $P$, der auf der Fläche liegt. $\underset{\sim}{b}_i = \{\underset{\sim}{b}_1, \underset{\sim}{b}_2, \underset{\sim}{b}_3\}$ sei eine Basis in dem rechtwicklig kartesischen Koordinatensystem $(x^1, x^2, x^3)$. Die Fläche selbst markieren wir durch ein Netz von Koordinatenlinien $u^1$ und $u^2$, es sind krummlinige Koordinaten,genannt Flächenkoordinaten der Fläche $\Sigma(t)$, die auch Gaußparameter der Fläche genannt werden.

Der Tangentialvektor $d\underset{\sim}{r}$ an der Stelle $P(u^1, u^2, t)$ in Richtung der Koordinatenlinie $u^1$ ist $d\underset{\sim}{r} = \frac{\partial \underset{\sim}{r}}{\partial u^1} du^1$ und entlang $u^2$ haben wir $d\underset{\sim}{r} = \frac{\partial \underset{\sim}{r}}{\partial u^2} du^2$. Dafür schreiben wir

$$d\underset{\sim}{r} = \frac{\partial \underset{\sim}{r}}{\partial u^B} du^B \,, \tag{3.2a}$$

wobei

$$\frac{\partial \underset{\sim}{r}}{\partial u^B} = \underset{\sim}{b}_i \frac{\partial x^i(u^A, t)}{\partial u^B} =: \underset{\sim}{a}_B \qquad (3.3)$$

definiert wird. Gl.(3.2a) in Komponentenschreibweise lautet:

$$dx^i = x^i_{,B}\, du^B \qquad (3.2b)$$

mit $x^i_{,B} := \frac{\partial x^i}{\partial u^B}$ , $i = \{1,2,3\}$ und $A,B = \{1,2\}$ . Die Größen $x^i_{,B}$ sind, wie der Suffix $i$ andeutet, räumliche Komponenten, die in der Tangentialebene durch $P(u^1, u^2, t)$ liegen und in Richtung der Koordinatenlinien $u^1$ und $u^2$ zeigen. Die Größen $\underset{\sim}{a}_B$ spannen in $P(u^1, u^2, t)$ eine Tangentialebene auf, sie bilden zusammen mit dem Normalenvektor $\underset{\sim}{e}$ auf der Fläche $\Sigma(t)$ eine normierte Basis

$$\underset{\sim}{a}_i = (\ \underset{\sim}{a}_A , \underset{\sim}{e}\ ) \ . \qquad (3.4)$$

Den Normalenvektor $\underset{\sim}{e}\,(u^1, u^2, t)$ senkrecht zur Tangentialebene durch $P(u^1, u^2, t)$ , siehe Fig. 3.1 , konstruieren wir mit Hilfe des äußeren Produktes, wir schreiben

$$\underset{\sim}{e} = \frac{\underset{\sim}{a}_1 \times \underset{\sim}{a}_2}{|\underset{\sim}{a}_1 \times \underset{\sim}{a}_2|} \ . \qquad (3.5a)$$

Die Komponentendarstellung des Normalenvektors $\underset{\sim}{e}$ , erhalten wir mit Hilfe der Größen $x^i_{,B}$ zu

$$e_i(u^1, u^2, t) = \frac{1}{2}\, \varepsilon^{AB}\, \varepsilon_{ijk}\, x^j_{,A}\, x^k_{,B} \ . \qquad (3.5b)$$

$\varepsilon_{ijk}$ ist ein antisymmetrischer Tensor des Raumes [13].

$\varepsilon^{AB}$ ist ein antisymmetrischer Flächentensor, er ist definiert durch:

$$\varepsilon^{AB} = g^{-\frac{1}{2}} \epsilon^{AB} \quad \text{bzw.} \quad \varepsilon_{AB} = g^{\frac{1}{2}} \epsilon_{AB} \quad \text{und} \quad \varepsilon^{AB} \varepsilon_{CB} = \delta^A{}_C \ . \qquad (3.6)$$

$g$ ist die Determinante des Metriktensors, die wir sogleich berechnen.

$\epsilon_{AB}$ und $\epsilon^{AB}$ sind zwei-dimensionale Permutationssymbole, mit den Eigenschaften:

$$\epsilon_{12} = -\epsilon_{21} = 1, \quad \epsilon^{12} = -\epsilon^{21} = 1 \quad \text{und} \quad \epsilon_{11} = \epsilon_{22} = \epsilon^{11} = \epsilon^{22} = 0. \tag{3.7}$$

Die Größe $\epsilon^{AB}$ wird auch relativer Tensor mit Gewicht 1 genannt [13].

Nach Konstruktion gilt:

$$e_i x^i_{,A} = 0^{1)} \quad \text{und} \quad e_i e^i = 1. \tag{3.8}$$

Für das Quadrat des Linienelementes auf $\Sigma(t)$ und den Metriktensor $g_{AB}$ folgt

$$(ds)^2 = g_{ij}\, dx^i dx^j \tag{3.9a}$$

und mit Gl. (3.2b) erhalten wir

$$(ds)^2 = g_{AB}\, du^A du^B. \tag{3.9b}$$

Die Größe $g_{AB}$ repräsentiert eine Matrix, sie ist definiert durch

$$g_{AB} = g_{ij}\, x^i_{,A}\, x^j_{,B} \tag{3.10}$$

und heißt Metriktensor der Fläche. Ist $(x^1, x^2, x^3)$ ein rechtwinkeliges kartesisches Koordinatensystem, so ist $g_{ij} = \delta_{ij}$, und der Metriktensor in kovarianter Form hat die Darstellung:

$$g_{AB} = x^i_{,A}\, x^i_{,B}. \tag{3.11}$$

$g_{AB}$ ist ein Flächentensor, er bestimmt die Metrik der Fläche. Aus der Darstellung (3.11) ist ersichtlich, daß $g_{AB}$ ein symmetrischer Tensor ist. Die Größe $g$ bezeichnet die Determinante der Matrix von (3.11):

$$g = \det(g_{AB}) = g_{11}\, g_{22} - (g_{12})^2. \tag{3.12}$$

---

1) Wir verwenden die Einsteinsche Summenkonvension, d.h. über doppelt vorkommende Indices ist zu summieren.

Die kontravariante Form zu der Darstellung (3.11), wird durch $g^{AB}$ gekennzeichnet. Der kovariante Flächentensor $g_{AB}$ und der kontravariante Flächentensor $g^{AB}$ sind durch das Kroneckersymbol $\delta$ miteinander verbunden:

$$g^{AC} g_{CB} = g_{BC} g^{CA} = \delta^A_B = \begin{cases} 1 & \text{für } A = B \\ 0 & \text{für } A \neq B \end{cases} . \tag{3.13}$$

Mit dem Metriktensor der Fläche können wir Flächenindices heben:

$$C^A = g^{AB} C_B \tag{3.14a}$$

bzw. Flächenindices senken:

$$C_A = g_{AB} C^B . \tag{3.14b}$$

Die Formel (3.13) ermöglicht uns Indices auszutauschen. Ein Austausch von Indices nehmen wir wie folgt vor:

$$C^A = \delta^A_B C^B . \tag{3.15}$$

Die Divergenz des Normalvektors $\underset{\sim}{e}$ der Fläche ist ein Maß für die Krümmung der Fläche. Die Komponenten $e_i$ des Normalenvektors $\underset{\sim}{e}$ sind mit den Größen $x^i_{,A}$ verknüpft (siehe Gl.(3.5b)). Aufgrund dessen berechnen wir zunächst die kovariante Ableitung[1] von $x^i_{,A}$. Dazu betrachten wir eine Kurve auf der Fläche mit der Parameterdarstellung

$$u^A = u^A(s) , \tag{3.16}$$

$s$ sei der Kurvenparameter. Wir betrachten jetzt die Parallelverschiebung von zwei Vektorfeldern [13] entlang der Kurve, nämlich einem kontravarianten Vektorfeld $b^A$ an einer Fläche, für das gilt:

$$\frac{db^A}{ds} + \Gamma^A_{BC} b^B \frac{du^C}{ds} = 0 \tag{3.17}$$

---

1) Wir benutzen ein Komma für eine partielle Ableitung und ein Semikolon für eine kovariante Ableitung. $x^i_{,A} = x^i_{;A}$ besagt, daß die kovariante Ableitung und die partielle Ableitung übereinstimmen.

und für die Komponenten $c_i$ eines räumlichen Vektors $\underset{\sim}{c}$ gilt:

$$\frac{dc_i}{ds} - \Gamma^k_{ij} c_k \frac{dx^j}{ds} = 0 . \tag{3.18}$$

Hierbei ist $\Gamma^A_{BC}$ das Christoffel-Symbol der Flächengeometrie und $\Gamma^k_{ij}$ das Christoffel-Symbol des, die Fläche umgebenden Raumes [14].

Wir berechnen jetzt $\frac{d}{ds}\left( a^i_{,A} b^A c_i \right)$ mit Hilfe von Gl.(3.17) und Gl.(3.18) und erhalten:

$$\begin{aligned} \frac{d}{ds}\left(a^i_{,A} b^A c_i\right) &= \frac{da^i_{,A}}{ds} b^A c_i - a^i_{,A} \Gamma^A_{BC} b^B \frac{du^C}{ds} c_i + a^i_{,A} \Gamma^k_{ij} c_k \frac{dx^j}{ds} b^A \\ &= b^A c_i \left\{ \frac{da^i_{,A}}{ds} - a^i_{,B} \Gamma^B_{CA} \frac{du^C}{ds} + a^j_{,A} \Gamma^i_{jk} \frac{dx^k}{ds} \right\}. \end{aligned} \tag{3.19}$$

Die in der geschweiften Klammer stehende Größe ist die Ableitung $\frac{\delta}{\delta s} a^i_{,A}$, entlang der Kurve auf der Fläche. Mit Hilfe von $\frac{dx^k}{ds} = \frac{dx^k}{du^A}\frac{du^A}{ds}$ schreiben wir:

$$\begin{aligned} \frac{\delta}{\delta s} a^i_{,A} &= \frac{\partial a^i_{,A}}{\partial u^B}\frac{du^B}{ds} - a^i_{,C} \Gamma^C_{AB} \frac{du^B}{ds} + a^j_{,A} \Gamma^i_{jk} x^k_{,B} \frac{du^B}{ds} \\ &= a^i_{;AB} \frac{du^B}{ds} , \end{aligned} \tag{3.20}$$

mit

$$a^i_{;AB} := a^i_{,AB} - a^i_{,C} \Gamma^C_{AB} + a^j_{,A} \Gamma^i_{jk} x^k_{,B} . \tag{3.21}$$

Wir identifizieren jetzt $a^i_{,A}$ mit $x^i_{,A}$ und erhalten die gesuchte kovariante Ableitung:

$$x^i_{;AB} = \frac{\partial^2 x^i}{\partial u^A \partial u^B} - x^i_{,C} \Gamma^C_{AB} + x^j_{,A} \Gamma^i_{jk} x^k_{,B} . \tag{3.22}$$

Ist die Fläche im drei-dimensionalen Euklidischen Raum eingebettet, so ist $\Gamma^i_{jk}=0$ und die kovariante Ableitung ist

$$x^i_{;AB} = \frac{\partial^2 x^i}{\partial u^A \partial u^B} - x^i_{,C}\,\Gamma^C_{AB} \quad . \tag{3.23}$$

Wir berechnen jetzt noch den Zusammenhang zwischen $e^i_{,A}\,(\equiv e^i_{;A})$ und der kovarianten Ableitung $x^i_{;AB}$ mittels der Orthogonalitätsrelation (3.8).
Es gilt nach (3.8):

$$(e_i\, x^i_{,A})_{;B} = e_{i,B}\, x^i_{,A} + e_i\, x^i_{;AB} = 0 \tag{3.24}$$

und

$$-x^i_{,A}\, e_{i,B} = e_i\, x^i_{;AB} \quad . \tag{3.25}$$

Wir definieren jetzt den Krümmungstensor $b_{AB}$ durch die Gleichung:

$$b_{AB} = -x^i_{,A}\, e_{i,B} \tag{3.26}$$

und schreiben

$$b_{AB} = e_i\, x^i_{;AB} \quad . \tag{3.27}$$

Damit läßt sich Gleichung (3.23) interpretieren, mit Hilfe von Gl.(3.27) erhalten wir:

$$x^i_{,AB} = \Gamma^C_{AB}\, x^i_{,C} + b_{AB}\, e^i . \tag{3.28}$$

Die partielle Ableitung von $x^i_{,A}$ besteht aus zwei Beiträgen:
Der erste Term beschreibt die Veränderung in tangentialer Richtung und der zweite Term mit dem Krümmungstensor gibt die Veränderung in Normalenrichtung an.
Aus Gl.(3.26) folgt

$$e^i_{,A} = -b^C_A\, x^i_{,C} \quad , \tag{3.29}$$

wobei

$$b^C_A = g^{CB}\, b_{BA} \tag{3.30}$$

ist. Die Gl.(3.29) ist die Gleichung von Weingarten, sie stellt die Verbindung zwischen der Änderung von $e^i$ und $x^i_{;A}$ her.

Der Krümmungstensor $b_{AB}$ besitzt skalare Invarianten, es sind die mittlere Krümmung

$$k_H = \frac{1}{2}\,\mathrm{Spur}(b^A_B) = \frac{1}{2} b^A_A \tag{3.31}$$

und die Gaußsche Krümmung

$$k_G = \det(b^A{}_B)\,. \tag{3.32}$$

Wir berechnen jetzt noch einige partielle Ableitungen, die wir später benötigen. Zunächst berechnen wir die Ableitung der mittleren Krümmung $k_H = \frac{1}{2} g^{AB} b_{AB}$ bezüglich des Krümmungstensors $b_{AB}$ und erhalten:

$$\frac{\partial k_H}{\partial b_{CD}} = \frac{1}{2} g^{CD}. \tag{3.34}$$

Für die Ableitung der Gaußschen Krümmung $k_G$ bezüglich des Krümmungstensors $b_{AB}$ erhalten wir:

$$\frac{\partial k_G}{\partial b_{BC}} = 2 k_H g^{BC} - b^{BC}. \tag{3.35}$$

Bei dieser Ableitung haben wir das Tensor-Produkt

$$b^C_A\, b^A_B = 2 k_H b^C_B - k_G \delta^C_B \tag{3.36}$$

benutzt. Diese Darstellung erhalten wir unter Benutzung des Hamilton - Cayley Theorems für die $2\times 2$ Matrix $b^A{}_B$.

Die vorher aufgestellten Gleichungen und Bedingungen der Flächengeometrie sind zeitabhängig, sie wurden mittels der vektoriellen Gleichung (3.1) für eine, sich im Raum bewegende Fläche $\Sigma(t)$ aufgestellt. Wir haben bisher die Fläche ausschließlich durch geometrische Größen charakterisiert. Wir müssen jetzt untersuchen, wo eine Markierung auf der Fläche $\Sigma(t)$, auf der Nachbarfläche $\Sigma(t+dt)$ zu einem späteren Zeitpunkt zu finden ist. Weiterhin untersuchen wir eine, mit Materie belegte Fläche.

### 3.2.2 Zur Parametrisierung einer Fläche

Wir überlegen uns jetzt, wie wir ein System von Flächenkoordinaten auf der Fläche $\Sigma(t)$ auf eine Fläche $\Sigma(t+dt)$ übertragen, die sich im Verlaufe der Zeit $dt$ von der Fläche $\Sigma(t)$ entfernt hat. Zunächst seien einige allgemeine Überlegungen angeführt, sie betreffen die Kinematik einer Fläche. Bei diesen Überlegungen benutzen wir die Ausführungen von Truesdell/Toupin [15] bzw. Ausführungen von Eringen/Suhubi [16] bevor wir das Spezifische für unsere Fläche herausarbeiten. Die Geschwindigkeit eines fiktiven Punktes einer Fläche (Markierung) ist durch

$$\underset{\sim}{\vartheta}(u^A, t) = \left.\frac{\partial \underset{\sim}{r}}{\partial t}\right|_{u^A} \tag{3.37}$$

gegeben (wir zitieren Truesdell/Toupin: ...$u^A$, in general, is not to be confused with a material particle of any motion that may be occurring; ...). $\underset{\sim}{\vartheta}(u^A, t)$ ist die Geschwindigkeit eines fiktiven Punktes einer Fläche, entlang seiner Trajektorie gilt

$$\underset{\sim}{r}(u^A, t) = \left.\underset{\sim}{b}_i \, x^i(u^A, t)\right|_{u^A} \tag{3.38}$$

(siehe Gl.(3.1)). Wir definieren jetzt den Begriff Normalgeschwindigkeit ohne die Flächenkoordinaten $u^A$. Eine sich bewegende Fläche im Raum kann auch durch

$$f(\underset{\sim}{r}, t) = 0 \tag{3.39}$$

dargestellt werden und es gilt $df = 0$. Hieraus folgt:

$$\partial_t f(\underset{\sim}{r}, t) + \underset{\sim}{\vartheta} \cdot \underset{\sim}{\nabla} f(\underset{\sim}{r}, t) = 0 \tag{3.40}$$

und die Normalgeschwindigkeit $\vartheta_n$ der Fläche

$$\vartheta_n := \underset{\sim}{\vartheta}(u^A, t) \cdot \underset{\sim}{e} = -\frac{\partial_t f(\underset{\sim}{r}, t)}{|\underset{\sim}{\nabla} f(\underset{\sim}{r}, t)|} \;. \tag{3.41}$$

Diese Normalgeschwindigkeit ist unabhängig von einer speziellen Wahl der Flächenkoordinaten. Dagegen hängt die Geschwindigkeit $\underset{\sim}{\vartheta}(u^A,t)$ im allgemeinen von der Wahl der Flächenkoordinaten $u^A$ ab. Diese Überlegungen ermöglichen es uns Flächenkoordinaten zu wählen, wo

$$\underset{\sim}{\vartheta}(u^A,t) = \underset{n}{\vartheta}\,\underset{\sim}{e}$$

gilt (siehe Fig.3.2). Die physikalische Bedeutung in dieser Wahl liegt darin, daß die Trajektorien der fiktiven Punkte einer Fläche orthogonale Trajektorien zu der einparametrigen Familie von Flächen $\Sigma(t)$ sind. Für den oben angesprochenen Fall, daß die Normalgeschwindigkeit unabhängig von einer speziellen Wahl der Flächenkoordinaten ist, haben wir eine Familie von parallelen Flächen vorliegen (hier enden die allgemeinen Ausführungen in Anlehnung an Truesdell/Toupin und Eringen/Suhubi). Dieses Konzept der parallelen Flächen für die Modellierung eines Grenzbereiches wird in Abschnitt 3.4 behandelt. Bevor wir die Bewegung von materiellen Flächen in dem Abschnitt 3.3 untersuchen und uns dann dem Abschnitt 3.4 widmen, sollen hier Zeitableitungen der geometrischen Größen berechnet werden. Es sind die Zeitableitungen $\partial_t x^i_{,A}$, $\partial_t g_{AB}$, $\partial_t g$, $\partial_t e^i$ und $\partial_t b_{AB}$.

Die Ableitung der tangentialen Größe $x^i_{,A}$ bezüglich der Zeit $t$ ist gegeben durch:

$$\begin{aligned} \left.\frac{\partial x^i_{,A}}{\partial t}\right|_{u^B} &= \left.(\partial_t x^i)_{,A}\right|_{u^B} \\ &= \left.(\underset{n}{\vartheta} e^i)_{,A}\right|_{u^B} = \underset{n}{\vartheta}_{,A} e^i + \underset{n}{\vartheta} e^i_{,A} \end{aligned} \tag{3.42}$$

und mit Gl.(3.29) folgt:

$$\partial_t x^i_{,A} = \underset{n}{\vartheta}_{,A} e^i - \underset{n}{\vartheta}\, b^C_A\, x^i_{,C} \,. \tag{3.43}$$

Dieses Resultat, zusammen mit der Darstellung (3.11) für den Metriktensor, erlaubt uns die zeitliche Ableitung des Metriktensors an einer Fläche zu berechnen. Wir erhalten:

$$\frac{\partial g_{AB}}{\partial t}\Big|_{u^C} = \frac{\partial}{\partial t}\left(\frac{\partial x^i}{\partial u^A}\frac{\partial x^i}{\partial u^B}\right)\Big|_{u^C} = \left(\frac{\partial x^i}{\partial t}\right)_{,A} x^i_{;B}\Big|_{u^C} + x^i_{;A}\left(\frac{\partial x^i}{\partial t}\right)_{,B}\Big|_{u^C}$$

$$= (\underset{n}{\vartheta}_{,A} e^i - \underset{n}{\vartheta}\, b^C_A x^i_{;C}) x^i_{;B} + x^i_{;A}(\underset{n}{\vartheta}_{,B} e^i - \underset{n}{\vartheta}\, b^C_B x^i_{;C}). \tag{3.44}$$

$$= -2\underset{n}{\vartheta}\, b_{AB} ,$$

wobei wir Gl.(3.8) benutzt haben.

Mit diesem Resultat folgt für

$$\frac{\partial g}{\partial t}\Big|_{u^C} = \left\{\frac{\partial g}{\partial g_{AB}}\frac{\partial g_{AB}}{\partial t}\right\}\Big|_{u^C}$$

$$= g g^{AB}\, \partial_t g_{AB}\Big|_{u^C} = -2\underset{n}{\vartheta}\, g g^{AB} b_{AB} . \tag{3.45}$$

Benutzen wir die Darstellung (3.31) für die mittlere Krümmung, so folgt unmittelbar

$$\frac{\partial g}{\partial t}\Big|_{u^C} = -4 g k_H \underset{n}{\vartheta} . \tag{3.46}$$

Bei der Berechnung der zeitlichen Veränderung von $e^i$ starten wir von der Orthogonalitätseigenschaft (3.8a) und schreiben:

$$\partial_t (x^i_{;A} e_i)\Big|_{u^B} = \left\{\left(\frac{\partial x^i}{\partial t}\right)_{,A} e_i\right\}\Big|_{u^B} + \left\{x^i_{;A}\frac{\partial e_i}{\partial t}\right\}\Big|_{u^B} = 0 \tag{3.47}$$

und

$$\frac{\partial e_i}{\partial t}\Big|_{u^B} = -g^{AB}\underset{n}{\vartheta}_{;B}\, x_{i,A} . \tag{3.48}$$

Letztlich benötigen wir in den folgenden Abschnitten die Ableitung des Krümmungstensors $b_{AB}$ bezüglich der Zeit $t$ . Aus Gl.(3.29) folgt:

$$\left.\frac{\partial b_{AB}}{\partial t}\right|_{u^C} = -\frac{\partial}{\partial t}\left(x^i_{,A}\, e_i\right). \tag{3.49}$$

Die Ausführung der Differentiation liefert:

$$\left.\frac{\partial b_{AB}}{\partial t}\right|_{u^C} = \underset{n}{\vartheta}_{;AB} - 2k_H \underset{n}{\vartheta}\, b_{AB} + k_G \underset{n}{\vartheta}\, g_{AB} \;, \tag{3.50}$$

wobei wir das Tensor-Produkt (3.36) benutzt haben.

### 3.3 Bewegung von materiellen Flächen

Es ist für unsere physikalische Anschauung bequem sich vorzustellen und für die physikalische Praxis wichtig, daß die fiktiven Punkte einer Fläche mit materiellen Punkten besetzt sind. Ist die ganze Fläche von solchen Punkten überdeckt, so liegt es nahe, diese Fläche als eine materielle Fläche zu bezeichnen.

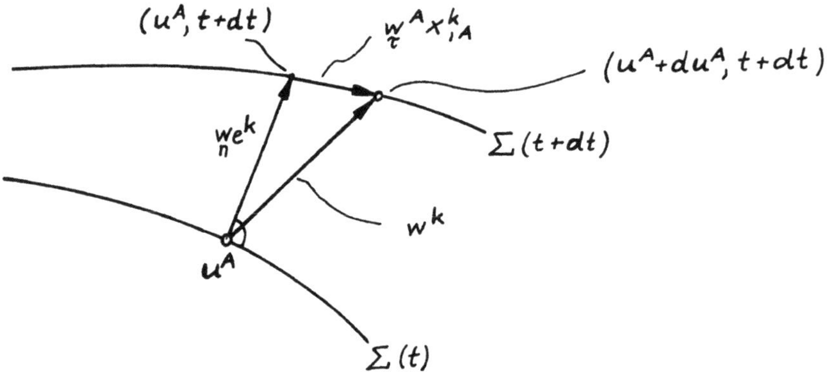


Fig. 3.3 $\left.\frac{\partial x^k}{\partial t}\right|_{U^\Delta} = \left.\frac{\partial x^k}{\partial t}\right|_{u^B} + \left.\frac{\partial x^k}{\partial u^A}\right|_{t} \left.\frac{\partial u^A}{\partial t}\right|_{U^\Delta} = \underset{n}{w} e^k + \underset{\tau}{w}^A x^k_{,A}$ .

Die Teilchen an der Grenzfläche seien gekennzeichnet durch zwei materielle Koordinaten $U^1$ und $U^2$, ihre Position zur Zeit $t$ ist bestimmt durch

$$u^A = u^A\left(U^\Delta, t\right), \tag{3.51}$$

wobei $\Delta=\{1,2\}$ und $A=\{1,2\}$ ist. Die Größen $\underset{\tau}{w}^A$ an der Fläche repräsentieren die Komponenten eines tangentialen Geschwindigkeitsfeldes von Flächenteilchen und sind durch

$$\partial_t u^A \Big|_{u^\Delta} = \underset{\tau}{w}^A \tag{3.52}$$

definiert. Zusammen mit der Normalgeschwindigkeit $\underset{n}{w} e^i$ aus Abschnitt 3.2.2, hier in geänderter Bezeichnung, folgt dann für die Geschwindigkeitskomponenten eines Flächenteilchens im Raum:

$$\partial_t x^i \Big|_{u^\Delta} = \partial_t x^i \Big|_{u^B} + \frac{\partial x^i}{\partial u^A}\Big|_t \frac{\partial u^A}{\partial t}\Big|_{u^\Delta} \tag{3.53}$$

oder

$$w^i = \underset{n}{w} e^i + x^i_{,A} \underset{\tau}{w}^A , \tag{3.54}$$

mit $w^k = \partial_t x^k$, $\underset{n}{w} = w^k e_k$ und $\underset{\tau}{w}^A = g^{AB} x_{k,B} w^k$. Die Komponenten des Geschwindigkeitsfeldes eines Flächenteilchens besitzt eine Komponente senkrecht zur Fläche und zwei Komponenten tangential zur Fläche( *siehe Fig*. 3.3).

Grundsätzliche Bemerkung zu Eulersche Variable und Lagrangesche Variable: Zur Angabe von Punkten im Raum können wir z.B. ein kartesisches Koordinatensystem wählen und ein Zeitmaßstab zur Angabe von Zeitpunkten. Beides zusammen wird Bezugssystem genannt. Die Bewegung im Kontinuum läßt sich prinzipiell beschreiben, indem man die Bahnkurven der einzelnen Teilchen beschreibt. Um dieses zu verwirklichen, muß das Teilchen gekennzeichnet werden. Wir können das Teilchen kennzeichnen durch seine Ortskoordinaten $X^K$ zur Zeit $t$ . Die Bewegung im strömenden Kontinuum läßt sich beschreiben durch

$$x^k = \tilde{x}^k (X^K, t) . \tag{3.55}$$

Die Funktion $\tilde{x}^k$ gibt an, an welchem Ort sich das Teilchen $X^K$ ($X^K$ ist der Teilchenname) befindet. Wir können aber auch die Umkehrung von (3.55) verwenden:

$$X^K = \tilde{X}^K(x^k, t). \tag{3.56}$$

In anderen Worten, Gl.(3.55) und Gl.(3.56) repräsentieren eine Koordinatentransformation zwischen einem kartesischen Koordinatensystem $x^k$ und den Körperkoordinaten $X^K$. $x^k$ kann als Eulersche Variable und $X^K$ als Lagrangesche Variable betrachtet werden. Wir können diesen bekannten Sachverhalt auf unser Problem übertragen. Es ist offensichtlich, daß die Gl. (3.55) der Gl.(3.51) entspricht.

Vorstehende Wahl der Koordinaten ist eine Möglichkeit zur Parametrisierung von bewegten Flächen, sie baut auf Überlegungen von Ghez [17] und Moeckel [18] auf. In der Literatur [15, 19] existieren noch andere Parametrisierungsmöglichkeiten, die ich im Moment nicht für günstig erachte und deshalb wird davon nicht weiter die Rede sein.

## 3.4 Zur Parallelabbildung von Flächen ohne materielle Eigenschaften

Vorbemerkung

Def.: Unter einer Parallelabbildung einer Fläche $\Sigma(u^1, u^2, t)$ auf eine Fläche $\bar{\Sigma}(u^1, u^2, t+\tau)$ verstehen wir eine Abbildung

$$\phi: \quad p \rightarrow \bar{p} \quad , \tag{3.58}$$

bei der die Verbindungsgeraden entsprechender Punkte $p \in \Sigma(u^1, u^2, t)$ und $\bar{p} \in \bar{\Sigma}(u^1, u^2, t+\tau)$ eine feste Richtung haben. Diese Richtung sei im folgenden stets durch die Komponenten eines Einheitsvektors $e^k \perp \Sigma(u^1, u^2, t)$ festgelegt [20].

Def.: $\phi$ heißt regulär, falls sie - ausgedrückt durch lokale Flächenparameter - stetig differenzierbar und falls ihre Funktionaldeterminante von Null verschieden ist.

Ist $\phi : \Sigma(u^1,u^2,t) \to \bar{\Sigma}(u^1,u^2,t+\tau)$ in der Richtung $e^k$ und die Tangentialebenen durch $p$ und $\bar{p}$ nicht parallel zu $e^k$, so ist $\phi$ sicher regulär in einer Umgebung von $p$. Dieses ist leicht zu veranschaulichen, denn man kann auf beiden Tangentialebenen, $u$ und $v$ als Parameter einführen, so daß die Abbildung durch Gleichheit der Parameterwerte gegeben ist.

## 3.4.1 Koordinatisierung der Parallelabbildung

$$\Sigma : (u^1, u^2, t) \mapsto \Sigma(u^1, u^2, t) \tag{3.59}$$

für[1] $(u^1,u^2) \in \mathcal{U} \subset \mathbb{R}^2$ und $\Sigma(u^1,u^2,t) \in \mathbb{R}^3$. Für eine Parallelabbildung, d.h. für eine Abbildung auf eine zu $\Sigma(u^1,u^2,t)$ parallele Fläche im Abstand $\xi$, gilt:

$$\Sigma^{(\xi)} : (u^1,u^2,t) \mapsto \Sigma^{(\xi)}(u^1,u^2,t) := \Sigma(u^1,u^2,t) + \xi \underset{\sim}{e}(u^1,u^2,t). \tag{3.60}$$

$\Sigma^{(\xi)}$ ist eine $C^2(\mathcal{U})$-Immersion $\forall \xi \in \mathbb{R}$, die $1-2k_H\xi+k_G\xi^2 \neq 0$ in $\mathcal{U}$ erfüllen und die Flächen $\Sigma^{(\xi)}(\mathcal{U})$ heißen Parallelflächen zu $\Sigma(\mathcal{U})$.

Wir betrachten eine Fläche $\Sigma_0(t)$, dazu zwei parallele Grenzflächen $\Sigma_1(t)$ und $\Sigma_2(t)$, in einem bestimmten Abstand von $\Sigma_0(t)$ und definieren den Grenzbereich zwischen den beiden Grenzflächen als Grenzschicht. Diese Grenzschicht im Euklidischen Raum wollen wir jetzt geometrisieren.

---

1) $\mathcal{U}$ offene Menge von $\mathbb{R}^2$.

Wir nehmen an, daß die Grenzflächen $\Sigma_1(t)$ , $\Sigma_2(t)$ und die mittlere Fläche, glatte Flächen sind. Die mittlere Fläche sei definiert durch

$$\Sigma_0(t): \quad x^i = x^i(u^1, u^2, t) \,. \tag{3.61}$$

Die $x^i$ , $i=1,2,3$ sind rechtwinkelige kartesische Koordinaten und die $u^A$, $A=1,2$ sind Flächenkoordinaten (Gaußparameter) auf $\Sigma_0(t)$.

$e^i(u^1, u^2, t)$ sei der Einheitsvektor normal zu $\Sigma_0(t)$, er zeigt in Richtung der äußeren Grenzfläche $\Sigma_2(t)$. Eine Familie von parallelen Flächen $\hat{\Sigma}(t)$ definieren wir folgt:

$$\hat{\Sigma}(t): x^i = x^i(u^A, t) + \xi e^i(u^A, t) \quad , \tag{3.62}$$

wo $\xi \in [\xi_1, \xi_2]$ . Formal kann die untere Intervallgrenze bis $-\infty$ und die obere Intervallgrenze bis $+\infty$ gehen. Dieser Grenzfall tritt hier nicht auf, da wir ein physikalisches System, eine Membran beschreiben, die endliche Dicke besitzt. Wir betrachten deshalb $\xi_1$ und $\xi_2$ zunächst als unspezifizierte Größen, die geeignet zu wählen sind, um eine Membran endlicher Dicke zu beschreiben und schreiben für die Einschränkung der Parameter $\xi_1$ und $\xi_2$ :

$$0 > -\xi_1 > -\infty \quad , \quad 0 < \xi_2 < \infty \,.$$

Wir schreiben für die beiden Grenzflächen des Grenzbereiches:

$$\Sigma_1(t): \quad x^i = x^i(u^A, t) + \xi_1 e^i(u^A, t) \tag{3.63a}$$

und

$$\Sigma_2(t): \quad x^i = x^i(u^A, t) + \xi_2 e^i(u^A, t) \,. \tag{3.63b}$$

Für eine Fläche zwischen $\Sigma_1(t)$ und $\Sigma_2(t)$ in der Grenzschicht schreiben wir:

$$\Sigma(t): \; x^i \equiv x^i = x^i(u^A,t) + \xi e^i(u^A,t) \quad , \; \xi \in [\xi_1, \xi_2] \; . \quad (3.64)$$

Ist die Dicke der Grenzschicht zeitlich konstant, dann hat $\xi_1$ und $\xi_2$ einen bestimmten Wert. Die Dicke der Grenzschicht sei $2\xi = \xi_2 - \xi_1$ und

$$x^i = x^i(u^A,t) + \xi e^i(u^A,t) \quad , \; \xi \in [-\tfrac{\xi}{2}, \tfrac{\xi}{2}] \; . \quad (3.65)$$

Wir fragen jetzt, wie sich für eine Fläche $\Sigma(t)$ parallel zu $\Sigma_o(t)$ der metrische Tensor $G_{AB}$, der Krümmungstensor $B_{AB}$ und die skalaren Invarianten des Krümmungstensors $K_M = \frac{1}{2}$ spur$(B_{CD})$ und $K_G = \det(B_{CD})$ in Termen der entsprechenden Größen auf der Bezugsfläche $\Sigma_o(t)$ ausdrücken lassen. Die Fläche für die $\xi = 0$ ist definiert nach Gl.(3.61) die mittlere Fläche, d.h. unsere Bezugsfläche. Die geometrischen Größen und Bedingungen für die Bezugsfläche entnehmen wir einer früheren Arbeit [21,22]. Wir bezeichnen auf der Bezugsfläche den metrischen Tensor mit $g_{AB}$, den Krümmungstensor mit $b_{AB}$ und für den gemischten Tensor $b^B_C$ gilt $b^B_C = g^{AB} b_{AC}$. Die skalaren Invarianten des Krümmungstensors $b_{AB}$ sind die mittlere Krümmung $k_M = \frac{1}{2}$ spur $(b_{CD})$ und die Gaußsche Krümmung $k_G = \det(b_{CD})$.

Aus (3.64) folgt:

$$x^i_{;A} = x^i_{;A} + \xi e^i_{;A} = x^i_{;A} - \xi b^B_A x^i_{;B} \quad (3.66)$$

oder

$$x^i_{;A} = (\delta^B_A - \xi b^B_A)\, x^i_{;B} \; . \quad (3.67)$$

$\delta^B_A$ ist das Kronecker-Symbol auf Flächen. Die kovariante Ableitung sei mit Semikolon und die partielle Ableitung mit einem Komma bezeichnet.

$x^i_{;A}$ heißt Tangentialvektor auf $\Sigma(t)$ . Die Normalvektoren $\underset{\sim}{e}$ auf parallelen Flächen sind kollinear.

Für den metrischen Tensor auf $S(t)$, parallel zur Fläche $\Sigma_o(t)$, schreiben wir

Def. $$G_{AB} = x^i_{;A}\, x_{i;B} \qquad (3.68)$$

und mit Hilfe von (3.67) sowie $g_{GK} = x^i_{;G}\, x_{i;K}$ folgt:

$$G_{AB} = (\delta^C_A - \xi b^C_A)(\delta^D_B - \xi b^D_B) g_{CD} = g_{AB} - 2\xi b_{AB} + \xi^2 b^C_A\, b_{CB} \,. \qquad (3.69)$$

Benutzen wir $b^C_A b^A_D - 2k_H b^C_D + k_G \delta^C_D = 0$, so erhalten wir :

$$G_{AB} = (1 - \xi^2 k_G) g_{AB} - 2\xi(1 - \xi k_H) b_{AB} \,. \qquad (3.70)$$

Def. $$F(\xi) = det\ (\delta^B_A - \xi b^B_A) \,. \qquad (3.71)$$

Explizit folgt für $F(\xi)$ die Form

$$F(\xi) = 1 - 2\xi k_H + \xi^2 k_G \,. \qquad (3.72)$$

Durch kovariante Differentiation erhalten wir aus $e^i e_i = 1$ für den Krümmungstensor

$$B_{EF} = (1 - \xi k_H) b_{EF} + \xi k_G g_{EF} \,. \qquad (3.73)$$

Für die mittlere Krümmung und die Gaußsche Krümmung auf $\Sigma(t)$ läßt sich verifizieren, daß gilt:

$$K_H = \frac{k_H - \xi k_G}{1 - 2\xi k_H + \xi^2 k_G} \,,$$

$$K_G = \frac{k_G}{1 - 2\xi k_H + \xi^2 k_G} \,. \qquad (3.74)$$

Wir berechnen jetzt die Determinante des Metriktensors $G_{AB}$ und erhalten :

$$G = det(G_{AB}) = det((\delta_A^C - \xi b_A^C)(\delta_B^D - \xi b_B^D) g_{CD}) \tag{3.75}$$

und mit ( 3.71 ) folgt :

$$G = F^2 g \ . \tag{3.76}$$

Für die Flächentensoren $e^{AB}$ und $e_{AB}$ einer Fläche $\Sigma^{(\xi)}(t)$, bezogen auf die Flächentensoren $\varepsilon^{AB}$ und $\varepsilon_{AB}$ der Referenzfläche $\Sigma_o(t)$, schreiben wir

$$e^{AB} = G^{-\frac{1}{2}} \epsilon^{AB} \text{ und } \quad e_{AB} = G^{\frac{1}{2}} \epsilon_{AB} \ . \tag{3.77}$$

Mit ( 3.76 ) sowie $\varepsilon^{AB} = g^{-\frac{1}{2}} \epsilon^{AB}$ und $\varepsilon_{AB} = g^{\frac{1}{2}} \epsilon_{AB}$ (wobei wir $\epsilon_{AB} = \epsilon^{AB}$ beachten) folgt ein Zusammenhang zwischen den Flächentensoren an einer zur Referenzfläche $\Sigma_o(t)$ parallelen Fläche $\Sigma^{(\xi)}(t)$ :

$$e^{AB} = F^{-1} \varepsilon^{AB} \quad \text{und} \quad e_{AB} = F \varepsilon_{AB} \ . \tag{3.78}$$

Auf der Fläche $\Sigma(t)$ gilt für das Kronecker-Symbol im $E^3$ (Euklidischen Raum) die Identität

$$\delta^i_j = e^i e_j + G^{AB} x^i_{;A} x_{j;B} \ . \tag{3.79}$$

### 3.4.2 Zur Geometrie der Mantelfläche $\Omega(t)$

Das Ziel dieses Abschnittes ist es, auf der gekrümmten Mantelfläche $\Omega(t)$ den Metriktensor $\gamma_{AB}$, den Normalenvektor $N^k$ auf der Schnittfläche $S^{(\xi)}$ der Fläche $\Sigma^{(\xi)}$ mit der Mantelfläche $\Omega(t)$ und das Flächenelement $d\Omega$ zu berechnen. Dazu ist es erforderlich, daß wir auf der Mantelfläche $\Omega(t)$ Flächenkoordinaten $u^1$ und $u^2$ einführen. Wir wählen als Flächenkoordinaten der Mantelfläche $\Omega(t)$:

i) $$u^1 =: \xi$$

$\xi$ sind Koordinatenlinien, die parallel zu $e^k$ verlaufen, entlang dieser Koordinatenlinien auf der Mantelfläche $\Omega(t)$ ist der Wert von $u^2$ konstant.

ii) $$u^2 =: \zeta$$

Diese Koordinatenlinien entstehen als Schnittlinien $S^{(\xi)}$ der Fläche $\Sigma^{(\xi)}$ mit der Mantelfläche $\Omega(t)$. Entlang dieser Linien ist der Wert von $\xi$ konstant.

$\mathcal{C}(t)$ sei eine *in* $\Sigma_0(t)$ liegende geschlossene Kurve mit der Bogenlänge s, ihre Parameterdarstellung sei

$$\mathcal{C}(t): \quad u^A = u^A(s, t).$$

Wird die Kurve $\mathcal{C}(t)$ als Schnittlinie $S^{(0)}$ des Schnittes der Fläche $\Sigma_0(t)$ mit der Mantelfläche $\Omega(t)$ identifiziert, so schreiben wir für ihre Parameterdarstellung:

$$S^{(0)}: \quad u^A = u^A(\zeta, t).$$

Die Mantelfläche $\Omega(t)$ ist ebenfalls durch Gl.(3.1) gegeben. Wir beachten, daß die Koordinatenfunktion $x^i$ von $\zeta$ und $\xi$, wo $\xi_1 \leq \xi \leq \xi_2$ gilt, abhängt und schreiben:

$$\Omega(t): \quad x^i \equiv \underset{\Omega}{x^i}(\zeta, \xi, t) := x^i(u^A(\zeta, t); t) + \xi e^i(u^A(\zeta, t); t). \tag{3.80}$$

<u>Beh.</u>: Die Komponenten des Metriktensors $\gamma_{AB}$ auf der Mantelfläche $\Omega(t)$ sind:

$$\gamma_{11} = 1, \quad \gamma_{12} = \gamma_{21} = 0,$$
$$\gamma_{22} = 1 - \xi^2 k_G g_{AB} \nu^A \nu^B - 2\xi(1 - \xi k_M) b_{AB} \nu^A \nu^B$$

und die Determinante $\gamma$ des Metriktensors $\gamma_{AB}$ ist

$$\gamma = det(\gamma_{AB}) = \gamma_{22} .$$

Bew. i) Da $e^i$ senkrecht zu allen Flächen $\Sigma$ orientiert ist und die Mantelfläche $\Omega(t)$ senkrecht zu allen Flächen $\Sigma$ steht, folgt:

$$\frac{\partial \underset{\ell}{x}^i}{\partial \xi} = e^i . \tag{3.81a}$$

Figur 3.3 gibt eine anschauliche Vorstellung für diese Formel.

ii) Mit Gl.(3.80) können wir schreiben:

$$\frac{\partial \underset{\ell}{x}^i}{\partial \zeta} = \frac{\partial x^i}{\partial u^A}\frac{\partial u^A}{\partial \zeta} + \xi \frac{\partial e^i}{\partial u^A}\frac{\partial u^A}{\partial \zeta} .$$

Mit $u^A = u^A(\zeta, t)$ lassen sich die Komponenten eines kontravarianten Flächenvektors, tangential zur Kurve $S^{(o)}$ liegend, definieren:

$$\nu^A := \frac{\partial u^A}{\partial \zeta} .$$

Die räumlichen Komponenten von $\nu^A$ tangential zur Fläche $\Omega(t)$ sind durch

$$\nu^i = x^i_{,A}\nu^A$$

gegeben. Benutzen wir diese Darstellung für $\nu_A$ und Gl.(3.29), dann können wir für die Ableitung nach $\zeta$ schreiben:

$$\frac{\partial \underset{\ell}{x}^i}{\partial \zeta} = \nu^i - \xi b^c_A x^i_{,c}\nu^A =: \mathcal{N}^i . \tag{3.81b}$$

Mit den Ableitungen von $\underset{\ell}{x}^i$ nach den Flächenkoordinaten $\xi$ und $\zeta$ lassen sich die Komponenten des Metriktensors $\gamma_{AB}$ auf der Mantelfläche $\Omega(t)$ berechnen. Mit Hilfe von (3.81) erhalten wir:

$$\gamma_{11} = \frac{\partial \underset{\Omega}{x}^i}{\partial \xi} \frac{\partial \underset{\Omega}{x}^i}{\partial \xi} = 1, \tag{3.82a}$$

$$\gamma_{22} = \frac{\partial \underset{\Omega}{x}^i}{\partial \zeta} \frac{\partial \underset{\Omega}{x}^i}{\partial \zeta} = (\nu^i - \xi b_A^C x^i_{;C} \nu^A)(\nu^i - \xi b_B^D x^i_{;D} \nu^B)$$
$$= 1 - \xi^2 k_G g_{AB} \nu^A \nu^B - 2\xi(1 - \xi k_M) b_{AB} \nu^A \nu^B, \tag{3.82b}$$

$$\gamma_{12} = \frac{\partial \underset{\Omega}{x}^i}{\partial \xi} \frac{\partial \underset{\Omega}{x}^i}{\partial \zeta} = 0. \tag{3.82c}$$

Die letzte Zeile folgt unmittelbar aus der Gl.(3.81a) und (3.81b), weil $e^i \perp \nu^i$ und $e^i \perp x^i_{;C}$ ist.

Berücksichtigen wir, daß $\gamma_{12} = \gamma_{21} = 0$ ist, dann erhalten wir für die Determinante des Metriktensors $\gamma_{AB}$ auf der Mantelfläche $\Omega(t)$ die Formel für $\gamma$ in der Behauptung.

Mit der Determinante $\gamma$ des Metriktensors $\gamma_{AB}$ auf der Mantelfläche $\Omega(t)$ erhalten wir für die Komponenten des Flächentensors $\varepsilon^{AB}$ die folgende Darstellung

$$\varepsilon^{AB} = \frac{1}{\sqrt{\gamma}} \epsilon^{AB} \qquad \text{und} \qquad \varepsilon_{AB} = \sqrt{\gamma}\, \epsilon_{AB} \quad ,$$

wobei $\epsilon^{AB}$ der relative Tensor von Gewicht $1$ ist (siehe Abschnitt 3.4.1).

Den Normalenvektor $N^k$ auf der Mantelfläche $\Omega(t)$ erhalten wir durch Konstruktion aus:

$$N_i = \frac{1}{2} \varepsilon^{AB} \epsilon_{ijk} \underset{\Omega}{x}^j{}_{,A} \underset{\Omega}{x}^k{}_{,B} \quad . \tag{3.83}$$

Die algebraische Auswertung von (3.83) im Anhang A1 zeigt, daß der Normalenvektor senkrecht zur Mantelfläche an der Schnittlinie $S^{(\xi)}$ die folgende Form besitzt:

$$N^k = \frac{1}{\sqrt{\gamma}} n_j x^k_{;C} x^j_{;E} D^{CE}(\xi) \tag{3.84}$$

mit

$$D^{CE}(\xi) = (1 - 2\xi k_M) g^{CE} + \xi b^{CE}. \tag{3.85}$$

Die Größe $n_j D^{kj}(\xi) = x^k_{,C}\, x^j_{,E}\, D^{CE}(\xi) n_j$ gibt die Abweichung von der Richtung $n^k$ auf $S^{(0)}$, für eine zu $S^{(0)}$ parallele Schnittlinie $S^{(\xi)}$, an.

### 3.4.3 Eigenschaften der Größe $D^{kj}(\xi)$

a) Im Limes $\xi \to 0$ erhalten wir aus Gl.(3.85):

$$D^{kj}(\xi) = x^k_{,C}\, x^j_{,E}\, g^{CE} . \tag{3.86}$$

b) Symmetrie von $D^{kj}(\xi)$

Wegen der Symmetrie von $g^{CE}$ und $b^{CE}$ bezüglich $C$ und $E$ ist $x^k_{,C}\, x^j_{,E}$ symmetrisch bezüglich $k$ und $j$ und folglich gilt:

$$D^{kj}(\xi) = D^{jk}(\xi) . \tag{3.87}$$

c) Orthogonalitätseigenschaft von $D^{kj}(\xi)$

Kombinieren wir den Tensor $D^{kj}$ mit den Komponenten des Normalenvektors $\underset{\sim}{e}$, so ist :

$$D^{kj}(\xi) e_k = 0 ,$$

aufgrund der Eigenschaft $x^j_{,A}\, e_j = 0$.

### 3.4.4 Geschwindigkeitsfelder an der Fläche $\partial\mathcal{R}(t)$ und Felder im Grenzbereich $\mathcal{R}(t)$

Wir bezeichnen mit $\dot{\underset{1}{\sigma}}{}^k$, $\dot{\underset{2}{\sigma}}{}^k$ und $\dot{\underset{\Omega}{\sigma}}{}^k$ die Geschwindigkeitskomponenten von Teilchen in der Fläche $\Sigma_1(t), \Sigma_2(t)$ und $\Omega(t)$ . Diese Komponenten berechnen wir mit Hilfe von Gl.(3.64) und Gl.(3.48)

$$\underset{1}{\dot{\sigma}}^k := \left.\frac{\partial x^k}{\partial t}\right|_{u^A,\xi_1} = \left.\frac{\partial x^k}{\partial t}\right|_{u^A,\xi_1} + \xi_1 \left.\frac{\partial e^k}{\partial t}\right|_{u^A,\xi_1} = \left.\underset{n}{w} e^k\right|_{u^A,\xi_1} - \xi_1 \, \underset{n}{w}_{,B} \, x^k_{;C} \, g^{BC}, \tag{3.88a}$$

$$\underset{2}{\dot{\sigma}}^k := \left.\frac{\partial x^k}{\partial t}\right|_{u^A,\xi_2} = \left.\underset{n}{w} e^k\right|_{u^A,\xi_2} - \xi_2 \, \underset{n}{w}_{,B} \, x^k_{,C} \, g^{BC}. \tag{3.88b}$$

Analog erhalten wir für die Geschwindigkeitskomponenten $\underset{\Omega}{\dot{\sigma}}^k$ auf der Mantelfläche $\Omega(t)$ mit Hilfe von Gl. ( 3.80 ), Gl.( 3.29 ) und Gl.( 3.48 ):

$$\begin{aligned} \underset{\Omega}{\dot{\sigma}}^k := \left.\frac{\partial \underset{\Omega}{x}^k}{\partial t}\right|_{\zeta,\xi} &= \partial_t x^k(u^A(\zeta,t);t)\Big|_{\zeta,\xi} + \xi\, \partial_t e^k(u^A(\zeta,t);t)\Big|_{\zeta,\xi} \\ &= \partial_t x^k\Big|_{u^A} + \left.\frac{\partial x^k}{\partial u^A}\right|_t \left.\frac{\partial u^A}{\partial t}\right|_\zeta + \xi \left.\frac{\partial e^k}{\partial t}\right|_{u^A} + \xi \left.\frac{\partial e^k}{\partial u^A}\right|_t \left.\frac{\partial u^A}{\partial t}\right|_\zeta \\ &= \underset{n}{w} e^k + x^k_{,A} \underset{\tau}{u}^A - \xi\, \underset{n}{w}_{,B}\, x^k_{,C}\, g^{BC} - \xi\, b^C_A\, x^k_{,C}\, \underset{\tau}{u}^A . \end{aligned} \tag{3.89}$$

Mit Gl.( 3.64 ) folgt das Resultat:

$$\underset{\Omega}{\dot{\sigma}}^k = \underset{n}{w} e^k + x^k_{;A} \underset{\tau}{u}^A - \xi\, \underset{n}{w}_{,B}\, x^k_{,C}\, g^{BC}. \tag{3.90}$$

Für die Ableitung eines skalaren Feldes $\varphi$ an $\Sigma(t)$ nach den räumlichen Koordinaten schreiben wir:

$$\frac{\partial \varphi}{\partial x^j} = \frac{\partial \varphi}{\partial e} e^j + g^{AB} x^j_{,A}\, \varphi_{,B} \tag{3.91}$$

mit

$$\frac{\partial \varphi}{\partial e} = \frac{\partial \varphi}{\partial x^j} e^j \tag{3.92}$$

und

$$\varphi_{,B} = x^j_{,B} \frac{\partial \varphi}{\partial x^j} \;. \tag{3.93}$$

Wir bezeichnen $\frac{\partial \varphi}{\partial e}$ als die Normalableitung.

Analog bilden wir die Ableitung von Komponenten eines vektoriellen Feldes $\underset{\sim}{w}(u^1, u^2, t)$ an $\Sigma(t)$, wir erhalten für die Komponenten :

$$\frac{\partial w^k}{\partial x^\ell} = \frac{\partial w^k}{\partial e} e^\ell + g^{AB} w^k_{;A} \, x^\ell_{,B} , \tag{3.94}$$

wobei

$$\frac{\partial w^k}{\partial e} = \frac{\partial w^k}{\partial x^\ell} e^\ell \tag{3.95}$$

und

$$w^k_{;A} = x^\ell_{,A} \frac{\partial w^k}{\partial x^\ell} \tag{3.96}$$

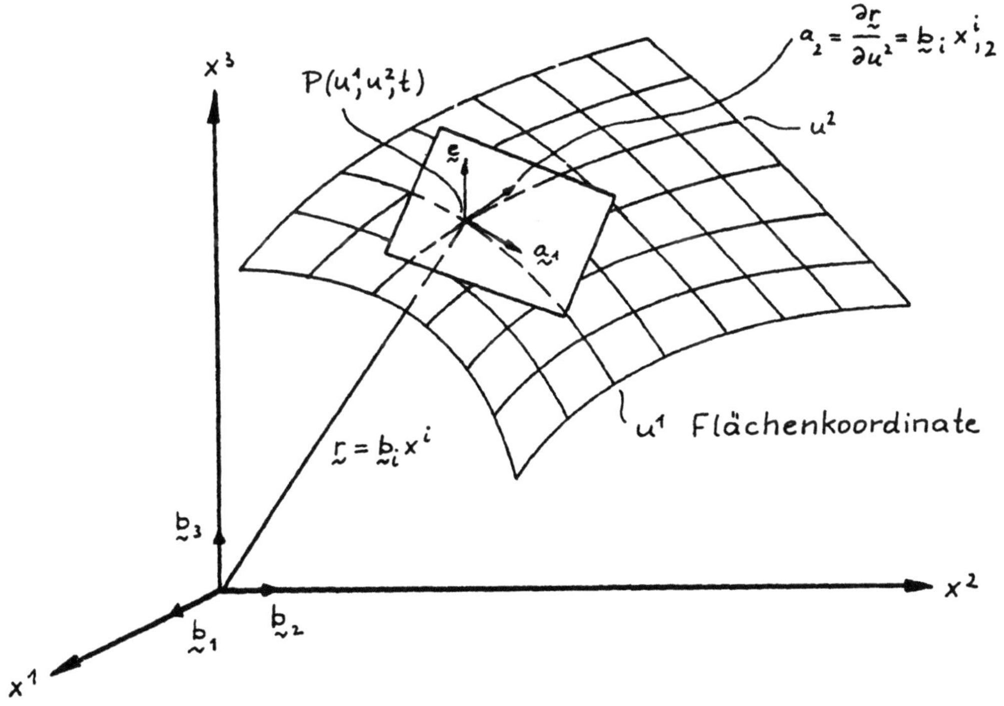


Fig. 3.1

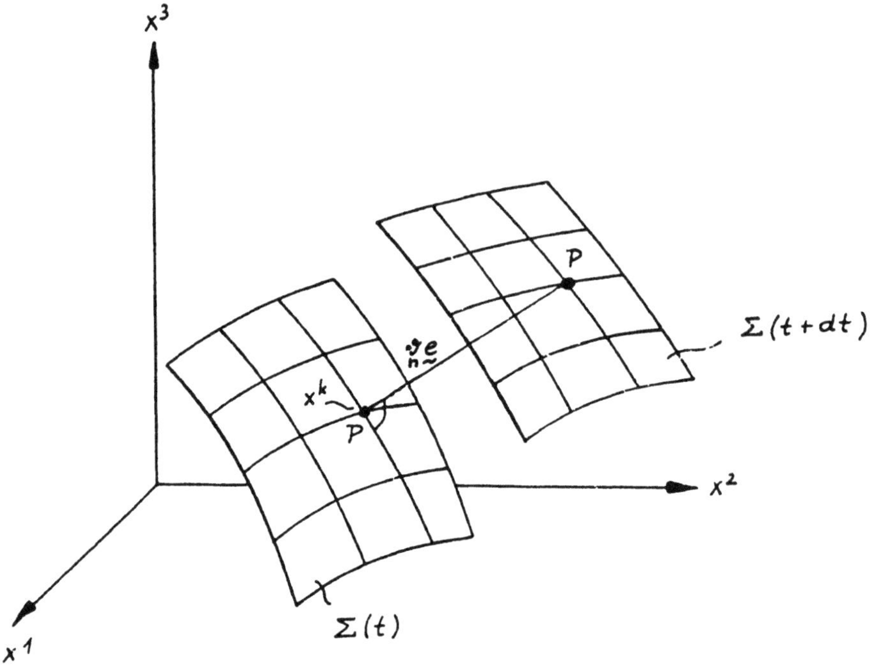


Fig. 3.2

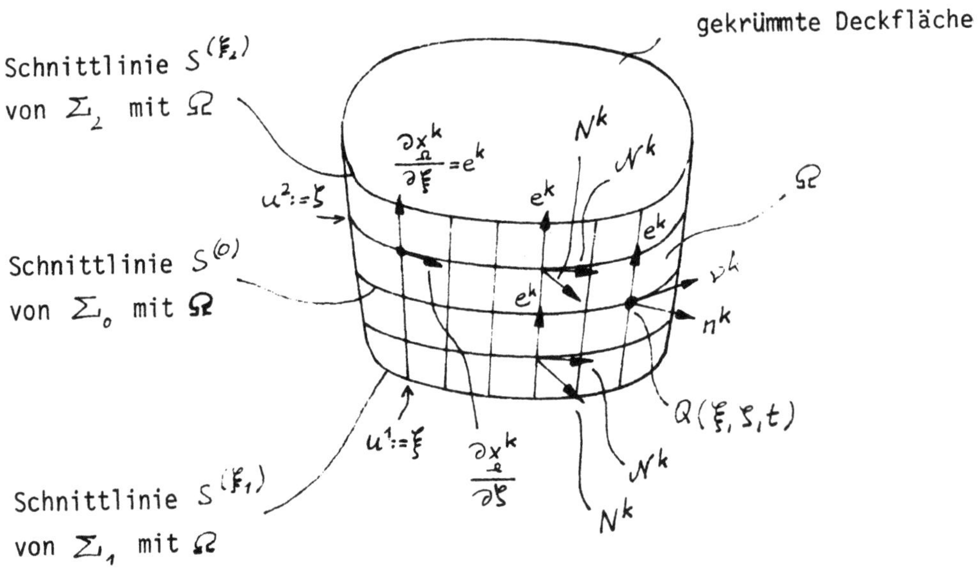


Fig.3.3 Parametrisierung der Fläche $\Omega$ mit den Koordinaten $u^1 =: \xi$ und $u^2 =: \zeta$ .

## IV Bilanzgleichungen für Grenzbereiche

Grenzbereiche oder Grenzschichten sind flächenartige Gebilde von geringer Dicke gegenüber linearen Abständen auf einer Fläche, und solche Gebilde dienen uns als Modell für eine Membran. Wie wir schon erwähnten, ist eine genaue Kenntnis der Bilanzen für diese Grenzbereiche von Bedeutung, so z.B. für den Wärme- und Materietransport an einer Membran. Lassen wir die Dicke des Grenzbereiches gegen Null gehen, dann erhalten wir eine Grenzfläche. Dieser Grenzbereich und die Grenzfläche besitzen eine Massendichte, Impulsdichte, Energiedichte und eine Entropiedichte sowie eine Steifigkeit, die durch die Grenzflächenspannung gegeben ist. Grenzflächen ohne diese Dichteverteilungen nennen wir zur Unterscheidung singuläre Flächen oder Unstetigkeitsflächen, zu beiden Seiten der Unstetigkeitsfläche können Unstetigkeiten von physikalischen Größen und Feldern existieren. Nach dieser Definition sind Unstetigkeitsflächen solche Flächen, die keine Belegung mit einer Massendichte, Impulsdichte, Energiedichte oder Entropiedichte besitzen. Werte von physikalischen Größen, die im Volumenbereich definiert sind, können bei Annäherung aus dem Volumenbereich an eine Unstetigkeitsfläche zu beiden Seiten der Unstetigkeitsfläche verschiedene Werte besitzen. Die Unstetigkeitsfläche kann aber durchaus semipermeabel sein, sie kann eine Steifigkeit besitzen (die durch die Grenzflächenspannung gegeben ist) und sie kann wärmeleitend etc. sein. Im allgemeinen wird die Unstetigkeitsfläche auch nicht eben sein.

Ebene semipermeable Unstetigkeitsflächen wurden von Müller [23] als semipermeable Wände in die theoretische Thermodynamik eingeführt, sie wurden für die Definition des chemischen Potentials benutzt [24].

Das mathematische Modell einer Unstetigkeitsfläche ist bei den physikalischen Anwendungen nicht immer brauchbar, es ist brauchbar, wenn es darum geht, Eigenschaften an Grenzflächen zu untersuchen, bei denen die Grenzfläche nicht mit Dichten belegt ist. Die Grenzfläche kann mehr oder weniger stark ausgeprägte mechanische Eigenschaften besitzen. Wir kennen solche Grenzflächen, z.B. als die Wellenfront bei Schockwellen in Medien, als Schmelzfläche zwischen einem Festkörper und seiner flüssigen Phase, als Fläche zwischen zwei nichtmischbaren Flüssigkeiten und an fest-flüssigen, fest-gasförmigen und flüssig-gasförmigen Grenzflächen. Waldmann [3] hat eine Unstetigkeitsfläche zwischen zwei nichtmischbaren Flüssigkeiten diskutiert und Bedeaux, Albano und Mazur [4] haben eine Thermodynamik für Grenzflächen an nichtmischbaren Flüssigkeiten formuliert. Sie haben angenommen, daß die Grenzfläche keine Massendichte hat und folglich tritt keine Impulsbilanz wie üblich in der Kontinuumsphysik auf, sondern eine kinematische Bedingung für das Geschwindigkeitsfeld. Kovac [25] hat diese Theorie erweitert auf ein System mit mehreren Konstituenten und Grenzflächenströme. Vodâc [26] hat die Theorie von Bedeaux, Albano und Mazur auf eine viskoelastische isotrope Flüssigkeit mit mehreren Konstituenten erweitert. Wir hatten schon in der Einleitung darauf hingewiesen, daß diese Art von Thermodynamik kein geeigneter Weg darstellt, Materie in der Grenzfläche und im Grenzbereich zu behandeln.

Ein Grenzbereich als ein drei-dimensionales Gebiet, das nicht materiell ist, d.h. durch den Materietransport möglich ist, wurde von Slattery [27] untersucht. Dieser Grenzbereich trennt ein räumliches Volumen in zwei Volumina, wobei der Grenzbereich selbst aus zwei parallelen Schichten besteht, eine zu jeder Seite einer Grenzfläche (Slattery nennt sie singuläre Fläche). Diese Grenzfläche kann ein Quellterm enthalten und es wird angenommen, daß die konstitutiven Gleichungen aus einem räumlichen Bereich näherungsweise auch in den zur Grenzfläche parallelen Schichten anwendbar sind. Für diese Grenzfläche wird eine Bilanz aufgestellt, die uns bekannt ist. Es ist die bekannte Bilanz an einer singulären Fläche, die Truesdell und Toupin [15] aufgestellt haben und die sich aus einer Bilanz für ein materielles Volumen mit einer singulären Fläche ergibt, wenn wir in einem Grenzübergang die Berandung der materiellen Volumina zu beiden Seiten der Fläche auf die Fläche zusammenziehen. Der einzige Unterschied ist, daß Slattery den Grenzübergang einer Berandung von parallelen Volumina zur Grenzfläche durchführt, während Truesdell und Toupin ohne diese Spezifikation auskommen. In einem weiteren Schritt führt Slattery ad hoc einen Flußterm tangential zur Grenzfläche ein, der physikalisch als Korrekturterm interpretiert werden kann und die Bilanz an der Grenzfläche, dargestellt durch Sprungterme, durch einen Term tangential zur Grenzfläche ergänzt. Dieser Schritt kann als eine Verallgemeinerung der Arbeit von Buff [28], bezüglich eines Systems mit zwei, an die Grenzfläche angrenzenden Raumbereichen im Gleichgewicht angesehen werden. Es ist nun naheliegend für einen drei-dimensionalen Grenzbereich eine Bilanzgleichung zu formulieren für die Exzessvariable $\psi^{(I)}-\psi$ von zwei Feldgrößen, wobei $\psi^{(I)}$ die Dichte einer Feldgröße im drei-dimensionalen Grenzbereich ist und $\psi$ die entsprechende Feldgröße außerhalb des drei-dimensionalen Grenzbereiches ist. Mit diesem Defekt und mit der entsprechenden Feldgröße $\psi$ auf der Grenzfläche in der Mitte des Grenzbereiches formulierten Deemer und Slattery [29] Bilanzgleichungen für den Grenzbereich. Aufbauend auf dieser Idee von Deemer und Slattery hat Dumais [30] eine Hierarchie von Momentengleichungen aufgestellt, damit ist es möglich, die Betrachtungen von Deemer und Slattery zu interpretieren.Die erhaltene Bilanzgleichung ist formal identisch mit derjenigen von Bedeaux, Albano und Mazur [4], darüberhinaus wird eine Momentenentwicklung der Flüsse und Dichteintegrale normal zu der Grenzfläche durchgeführt. Ein Abbruchverfahren für diese Momentenentwicklung wird nicht angegeben. Intuitiv argumentiert Dumais, daß bei geringer Dicke der Grenzschicht (Dumais nennt diese Grenzschicht Übergangszone) neben der Grenzfläche wahrscheinlich weniger Momente berücksichtigt werden müssen als bei einer dickeren Grenzschicht. Werden alle Momente der Ordnung $m \geq 1$ vernachlässigt, so läßt sich mit dieser Theorie die Methode von Bedeaux, Albano und Mazur [4] interpretieren. Die Frage nach der Dicke der Grenzschicht für die dann das abgebrochene Momentenverfahren gültig ist, kann nicht beantwortet werden.

Diese Theorien nehmen nicht Bezug auf das in der Grenzfläche bzw.dem Grenzbereich vorhandene Material, sie sind in diesem Sinne keine Materialtheorien und damit für unsere Zwecke ungeeignet. Wir wollen biologische Materie in Membranen beschreiben. Biologische Materie besteht aus Lipiden, Proteinen und Proteineinlagerungen. Diese Proteineinlagerungen und eventuelle Teilchen innerhalb der Membran werden durch Verteilungen beschrieben. Diese Verteilungen können durch die angrenzenden intra- und extrazellulären Medien beeinflußt werden. Diese Beeinflussung können wir erfassen, wenn wir das Transportverhalten kennen. Zu diesem Zweck stellen wir Bilanzgleichungen für semipermeable Membranen zusammen, die es zulassen, daß wir innerhalb der Membranen z.B. die Verteilung einer Massendichte bzw. Konzentrationsverteilung etc. vorgeben können.

Wir studieren das physikalische Geschehen an und in,mit Materie erfüllten Grenzbereichen und in Grenzflächen. Dazu stellen wir Bilanzgleichungen für semipermeable Grenzbereiche und Grenzflächen sowie konstitutive Gleichungen auf. Bei der Herleitung der Bilanzgleichungen lassen wir uns leiten durch die Betrachtungen von Slattery [27] bezüglich der parallelen Grenzbereiche und benutzen das Konzept der Parallelabbildung von einer Fläche auf eine andere Fläche von Voss [20]. Wir übertragen dieses Konzept auf Grenzflächen und in einer Anlehnung an die Ableitung von Grenzflächenbilanzen von Moeckel [18] stellen wir Bilanzgleichungen für Grenzbereiche auf. Im Gegensatz zu dem Modell der parallelen Grenzbereiche von Slattery führen wir in einem Grenzbereich parallele Flächen ein, wobei jede dieselbe Normalgeschwindigkeit besitzt und die Flächen untereinander durch Abbildungen hervorgehen. Dazu erklären wir die, in der Mitte des Grenzbereiches liegende Fläche als Referenzfläche $\Sigma_0$ und die, zu dieser Fläche parallelen Nachbarflächen als Parallelabbildung von $\Sigma_0$. Liegen insbesondere die Krümmungseigenschaften der Referenzfläche fest, so sagt uns die Parallelabbildung welche Krümmungseigenschaften die parallelen Nachbarflächen besitzen. Zwei äußere Grenzflächen $\Sigma_1$ und $\Sigma_2$, bezüglich der Referenzfläche in der Mitte, begrenzen den Grenzbereich. Im Limes verschwindende Grenzbereichsdicke erhalten wir Bilanzgleichungen für eine mit Dichten belegte semipermeable Fläche.

In einem ersten Schritt entwickeln wir ein Konzept für eine Membran, idealisiert durch eine mit Dichten belegte Grenzfläche (siehe Abschnitt V). Dieses Konzept der belegten Flächen stellt eine Membranidealisierung in dem Sinne dar, daß alle wesentlichen Membraneigenschaften von realen Membranen wiedergegeben werden können.

## 4.1 Bilanzgleichungen für permeable Grenzbereiche

In diesem Abschnitt werden Bilanzgleichungen für permeable Grenzbereiche endlicher Dicke zusammengestellt. Wir werden einen solchen Grenzbereich als mathematisches Modell für eine Biomembran endlicher Dicke betrachten. Zur Herleitung der Bilanzgleichungen betrachten wir einen Körper $\mathcal{B}(t)$ mit dem materiellen Volumen $\mathcal{V}(t)$ und dieses Volumen sei getrennt durch einen Grenzbereich $\mathcal{R}(t)$ mit dem Volumen $\mathcal{V}_{\mathcal{R}}(t)$ in die Volumina $\mathcal{V}_1(t)$ und $\mathcal{V}_2(t)$. In anderen Worten, an den Grenzbereich schliessen sich beiderseitig Raumbereiche mit den Volumina $\mathcal{V}_1(t)$ und $\mathcal{V}_2(t)$ an. Diese Volumina können mit dem intrazellulären und extrazellulären Medium, im Falle eines geschlossenen Grenzbereiches identifiziert werden. Zur Aufstellung der Bilanzgleichungen für Grenzbereiche betrachten wir das Dichtefeld $\psi(x^i, t)$, es sei die Dichte von $\Psi$ in einem räumlichen Bereich $\mathcal{R}(t)$ und wir fragen nach der zeitlichen Veränderung von $\Psi$. Die Veränderung von $\Psi$ ist gegeben durch eine Ausströmung $\Phi$ durch die Berandung $\partial\mathcal{R}(t)$, einer eventuellen Produktion $P$ innerhalb $\mathcal{R}(t)$ und einer möglichen Veränderung durch eine Zufuhr $\mathcal{S}$ aus der Umgebung von $\mathcal{R}(t)$ im Volumen $\mathcal{V}_{\mathcal{R}}(t)$. Dieses motiviert uns zu schreiben

$$\frac{d\Psi}{dt} = -\Phi(\Psi) + P(\Psi) + \mathcal{S}(\Psi). \tag{4.1}$$

Die Ausströmung $\Phi(\Psi)$ durch die Berandung von $\mathcal{R}(t)$ besteht aus zwei Anteilen, einem konvektiven Flußterm $\hat{\Phi}(\Psi)$ und einem nichtkonvektiven Fluß $\int_{\partial\mathcal{R}(t)} \Phi^j \eta_j \, dA$. Hierbei ist $\partial\mathcal{R}(t) = \Sigma_1(t) \cup \Sigma_2(t) \cup \Omega(t)$ die Berandung des Bereiches $\mathcal{R}(t)$. $dA$ ist ein Flächenelement auf $\partial\mathcal{R}(t)$, $\eta_j$ steht senkrecht auf $\partial\mathcal{R}(t)$ und zeigt in den Außenbereich von $\mathcal{R}(t)$.

Speziell kennzeichnen wir den Normalvektor auf den Randflächen durch:

$$\eta^k = \begin{cases} +e^k & \text{auf der Referenzfläche } \Sigma_0 \text{ und der äußeren Fläche } \Sigma_2, \\ -e^k & \text{auf der inneren Fläche } \Sigma_1 , \\ N^k & \text{auf der Mantelfläche } \Omega \quad \text{auf der Schnittlinie von} \\ & \Sigma_0 \text{ mit der Mantelfläche } \Omega \text{ , sei } N^k = n^k. \end{cases}$$

$P(\Psi)=\int_{\mathcal{R}(t)} P d\tau$ sei die Produktion von $\Psi$ innerhalb von $\mathcal{R}(t)$ und $S(\Psi)=\int_{\mathcal{R}(t)} S d\tau$ sei die Zufuhr von $\Psi$ aus der Umgebung des Grenzbereiches $\mathcal{R}(t)$ durch die Berandung $\partial\mathcal{R}(t)$ . Das Bilanz-Statement ( 4.1 ) lautet damit

$$\frac{d_{\dot{\sigma}k}}{dt} \int_{\mathcal{R}(t)} \psi \, d\tau = - \hat{\Phi}(\Psi) - \int_{\partial\mathcal{R}(t)} \Phi^j \eta_j \, dA + \int_{\mathcal{R}(t)} (P + S) d\tau . \tag{4.2}$$

Die Gleichung ( 4.2 ) ist die allgemeinste Form einer Bilanz, für einen Grenzbereich endlicher Dicke. Nach der Auswertung der einzelnen Terme, erhalten wir ein Transport-Theorem für einen permeablen Grenzbereich und dieses Transport-Theorem passen wir sodann an unsere Problemstellung an.

### 4.1.1 Nichtkonvektive Flußterme

Wir berechnen die nichtkonvektiven Flüsse durch die Berandung $\partial\mathcal{R}(t)$, nämlich durch die Bodenfläche nach innen $\Sigma_1(t)$ , die Deckfläche $\Sigma_2(t)$ und die Mantelfläche $\Omega(t)$ . Wir haben drei Beiträge, nämlich

$$\int\limits_{\partial\mathcal{R}(t)} \Phi^j \eta_j \, dA = \int\limits_{\Sigma_2(t)} \Phi^j e_j \, d\Sigma_2 - \int\limits_{\Sigma_1(t)} \Phi^j e_j \, d\Sigma_1 + \int\limits_{\Omega(t)} \Phi^j d\Omega_j \tag{4.3}$$

auszuwerten. $\Phi^j$ ist die Dichte des nichtkonvektiven Flußes durch die Berandung $\partial\mathcal{R}(t)$.

Bemerkung: Vorstehende Gleichung und die gesamte Bilanz ( 4.1 ) sollen so umgeformt werden, daß auf der rechten Seite als Integrationsbereich nur die Referenzfläche $\Sigma_0(t)$ bzw. deren Berandung auftritt. Dieses hat zur Folge, daß wir genau spezifizieren müssen, in welchem geometrischen Zusammenhang die Fläche $\Sigma_1(t)$ bzw. $\Sigma_2(t)$ zur Referenzfläche $\Sigma_0(t)$ steht. Dieser geometrische Zusammenhang ist durch die Abbildung $F(\xi)$ gegeben. Wollen wir bei diesem Konzept, z.B. eine skalar-wertige Feldfunktion $\phi$ ,die in der Fläche $\Sigma_2(t)$ definiert ist, bezüglich der Referenzfläche $\Sigma_0(t)$ untersuchen, dann erwarten wir, daß in der Fläche $\Sigma_2(t)$ , die Größe $\{F(\xi)\phi\}_{\xi_2}$ auftritt. Die Größe $\{F(\xi)\phi\}_{\xi_2}$ ist der Wert der Funktion $\phi$ an der Stelle $\xi_2$ , multipliziert mit einer geometrischen Größe (siehe Gl.(3.72 )), die die Krümmungseigenschaften der Fläche $\Sigma_2(t)$ , bezüglich der Referenzfläche $\Sigma_0(t)$ bestimmt. Analog erhalten wir an der Grenzfläche $\Sigma_1(t)$ die Größe $\{F(\xi)\phi\}_{\xi_1}$ an der Stelle $\xi_1$ , die Differenz $\{F(\xi)\phi\}_{\xi_2} - \{F(\xi)\phi\}_{\xi_1}$ bezeichnen wir als Sprung der Feldfunktion bezüglich des Grenzbereiches. Er besagt, daß die Feldfunktion zu beiden Seiten des Grenzbereiches an der Fläche $\Sigma_1(t)$ und $\Sigma_2(t)$ unstetig sein kann. Dieses ist Anlaß zu der folgenden Definition:

<u>Definition</u>:

$$[F(\xi)\phi] = F(\xi)\phi\big|_{\xi_2} - F(\xi)\phi\big|_{\xi_1} . \tag{4.4}$$

Mit $d\Sigma = F(\xi)\, d\sigma$ und $d\Omega_j = D^{EF} x_{j,E}\, x_{p,F}\, n^p\, d\xi\, d\gamma$ aus Anhang $A2$ läßt sich die Gl.( 4.3 ) umschreiben. Wir erhalten

$$\int_{\partial\mathcal{R}(t)} \Phi^j \eta_j\, dA = \int_{\Sigma_2} F(\xi)\, \Phi^j\, d\sigma_2 - \int_{\Sigma_1} F(\xi)\, \Phi^j\, d\sigma_1 + \int_{\Omega} \Phi^j D^{EF} x_{j,E}\, x_{p,F}\, n^p\, d\xi\, d\gamma \tag{4.5}$$

$$= \int_{\Sigma_0} [F(\xi)\, \Phi^j] e_j\, d\sigma + \int_{\Omega} \Phi^j D^{EF} x_{j,E}\, x_{p,F}\, n^p\, d\xi\, d\gamma\, .$$

Beh. Der nichtkonvektive Fluß durch die Mantelfläche $\Omega(t)$ läßt sich mit Hilfe des Satzes von Stokes durch ein Flächenintegral über $\Sigma_0$ in der folgenden Form darstellen:

$$\int_{\Omega} \Phi^j D^{EF} x_{j,E}\, x_{p,F}\, n^p\, d\xi\, d\gamma = \int_{\Sigma_0} \underset{\tau}{\Phi}{}^A{}_{;A}\, d\sigma \tag{4.6a}$$

mit

$$\underset{\tau}{\Phi}{}^A := x_{j,B} \int_{\xi_1}^{\xi_2} \Phi^j D^{AB}\, d\xi\ . \tag{4.6b}$$

Bew. Anhang A 3.

Für die nichtkonvektiven Flußterme in Gl.( 4.2 ) folgt das Resultat:

$$\int_{\partial\mathcal{R}(t)} \Phi^j \eta_j\, dA = \int_{\Sigma_0} \left\{ [F(\xi)\, \Phi^j] e_j + \underset{\tau}{\Phi}{}^A{}_{;A} \right\} d\sigma\, ,$$

dabei ist der in der eckigen Klammer eingeschlossene Ausdruck durch ( 4.4 ) definiert.

### 4.1.2 Konvektive Flußterme

Die Komponenten des Geschwindigkeitsfeldes in $\mathcal{R}(t)$ seien $v^j(x^i,t)$, an der Berandung $\Sigma_1$ und $\Sigma_2$ seien die Komponenten des Geschwindigkeitsfeldes $\underset{1}{\dot{\sigma}}^j(x^i,t)$ und $\underset{2}{\dot{\sigma}}^j(x^i,t)$. $\underset{\Omega}{\dot{\sigma}}^j(x^i,t)$ repräsentiert die Komponenten des Geschwindigkeitsfeldes an $\Omega(t)$. Aufgrund einer Teilchenbewegung innerhalb des Grenzbereiches $\mathcal{R}(t)$, die unabhängig zur Bewegung des Grenzbereiches innerhalb des Körpers $\mathcal{L}(t)$ erfolgt, gibt es drei Beiträge an Flußtermen durch die Berandung $\partial\mathcal{R}(t)$, nämlich:

$$\hat{\Phi}(\Psi) = \int_{\Sigma_2} \psi\cdot(v^j - \underset{2}{\dot{\sigma}}^j)e_j\, d\Sigma_2 - \int_{\Sigma_1} \psi\cdot(v^j - \underset{1}{\dot{\sigma}}^j)e_j\, d\Sigma_1 + \int_{\Omega} \psi\cdot(v^j - \underset{\Omega}{\dot{\sigma}}^j)\, d\Omega_j\,. \tag{4.7}$$

Mit Def.(4.4) erhalten wir

$$\hat{\Phi}(\Psi) = \int_{\Sigma_0} [F(\xi)\psi\cdot(v^j - \dot{\sigma}^j)e_j]\, d\sigma + \int_{\Omega} \psi\cdot(v^j - \underset{\Omega}{\dot{\sigma}}^j)D^{CE}x_{j,C}\, x_{P,E}\, n^P\, d\xi\, d\mathcal{S}. \tag{4.8}$$

<u>Beh</u>. Der konvektive Fluß durch die Mantelfläche $\Omega(t)$ läßt sich mit Hilfe des Satzes von Stokes in ein Flächenintegral über $\Sigma_0$ umschreiben. Das Resultat ist:

$$\int_{\Omega} \psi\cdot(v^j - \underset{\Omega}{\dot{\sigma}}^j)\, d\Omega_j = \int_{\Sigma_0} \underset{\tau}{\hat{\Phi}}{}^A{}_{;A}\, d\sigma\,, \tag{4.9a}$$

wobei

$$\underset{\tau}{\hat{\Phi}}{}^A = \int_{\xi_1}^{\xi_2} \psi\cdot\left\{ \left(v_j\, x^j{}_{,B} + \xi\, \underset{n}{w}{}_{;B}\right)D^{AB}(\xi) - F(\xi)\underset{\tau}{u}{}^A \right\} d\xi\,. \tag{4.9b}$$

Die hier auftretende geometrische Größe $D^{AB}(\xi)$ ist im Anhang A2 definiert.

Bew. Anhang A 3.

Mit vorstehenden Umformungen haben wir den konvektiven Beitrag

$$\hat{\Phi}(\Psi) = \int_{\Sigma_0} \left\{ [F(\xi)\psi\cdot(v^j-\dot{\sigma}^j)]e_j + \hat{\Phi}_{\tau}{}^{A}{}_{;A} \right\} d\sigma$$

in der Bilanz ( 4.2 ) durch Feldgrößen dargestellt.

### 4.1.3 Transport-Theorem für Grenzbereiche

Für die Umformung der linken Seite von Gl.( 4.2 ) benutzen wir das Transporttheorem [15] für den Bereich $\mathcal{R}(t)$:

$$\frac{d_{\dot{\sigma}^k}}{dt}\int_{\mathcal{R}(t)} \psi\, d\tau = \int_{\mathcal{R}(t)} \left.\frac{\partial\psi}{\partial t}\right|_{x^j} d\tau + \oint_{\partial\mathcal{R}(t)} \psi\,\dot{\sigma}^k \eta_k\, dA . \tag{4.10}$$

Zunächst formen wir das erste Integral auf der rechten Seite um und beachten, daß die Dichte $\psi$ in $\mathcal{R}(t)$ eine Funktion von $x^j$ und der Zeit $t$ ist, dabei ist $x^j(u^A,\xi,t) = x^j(u^A,t) + \xi e^j(u^A,t)$ (siehe Gl. 3.64 ). Die zeitliche Veränderung von $\psi$ zu festem Ort $x^j$ bestimmten wir aus der partiellen Ableitung

$$\left.\frac{\partial\psi}{\partial t}\right|_{u^A,\xi} = \left.\frac{\partial\psi}{\partial t}\right|_{x^j} + \left.\frac{\partial\psi}{\partial x^j}\right|_{t} \left.\frac{\partial x^j}{\partial t}\right|_{u^A,\xi} . \tag{4.11}$$

Die partielle Ableitung $\left.\frac{\partial x}{\partial t}\right|_{u^A,\xi}$ haben wir im Abschnitt III

berechnet (siehe Gl. ( 3.88)). Mit Hilfe dieser Ableitung folgt aus Gl. (4.11 ) die zeitliche Veränderung von $\psi$ bei festgehaltenem Ort $x^j$ der Ausdruck:

$$\left.\frac{\partial \psi}{\partial t}\right|_{x^j} = \left.\frac{\partial \psi}{\partial t}\right|_{u^A,\xi} - \underset{n}{w} \left.\frac{\partial \psi}{\partial x^j}\right|_t e^j + \xi \underset{n}{w}_{;B} \left.\frac{\partial \psi}{\partial x^j}\right|_t x^j{}_{,C}\, g^{BC} . \tag{4.12}$$

Benutzen wir die Definition für die Normalableitung $\frac{\partial \psi}{\partial \xi} := \frac{\partial \psi}{\partial x^j} e^j$ und die Definition für die Tangentialableitung $\psi_{,C} := \frac{\partial \psi}{\partial x^j} x^j{}_{,C}$ aus

Abschnitt III , so erhalten wir für die zeitliche Veränderung von $\psi$

$$\left.\frac{\partial \psi}{\partial t}\right|_{x^j} = \left.\frac{\partial \psi}{\partial t}\right|_{u^A,\xi} - \underset{n}{w} \frac{\partial \psi}{\partial \xi} + \xi\, g^{BC} \underset{n}{w}_{;B}\, \psi_{,C} . \tag{4.13}$$

Damit können wir für den ersten Term auf der rechten Seite des Transport-Theorems (4.10 ) schreiben:

$$\int_{\mathcal{R}(t)} \left.\frac{\partial \psi}{\partial t}\right|_{x^j} d\tau = \int_{\mathcal{R}(t)} \left.\frac{\partial \psi}{\partial t}\right|_{x^j} d\tau$$

$$= \int_{\Sigma_0} \int_{\xi_1}^{\xi_2} \left\{ \left.\frac{\partial \psi}{\partial t}\right|_{u^A,\xi} - \underset{n}{w} \left.\frac{\partial \psi}{\partial \xi}\right|_{u^A,\xi} + \left(\xi\, g^{BC} \underset{n}{w}_{;B}\, \psi_{,C}\right)_{u^A,\xi} \right\} F(\xi)\, d\xi\, d\sigma \tag{4.14a}$$

$$= \int_{\Sigma_0} \int_{\xi_1}^{\xi_2} \left\{ \left.\frac{\partial \psi}{\partial t}\right|_{u^A,\xi} F(\xi) - \underset{n}{w} \left.\frac{\partial \psi}{\partial \xi}\right|_{u^A,\xi} F(\xi) + \left(\xi\, g^{BC} \underset{n}{w}_{;B}\, \psi_{,C}\right)_{u^A,\xi} F(\xi)\, d\xi\, d\sigma .$$

In den vorhergehenden Betrachtungen, so beispielsweise bei der Formulierung des konvektiven Flußtermes, trat in den Integralen die Größe $F(\xi)$ zusammen mit $\psi$ als Produkt auf und nicht wie hier in einer Kombination der Form $F \frac{\partial\psi}{\partial\xi}\Big|_{u^A,\xi}$. Um die einzelnen Terme später zu einem Transport-

Theorem für Grenzbereiche zusammenfassen zu können, erweist es sich als zweckmäßig, die Terme $\frac{\partial\psi}{\partial\xi} F(\xi)$ und $\frac{\partial\psi}{\partial t} F(\xi)$ umzuschreiben.

Diese Umschreibung läßt sich mit Hilfe der partiellen Ableitung, der Größe $F(\xi)\psi$ nach $\xi$ in einfacher Weise durchführen:

$$\frac{\partial\psi F(\xi)}{\partial\xi}\Big|_{u^A,\xi} = \frac{\partial\psi}{\partial\xi}\Big|_{u^A,\xi} F(\xi) + \psi \frac{\partial F(\xi)}{\partial\xi}\Big|_{u^A,\xi} . \tag{4.14}$$

Für die Größe $\frac{\partial\psi}{\partial\xi}\Big|_{u^A,\xi} F(\xi)$ in Gl. (4.14) gilt:

$$\frac{\partial\psi}{\partial\xi}\Big|_{u^A,\xi} F(\xi) = \frac{\partial F\psi}{\partial\xi}\Big|_{u^A,\xi} - \psi \frac{\partial F(\xi)}{\partial\xi}\Big|_{u^A,\xi} .$$

Die partielle Ableitung der Größe $\psi$ nach der Zeit $t$ nimmt die Form an:

$$\frac{\partial\psi}{\partial t}\Big|_{u^A,\xi} F(\xi) = \frac{\partial F(\xi)\psi}{\partial t}\Big|_{u^A,\xi} - \psi \frac{\partial F(\xi)}{\partial t}\Big|_{u^A,\xi} .$$

Mit Hilfe dieser Umformung haben wir erreicht, daß der Integrand von Gl. (4.14a) jetzt explizit von dem Produktterm $F(\xi)\psi$ abhängt. Unschön sind Restterme, die wir noch geeignet zusammenfassen müssen. Wir haben:

$$\int_{\mathcal{R}(t)} \frac{\partial\psi}{\partial t}\bigg|_{x^i} d\tau = \int_{\Sigma_0}\int_{\xi_1}^{\xi_2} \Big\{ \frac{\partial(F(\xi)\psi)}{\partial t}\bigg|_{u^A,\xi} - \underset{n}{w}\, \frac{\partial(F(\xi)\psi)}{\partial \xi}\bigg|_{u^A,\xi} - \psi\,\frac{\partial F(\xi)}{\partial t}\bigg|_{u^A,\xi}$$

(4.14b)

$$+ \underset{n}{w}\,\psi\,\frac{\partial F(\xi)}{\partial\xi}\bigg|_{u^A,\xi} + \left(\xi g^{BC} \underset{n}{w}_{;B}\, \psi_{,C}\right)_{u^A,\xi} F(\xi)\Big\}\, d\xi\, d\sigma .$$

Inspektion der rechten Seite von (4.14b) legt nahe, eine Größe $\underset{s}{\psi}$ im Grenzbereich zu definieren.

Def.

$$\int_{\xi_1}^{\xi_2} F(\xi)\psi\, d\xi =: \underset{s}{\psi} . \tag{4.15}$$

$\underset{s}{\psi}$ ist die mittlere Dichte, sie berechnet sich nach Definition aus der Dichte $\psi$, gewichtet mit einer Funktion $F(\xi)$, die abstandsabhängig von der Referenzfläche $\Sigma_0$ ist.Den zweiten Term auf der rechten Seite von Gl. (4.14b) formen wir mit Hilfe der Definition (4.4) um. Wir erhalten:

$$\int_{\xi_1}^{\xi_2} \frac{\partial(F(\xi)\psi)}{\partial\xi}\bigg|_{u^A,\xi} d\xi = [F(\xi)\psi] .$$

Die Terme mit den Ableitungen $\frac{\partial F(\xi)}{\partial t}$ und $\frac{\partial F(\xi)}{\partial \xi}$ sind explizit bekannt (siehe Gl.(A4.9) und Gl.(A4.2)), sie lassen sich zusammenfassen zu

$$-\psi\frac{\partial F(\xi)}{\partial t}\bigg|_{u^A,\xi} + \underset{n}{w}\,\psi\,\frac{\partial F(\xi)}{\partial\xi}\bigg|_{u^A,\xi} = \frac{\dot g}{2g}\psi F(\xi) + \xi D^{AB}(\xi)\,\psi\, \underset{n}{w}_{;AB} , \tag{4.16}$$

hierbei ist

$$D^{AB}(\xi) = \left(F(\xi) - \xi^2 k_G\right) g^{AB} + \xi\, b^{AB} \tag{4.17}$$

eine geometrische Größe, sie wurde im Anhang A 2 definiert. Unter Berücksichtigung der vorstehenden Umformungen, folgt letztlich für die zeitliche Veränderung von $\psi$ :

$$\int\limits_{\mathcal{R}(t)} \left.\frac{\partial \psi}{\partial t}\right|_{x^j} d\tau = \int\limits_{\Sigma_0} \Big\{ \partial_t \underset{s}{\psi} + \frac{\dot{g}}{2g} \underset{s}{\psi} - \underset{n}{w} \left[ F(\xi)\psi \right] \tag{4.18}$$

$$+ \underset{n}{w}_{;AC} \int\limits_{\xi_1}^{\xi_2} \xi D^{AC}(\xi)\psi \, d\xi + g^{AC} \underset{n}{w}_{;A} \int\limits_{\xi_1}^{\xi_2} \xi F(\xi)\, \psi_{,C}\, d\xi \Big\} d\sigma .$$

Wir berechnen jetzt das Oberflächenintegral $\oint\limits_{\partial\mathcal{R}(t)} \psi \dot{\sigma}^k \eta_k \, dA$ in Termen von $F(\xi)$ über die Fläche $\Sigma_0$ . Wir schreiben das Oberflächenintegral in Termen über die Fläche $\Sigma_2$ , $\Sigma_1$ und die Mantelfläche $\Omega$ und erhalten:

$$\oint\limits_{\partial\mathcal{R}(t)} \psi \dot{\sigma}^j \eta_j \, dA = \int\limits_{\Sigma_2} \psi \underset{2}{\dot{\sigma}}^j e_j \, d\Sigma_2 - \int\limits_{\Sigma_1} \psi \underset{1}{\dot{\sigma}}^j e_j \, d\Sigma_1 + \int\limits_{\Omega} \psi \underset{\Omega}{\dot{\sigma}}^j \, d\Omega_j . \tag{4.19}$$

Mit den Gleichungen (3.88a ),(3.88b) folgt unter Beachtung von $x^j_{,A}\, e_j = 0$ (siehe 3.4.3 Eigenschaft c ) eine Darstellung für das Oberflächenintegral

$$\oint\limits_{\partial\mathcal{R}(t)} \psi \dot{\sigma}^j \eta_j \, dA = \int\limits_{\Sigma_0} \underset{n}{w} \left[ F(\xi)\psi \right] d\sigma + \oint\limits_{\mathcal{C}} \int\limits_{\xi_1}^{\xi_2} \psi \Big\{ \underset{n}{w} e^j + x^j_{;A} \underset{\tau}{u}^A$$

$$- \xi \underset{n}{w}_{;B}\, x^j_{,C}\, g^{BC} \Big\} d\Omega_j ,$$

die mit dem Flächenelement $d\Omega_j = D^{AB} x_{j,A}\, x_{p,B}\, n^p d\xi\, d\sigma$ für die Mantelfläche des Bereiches $\mathcal{R}(t)$ weiter umgeformt wird. Beachten wir

die Eigenschaft der Orthogonalität von $x_{j,A}$ mit $e^j$, so ist
$D^{AB} x_{j,A} x_{p,B} e^j = 0$ und

$$\oint_{\partial\mathcal{R}(t)} \psi \dot{\sigma}^j \eta_j \, dA = \int_{\Sigma_0} \underset{n}{w} [F(\xi)\psi] \, d\sigma$$
$$+ \oint_{\ell} \int_{\xi_1}^{\xi_2} \psi \left\{ x^j_{;A} \underset{\tau}{u}^A - \xi \underset{n}{w}_{;B} x^j_{;C} g^{BC} \right\} D^{AB} x_{j,A} x_{p,B} x^p_{;E} n^E \, d\xi \, d\ell . \tag{4.20}$$

Beachten wir Gl.(*A3.9*) und (*A3.11*), dann läßt sich der zweite Term in (*4.20*) vereinfachen. Wir schreiben:

$$\oint_{\ell} \int_{\xi_1}^{\xi_2} \left\{ x^j_{;A} \underset{\tau}{u}^A - \xi \underset{n}{w}_{;B} x^j_{;C} g^{BC} \right\} D^{AB} x_{j,A} x_{p,B} x^p_{;E} n_F g^{EF} \, d\xi \, d\ell =$$
$$\oint_{\ell} \int_{\xi_1}^{\xi_2} \left\{ F(\xi) \psi \underset{\tau}{u}^F - \xi D^{BF}(\xi) \psi \underset{n}{w}_{;B} \right\} n_F \, d\xi \, d\ell . \tag{4.21}$$

Mit der Definition von $\underset{s}{\psi}$ (siehe Gl.(*4.15*)) und mit Hilfe des Satzes von Stokes, erhalten wir letztlich das Resultat:

$$\oint_{\partial\mathcal{R}(t)} \psi \dot{\sigma}^j \eta_j \, dA = \int_{\Sigma_0} \left\{ \underset{n}{w} [F(\xi)\psi] + \left( \underset{s}{\psi} \underset{\tau}{u}^A \right)_{;A} - \left( \underset{n}{w}_{;C} \int_{\xi_1}^{\xi_2} \xi \psi D^{AC} d\xi \right)_{;A} \right\} d\sigma . \tag{4.22}$$

Jetzt können wir die einzelnen Terme von Gl.(*4.10*) zu einem Transport-Theorem zusammenfassen. Die rechte Seite des Transport-Theorems Gl.(*4.10*) ist mit Gl. (*4.22*) und dem Ausdruck (*4.18*) definiert. Durch Zusammenfassung von (*4.18*) und (*4.22*) erhalten wir ein modifiziertes Transport-Theorem für Grenzbereiche. Um das neue Transport-Theorem in geeigneter Form schreiben zu können, fassen wir die beiden letzten Terme in Gl.(*4.18*) mit dem letzten Term von Gl.(*4.22*) zusammen. Wir schreiben für die Zusammenfassung der Terme

$$\underset{n}{w}_{;AC}\int_{\xi_1}^{\xi_2}\xi D^{AC}(\xi)\,\psi\,d\xi+g^{AC}\underset{n}{w}_{;A}\int_{\xi_1}^{\xi_2}\xi F(\xi)\,\psi_{;C}\,d\xi-\Big(\underset{n}{w}_{;A}\int_{\xi_1}^{\xi_2}\xi\psi D^{AC}d\xi\Big)_{;C}$$

$$=g^{AC}\underset{n}{w}_{;A}\int_{\xi_1}^{\xi_2}\xi F(\xi)\,\psi_{;C}\,d\xi-\underset{n}{w}_{;A}\int_{\xi_1}^{\xi_2}(\psi D^{AC})_{;C}\,\xi\,d\xi\;, \tag{4.23a}$$

dabei haben wir berücksichtigt, daß die Terme mit den Größen $\underset{n}{w}_{;AC}$ sich aufheben. Die rechte Seite von (4.23a) läßt sich weiter vereinfachen, die kovariante Ableitung $(\psi D^{AC})_{;C}$ ist ausführbar. Wir erhalten:

$$\underset{n}{w}_{;A}\int_{\xi_1}^{\xi_2}g^{AC}F(\xi)\,\psi_{;C}\,\xi\,d\xi-\underset{n}{w}_{;A}\int_{\xi_1}^{\xi_2}(\psi D^{AC}(\xi))_{;C}\,\xi\,d\xi$$

$$=\underset{n}{w}_{;A}\int_{\xi_1}^{\xi_2}\{F(\xi)\,g^{AC}\psi_{;C}-D^{AC}(\xi)\,\psi_{;C}-\psi D^{AC}(\xi)_{;C}\}\,\xi\,d\xi \tag{4.23b}$$

$$=\underset{n}{w}_{;A}\,\underset{\tau}{\psi}^{A}\;,$$

dabei haben wir für $D^{AC}(\xi)$ die Definition (4.17) benutzt, die Größe $\underset{\tau}{\psi}^{A}$ ist definiert durch:

$$\underset{\tau}{\psi}^{A}:=-\int_{\xi_1}^{\xi_2}\left(E^{AC}(\xi)\,\psi_{;C}+D^{AC}(\xi)_{;C}\,\psi\right)\xi\,d\xi\;,$$

wobei die geometrische Größe $E^{CA}(\xi)$ durch

$$E^{AC}(\xi):=-\xi^2 k_G\,g^{AC}+\xi\,b^{AC} \tag{4.23}$$

festgelegt ist (siehe Anhang A2).

Mit diesen Definitionen, folgt für das Transport-Theorem für einen Grenzbereich die Formel

$$\frac{d_{\dot{g}k}}{dt}\int\limits_{\mathcal{R}(t)} \psi \, d\tau = \int\limits_{\Sigma_o} \left\{ \partial_t \underset{s}{\psi} + \frac{\dot{g}}{2g} \underset{s}{\psi} + \left( \underset{s}{\psi} \underset{\tau}{u}^A \right)_{;A} + \underset{n}{w}_{;A} \underset{\tau}{\psi}^A \right\} d\sigma . \tag{4.24}$$

Die Bilanzgleichung für einen semipermeablen Grenzbereich ist damit berechnet:

$$\int\limits_{\Sigma_o} \left\{ \partial_t \underset{s}{\psi} + \frac{\dot{g}}{2g} \underset{s}{\psi} + \left( \underset{s}{\psi} \underset{\tau}{u}^A \right)_{;A} + \underset{n}{w}_{;A} \underset{\tau}{\psi}^A \right\} d\sigma = -\int\limits_{\Sigma_o} \left\{ \underset{\tau}{\Phi}^A_{;A} + \left[ F(\xi) \, \Phi^j e_j \right] \right\} d\sigma \tag{4.25a}$$

$$-\int\limits_{\Sigma_o} \left\{ \underset{\tau}{\hat{\Phi}}^A_{;A} + \left[ F(\xi) \, \psi \cdot (v^j - \dot{\sigma}^j) e_j \right] \right\} d\sigma + \int\limits_{\Sigma_o} (p + s) \, d\sigma .$$

Bei dieser Darstellung hat der Produktionsterm und der Zufuhrterm die Form:

$$\int\limits_{\mathcal{R}(t)} (P + S) \, d\tau = \int\limits_{\Sigma_o} \int\limits_{\xi_1}^{\xi_2} F(\xi) \{ P + S \} \, d\xi \, d\sigma$$

$$= \int\limits_{\Sigma_o} (p + s) \, d\sigma ,$$

wobei

$$p = \int\limits_{\xi_1}^{\xi_2} F(\xi) \, P \, d\xi \tag{4.26a}$$

und

$$s = \int\limits_{\xi_1}^{\xi_2} F(\xi) \, S \, d\xi . \tag{4.26b}$$

Die Formulierung (4.25a) kann als Verallgemeinerung von Gl.(3.7) in [21] angesehen werden. Im folgenden soll Gl.(4.25a) für verschiedene Spezialfälle untersucht werden. Insbesondere wird gezeigt, daß die früher benutzten Gleichungen in der Formulierung (4.25a) enthalten sind. Den früher in [21] eingeführten Größen können wir jetzt mit Hilfe von Integraldarstellungen eine physikalische Bedeutung zuweisen.

## 4.2 Lokale Form der Bilanzgleichung für permeable Grenzbereiche

Wir geben jetzt eine Zusammenfassung der im vorherigen Abschnitt eingeführten Definitionen für die Bilanzgleichung

$$\int_{\Sigma_0} \Big( \partial_t \underset{s}{\psi} + (\underset{s}{\psi} \underset{\tau}{u}^A)_{;A} + \frac{\dot{g}}{2g} \underset{s}{\psi} + \underset{n}{w}_{;A} \underset{\tau}{\psi}^A \Big) d\sigma =$$

$$-\int_{\Sigma_0} \Big( \underset{\tau}{\Phi}^A{}_{;A} + [F(\xi)\, \Phi^j e_j] \Big) d\sigma - \int_{\Sigma_0} \Big( \underset{\tau}{\hat{\Phi}}^A{}_{;A} + [F(\xi)\, \psi \cdot (\underset{n}{v} - \underset{n}{\dot{\sigma}})] \Big) d\sigma + \int_{\Sigma_0} (p + s)\, d\sigma . \tag{4.25b}$$

Gl.(4.25b) ist die Bilanzgleichung für einen semipermeablen Grenzbereich endlicher Dicke

$$\xi_2 - \xi_1 \; .$$

Auf der rechten Seite von Gl.(4.25b) berücksichtigt der erste Term den nichtkonvektiven Fluß, der zweite Term den konvektiven Fluß durch die Berandung und der dritte Term berücksichtigt eine eventuelle Produktions- und Zufuhrdichte aus der Umgebung von $\mathcal{R}(t)$ in den Bereich $\mathcal{R}(t)$.

Da die Gl.(4.25b) für beliebig kleine Flächenelemente $\Sigma_o$ gilt, erhalten wir daraus die folgende lokale Form der Bilanzgleichung

$$\partial_t \underset{s}{\psi} + \frac{\dot{g}}{2g} \underset{s}{\psi} + \underset{n}{w}_{;A} \underset{\tau}{\psi}^A + \left(\underset{s}{\psi} \underset{\tau}{u}^A + \underset{\tau}{\Phi}^A + \underset{\tau}{\hat{\Phi}}^A\right)_{;A} + \left[F(\xi)\left\{\psi\cdot(v^j - \dot{\sigma}^j)e_j + \Phi^j e_j\right\}\right] = p + s \quad . \tag{4.27}$$

Wir geben an dieser Stelle eine Zusammenstellung von einigen in dieser Gleichung definierten Größen an:

$$\underset{s}{\psi} = \int_{\xi_1}^{\xi_2} F(\xi)\,\psi\, d\xi \tag{4.28}$$

Mittelwert des Dichtefeldes $\psi$ in $\mathcal{R}(t)$,

$$\underset{\tau}{\psi}^A = -\int_{\xi_1}^{\xi_2} \left(E^{AB}(\xi)\,\psi_{;B} + D^{AB}(\xi)_{;B}\,\psi\right)\xi\, d\xi \quad , \tag{4.29}$$

$$\underset{\tau}{\Phi}^A = x_{j,B} \int_{\xi_1}^{\xi_2} \Phi^j D^{BA}(\xi)\, d\xi \tag{4.30}$$

nichtkonvektiver Fluß durch $\Omega(t)$,

$$\begin{aligned}
\underset{\tau}{\hat{\Phi}}^A &= \int_{\xi_1}^{\xi_2} \left\{\psi v_j\, D^{AB}(\xi)\, x^j_{,B} - F(\xi)\, \underset{\tau}{u}^A \psi + \xi\psi D^{AB}(\xi)\, \underset{n}{w}_{;B}\right\} d\xi \\
&= \int_{\xi_1}^{\xi_2} \psi \left\{D^{AB}(\xi)\left(v_j x^j_{,B} + \xi\, \underset{n}{w}_{;B}\right) - F(\xi)\, \underset{\tau}{u}^A\right\} d\xi \\
&= \int_{\xi_1}^{\xi_2} \psi \left\{F(\xi)\left(\underset{\tau}{v}^A - \underset{\tau}{u}^A\right) + v_j x^j_{,B}\, E^{AB}(\xi) + \xi\, \underset{n}{w}_{;B}\, D^{AB}(\xi)\right\} d\xi ,
\end{aligned} \tag{4.31}$$

$$p = \int_{\xi_1}^{\xi_2} F(\xi)\, P\, d\xi \qquad \text{Produktionsdichte in } \mathcal{R}(t), \tag{4.32}$$

$$s = \int_{\xi_1}^{\xi_2} F(\xi)\, S\, d\xi \qquad \text{Strahlungsdichte aus der Umgebung in } \mathcal{R}(t). \tag{4.33}$$

Dabei wurden die folgenden Abkürzungen benutzt

$$F(\xi) = \det\left(\delta_A^B - \xi b_A^B\right) = 1 - 2\xi k_H + \xi^2 k_G \;, \tag{4.34a}$$

$$D^{pq}(\xi) = D^{AB}(\xi)\, x^p_{,A}\, x^q_{,B} \;, \tag{4.34b}$$

$$D^{AB}(\xi) = \left(1 - 2\xi k_H\right) g^{AB} + \xi b^{AB} \;, \tag{4.34c}$$

$$E^{AB}(\xi) = -\xi^2 k_G\, g^{AB} + \xi b^{AB} \;. \tag{4.34d}$$

## 4.3 Bilanzgleichungen an semipermeablen Grenzflächen

Das Ziel dieses Abschnittes ist es, zu zeigen in welchem Sinne die Bilanzgleichung ( 3.8 ) in einer vorangegangenen Arbeit [21] eine spezifische Bilanzgleichung für eine, mit Materie belegten Fläche darstellt. Um dieses zu zeigen, müssen wir die Bilanzgleichung (4.27 ) bzw. die dazugehörigen Definitionen (4.28 ) bis ( 4.33 ) für den Fall verschwindenderGrenzbereichsdicke untersuchen. Dabei wird deutlich, in welcher Weise, die räumlichen Größen (Felder, konstitutive Gleichungen etc.) modifiziert werden, um das physikalische Geschehen an Grenzflächen beschreiben zu können. Die mathematischen Definitionen (4.28) bis (4.33) werden durch Bildung der Limites teilweise erheblich vereinfacht, in ihrer vereinfachten Form stellen die Definitionen exakte Beziehungen zwischen den Grenzflächengrößen und den räumlichen Größen dar, und wir erkennen daraus die physikalische Bedeutung der Grenzbereichsgrößen.

Zunächst betrachten wir in der Bilanzgleichung (3.8) in einer vorangegangenen Arbeit [21] die Flächendichte und den nichtkonvektiven Fluß durch ein Linienelement der Berandung der Fläche, sie sind mathematisch ausgedrückt, die Limites von raumartigen Größen. Die Flächengrößen sind damit mathematisch definiert durch Integrale über die räumlichen Größen (siehe Gl.(4.46)) und damit läßt sich ihnen eine physikalische Bedeutung zuweisen.

Die Gl.(3.8) aus [21], mit etwas geänderten Bezeichnungen für die Flächendichte, den nichtkonvektiven Flußterm und die räumliche Dichte, hat die Form

$$\underset{t}{\partial}\underset{s}{\psi} + \frac{\dot{g}}{2g}\underset{s}{\psi} + (\underset{s}{\psi}\,\underset{\tau}{w}^{A} + \underset{\tau}{\Phi}^{A})_{;A} + [\{\psi(v^{j} - w^{j}) + \Psi^{j}\}e_{j}] = \pi + \sigma \,. \qquad (4.35)$$

Durch Vergleich von Gl.(4.27) mit Gl.(4.35) stellen wir fest, daß beide Gleichungen ähnliche Terme besitzen. Strukturell sind die beiden Gleichungen verschieden, sie beschreiben unterschiedliche physikalische Sachverhalte, außerdem besitzt Gl.(4.27) zwei zusätzliche Terme. Es sind dieses die Terme

$$\underset{n}{w}_{;A}\,\underset{\tau}{\psi}^{A} \quad \text{und} \quad \underset{\tau}{\hat{\Phi}}^{A} \,.$$

Der erste Term entsteht durch eine Umformung des Transport-Theorems (4.10). Die Größe $\underset{\tau}{\psi}^A$ in Gl.(4.23b) enthält zwei Terme, der erste Term auf der linken Seite hat seine Ursache in einer zeitlichen Veränderung, der räumlichen Größe $\underset{\tau}{\psi}^A$ und der zweite Term hat seine Ursache in einem Fluß durch die Mantelfläche $\Omega$. Insgesamt stellt $\underset{n}{w}_{;A}\,\underset{\tau}{\psi}^A$ einen Flußterm durch die Mantelfläche, infolge einer zeitlichen Veränderung des Einheitsvektors $e^k$ dar. Das Geschwindigkeitsfeld $\underset{n}{w}_{;A}$ ist mit der zeitlichen Veränderung des Einheitsvektors $\partial_t e^k = -\underset{n}{w}_{;A}\, g^{AB} x^k_{,B}$ verknüpft und $\underset{\tau}{\psi}^A$ ist die Flußgröße, sie ist durch Gl. (4.23c) definiert.

Der Grund für das Auftreten der konvektiven Flußgröße $\underset{\tau}{\hat{\Phi}}^A$ hat seine Ursache in der Annahme eines Geschwindigkeitsfeldes in dem Volumen des Grenzbereiches $\mathcal{V}_{\mathcal{R}}$, das unabhängig zum Geschwindigkeitsfeld der Berandung $\partial\mathcal{R}(t)$ existiert. Dadurch entsteht ein konvektiver Fluß durch die Berandung $\partial\mathcal{R} = \Sigma_2 \cup \Sigma_1 \cup \Omega$ des Grenzbereiches.

Bemerkung: Vergleichen wir die Gl.(4.35) für Grenzflächen mit derjenigen für Grenzbereiche Gl.(4.27) so erkennen wir, daß der Gl.(4.27) strukturell eine andere Bedeutung zukommt. Die einzelnen Terme, nämlich $\underset{s}{\psi}$, $\underset{\tau}{\psi}^A$, $\underset{\tau}{\Phi}^A$, $\underset{\tau}{\hat{\Phi}}^A$, $p$ und $s$ sind Integrale über den Integrationsbereich $[\xi_1, \xi_2]$, sie sind durch Gln. (4.28 - 4.33) definiert. Ihre physikalische Bedeutung *wird* später bei der Diskussion von einigen Spezialfällen klarer. Der allgemeine Aspekt der Definitionen (4.28) bis (4.33) ist der, daß die einzelnen Integrale als Distributionen mit der Trägerfunktion $F(\xi)$ aufgefaßt werden können.

Wir wollen jetzt zeigen, daß die Gl.(4.27) im Limes verschwindender Grenzbereichsdicke in die Gl.(4.35) übergeht. Dieser Grenzübergang ist wichtig, weil wir dann auch den Größen in Gl.(4.35) eine mathematische

Definition geben können. Aber zunächst einige vorbereitende Bemerkungen und Annahmen.

i) Wir nehmen ein Grenzbereich konstanter Dicke $\varepsilon$ an und setzen $\xi_1 = -\frac{\varepsilon}{2}$ und $\xi_2 = \frac{\varepsilon}{2}$ .

ii) Zu beiden Seiten einer Grenzfläche existieren im allgemeinen verschiedene Werte für ein Grenzflächenfeld. Wir definieren die Grenzflächenfelder durch:

$$\varphi^-(u^A,t) := \lim_{\substack{x^i \in \mathcal{R}^-(t) \\ x^i \to x^i \in \Sigma_1(t)}} \varphi(x^i,t) \tag{4.36a}$$

und

$$\varphi^+(u^A,t) := \lim_{\substack{x^i \in \mathcal{R}^+(t) \\ x^i \to x^i \in \Sigma_2(t)}} \varphi(x^i,t) \,. \tag{4.36b}$$

iii) Die Limites von Integralen über Feldfunktionen existieren und seien endliche, nicht-verschwindende und glatte Funktionen von $u^A$ und der Zeit $t$ .

Für eine skalare Feldfunktion $G(u^A,\xi,t)$ schreiben wir:

$$g(u^A,t) = \lim_{\varepsilon \to 0} \int_{-\frac{\varepsilon}{2}}^{\frac{\varepsilon}{2}} G(u^A,\xi,t)\,d\xi \tag{4.37}$$

und analog für die Komponenten einer vektoriellen Feldfunktion $F^j(u^A,\xi,t)$ schreiben wir

$$f^j(u^A,t) = \lim_{\varepsilon \to 0} \int_{-\frac{\varepsilon}{2}}^{\frac{\varepsilon}{2}} F^j(u^A,\xi,t)\,d\xi \,. \tag{4.38}$$

Für eine tensorielle Feldfunktion, abhängig von den Flächenparametern $u^1$ und $u^2$ , der Grenzbereichsvariablen $\xi$ und der Zeit $t$ , gilt entsprechend das vorher Gesagte.

Wir untersuchen jetzt die eingeführten Abkürzungen (4.34) und die Darstellungen (4.28) bis (4.33).

i) Für $\xi = 0$ besitzen die Abkürzungen (4.34) eine einfache funktionale Form:

$$F(0) = 1\,, \qquad D^{AB}(0) = g^{AB}\,, \qquad E^{AB}(0) = 0\,. \tag{4.39}$$

ii) Integrale von der Form

$$\lim_{\varepsilon \to 0} \int_{-\frac{\varepsilon}{2}}^{\frac{\varepsilon}{2}} \xi^p f(u^A, \xi, t)\, d\xi \qquad \text{für } p > 0\,, \tag{4.40}$$

liefern keinen Beitrag.

Unter Beachtung von Gl. (4.40) werden jetzt die Gln.(4.28) bis (4.33) untersucht.

iii) Im Limes $\varepsilon \to 0$, erhalten wir keinen Beitrag in der Bilanz (4.27) durch $\underset{\tau}{\psi}^A$.

iv) Der konvektive Fluß $\underset{\tau}{\hat{\Phi}}^A$, definiert durch Gl.(4.31), nimmt mit Hilfe von (ii) die folgende Form an:

$$\underset{\tau}{\hat{\Phi}}^A = \lim_{\varepsilon \to 0} \left\{ g^{AB} x^i_{,B} \int_{-\frac{\varepsilon}{2}}^{\frac{\varepsilon}{2}} F(\xi)\, \psi(u^A, \xi, t)\, v_i\, d\xi - \int_{-\frac{\varepsilon}{2}}^{\frac{\varepsilon}{2}} F(\xi)\, \psi(u^A, \xi, t)\, \underset{\tau}{u}^A\, d\xi \right\}. \tag{4.41}$$

iv,1) Schreiben wir die Komponenten des Geschwindigkeitsfeldes als kontravariante Größen $\underset{\tau}{v}^A = g^{AB} x^i_{,B} v_i$, so folgt:

$$\underset{\tau}{\hat{\Phi}}^A = \lim_{\varepsilon \to 0} \int_{-\frac{\varepsilon}{2}}^{\frac{\varepsilon}{2}} F(\xi)\, \psi(u^A, \xi, t) \left( \underset{\tau}{v}^A - \underset{\tau}{u}^A \right) d\xi\,. \tag{4.42}$$

In dieser Darstellung kommt zum Ausdruck, daß das Geschwindigkeitsfeld $\underset{\tau}{u}^A$ unabhängig einer eventuellen Teilchenbewegung auf der

Fläche $\Sigma_0$ gegenüber der materiellen Fläche erfolgt. Sei im Moment $\psi(u^A, \xi, t)$ mit der Massendichte identifiziert, dann stellt $\underset{\tau}{\hat{\Phi}}{}^A$ ein Diffusionstrom entlang der Fläche dar. Wir interpretieren das physikalisch so, ist an der materiellen Grenzfläche eine ungleichmäßige Dichte-Verteilung einer oberflächen-aktiven Substanz vorgegeben oder erfolgt dort eine Massenproduktion aufgrund chemischer Reaktionen, so erhalten wir eine Diffusion entlang der Fläche. Damit können wir begründen, warum Hennenberg, Sørensen und Sanfeld [31] einen Grenzflächen-Diffusionsstrom angesetzt haben.

iv,2) Ist

$$\underset{\tau}{\hat{\Phi}}{}^A = 0\,, \tag{4.43}$$

so können wir schreiben:

$$\lim_{\varepsilon\to 0} \int_{-\frac{\varepsilon}{2}}^{\frac{\varepsilon}{2}} F(\xi)\,\psi(u^A,\xi,t)\,\underset{\tau}{v}{}^A\,d\xi = \underset{\tau}{u}{}^A \lim_{\varepsilon\to 0} \int_{-\frac{\varepsilon}{2}}^{\frac{\varepsilon}{2}} F(\xi)\,\psi(u^A,\xi,t)\,d\xi\,, \tag{4.44}$$

weil $\underset{\tau}{u}{}^A$ auf der Referenzfläche definiert ist und somit keine Funktion von $\xi$ ist. Aus der Formel (4.44) folgt unmittelbar für die Geschwindigkeit

$$\underset{\tau}{u}{}^A = \frac{\lim\limits_{\varepsilon\to 0} \int_{-\frac{\varepsilon}{2}}^{\frac{\varepsilon}{2}} F(\xi)\,\psi(u^A,\xi,t)\,\underset{\tau}{v}{}^A\,d\xi}{\lim\limits_{\varepsilon\to 0} \int_{-\frac{\varepsilon}{2}}^{\frac{\varepsilon}{2}} F(\xi)\,\psi(u^A,\xi,t)\,d\xi}\,.$$

Die Bilanz (4.27) für permeable Grenzbereiche endlicher Dicke, nimmt im Limes $\varepsilon \to 0$ die folgende Gestalt an

$$\partial_t \underset{s}{\psi} + \frac{\dot{g}}{2g}\underset{s}{\psi} + \left(\underset{s}{\psi}\,\underset{\tau}{w}{}^A + \underset{\tau}{\Phi}{}^A\right)_{;A} + \left[\left(\psi\,(v^j - w^j) + \Psi^j\right)e_j\right] = \pi + \sigma\,, \tag{4.45}$$

dabei ist die Feldgröße $\underset{s}{\psi}$ der Gl. (4.28) und die Feldgröße $\underset{\tau}{\Phi}{}^A$ der Gl. (4.30) wie folgt definiert:

$$\underset{s}{\psi}(u^A,t) := \lim_{\varepsilon \to 0} \int_{-\frac{\varepsilon}{2}}^{\frac{\varepsilon}{2}} F(\xi)\, \psi(u^A,\xi,t)\, d\xi, \tag{4.46a}$$

$$\underset{\tau}{\Phi}^A(u^A,t) := x_{P,B}\, g^{AB} \lim_{\varepsilon \to 0} \int_{-\frac{\varepsilon}{2}}^{\frac{\varepsilon}{2}} F(\xi)\, \Phi^P(u^A,\xi,t)\, d\xi. \tag{4.46b}$$

Hierbei sind $\psi(u^A,\xi,t)$ bzw. $\Phi^P(u^A,\xi,t)$ physikalische Größen, die in einem räumlichen Bereich definiert sind, sie werden mit $F(\xi)$ gewichtet und liefern in der Grenze für verschwindendes $\varepsilon$ die Feldgröße $\underset{s}{\psi}$ bzw. $\underset{\tau}{\Phi}^A$ an der Grenzfläche $\Sigma_o$. Mit der Gl.(4.46a) und (4.46b) sind die Feldgrößen $\underset{s}{\psi}$ und $\underset{\tau}{\Phi}^A$ in der Gl.(4.35) aus unseren früheren Überlegungen definiert.

Die Produktionsdichte $\pi$ auf $\Sigma_o$ und die Zufuhrdichte $\sigma$, z.B. durch Strahlung aus dem die Fläche $\Sigma_o$ umgebenden Volumen auf $\Sigma_o$, erhalten wir aus (4.32) und (4.33). Wir definieren:

$$\pi := \lim_{\varepsilon \to 0} \int_{-\frac{\varepsilon}{2}}^{\frac{\varepsilon}{2}} F(\xi)\, P\, d\xi \quad , \tag{4.46c}$$

$$\sigma := \lim_{\varepsilon \to 0} \int_{-\frac{\varepsilon}{2}}^{\frac{\varepsilon}{2}} F(\xi)\, S\, d\xi \quad . \tag{4.46d}$$

Damit wird die Bilanz (4.45) an Grenzflächen identisch derjenigen, die wir in der Arbeit [21] aufgestellt haben. Allerdings bekommen jetzt die darin vorkommenden physikalischen Größen die Bedeutung von Grenzwerten. Wir haben hier den Grenzübergang im Hinblick auf strukturelle Gesichtspunkte durchgeführt. Bei den speziellen Bilanzgleichungen in Abschnitt 4.4 werden wir die spezifischen Probleme diskutieren. Dabei beachten wir, daß die Größen, die für einen Grenzbereich definiert werden, physikalisch etwas anderes darstellen, als die Größen auf der mit Materie belegten Grenzfläche. Diesen physikalischen Sachverhalt drücken wir durch unterschiedliche Bezeichnungen aus.

## 4.4 Spezielle Bilanzgleichungen für Flüssigkeitsmischungen in einem Grenzbereich

Das Ziel dieses Abschnittes ist es, möglichst präzise und physikalisch motiviert, Bilanzgleichungen für eine Mischungstheorie von Flüssigkeiten, die noch genau, entsprechend der physikalischen Problemstellung, durch konstitutive Gleichungen zu spezifizieren sind, für einen Grenzbereich aus der Bilanzgleichung (4.27) zu deduzieren und zu diskutieren. Diese Absicht verlangt, daß wir den Gleichungen (4.28) bis (4.33) eine physikalische Bedeutung zuweisen müssen. Weiterhin wollen wir die Gleichungen für die Grenzbereichsdicke $\varepsilon$, im Limes $\varepsilon \to 0$, diskutieren. Als Ergebnis der Limesbildung erwarten wir, daß wir die früher diskutierten Gleichungen für Flüssigkeitsmischungen an Grenzflächen erhalten.

### 4.4.1. Partialbilanz der Massendichte

In der Bilanzgleichung (4.27) ist eine spezielle Bilanz noch nicht spezifiziert. Diese Spezifikation erreichen wir, wenn wir dem Dichtefeld $\psi(x^i,t)$, der Dichte $\Phi^j(x^i,t)$ des nichtkonvektiven Flußes, der Produktionsdichte $P(x^i,t)$ und der Zufuhrdichte $S(x^i,t)$ eine spezielle physikalische Bedeutung zuweisen. Wir wollen zunächst die Bilanz der Massendichte aufstellen. Das Dichtefeld ist hier das Dichtefeld der Partialdichte $\rho_\delta$ in der Flüssigkeitsmischung mit $\delta = 1,\dots,\lambda$ Konstituenten.

$\{\psi(x^i,t)\}_\delta =: \rho_\delta(x^i,t)$ ist das Dichtefeld der Partialdichte der Teilsorte $\delta$.

$\Phi^j(x^i,t) = 0$ Ein nichtkonvektiver Fluß einer Massendichte durch eine Berandung ist bisher nicht beobachtet worden und deshalb setzen wir diesen Term gleich Null.

$\{P(x^i,t)\}_\delta =: \Pi_\delta(x^i,t)$ $\Pi_\delta(x^i,t)$ ist die Produktion an Masse bzw. Massendichte aufgrund von chemischen Reaktionen, die im Grenzbereich $\mathcal{R}(t)$ ablaufen können. Solche chemische Reaktionen sind innerhalb des Grenzbereiches mit den dort vorhandenen Substanzen möglich. Andererseits können chemische Reaktionen durch ein Stofftransport in den permeablen Grenzbereich in diesem, chemische Reaktionen auslösen oder stimulieren.

$S^l(x^i,t) = 0$ Eine Zufuhr von Masse aufgrund einer "Einstrahlung" wurde bisher im Experiment nicht beobachtet und deshalb setzen wir $S(x^i,t) = 0$.

Bezeichnungen (4.47)

Bemerkung: In den folgenden physikalischen Zuweisungen werden wir auf die exakte Schreibweise, die zwischen der Funktion einer physikalischen Größe und dem Funktionswert unterscheidet, verzichten, um die Bezeichnungen nicht durch die Angabe der Variablen zu überladen. Allerdings werden wir in Zweifelsfällen stets die exakte Schreibweise verwenden.

Damit folgen aus Gl. (4.28),(4.29),(4.31) und (4.32) spezifische Definitionen:

$$\Gamma_\delta = \int_{\xi_1}^{\xi_2} F(\xi)\,\rho_\delta\, d\xi \,, \qquad \text{Massendichte } \mathcal{R}(t), \tag{4.48a}$$

$$\underset{\tau}{\Gamma}{}_{\delta}^{A} = \int_{\xi_1}^{\xi_2} \left( E^{AB}(\xi)\rho_{\delta,B} - D^{AB}(\xi)_{;B}\,\rho_{\delta} \right)\xi\, d\xi , \quad \text{gewichtete Massendichte} , \tag{4.48b}$$

$$\underset{\tau}{\Delta}{}_{\delta}^{A} = \int_{\xi_1}^{\xi_2} \rho_{\delta} \left\{ F(\xi)\left( \underset{\tau}{v}{}_{\delta}^{A} - \underset{\tau}{u}{}_{\delta}^{A} \right) + v_{d}^{\delta}\, x^{d}_{,B}\, E^{AB}(\xi) + \xi\, \underset{n}{w}_{\delta;B}\, D^{AB}(\xi) \right\} d\xi , \tag{4.48c}$$

konvektiver Massenfluß ,

und die Produktionsdichte an Masse innerhalb $\mathcal{R}(t)$ ist

$$\rho_{\delta} = \int_{\xi_1}^{\xi_2} F(\xi)\, \Pi_{\delta}\, d\xi . \tag{4.48d}$$

Durch die Integraldarstellungen erhalten die, durch (4.48) definierten Größen ihre physikalische Bedeutung. Interpretation der Massendichte $\rho_{\delta}(u^A,\xi,t)$ : Die Massendichte $\rho_{\delta}(u^A,\xi,t)$ im Grenzbereich ist eine Funktion der Flächenkoordinaten, dem Abstand von der Referenzfläche $\xi$ und der Zeit $t$ . Die Größe $F(\xi)$ beschreibt die geometrische Abweichung einer Fläche, die sich in einem Abstand $\xi$ von der Referenzfläche $\Sigma_0$ befindet, so daß das Produkt $F(\xi)\,\rho_{\delta}(u^A,\xi,t)$ die Dichte an der Stelle $\xi$ bei veränderter Geometrie gegenüber der Referenzfläche $\Sigma_0$ beschreibt. Dieses ist plausibel, da eine bezüglich der Referenzfläche $\Sigma_0$ parallele Fläche, im Abstand $\xi$ von $\Sigma_0$ , im allgemeinen andere Krümmungseigenschaften besitzt. Eine ähnliche Interpretation erlaubt die Produktionsdichte der Masse innerhalb des Bereiches $\mathcal{R}(t)$ , die Darstellungen (4.48b) und (4.48c) sind nicht so einfach zu interpretieren. Diese Darstellungen vereinfachen sich drastisch für den Fall mit verschwindender Grenzbereichsdicke. Die Definition (4.48a) besagt, daß wir für jede Partialdichte $\rho_{\delta}$ innerhalb des Intervalls $[\xi_1, \xi_2]$ eine von der Referenzfläche $\Sigma_0$ abstandsabhängige Verteilung der Massendichte zulassen. Diese abstandsabhängige Verteilung einer Massendichte etc. benötigen wir für eine realistische Diskussion von biologischen Membranen. Denken wir dabei z.B. nur an eine mögliche Verteilung von Ionen, innerhalb der biologischen Materie in der Membran oder die Verteilung von Proteinen, so wird deutlich, daß solche Verteilungen innerhalb der Membran bezüglich der Transporteigenschaften von großer Wichtigkeit sein können.

Aus der allgemeinen Bilanz (4.27) erhalten wir jetzt mit vorstehenden spezifischen Definitionen die Partialbilanz für die Massendichte der Konstituenten $\delta$ in einer Flüssigkeitsmischung:

$$\partial_t \Gamma_\delta + \frac{\dot{g}}{2g}\Gamma_\delta + \left(\Gamma_\delta \underset{\tau}{u}_\delta^{A} + \underset{\tau}{\Delta}_\delta^{A}\right)_{;A} + \underset{\tau}{\Gamma}_\delta^{A} \underset{n}{w}_{\delta;A} + \left[F(\xi)\rho_\alpha(v_\alpha^j - \dot{\sigma}_\lambda^j)e_j\right] = p_\delta . \tag{4.49}$$

Die Bilanz für die Massendichte Gl.(4.49) in einer Grenzschicht endlicher Dicke, läßt sich wie folgt interpretieren: Die zeitliche Veränderung der Massendichte hängt von der zeitlichen Änderung der Metrik ab (2.Term), einem Massenfluß $\Gamma_\delta \underset{\tau}{u}_\delta^{A}$ und einem konvektiven Massenfluß durch die Mantelfläche eines Testvolumens (3.Term), dem Massenfluß durch die Mantelfläche infolge Veränderung der Normalgeschwindigkeit (4.Term), dem Massenfluß in Normalenrichtung zur semipermeablen Berandung $\Sigma$ sowie einer eventuell stattfindenden chemischen Reaktion mit einer Massenproduktion $p_\delta$. Für die Massenproduktion nehmen wir an, daß die Zahl der unabhängigen Produktionen kleiner als $\lambda$ ist. Die Zahlen $\gamma_\delta^r$ heißen stöchiometrische Koeffizienten und sie spezifizieren, wie viele Moleküle der Masse $m_\delta$ in der Reaktion $r$ erzeugt werden können. Wir verlangen, daß die Masse in jeder Reaktion $r = 1,\dots,n$ eine Erhaltungsgröße ist. Wir haben deshalb $n$ Gleichungen für $n$ unabhängige chemische Reaktionen. Somit :

$$\sum_{\delta=1}^{\lambda} \gamma_{\delta}^{r} m_{\delta} = 0 \quad . \tag{4.50}$$

Unter Berücksichtigung, daß in jeder Reaktion $r$ es möglich ist, daß eine bestimmte Konstituente erzeugt oder vernichtet werden kann, führen wir eine materialabhängige Größe $z_r$ ein. Diese Größe soll abhängen von dem Material des Grenzbereiches. Für die Massenproduktion in der Reaktion $r$, folgt somit:

$$\Pi_{\delta}^{\rho} = \gamma_{\delta}^{\rho} m_{\delta} z_{\rho} \quad . \tag{4.51}$$

In einer Mischung gilt:

$$\Pi_{\delta} = \sum_{r=1}^{n} \gamma_{\delta}^{r} m_{\delta} z_{r} \, . \tag{4.52}$$

In den folgenden Untersuchungen betrachten wir die $z_r$ als konstitutive Größen, die von den thermodynamischen Feldern in dem Grenzbereich und den Krümmungseigenschaften der Grenzschicht abhängt.

Existiert kein konvektiver Massenfluß $\underset{\tau}{\Delta}{}_{\delta}^{A}$ durch die Mantelfläche $\Omega$, so folgt:

$$\underset{\tau}{\Delta}{}_{\delta}^{A} := \int_{\xi_1}^{\xi_2} \left\{ \rho_{\delta} \, v_j^{\delta} \, D^{AB}(\xi) \, x^j_{,B} - F(\xi) \, \underset{\tau}{u}{}_{\delta}^{A} + \xi \rho_{\delta} D^{AB}(\xi) \underset{n}{w}{}_{;B} \right\} d\xi = 0 \, . \tag{4.53}$$

Mit der Definition für das Geschwindigkeitsfeld $\underset{\tau}{\dot{X}}{}_{\delta}^{A} := \frac{1}{\gamma_{\delta}} \int_{\xi_1}^{\xi_2} F(\xi) \rho_{\delta} \underset{\tau}{u}{}_{\delta}^{A} \, d\xi$, folgt:

$$\underset{\tau}{\dot{X}}{}_{\delta}^{A} = x^j_{,B} \frac{1}{\gamma_{\delta}} \int_{\xi_1}^{\xi_2} \rho_{\delta} \, v_j^{\delta} \left\{ \left( F(\xi) - \xi^2 k_G \right) g^{AB} + \xi b^{AB} \right\} d\xi + \frac{1}{\gamma_{\delta}} \int_{\xi_1}^{\xi_2} \xi \rho_{\delta} D^{AB}(\xi) \underset{n}{w}{}_{;B} \, d\xi \, . \tag{4.54}$$

Diesen Ausdruck können wir noch vereinfachen, wenn wir eine gewichtete Geschwindigkeit

$$\gamma_\delta \dot{x}^k_\delta := \int_{\xi_1}^{\xi_2} F(\xi)\, \rho_\delta v^k_\delta \, d\xi \tag{4.55}$$

im Grenzbereich $\mathcal{R}(t)$ definieren. Gewichtsfunktion ist dabei $F(\xi)$. Unter Beachtung von $x^j_{,B}\, \dot{x}^\delta_j\, g^{AB} = \underset{\tau}{\dot{x}}{}^A_\delta$ , folgt:

$$\underset{\tau}{\dot{X}}{}^A_\delta = \underset{\tau}{\dot{x}}{}^A_\delta + \frac{1}{\gamma_\delta} x^j_{,B} \int_{\xi_1}^{\xi_2} \rho_\delta v^\delta_j \left(b^{AB} - \xi k_G g^{AB}\right) \xi \, d\xi$$
$$+ \frac{1}{\gamma_\delta} \int_{\xi_1}^{\xi_2} \xi \rho_\delta D^{AB}(\xi) \underset{n}{w}_{;B} \, d\xi. \tag{4.56}$$

Wir betrachten jetzt als Integrationsgrenzen in Gl.(*4.48*) das Intervall $[-\frac{\varepsilon}{2}, \frac{\varepsilon}{2}]$ und bilden den Grenzübergang für $\varepsilon \to 0$ . Wir erhalten aus Gl.(*4.48a*) die mathematische Definition für die Massendichte

$$\gamma_\delta = \lim_{\varepsilon \to 0} \int_{-\frac{\varepsilon}{2}}^{\frac{\varepsilon}{2}} F(\xi)\, \rho_\delta \, d\xi \tag{4.57a}$$

an einer mit Materie belegten Grenzfläche. Im Limes $\varepsilon \to 0$ verschwindet der Beitrag (*4.48b*) und für den konvektiven Massenfluß

$$\underset{\tau}{J}{}^A_\delta = \lim_{\varepsilon \to 0} \int_{-\frac{\varepsilon}{2}}^{\frac{\varepsilon}{2}} F(\xi)\, \rho_\delta \left(\underset{\tau}{v}{}^A_\delta - \underset{\tau}{u}{}^A_\delta\right) d\xi \,, \tag{4.57b}$$

folgt aus Gl. (*4.48c*). Beachten wir, daß die Geschwindigkeit $\underset{\tau}{u}{}^A_\delta$ an der Referenzfläche $\Sigma_o$ definiert wurde und somit keine Funktion von $\xi$ ist, so folgt aus Gl.(*4.57b*):

$$\underset{\tau}{J}{}^A_\delta = \lim_{\varepsilon \to 0} \int_{-\frac{\varepsilon}{2}}^{\frac{\varepsilon}{2}} F(\xi)\rho_\delta \underset{\tau}{v}{}^A_\delta \, d\xi - \underset{\tau}{u}{}^A_\delta \lim_{\varepsilon \to 0} \int_{-\frac{\varepsilon}{2}}^{\frac{\varepsilon}{2}} F(\xi)\rho_\delta \, d\xi$$

$$= \gamma_\delta \underset{\tau}{w}{}^A_\delta - \gamma_\delta \underset{\tau}{u}{}^A_\delta \,,$$

wobei

$$\underset{\tau}{w}_\delta^A := \frac{1}{\gamma_\delta} \lim_{\varepsilon \to 0} \int_{-\frac{\varepsilon}{2}}^{\frac{\varepsilon}{2}} F(\xi)\, \rho_\delta\, \underset{\tau}{v}_\delta^A\, d\xi \tag{4.57c}$$

ist.

Für die Flächendivergenz in Gl.(4.49) folgt im Limes

$$\lim_{\varepsilon \to 0} \left( \Gamma_\delta \underset{\tau}{u}_\delta^A + \underset{\tau}{\Delta}_\delta^A \right) = \lim_{\varepsilon \to 0} \int_{-\frac{\varepsilon}{2}}^{\frac{\varepsilon}{2}} F(\xi)\, \rho_\delta\, d\xi\, \underset{\tau}{u}_\delta^A + \lim_{\varepsilon \to 0} \underset{\tau}{\Delta}_\delta^A$$

$$= \gamma_\delta \underset{\tau}{u}_\delta^A + \underset{\tau}{J}_\delta^A = \gamma_\delta \underset{\tau}{w}_\delta^A .$$

Damit folgt für die Bilanz der Massendichte für eine mit Masse belegte Unstetigkeitsfläche

$$\partial_t \gamma_\delta + \frac{\dot{g}}{2g} \gamma_\delta + (\gamma_\delta \underset{\tau}{w}_\delta^A)_{;A} + [\rho_\sigma (v_\sigma^j - w_\lambda^j) e_j] = \pi_\delta \quad , \tag{4.58}$$

wobei die Massenproduktion durch

$$\pi_\delta = \lim_{\varepsilon \to 0} \int_{-\frac{\varepsilon}{2}}^{\frac{\varepsilon}{2}} F(\xi)\, \Pi_\delta\, d\xi \tag{4.57d}$$

definiert ist.

Das Ergebnis (4.58) ist uns bekannt, es ist die Massenbilanz für eine Grenzfläche, wie wir sie in [21] untersucht haben. Allerdings konnte erst hier eine präzise Definition der Größen in der Grenzfläche gegeben werden. Analog diesen Betrachtungen für die Massenbilanz diskutieren wir die Impulsbilanz, Bilanz der inneren Energie und die Entropiebilanz.

## 4.4.2 Partialbilanz des Impulses

Für die Impulsbilanz müssen wir ebenso dem Dichtefeld $\psi$ , dem nicht-konvektiven Fluß $\Phi^j$ , der Produktionsdichte $P$ und der Zufuhrdichte $S$ eine spezifisch physikalische Bedeutung zuweisen. Dabei lassen wir uns ebenfalls von der experimentellen Erfahrung leiten. Es ist klar, daß das Dichtefeld hier das Dichtefeld der Impulsdichte $\rho_\delta v_\delta^k$ ist.

| | |
|---|---|
| $\{\psi\}_\delta^k =: \rho_\delta v_\delta^k$ | Partial-Impulsdichte der Konstituente $\delta$ in der Flüssigkeitsmischung. |
| $\{\Phi^j\}_\delta^k =: -t_\delta^{jk}$ | Spannungstensor in der Mischung. Es ist $t_\delta^{jk} dA_k$ die auf ein Flächenelement $dA_k$ an $\partial\mathcal{R}(t)$ wirkende Kraft $dK_\delta^j$ . |
| $\{P\}_\delta^k =: m_\delta^k$ | Impulsproduktion, z.B. aufgrund chemischer Reaktionen im Bereich $\mathcal{R}(t)$. |
| $\{S\}_\delta^k =: \rho_\delta f_\delta^k$ | Dichte der Volumenkraft. $f_\delta^k$ sind die Komponenten einer Kraftdichte eines äußeren Feldes, z.B. der Gravitation. Diese Komponente der Kraftdichte wirken an den Teilchen der Sorte $\delta$ in dem Bereich $\mathcal{R}(t)$. |

Bezeichnungen (4.59)

Für die Partialimpulsbilanz folgt dann analog dem Abschnitt 4.4.1 aus Gl.(4.27) die folgende Form für die Impulsbilanz:

$$\partial_t(\gamma_\delta \dot{x}_\delta^k) + \frac{\dot{g}}{2g}\gamma_\delta \dot{x}_\delta^k + \underset{n}{w}_{;A} R_\delta^{kA} + (\gamma_\delta \dot{x}_\delta^k \underset{\tau}{u}_\delta^A - t_\delta^{kA} + \mathcal{T}_\delta^{kA})_{;A}$$
$$+ [F(\xi)\{\rho_\alpha v_\alpha^k (v_\alpha^j - \dot{\sigma}_\lambda^j) e_j - t_\alpha^{kj} e_j\}] = m_\delta^k + \gamma_\delta \mathcal{F}_\delta^k . \tag{4.60}$$

Die einzelnen Größen in dieser Gleichung ergeben sich mit Hilfe der Bezeichnungen (4.59) aus den Darstellungen (4.28) bis (4.33) zu:

$$\gamma_\delta \dot{x}_\delta^k = \int_{\xi_1}^{\xi_2} F(\xi)\, \varrho_\delta v_\delta^k \, d\xi , \tag{4.61a}$$

$$R_\delta^{kA} = \int_{\xi_1}^{\xi_2} \left\{ E^{AB}(\xi) \left( \varrho_\delta v_\delta^k \right)_{;B} - D^{AB}(\xi)_{;B}\, \varrho_\delta v_\delta^k \right\} \xi \, d\xi , \tag{4.61b}$$

$$t_\delta^{kA} = x_{k,B} \int_{\xi_1}^{\xi_2} t_\delta^{kj} D^{BA}(\xi)\, d\xi , \tag{4.61c}$$

$$m_\delta^k = \int_{\xi_1}^{\xi_2} F(\xi)\, m_\delta^k \, d\xi , \tag{4.61d}$$

$$\gamma_\delta \mathcal{F}_\delta^k = \int_{\xi_1}^{\xi_2} F(\xi)\, \varrho_\delta f_\delta^k \, d\xi , \tag{4.61e}$$

$$\mathcal{I}_\delta^{kA} = \int_{\xi_1}^{\xi_2} \varrho_\delta v_\delta^k \left\{ F(\xi) \left( \underset{\tau}{v}{}_\delta^A - \underset{\tau}{u}{}_\delta^A \right) + v_\delta^j x^j_{,B} E^{BA}(\xi) + \xi \underset{n}{w}_{;B} D^{BA}(\xi) \right\} d\xi . \tag{4.61f}$$

Interpretation: Die Größe $\mathcal{I}_\delta^{kA}$ stellt ein konvektiver Impulsbeitrag dar. Der erste Term in der vorstehenden Gleichung stellt einen Impulsbeitrag dar, er ist mit einer Geschwindigkeitsdifferenz tangential zur Referenzfläche verknüpft. Dieser Term verschwindet nur, falls die Teilchengeschwindigkeit gleich dem Geschwindigkeitsfeld $\underset{\tau}{v}{}_\delta^A$ tangential zur Referenzfläche ist. Der zweite und der dritte Term in (4.61f) haben ihre Ursache darin, daß es sich um einen Grenzbereich endlicher Dicke handelt, wobei der dritte Term über das Geschwindigkeitsfeld $\underset{n}{w}_{;B}$ mit der zeitlichen Veränderung des Normalvektors im Zusammenhang steht.

Diese beiden Terme liefern keinen Beitrag, wenn die Dicke des Grenzbereiches gegen Null geht. Der erste Term in (4.61f) bleibt erhalten, es ist ein Term mit dem wir den Impulstransport tangential zur Grenzfläche erfassen.

Wir bilden jetzt die Limites für $\varepsilon \to 0$ von den Größen(4.61) und erhalten :

$$\gamma_\delta w_\delta^k = \lim_{\varepsilon \to 0} \int_{-\frac{\varepsilon}{2}}^{\frac{\varepsilon}{2}} F(\xi)\, \rho_\delta v_\delta^k \, d\xi \ , \tag{4.62a}$$

$$T_\delta^{kA} = g^{BA} x_{j,B} \lim_{\varepsilon \to 0} \int_{-\frac{\varepsilon}{2}}^{\frac{\varepsilon}{2}} F(\xi)\, t_\delta^{kj} d\xi \ , \tag{4.62b}$$

$$m_\delta^k = \lim_{\varepsilon \to 0} \int_{-\frac{\varepsilon}{2}}^{\frac{\varepsilon}{2}} F(\xi)\, m_\delta^k \, d\xi \ , \tag{4.62c}$$

$$\gamma_\delta F_\delta^k = \lim_{\varepsilon \to 0} \int_{-\frac{\varepsilon}{2}}^{\frac{\varepsilon}{2}} F(\xi)\, \rho_\delta f_\delta^k \, d\xi \ , \tag{4.62d}$$

$$S_\delta^{kA} = \lim_{\varepsilon \to 0} \int_{-\frac{\varepsilon}{2}}^{\frac{\varepsilon}{2}} F(\xi)\, \rho_\delta v_\delta^k \left( \underset{\tau}{v}_\delta^A - \underset{\tau}{u}_\delta^A \right) d\xi = \gamma_\delta w_\delta^k \underset{\tau}{w}_\delta^A - \gamma_\delta w_\delta^k \underset{\tau}{u}_\delta^A \ , \tag{4.62e}$$

mit

$$\gamma_\delta w_\delta^k \underset{\tau}{w}_\delta^A = \lim_{\varepsilon \to 0} \int_{-\frac{\varepsilon}{2}}^{\frac{\varepsilon}{2}} F(\xi)\, \rho_\delta v_\delta^k \underset{\tau}{v}_\delta^A \, d\xi \ .$$

Für die Partialbilanz des Impulses für eine mit Masse belegte Unstetigkeitsfläche folgt:

$$\begin{aligned} &\partial_t (\gamma_\delta w_\delta^k) + \frac{\dot{g}}{2g} \gamma_\delta w_\delta^k + \left( \gamma_\delta w_\delta^k \underset{\tau}{w}_\delta^A - T_\delta^{kA} \right)_{;A} \\ &\quad + \left[ \rho_\sigma v_\sigma^k (v_\sigma^j - \dot{\sigma}_\lambda^j) e_j - t_\sigma^{kj} e_j \right] = m_\delta^k + \gamma_\delta F_\delta^k \ . \end{aligned} \tag{4.63}$$

Diese Gleichung ist identisch derjenigen, die wir bei der Diskussion in Arbeit [21] benutzt haben.

### 4.4.3 Partialbilanz der inneren Energie

Wie zuvor müssen wir jetzt das Dichtefeld $\psi$ , die Dichte des nichtkonvektiven Flußes $\Phi^i$, die Produktionsdichte $P$ und die Zufuhrdichte $S$ identifizieren. Wir führen ein:

$\{\psi\}_\delta =: \rho_\delta \left(\varepsilon_\delta + \frac{1}{2} v_\delta^2\right)$ Partialdichte der inneren Energie. Die Größe $\frac{\rho_\delta}{2} v_\delta^2$ ist die Dichte der kinetischen Energie.

$\{\Phi^i\}_\delta =: -t_\delta^{kj} v_\delta^k + q_\delta^j$ nichtkonvektiver Energiefluß. Die Größe $-t_\delta^{kj} v_k^\delta$ heißt Fluß der kinetischen Energie (wird auch oft als die Leistung der Spannung bezeichnet) und die Größe $q_\delta^i$ ist der Fluß der inneren Energie (heißt auch Wärmefluß).

$\{P\}_\delta =: e_\delta$ Produktionsdichte der inneren Energie.

$\{S\}_\delta =: \rho_\delta f_\delta^k v_k^\delta + \rho_\delta r_\delta$ Zufuhrdichte an innerer Energie.

Bezeichnungen (4.64)

Für die Partialbilanz der inneren Energie schreiben wir:

$$\partial_t \gamma_\delta \left({}_s\varepsilon_\delta + \frac{1}{2} \dot{x}_\delta^k \dot{x}_k^\delta\right) + \frac{\dot{g}}{2g} \gamma_\delta \left({}_s\varepsilon_\delta + \frac{1}{2} \dot{x}_\delta^k \dot{x}_k^\delta\right) + \underset{n}{w}_{;A} \underset{\tau}{\alpha}{}_\delta^A$$

$$+ \left(\gamma_\delta \left({}_s\varepsilon_\delta + \frac{1}{2} \dot{x}_\delta^k \dot{x}_k^\delta\right) \underset{\tau}{u}{}^A - T_\delta^{kA} \dot{x}_k^\delta + \underset{\tau}{Q}{}_\delta^A + \underset{\tau}{\beta}{}_\delta^A \right)_{;A} \tag{4.65}$$

$$+ \left[F(\xi)\left\{\rho_\sigma \left(\varepsilon_\sigma + \frac{1}{2} v_\sigma^2\right)\left(v_\sigma^j - \dot{\sigma}_\lambda^j\right) e_j - t_\sigma^{kj} v_k^\sigma e_j + q_\sigma^j e_j\right\}\right] = e_\delta + \gamma_\delta F_\delta^k \dot{x}_k^\delta + \gamma_\delta {}_s r_\delta .$$

Die Grenzbereichsgrößen folgen aus den Darstellungen (4.28 ) bis (4.32 ).

Für die Dichte der inneren Energie im Grenzbereich gilt nach ( 4.28):

$$\int_{\xi_1}^{\xi_2} F(\xi)\,\varrho_\delta\,(\varepsilon_\delta + \tfrac{1}{2} v_\delta^2)\,d\xi \;.$$

Diese Darstellung ist noch nicht in der geeigneten Form. In der Partialimpulsbilanz hatten wir das Geschwindigkeitsfeld $\dot{x}_\delta^k$ eingeführt, das soll hier auch geschehen. Dazu nehmen wir eine Umschreibung mit der Transformation

$$\dot{\omega}_\delta^{\,k} = v_\delta^{\,k} - \dot{x}_\delta^{\,k} \tag{4.66}$$

vor und erhalten

$$\gamma_{\delta\,s}\varepsilon_\delta + \tfrac{1}{2}\gamma_\delta \dot{x}_\delta^2 = \int_{\xi_1}^{\xi_2} F(\xi)\,\varrho_\delta\,(\varepsilon_\delta + \tfrac{1}{2} v_\delta^{\,2})\,d\xi \;, \tag{4.67}$$

wobei definiert wurde:

$$\gamma_{\delta\,s}\varepsilon_\delta = \gamma_{\delta\,s}E_\delta + \tfrac{1}{2}\int_{\xi_1}^{\xi_2} F(\xi)\,\varrho_\delta\,\dot{\omega}_\delta^2\,d\xi \tag{4.67a}$$

mit

$$\gamma_{\delta\,s}E_\delta = \int_{\xi_1}^{\xi_2} F(\xi)\,\varrho_\delta\,\varepsilon_\delta\,d\xi \;. \tag{4.67b}$$

Für den Fluß der kinetischen Energie und den Strom der inneren Energie (Wärmestrom), erhalten wir nach der Darstellung (4.30):

$$-T_\delta^{\,kA}\dot{x}_k^{\,\delta} + \underset{\tau}{Q}{}_\delta^{\,A} = x_{j,B}\int_{\xi_1}^{\xi_2}\{-t_\delta^{\,kj} v_j^{\,\delta} + q_\delta^{\,k}\}\,D^{BA}(\xi)\,d\xi \;. \tag{4.68}$$

Der Wärmestrom $\underset{\tau}{Q}{}_\delta^A$ und der Spannungstensor $T_\delta^{\,kA}$ auf der linken Seite von (4.68) sind durch

$$\underset{\tau}{\square}{}_{\delta}^{A} = x_{j,B} \int_{\xi_1}^{\xi_2} q_{\delta}^{j}\, D^{BA}(\xi)\, d\xi \tag{4.69a}$$

und

$$-T_{\delta}^{kA}\, \dot{x}_{k}^{\delta} = - x_{j,B} \int_{\xi_1}^{\xi_2} t_{\delta}^{kj}\, v_{k}^{\delta}\, D^{BA}(\xi)\, d\xi \tag{4.69b}$$

definiert.

Für die Darstellung ( 4.29 ) und ( 4.31 ) folgt:

$$\underset{\tau}{\alpha}{}_{\delta}^{A} = \int_{\xi_1}^{\xi_2} \Big\{ \Big(D^{AB}(\xi) - F(\xi)\, g^{AB}\Big)\Big(\rho_\delta\big(\varepsilon_\delta + \tfrac{1}{2} v_\delta^2\big)\Big)_{;B} - D^{AB}(\xi)_{;B}\, \rho_\delta\big(\varepsilon_\delta + \tfrac{1}{2} v_\delta^2\big)\Big\}\, \xi\, d\xi , \tag{4.70}$$

$$\underset{\tau}{\beta}{}_{\delta}^{A} = \int_{\xi_1}^{\xi_2} \rho_\delta \big(\varepsilon_\delta + \tfrac{1}{2} v_\delta^2\big) \Big\{ F(\xi)\Big(\underset{\tau}{v}{}_{\delta}^{A} - \underset{\tau}{u}{}_{\delta}^{A}\Big) + v_{j}^{\delta}\, x^{j}_{;B}\, E^{AB}(\xi) + \xi\, w_{n;B}\, D^{AB}(\xi)\Big\}\, d\xi . \tag{4.71}$$

Für den Produktionsterm und den Zufuhrterm an Energie können wir schreiben:

$$\mathrm{e}_\delta = \int_{\xi_1}^{\xi_2} F(\xi)\, e_\delta\, d\xi , \tag{4.72}$$

$$\gamma_\delta\, \mathcal{F}_{\delta}^{k}\, \dot{x}_{k}^{\delta} + \gamma_\delta\, r_\delta = \int_{\xi_1}^{\xi_2} F(\xi)\, \big\{ \rho_\delta\, f_{\delta}^{k}\, v_{k}^{\delta} + \rho_\delta\, r_\delta \big\}\, d\xi , \tag{4.73}$$

wobei

$$\gamma_\delta\, \mathcal{F}_{\delta}^{k}\, \dot{x}_{k}^{\delta} := \int_{\xi_1}^{\xi_2} F(\xi)\, \rho_\delta\, f_{\delta}^{k}\, v_{k}^{\delta}\, d\xi \qquad \text{und} \qquad \gamma_\delta\, r_\delta := \int_{\xi_1}^{\xi_2} F(\xi)\, \rho_\delta\, r_\delta\, d\xi \tag{4.73a,b}$$

gilt.

Die Bilanz für die innere Energie Gl.( 4.65) bzw. die Form in der die kinetischen Anteile $\gamma_\delta \frac{\dot{x}_\delta^2}{2}$ nicht vorkommen, kann als Gleichung für die Temperatur angesehen werden. Dieses würde aber bedeuten, daß wir jeder einzelnen Flüssigkeit in der Mischung eine Temperatur zuordnen.

Aber das wollen wir nicht. Für unsere Zwecke ist es ausreichend, eine Temperatur für die Mischung ingesamt zu betrachten und deshalb werden wir in einem weiteren Kapitel die Partialbilanz der inneren Energie in aufsummierter Form aufstellen.

Die vorstehenden Partialbilanz-Gleichungen sind gültig für eine Flüssigkeitsmischung. Befindet sich nur eine Flüssigkeit im Grenzbereich, so können wir auf den Index $\delta$ verzichten und die aufgestellten Gleichungen mit den zugehörigen Definitionen sind ebenfalls gültig und deshalb verzichten wir hier auf eine Auflistung dieser Gleichungen und Definitionen.

Um die Gleichungen für eine mit Materie belegte Grenzfläche zu erhalten, führen wir den Grenzübergang $\varepsilon \to 0$ durch. Wir erhalten:

$$\gamma_\delta \left({}_sE_\delta + \frac{1}{2} w_\delta^2\right) = \lim_{\varepsilon \to 0} \int_{-\frac{\varepsilon}{2}}^{\frac{\varepsilon}{2}} F(\xi) \rho_\delta \left(\varepsilon_\delta + \frac{1}{2} v_\delta^2\right) d\xi \,, \tag{4.74a}$$

$$-T_\delta^{kA} w_k^\delta + \underset{\tau}{Q}{}_\delta^A = \lim_{\varepsilon \to 0} x_{k,B} \int_{-\frac{\varepsilon}{2}}^{\frac{\varepsilon}{2}} F(\xi) g^{AB} \left\{-t_\delta^{kj} v_j^\delta + q_\delta^k\right\} d\xi \,, \tag{4.74b}$$

$$\underset{\tau}{B}{}_\delta^A - \lim_{\varepsilon \to 0} \int_{-\frac{\varepsilon}{2}}^{\frac{\varepsilon}{2}} \rho_\delta \left(\varepsilon_\delta + \frac{1}{2} v_\delta^2\right) \left\{ \underset{\tau}{v}{}_\delta^A - \underset{\tau}{u}{}_\delta^A \right\} F(\xi)\, d\xi = \tag{4.74c}$$

$$= \gamma_\delta \left({}_sE_\delta + \frac{1}{2} w_\delta^2\right) \underset{\tau}{w}{}_\delta^A - \gamma_\delta \left({}_sE_\delta + \frac{1}{2} w_\delta^2\right) \underset{\tau}{u}{}_\delta^A \,,$$

wobei

$$\gamma_\delta \left({}_sE_\delta + \frac{1}{2} w_\delta^2\right) \underset{\tau}{w}{}_\delta^A = \lim_{\varepsilon \to 0} \int_{-\frac{\varepsilon}{2}}^{\frac{\varepsilon}{2}} \rho_\delta \left(\varepsilon_\delta + \frac{1}{2} v_\delta^2\right) \underset{\tau}{v}{}_\delta^A F(\xi)\, d\xi \,,$$

$$e_\delta = \lim_{\varepsilon \to 0} \int_{-\frac{\varepsilon}{2}}^{\frac{\varepsilon}{2}} F(\xi)\, \tau_\delta \, d\xi \,, \tag{4.74d}$$

$$\gamma_\delta F_\delta^k w_\delta^k + \gamma_\delta\, {}_sr_\delta = \lim_{\varepsilon \to 0} \int_{-\frac{\varepsilon}{2}}^{\frac{\varepsilon}{2}} F(\xi) \left\{ \rho_\delta f_\delta^k v_k^\delta + \rho_\delta r_\delta \right\} d\xi \tag{4.74e}$$

und damit schreibt sich die Partialbilanz für die innere Energie

$$\partial_t \gamma_\delta ({}_s E_\delta + \tfrac{1}{2} w_\delta^2) + \frac{\dot{g}}{2g} \gamma_\delta ({}_s E_\delta + \tfrac{1}{2} w_\delta^2) + (\gamma_\delta ({}_s E_\delta + \tfrac{1}{2} w_\delta^2) \underset{\tau}{w}{}_\delta^A - T_\delta^{kA} w_k^\delta$$

$$+ \underset{\tau}{Q}{}_\delta^A)_{;A} + [\varrho_\sigma (\varepsilon_\sigma + \tfrac{1}{2} v_\sigma^2)(v_\sigma^j - \dot{\sigma}_\lambda^j) e_j - \underset{\sigma}{t}{}^{kj} v_k^\sigma e_j + q_\sigma^j e_j] = e_\delta + \gamma_\delta F_\delta^k w_k^\delta + \gamma_\delta s r_\delta \, . \tag{4.75}$$

Diese Form der Partialbilanz stimmt exakt mit der in der Arbeit [21] aufgestellten Form überein und liefert damit eine Bestätigung für die früher diskutierte Gleichung.

## 4.4.4 Bilanz der Entropie

Bei der Formulierung einer Bilanzgleichung für die Entropie stellt sich die Frage, formulieren wir für jede Partialentropie in der Mischung eine Partialbilanz oder betrachten wir die gesamte Mischung und formulieren für diese Mischung eine Bilanz der Entropie ? Wir formulieren hier für die Mischung eine Bilanz der Entropie.

Wir identifizieren jetzt die nicht spezifizierten Volumengrößen in den Gleichungen (4.18)-(4.33) wie folgt:

| | |
|---|---|
| $\psi = \varrho \eta$ | $\eta$ ist die Dichte der Entropie. |
| $\Phi^j$ | ist der nichtkonvektive Fluß an Entropie. |
| $P = \pi$ | ist die Produktionsdichte der Entropie. |
| $S = 0$ | Die Zufuhrdichte an Entropie sei Null. |

Bezeichnungen (4.76)

Mit Hilfe dieser Größen, die in einem räumlichen Bereich erklärt sind, lassen sich mit Hilfe der Gleichungen (4.18)-(4.33) die Grenzbereichsgrößen definieren. Wir erhalten:

$$\gamma \eta_s = \int_{\xi_1}^{\xi_2} F(\xi) \varrho \eta \, d\xi \, , \tag{4.77a}$$

$$\underset{\tau}{M}^A = \int_{\xi_1}^{\xi_2} \left( E^{AB}(\xi)(\varrho\eta)_{;B} - D^{AB}(\xi)_{;B}\,\varrho\eta \right) \xi\, d\xi \,, \tag{4.77b}$$

$$\underset{\tau}{\Phi}^A = \int_{\xi_1}^{\xi_2} x_{j,B}\, \Phi^j\, D^{AB}(\xi)\, d\xi \,, \tag{4.77c}$$

$$\underset{\tau}{N}^A = \int_{\xi_1}^{\xi_2} \varrho\eta \left\{ F(\xi)(\underset{\tau}{v}^A - \underset{\tau}{u}^A) + v_j x^j_{,B} E^{AB}(\xi) + \xi \underset{n}{w}_{;B} D^{AB}(\xi) \right\} d\xi \,, \tag{4.77d}$$

$$\pi_s = \int_{\xi_1}^{\xi_2} F(\xi)\, \pi\, d\xi \,. \tag{4.77e}$$

Mit vorstehenden Definitionen schreibt sich die Bilanz der Entropie für eine Mischung in der folgenden Form:

$$\partial_t(\gamma\eta_s) + \frac{\dot g}{2g}\gamma\eta_s + \underset{n}{w}_{;A}\underset{\tau}{M}^A + (\gamma\eta_s\underset{\tau}{u}^A + \underset{\tau}{\Phi}^A + \underset{\tau}{N}^A)_{;A} + \left[F(\xi)\left\{\varrho\eta\,(v^j - \dot\sigma^j)e_j + \Phi^j e_j\right\}\right] = \pi_s \,. \tag{4.78}$$

Führen wir den Grenzübergang $\varepsilon \to 0$ durch, dann erhalten wir anstelle von Gl.(4.78) die Bilanzgleichung:

$$\partial_t(\gamma\eta_s) + \frac{\dot g}{2g}\gamma\eta_s + (\gamma\eta_s\underset{\tau}{w}^A + \underset{\tau}{\Phi}^A)_{;A} + \left[\varrho\eta(v^j - \dot\sigma^j)e_j + \Phi^j e_j\right] = \pi_s \quad \left(-\gamma\sigma_{\eta_s}\right) \tag{4.79}$$

für die Entropie der Mischung in der Grenzfläche. Hierbei ist:

$$\gamma\eta_s = \lim_{\varepsilon\to 0} \int_{-\frac{\varepsilon}{2}}^{\frac{\varepsilon}{2}} F(\xi)\,\varrho\eta\, d\xi \tag{4.80a}$$

und

$$\underset{\tau}{\Phi}^A = \lim_{\varepsilon\to 0} x_{j,B} \int_{-\frac{\varepsilon}{2}}^{\frac{\varepsilon}{2}} \Phi^j D^{AB}(\xi)\, d\xi \,. \tag{4.80b}$$

## 4.4.5 Aufsummierte Form der Partialbilanzgleichungen für eine Grenzfläche

In der vorangegangenen Betrachtung haben wir für die Bilanz der Massendichte, die Bilanz des Impulses und die Bilanz der inneren Energie, die folgenden Gleichungen erhalten:

$$\partial_t \gamma_\delta + \frac{\dot{g}}{2g}\gamma_\delta + (\gamma_\delta \underset{\tau}{w}{}_\delta^A)_{;A} + [\varrho_\sigma (v_\sigma^j - w_\lambda^j) e_j] = \pi_\delta ,$$

$$\partial_t(\gamma_\delta w_\delta^k) + \frac{\dot{g}}{2g}\gamma_\delta w_\delta^k + (\gamma_\delta w_\delta^k \underset{\tau}{w}{}_\delta^A - T_\delta^{kA})_{;A} + [\varrho_\sigma v_\sigma^k (v_\sigma^j - w_\lambda^j) e_j$$

$$- t_\sigma^{kj} e_j] = m_\delta^k + \gamma_\delta F_\delta^k ,$$

$$\partial_t \gamma_\delta ({}_sE_\delta + \tfrac{1}{2} w_\delta^2) + \frac{\dot{g}}{2g}\gamma_\delta ({}_sE_\delta + \tfrac{1}{2} w_\delta^2) + (\gamma_\delta ({}_sE_\delta + \tfrac{1}{2} w_\delta^2) \underset{\tau}{w}{}_\delta^A - T_\delta^{kA} w_k^\delta$$

$$+ \underset{\tau}{Q}{}_\delta^A)_{;A} + [\varrho_\sigma (\varepsilon_\sigma + \tfrac{1}{2} v_\sigma^2)(v_\sigma^j - w_\lambda^j) e_j - t_\sigma^{kj} v_k^\sigma e_j + q_\sigma^j e_j] = e_\delta + \gamma_\delta F_\delta^k w_\delta^k + \gamma_\delta {}_s r_\delta .$$

Summation über $\delta$ bezüglich der Konstituenten in der Grenzfläche und bezüglich $\sigma$ in den Sprungtermen, liefert die Bilanzgleichungen für eine Mischung in der Grenzfläche:

$$\partial_t \gamma + \frac{\dot{g}}{2g}\gamma + (\gamma \underset{\tau}{w}{}^A)_{;A} + [\varrho (v^j - w_\lambda^j) e_j] = 0 , \tag{4.81}$$

$$\partial_t(\gamma w^k) + \frac{\dot{g}}{2g}\gamma w^k + (\gamma w^k \underset{\tau}{w}{}^A - T^{kA})_{;A} + [\varrho v^k (v^j - w_\lambda^j) e_j - t^{kj} e_j] = \gamma F^k , \tag{4.82}$$

$$\partial_t \gamma (E_s + \tfrac{1}{2} w^2) + \frac{\dot{g}}{2g}\gamma (E_s + \tfrac{1}{2} w^2) + (\gamma (E_s + \tfrac{1}{2} w^2) \underset{\tau}{w}{}^A - T^{kA} w_k + \underset{\tau}{Q}{}^A)_{;A} \tag{4.83}$$

$$+ [\varrho (\varepsilon + \tfrac{1}{2} v^2)(v^j - w_\lambda^j) e_j - t^{kj} v_k e_j + q^j e_j] = \gamma F^k w_k + \gamma r_s$$

und für die Bilanz der inneren Energie ohne kinetischen Anteil können wir schreiben:

$$\partial_t(\gamma E_s) + \frac{\dot{g}}{2g}\gamma E_s + (\gamma E_s \underset{\tau}{w}^A + \underset{\tau}{Q}^A)_{;A} - T^{kA} w_{k;A} + [\varrho(\varepsilon + \tfrac{1}{2}(v^k - w^k)^2) \cdot (v^j - w_\lambda^j) e_j + q^j e_j - t^{kj}(v_k - w_k) e_j] = \gamma r_s \,. \tag{4.84}$$

Dabei haben wir beachtet, daß für die Masse, den Impuls und die Energie in der Mischung ein Erhaltungssatz gilt und deshalb ist:

$$\sum_{\delta=1}^{\lambda} \Pi_\delta = 0 \,, \tag{4.85}$$

$$\sum_{\delta=1}^{\lambda} m_\delta^k = 0 \,, \tag{4.86}$$

$$\sum_{\delta=1}^{\lambda} e_\delta = 0 \,. \tag{4.87}$$

Für die Zusammenfassung der Sprungterme haben wir die folgenden Definitionen benutzt [24]:

$$t^{kj} = \sum_\sigma (t_\sigma^{kj} - \varrho_\sigma u_\sigma^k u_\sigma^j) \,, \tag{4.88}$$

$$\varepsilon = \sum_\sigma \frac{\varrho_\sigma}{\varrho} (\varepsilon_\sigma + \tfrac{1}{2} u_\sigma^2) \,, \tag{4.89}$$

$$q^j = \sum_\sigma (q_\sigma^j - t_\sigma^{jk} u_k^\sigma + \varrho_\sigma (\varepsilon_\sigma + \tfrac{1}{2} u_\sigma^2) u_\sigma^j) \,, \tag{4.90}$$

wo $u_\sigma^k = v_\sigma^k - v^k$ die Geschwindigkeitskomponenten der Diffusionsbewegung sind. Der Spannungstensor $t^{kj}$, die innere Energie $\varepsilon$ und der Wärmestrom $q^j$ enthalten Terme, die von einer Diffusionsbewegung stammen. Es sind die folgenden Terme:

| | |
|---|---|
| $\sum_\sigma \varrho_\sigma u_\sigma^k u_\sigma^j$ | Impulsfluß der Diffusionsbewegung, |
| $\frac{1}{2}\sum_\sigma \varrho_\sigma u_\sigma^2$ | kinetische Energie der Diffusionsbewegung, |
| $\sum_\sigma t_\sigma^{kj} u_k^\sigma$ | Leistung der Spannung, |
| $\sum_\sigma \varrho_\sigma(\varepsilon_\sigma + \frac{1}{2}u_\sigma^2) u_\sigma^j$ | Fluß an kinetischer Energie. |

Obige Definitionen schreiben wir jetzt um. Ein Term soll die Materialabhängigkeiten erfassen und ein zweiter Term soll nur die Diffusionsanteile enthalten, die nicht materialabhängig sind. Wir schreiben:

$$t^{kj} = t_I^{kj} - \sum_\sigma \varrho_\sigma u_\sigma^k u_\sigma^j \, , \tag{4.91}$$

$$\varepsilon = \varepsilon_I + \frac{1}{2} \sum_\sigma \frac{\varrho_\sigma}{\varrho} u_\sigma^2 \, , \tag{4.92}$$

$$q^j = q_I^j + \frac{1}{2} \sum_\sigma \varrho_\sigma u_\sigma^2 u_\sigma^j \, . \tag{4.93}$$

Für die Oberflächengrößen $T^{kA}$, $E_s$ und $\underset{\tau}{Q}^A$ haben wir früher [21,22] die folgenden Definitionen eingeführt, die wir bei der Summation benutzt haben und die wir hier auflisten:

$$T^{kA} = \sum_{\delta=1}^{\lambda} \left( T_\delta^{kA} - \gamma_\delta \, U_\delta^k \, \underset{\tau}{U}_\delta^A \right) , \tag{4.94}$$

$$E_s = \sum_{\delta=1}^{\lambda} \frac{\gamma_\delta}{\gamma} \left( {}_sE_\delta + \frac{1}{2} U_\delta^2 \right) , \tag{4.95}$$

$$\underset{\tau}{Q}^A = \sum_{\delta=1}^{\lambda} \left( \underset{\tau}{Q}_\delta^A - T_\delta^{kA} U_k^\delta + \gamma_\delta \left( {}_sE_\delta + \frac{1}{2} U_\delta^2 \right) \underset{\tau}{U}_\delta^A \right), \tag{4.96}$$

$$\gamma F^k = \sum_{\delta=1}^{\lambda} \gamma_\delta \, F_\delta^k \, , \tag{4.97}$$

$$\gamma r_s = \sum_{\delta=1}^{\lambda} \gamma_\delta \left( {}_sr_\delta + F_\delta^k U_k^\delta \right) . \tag{4.98}$$

Bei den ersten drei Termen trennen wir jeweils einen Term ab, der nur Diffusionsgeschwindigkeiten enthält. Wir schreiben:

$$T^{kA} = \tau^{kA} - \sum_{\delta=1}^{\lambda} \gamma_\delta \, U_\delta^k \, \underset{\tau}{U}_\delta^A \, , \tag{4.99}$$

$$E_s = \varepsilon_s + \frac{1}{2} \sum_{\delta=1}^{\lambda} \frac{\gamma_\delta}{\gamma} \left( U_\delta^k \right)^2 , \tag{4.100}$$

$$\underset{\tau}{Q}^A = \underset{\tau}{q}_s^A + \frac{1}{2} \sum_{\delta=1}^{\lambda} \gamma_\delta \left( U_\delta^k \right)^2 \underset{\tau}{U}_\delta^A \, . \tag{4.101}$$

Der Spannungstensor $\tau^{kA}$, die innere Energie $\varepsilon_s$ und die Komponenten des Wärmestromes $\underset{\tau}{q}_s^A$ werden als materialabhängig angesehen. Die Diffusionsterme an der Grenzfläche sind:

$\sum_{\delta=1}^{\lambda} \gamma_\delta \, \mathcal{U}_\delta^k \, \underset{\tau}{\mathcal{U}}_\delta^A$ Impulsfluß der Grenzflächendiffusion,

$\frac{1}{2} \sum_{\delta=1}^{\lambda} \gamma_\delta \, \mathcal{U}_\delta^2$ kinetische Energie der Grenzflächendiffusion,

$\sum_{\delta=1}^{\lambda} T_\delta^{kA} \, \mathcal{U}_k^\delta$ Leistung der Spannung,

$\sum_{\delta=1}^{\lambda} \gamma_\delta \left( {}_s E_\delta + \frac{1}{2} \mathcal{U}_\delta^2 \right) \underset{\tau}{\mathcal{U}}_\delta^A$ Fluß an kinetischer Energie.

# V. Konsistente Begründung von konstitutiven Gleichungen für Grenzflächen

## 5.1 Einleitung

Die Notwendigkeit konstitutive Gleichungen aufzustellen hat zwei Gründe, erstens stellen die Bilanzgleichungen ein unterbestimmtes Gleichungssystem dar (mathematisch nicht lösbar) und zweitens hängen die Größen in den Bilanzgleichungen, die ein bestimmtes Material charakterisieren sollen (z.B. in der Impulsbilanz der Spannungstensor $T_{\delta}^{kA}$ , die Wechselwirkungskraft $m_{\delta}^{k}$ und in der Energiebilanz die innere Energie $E_{s}$ und der Wärmestrom $\underset{\tau}{Q}^{A}$), untereinander von den Feldgrößen ab. Diese Abhängigkeiten voneinander, d.h. in welcher Art und Weise die Kombinationen der Feld - größen vorkommen, kennzeichnen eine stoffliche Abhängigkeit der Größen von dem zu untersuchenden Material. Für diese Größen müssen wir Gleichungen formulieren, die diese stoffliche Eigenschaften berücksichtigen und deshalb heißen diese Gleichungen Materialgleichungen oder konstitutive Gleichungen. Beide Bezeichnungen werden gleichermaßen benutzt; wir werden fortan die letzte Bezeichnung wählen. Aus diesen Überlegungen erkennen wir, daß es eine mathematische Notwendigkeit gibt, konstitutive Gleichungen aufzustellen, aber daß es auch eine physikalische Notwendigkeit gibt, denn wir wollen ja mit den Bilanzgleichungen einen physikalischen Vorgang, bei dem Materie im Spiel ist, beschreiben.

In diesem Kapitel geben wir eine systematische Begründung von konstitutiven Gleichungen für eine viskose Flüssigkeit und für eine nichtviskose Flüssigkeitsmischung. Im Anhang A 5 stellen wir für eine viskose Flüssigkeitsmischung einige konstitutive Gleichungen auf. Ferner diskutieren wir Ansätze für eine viskose Flüssigkeitsmischung und vergleichen diese mit den Ansätzen für eine nichtviskose Flüssigkeitsmischung. Bei dieser systematischen Begründung von konstitutiven Gleichungen wird deutlich, daß die Aufstellung von konstitutiven Gleichungen ein methodischer Vorgang ist, der auf physikalischen Basisannahmen gründet.

Die nach physikalischen und mathematischen Gesichtspunkten aufzustellenden konstitutiven Gleichungen werden in ihren Abhängigkeiten von den physikalischen Feldvariablen wie Dichte, Temperatur und Geschwindigkeit und den geometrischen Feldvariablen, die die Krümmungseigenschaften der Fläche beschreiben sollen, im allgemeinen viel zu kompliziert sein, um Lösungen der Bilanzgleichungen mit diesen konstitutiven Gleichungen zu bekommen. Es ist deshalb sinnvoll zu fragen, wie wir diese allgemeine Abhängigkeit von den Feldvariablen reduzieren können. Allerdings müssen wir von solchen Reduktionsprinzipien verlangen, daß sie physikalischen Gesetzmäßigkeiten nicht widersprechen und mit der Mathematik verträglich sind.

Stellen wir uns vor, die konstitutiven Gleichungen $T_\delta^{kA}, m_\delta^k$, $E_s$ und $\underset{\tau}{Q}^A$ sind nicht nur Funktionen der Flächenfelder, wie der Dichte $\gamma_\delta$, der Temperatur $\vartheta_s$ und der Geschwindigkeit $w_\delta^k$, sondern sie seien auch noch abhängig von Gradienten[1)] derselben und eventuell noch abhängig von der zeitlichen Ableitung der Flächentemperatur $\dot{\vartheta}_s$. Konstitutive Gleichungen mit diesem Variablensatz sind viel zu allgemein, um eine Lösung der Feldgleichungen zu erhalten. Wir müssen versuchen, diese Allgemeinheit zu reduzieren, d.h. wir versuchen mit Hilfe von allgemein gültigen Prinzipien, eine konsistente Begründung für konstitutive Gleichungen auf Grenzflächen zu geben. Dieses Problem ist bekannt für räumliche Bereiche und ihre Feldgleichungen, es ist neu für die Physik von Grenzflächen [21] und für die Formulierung eines freien Randwertproblems.

Prinzipien, die physikalisch motivierte Annahmen über die Variablen in den konstitutiven Gleichungen reduzieren, sind Reduktionsprinzipien in dem Sinne, daß sie bestimmte Kombinationen der Variablen in den konstitutiven Gleichungen verbieten, aufgrund der Darstellungssätze über isotrope Funktionen. Andererseits dürfen die physikalischen Gesetzmäßigkeiten, so z.B. der zweite Hauptsatz der Thermodynamik oder andere Formulierungen davon nicht verletzt werden. Die Prinzipien, die wir jetzt besprechen und anwenden, sind zwei kinematische Prinzipien und ein physikalisches Prinzip. Die kinematischen Prinzipien besagen, daß sich die funktionale Gestalt der konstitutiven Gleichungen auf einer Grenzfläche nicht bei einer

i) Galilei-Transformation und einer

ii) Koordinatentransformation der Flächenkoordinaten ändern soll.

Das physikalische Prinzip beruht auf dem zweiten Hauptsatz der Thermodynamik bzw. eine Abwandlung davon, die als Entropie-Prinzip oder als Entropie-Ungleichung bekannt ist [24]. Ein solches Entropie-Prinzip läßt sich auch für eine Thermodynamik an Grenzflächen formulieren, so zum Beispiel für eine materielle Grenzfläche [18]. Ich habe eine Erweiterung

---

[1] Gradienten der Felder an der Stelle $x^i$ und Zeit $t$ sind oftmals notwendig, um das Materialverhalten in unmittelbarer Umgebung eines Raumpunktes $x^i$ und der Zeit $t$ zu erfassen.

des Anwendungsbereiches auf semipermeable Grenzflächen vorgeschlagen. In einer vorangegangenen Arbeit [21] habe ich das Entropie-Prinzip für semipermeable Grenzflächen formuliert und als Beispiel eine Flüssigkeitsmembran diskutiert. Als Flüssigkeitsmembran wurde eine Flüssigkeitsmischung bestehend aus zwei wärmeleitenden nichtviskosen Flüssigkeiten diskutiert. Dabei wurde angenommen, daß eine Flüssigkeit auf einer Fläche verteilt ist und die Membran repräsentiert und für eine zweite Flüssigkeit permeabel ist. In anderen Worten, diese zweite Flüssigkeit bewirkt ein Massenaustausch zwischen der Membran und den angrenzenden Raumbereichen. In Kapitel 5.4 untersuchen wir eine nichtviskose, chemisch reagierende Mischung mit $\lambda$ Konstituenten $(\lambda > 2)$ in einer semipermeablen Grenzfläche. Wir diskutieren eine Massenproduktion in Form von chemischen Reaktionen in der Flüssigkeitsmischung der Grenzfläche, wobei $\lambda-1$ Konstituenten der Flüssigkeitsmischung der Membran mit den angrenzenden räumlichen Bereichen ausgetauscht werden können. In den angrenzenden räumlichen Bereichen selbst befinden sich ebenfalls nichtviskose wärmeleitende Flüssigkeitsmischungen. Mit dieser Verallgemeinerung der Theorie erhalten wir gleichzeitig ein Membranmodell, das der physikalischen Realität einer biologischen Membran besser angepaßt ist. So sind zum Beispiel chemische Reaktionen in der Grenzfläche notwendig, um den aktiven Transport beschreiben zu können. Wir werden auf diesen Punkt bei der Diskussion der Rest-Ungleichung noch zu sprechen kommen.

Im Abschnitt 5.2 werden wir zunächst kinematische Reduktionsprinzipien besprechen, so die Galilei-Transformation und Transformationseigenschaften bei Transformation von Flächenkoordinaten. Anschließend diskutieren wir im Abschnitt 5.3 eine viskose wärmeleitende Flüssigkeit in der Grenzfläche für die später folgenden Stabilitätsbetrachtungen und in

Abschnitt 5.4 eine nichtviskose wärmeleitende Flüssigkeitsmischung. Bei diesen Untersuchungen in dem Abschnitt 5.3 und 5.4 dient uns der zweite Hauptsatz der Thermodynamik bzw. eine Abwandlung davon, die als Entropie-Ungleichung bekannt ist und deren Anwendungsbereich hier auf die Grenzflächenthermodynamik erweitert wird als ein weiteres physikalisches Hilfsmittel, die konstitutiven Gleichungen einzuschränken.

## 5.2 Kinematische Reduktionsprinzipien für die konstitutiven Gleichungen

In einer vorangegangenen Arbeit [21] und [22] haben wir die Transformationseigenschaften der benutzten geometrischen Variablen, der thermodynamischen Felder, der konstitutiven Gleichungen und der Bilanzgleichungen für Mischungen von nichtviskosen Flüssigkeiten an Grenzflächen unter Euklidischer Transformation $\bar{x}^i = Q^{ik}(t)x^k + c^i(t)$ untersucht. Eine spezielle Form der Euklidischen Transformation [32] ist die Galilei Transformation. Eine Transformation bei der die Größe $Q^{ik}$ eine zeitunabhängige orthogonale Matrix ist und der zeitabhängige Vektor $c^i(t) = v^i \cdot t$ ist, bezeichnen wir als Galilei Transformation. Eine Galilei Transformation ist für unsere Untersuchungen völlig ausreichend [33] und deshalb benutzen wir nur diese bei unseren Überlegungen. In anderen Worten, wir untersuchen das Transformationsverhalten der geometrischen Variablen, der thermodynamischen Variablen und der konstitutiven Gleichungen unter Galilei Transformation. Wir verlangen, daß die zu transformierenden Objekte forminvariant bleiben.

### 5.2.1 Allgemeine Eigenschaften der Galilei-Transformation

Die Galilei-Transformation zwischen zwei starren Koordinatensystemen $\bar{x}^j$ und $x^k$ ist definiert durch

$$\bar{x}^j = Q^{jk} x^k + v^j t \, . \tag{5.1}$$

$v^j$ ist eine konstante Geschwindigkeit von einem Koordinatenursprung des einen Systems zu dem anderen System. Eine Drehung des Koordinatensystems berücksichtigen wir durch die zeitunabhängige orthogonale Matrix $(Q^{jk})$. Es ist $\bar{Q}^{1\,jk} = Q^{kj}$ und $\det(Q^{jk}) = 1$. Die Komponenten $T^{n_1 \dots n_k}$ einer tensor-wertigen Größe $\underset{\approx}{T}$ hat die Komponenten $\bar{T}^{m_1 \dots m_k}$ in dem transformierten System, es gilt:

$$\bar{T}^{m_1 \dots m_k} = \frac{\partial \bar{x}^{m_1}}{\partial x^{n_1}} \cdot \;\dots\; \cdot \frac{\partial \bar{x}^{m_k}}{\partial x^{n_k}} T^{n_1 \dots n_k} = Q^{m_1 n_1} \cdot \dots \cdot Q^{m_k n_k} \, T^{n_1 \dots n_k} \, . \tag{5.2}$$

Gelten die folgenden Transformationsregeln an der Grenzfläche

$$\begin{aligned} \bar{S}(u^1,u^2,t) &= S(u^1,u^2,t) \, , \\ \bar{v}^j(u^1,u^2,t) &= Q^{jk} v^k (u^1,u^2,t) \, , \\ \bar{t}^{ij}(u^1,u^2,t) &= Q^{ik} Q^{jl} \, t^{kl}(u^1,u^2,t) \, , \end{aligned} \tag{5.3}$$

bezüglich (5.1), dann heißt $S$ ein objektiver Skalar, $v^j$ sind die Komponenten eines objektiven Vektors $\underset{\sim}{v}$ und $t^{ij}$ sind die Komponenten eines objektiven Tensors $\underset{\approx}{t}$ an der Grenzfläche.

Differentiation von Gl.(5.1) bezüglich der Zeit $t$ ergibt für die Geschwindigkeit:

$$\bar{v}^j = Q^{jk} v^k + v^j \, , \tag{5.4}$$

wobei $\frac{dx^k}{dt} =: v^k$ definiert wurde. Diese Form zeigt, die Komponenten der Geschwindigkeit genügen nicht Regel (5.3b) und sind somit nicht die Komponenten eines objektiven Vektors.

### 5.2.2 Transformationseigenschaften von geometrischen Größen und Funktionen unter Galilei-Transformation

Wir untersuchen hier das Transformationsverhalten der geometrischen Variablen. Aus Gl. (5.1) folgt

$$\bar{x}^j_{,A} = Q^{jk} x^k_{,A} \quad . \tag{5.5}$$

Die Komponenten der Flächenvektoren $x^k_{,A}$ sind die Komponenten eines objektiven Vektors. Mit Hilfe der Größen $x^k_{,A}$ lassen sich die Komponenten des Normalenvektors $e^j$ darstellen.

Annahme: Die Komponenten des Normalenvektors genügen der Regel

$$\bar{e}^j = Q^{jk} e^k \quad . \tag{5.6}$$

Hieraus folgt, daß die Ableitung, bezüglich der Flächenkoordinaten $u^1$ und $u^2$, der Komponenten des Normalenvektors ebenfalls der Regel (5.3b) genügen. Wir haben

$$\bar{e}^j_{,A} = Q^{jk} e^k_{,A} \quad . \tag{5.7}$$

Der Metriktensor $\bar{g}_{AB} = \bar{x}^i_{,A} \bar{x}^i_{,B}$ und der Krümmungstensor $\bar{b}_{AB} = -\bar{x}^i_{,A} \bar{e}^i_{,B}$ der Fläche ist durch Gl. (5.5) und Gl. (5.7) in seiner transformierten Form darstellbar (siehe Abschnitt III), eine kurze Rechnung unter Beachtung von $Q^{jp} Q^{jq} = \delta^{pq}$ ergibt:

$$\bar{g}_{AB} = g_{AB} \quad \text{und} \quad \bar{b}_{AB} = b_{AB} \quad . \tag{5.8}$$

Für die skalaren Invarianten des Krümmungstensors, nämlich die mittlere Krümmung $k_H = \frac{1}{2} g^{AB} b_{AB}$ und die Gaußsche Krümmung $k_G = \det(b^A_B)$, folgt unmittelbar

$$\bar{k}_H = k_H \quad \text{und} \quad \bar{k}_G = k_G \quad . \tag{5.8*}$$

### 5.2.3 Allgemeine Eigenschaften bei Transformation der Flächenkoordinaten

Die geometrischen Variablen, die thermodynamischen Variablen, die Bilanzgleichungen und die konstitutiven Gleichungen der Fläche müssen invariant bleiben, bezüglich einer Transformation der Flächenkoordinaten. Die Folgerungen aus dieser Transformation für die Felder und die konstitutiven Gleichungen sollen später an physikalischen Beispielen erklärt werden. So am Beispiel einer viskosen wärmeleitenden Flüssigkeit und einer Mischung von viskosen Flüssigkeiten. Die Invarianz der Bilanzgleichungen unter dieser Transformation sei hier zunächst einmal vorausgesetzt. Zunächst stellen wir nur einige allgemeine Eigenschaften und die Transformation von geometrischen Objekten zusammen.

Es sei $u^A$ eine Transformation zwischen den Koordinaten $u^1, u^2$ und den dazu willkürlich gewählten Flächenkoordinaten $\bar{u}^1, \bar{u}^2$, gegeben durch

$$u^A = u^A(\bar{u}^1, \bar{u}^2, t) \tag{5.9a}$$

mit ihrer Umkehr-Transformation

$$\bar{u}^B = \bar{u}^B(u^1, u^2, t) \quad , \tag{5.9b}$$

wobei $A, B = \{1,2\}$. Die Funktionen $u^A$ nennen wir zulässige Parameter-Transformation, wenn sie und die Umkehrfunktionen $\bar{u}^B$ hinreichend oft differenzierbar sind.

Für das Koordinatendifferential folgt

$$d\bar{u}^A = h^A_B \, du^B , \tag{5.10}$$

mit

$$h^A_B := \frac{\partial \bar{u}^A}{\partial u^B} \quad , \tag{5.11}$$

wobei wir verlangen $\det(h^A_B) \neq 0$. Mit

$$\overset{-1}{h}{}^C_A := \frac{\partial u^C}{\partial \bar{u}^A} \quad , \tag{5.12}$$

sei das

Inverse von $h^A_C$ definiert, so daß gilt

$$\overset{-1}{h}{}^C_A \, h^A_B = \delta^C_B \quad , \tag{5.13}$$

wobei $\delta^C_B$ das übliche Kronecker Symbol ist.

Wir nehmen an, daß die Komponenten $\bar{\varphi}^A$ eines kontravarianten Flächenvektors $\underset{\sim}{\varphi}$ dasselbe Transformationsverhalten wie das Koordinatendifferential besitzt:

$$\bar{\varphi}^A = h^A_B \varphi^B \quad . \tag{5.14}$$

Dieses Resultat besagt, daß $\bar{\varphi}^A$ mit den Komponenten $\bar{\varphi}^1$ und $\bar{\varphi}^2$ in dem $\bar{u}^1$-$\bar{u}^2$ -Koordinatensystem vermittels $\overset{-1}{h}{}^B_A$ durch die Komponenten $\varphi^1$ und $\varphi^2$ in dem $u^1$- $u^2$-Koordinatensystem ausdrückbar sind.

Die Formel (5.14) motiviert uns für die kontravarianten Komponenten eines Flächentensors die folgende Transformationsformel zu setzen:

$$\bar{\varphi}^{AB} = h^A_K \, h^B_L \, \varphi^{KL} \quad . \tag{5.15}$$

Beachten wir, daß ein Skalar $s$ bezüglich der Transformation (5.9) ein Skalar bleiben soll, so haben wir zusammen mit der Gl. (5.14) und (5.15) für die Komponenten von kontravarianten Größen auf der Fläche die folgenden Transformationsregeln:

$$\begin{aligned} \bar{s} &= s \quad , \\ \bar{v}^A &= h^A_B \, v^B \quad , \\ \bar{t}^{AB} &= h^A_K \, h^B_L \, t^{KL} \quad . \end{aligned} \tag{5.16}$$

Wir nehmen an, daß für die Komponenten $\bar{\varphi}_A$ (vektor-wertige Größen) eines kovarianten Flächenvektors $\underset{\sim}{\varphi}$ gilt:

$$\bar{\varphi}_A = \overset{-1}{h}{}^B_A \varphi_B \quad . \tag{5.17a}$$

$\phi(u^1, u^2)$ sei eine skalar-wertige Funktion, definiert im System der Flächenkoordinaten $u^1, u^2$. Für die Komponenten $\frac{\partial \phi}{\partial u^1}$ und $\frac{\partial \phi}{\partial u^2}$ folgt mit (5.12):

$$\frac{\partial \bar{\phi}}{\partial \bar{u}^A} = \frac{\partial \phi}{\partial u^B} \frac{\partial u^B}{\partial \bar{u}^A} = \overset{-1}{h}{}^B_A \frac{\partial \phi}{\partial u^B} \quad , \tag{5.17b}$$

dabei haben wir benutzt, daß für eine skalar-wertige Größe $\phi$ die Transformationsregel (5.16a) gilt.

Für eine kovariante, tensor-wertige Größe definieren wir:

$$\bar{\varphi}_{AB} = \overset{-1}{h}{}^G_A \overset{-1}{h}{}^H_B \varphi_{GH} \quad . \tag{5.18}$$

Die Komponenten $v_A$ eines Vektors $\underset{\sim}{v}$ oder die Komponenten $t_{AB}$ eines Tensors $\underset{\approx}{t}$ heißen objektiv unter Parametertransformation, falls nach (5.17) und (5.18) gilt:

$$\begin{aligned} \bar{v}_A &= \overset{-1}{h}{}^B_A v_B \; , \\ \bar{t}_{AB} &= \overset{-1}{h}{}^G_A \overset{-1}{h}{}^H_B t_{GH} \; . \end{aligned} \tag{5.19}$$

Mit vorstehenden Resultaten haben wir gezeigt, wie sich kovariante und kontravariante Objekte bezüglich der Parametertransformation (5.9) transformieren. Die aufgestellten Formeln sollen jetzt auf geometrische Objekte und physikalische Größen angewendet werden.

## 5.2.4 Transformationseigenschaften von geometrischen Flächengrößen bezüglich Transformation der Flächenkoordinaten

Mit vorstehenden Resultaten lassen sich sofort die Transformationsformeln für die Ableitung des Normalenvektors $e^i_{,A}$ und die Komponenten der Tangentialvektoren $x^i_{,A}$ finden:

$$\bar{e}^i_{,A} = \frac{\partial \bar{e}^i}{\partial \bar{u}^A} = \frac{\partial e^i}{\partial u^B}\frac{\partial u^B}{\partial \bar{u}^A} = \overset{-1}{h}{}^B_A\, e^i_{,B} \tag{5.20}$$

und analog

$$\bar{x}^i_{,A} = \overset{-1}{h}{}^B_A\, x^i_{,B} \ . \tag{5.21}$$

Für die Transformation des Quadrates der Bogenlänge $ds$ auf einer Fläche erhalten wir mit Hilfe von Gl. (5.10):

$$(ds)^2 = g_{AB}\frac{\partial u^A}{\partial \bar{u}^C}\frac{\partial u^B}{\partial \bar{u}^D}\, d\bar{u}^C d\bar{u}^D = \bar{g}_{CD}\, d\bar{u}^C d\bar{u}^D , \tag{5.22}$$

hierbei haben wir gesetzt $(ds)^2 = \overline{(ds)^2}$ . Aus dieser Festsetzung folgt für den Metriktensor $\bar{g}_{CD}$ :

$$\bar{g}_{CD} = \overset{-1}{h}{}^A_C\, \overset{-1}{h}{}^B_D\, g_{AB} \ . \tag{5.23}$$

Mit Hilfe der Definition (3.26) für den Krümmungstensor können wir zeigen, daß gilt:

$$\bar{b}_{CD} = \overset{-1}{h}{}^A_C\, \overset{-1}{h}{}^B_D\, b_{AB} \ . \tag{5.24}$$

Der Metriktensor und der Krümmungstensor genügen der Transformationsregel (5.16c).

Für die skalaren Invarianten des Krümmungstensors, so für die mittlere Krümmung $k_M$ und die Gaußsche Krümmung $k_G$, gilt:

$$\bar{k}_M = k_M \quad , \bar{k}_G = k_G . \tag{5.25}$$

Für die kovariante Ableitung eines Flächenvektors $\underset{\sim}{v}$ mit seinen kontravarianten Komponenten $v^A_{;B} = v^A_{,B} + \Gamma^A_{BC} v^C$ erhalten wir mit vorstehenden Transformationsregeln

$$\bar{v}^A_{;B} = h^A_C \overset{-1}{h}{}^D_B \, v^C_{;D} \quad , \tag{5.26}$$

entsprechend gilt für die kovariante Ableitung von kovarianten Komponenten $v_{A;B} = v_{A,B} - \Gamma^C_{BA} v_C$ die Formel:

$$\bar{v}_{A;B} = \overset{-1}{h}{}^C_A \overset{-1}{h}{}^D_B \, v_{C;D} \tag{5.27}$$

## 5.3 Konstitutive Gleichungen für eine viskose wärmeleitende Flüssigkeit in der Grenzfläche

Wir werden hier eine Grenzfläche studieren, die nur aus einer einzigen wärmeleitenden Flüssigkeit besteht. Für eine solche Grenzfläche gelten die Bilanzgleichungen aus IV. Für diese haben wir konstitutive Gleichungen aufzustellen, so für den Spannungstensor $T^{kA}$, die innere Energie $E_S$, den Wärmestrom $\underset{\tau}{Q}{}^A$, die Entropie $\eta_S$ und den Entropiestrom $\underset{\tau}{\Phi}{}^A$.

Wir wollen hier die Frage untersuchen, was eine viskose Flüssigkeit ist, wie sie definiert ist und eventuell mathematisch charakterisiert werden kann. Die viskosen Flüssigkeiten unterscheiden sich von den nichtviskosen Flüssigkeiten, daß den Teilchenverschiebungen innerhalb der Flüssigkeit Kräfte entgegenwirken . Diese Erfahrung wurde zum Anlaß genommen, die räumliche Veränderung des Geschwindigkeitsfeldes der Flüssigkeitsteilchen mit der Kraft bzw. dem Spannungstensor in der Flüssigkeit in Verbindung zu bringen. Beobachtet wird auch, daß viskose Materialien als Filme aufgetragen, eine gewisse Formsteifigkeit besitzen. Eine eindeutige Abgrenzung der viskosen Flüssigkeiten von den einfachen Flüssigkeiten einerseits und dem viskoelastischen Festkörper bzw. starren Festkörper andererseits, ist hinsichtlich der Beschreibung schwierig vorzunehmen.

### 5.3.1 Transformation der Felder und konstitutiven Gleichungen unter Galilei-Transformation

Die konstitutiven Größen

$$E_s\,,\quad \eta_s\,,\quad \underset{\tau}{Q}^{A}\,,\quad \underset{\tau}{\Phi}^{A}\quad \text{und}\quad T^{kA} \tag{5.28}$$

für eine viskose Flüssigkeit in der Grenzfläche seien Funktionen der Grenzflächenfelder, nämlich der

$$\begin{aligned} &\text{Dichte} \quad \gamma(u^1,u^2,t)\,, \\ &\text{Geschwindigkeit} \quad w^k(u^1,u^2,t)\,, \\ &\text{Temperatur} \quad \vartheta_s(u^1,u^2,t)\,. \end{aligned} \tag{5.29}$$

Ob die vorstehenden thermodynamischen Felder auch mit ihren Ableitungen vorkommen, das richtet sich danach welches Material durch die konstitutiven Gleichungen approximiert werden soll. Physikalisch heißt das konkret: Die konstitutiven Gleichungen sind lokale Gleichungen, die von den

Werten der Felder an einer bestimmten Stelle $P$ im Material abhängen. Wollen wir auch das Materialverhalten in der Umgebung von $P$ berücksichtigen, so lassen wir erste Ableitungen der Felder zu.

Die konstitutiven Gleichungen hängen dann linear von den thermodynamischen Feldern und eventuell deren ersten Ableitungen ab. Wir interpretieren das so: Das Material wird sich in einer kleinen Umgebung von $P$ linear verhalten, dieser Linearität tragen wir durch Berücksichtigung von ersten Ableitungen der Felder nach dem Ort Rechnung.

Annahme: Wir nehmen an, daß die konstitutiven Gleichungen an einem Flächenpunkt $P$ mit den Koordinaten $u^1, u^2$ und der Zeit $t$, abhängen von den Werten der Felder

$$\gamma(u^1, u^2, t) \quad , \quad \vartheta_s(u^1, u^2, t) , \tag{5.30}$$

von einem Temperaturgradienten

$$\vartheta_{S,A} \; (u^1, u^2, t) \tag{5.31}$$

und von einem Gradienten der Geschwindigkeit

$$g^{AB} \, w^k_{;A} \, x^\ell_{,B} \tag{5.32}$$

tangential zur Fläche. Einen Dichtegradienten berücksichtigen wir im Moment nicht, er würde in unseren grundsätzlichen Überlegungen nichts Neues bringen, außer weiteren Verkomplizierung der Methode. Auch ein Geschwindigkeitsfeld $w^k$ betrachten wir nicht und eine Variable $\dot{\vartheta}$, da wir keine thermische Wellenausbreitung betrachten wollen.

Wir benötigen noch geometrische Variable, so die Komponenten der Tangentialvektoren $x^k_{,A}$ und die Ableitung der Komponenten des Normalenvektors $e^k_{,A}$ nach den Flächenkoordinaten $u^1$ und $u^2$, diese sind notwendig, denn aus ihrer Kombination lassen sich die Metrik und die

Krümmungseigenschaften der Fläche charakterisieren. Den Normalenvektor selbst nehmen wir nicht hinzu, er ist aus den Tangentialgrößen $x^k_{;A}$ konstruierbar (siehe Gl. (3.5b)). Schreiben wir noch den Temperaturgradienten um, in Komponenten eines Raumvektors tangential zur Fläche, so folgt aus diesen Überlegungen die folgende Darstellung für die konstitutiven Gleichungen

$$\begin{aligned} E_s &= \mathcal{E}_s(\gamma, \vartheta_s, x^k_{,A}\vartheta_{s,k}, g^{AB} w^k_{;A} x^\ell_{;B}, x^k_{,A}, e^k_{,A}), \\ \eta_s &= \eta_s(\gamma, \dots), \\ \underset{\tau}{Q}^A &= \underset{\tau}{Q}^A(\gamma, \dots), \\ \underset{\tau}{\Phi}^A &= \underset{\tau}{\Phi}^A(\gamma, \dots), \\ T^{kA} &= T^{kA}(\gamma, \dots). \end{aligned} \tag{5.33}$$

a) Transformation der Felder unter Galilei Transformation

Annahme: Wir nehmen an, daß die skalar-wertige Dichte $\gamma$ und die Temperatur $\vartheta_s$ objektive Skalare sind, d.h. es soll gelten

$$\bar{\gamma} = \gamma \quad \text{und} \quad \bar{\vartheta}_s = \vartheta_s . \tag{5.34}$$

Für den Temperaturgradienten erhalten wir unter Beachtung von (5.1):

$$\bar{\vartheta}_{s,B} = \bar{x}^j_{,B}\bar{\vartheta}_{s,j} = Q^{jk} x^k_{,B} Q^{j\ell}\frac{\partial\vartheta_s}{\partial x^\ell} = \delta^{k\ell} x^k_{,B}\frac{\partial\vartheta_s}{\partial x^\ell} = x^k_{,B}\frac{\partial\vartheta_s}{\partial x^k} = \vartheta_{s,B} \tag{5.35}$$

mit

$$\frac{\partial\vartheta_s}{\partial\bar{x}^j} = \frac{\partial\vartheta_s}{\partial x^\ell}\frac{\partial x^\ell}{\partial\bar{x}^j} = (Q^{-1})^{\ell j}\frac{\partial\vartheta_s}{\partial x^\ell} = Q^{\ell j}\frac{\partial\vartheta_s}{\partial x^\ell} . \tag{5.36}$$

Wir haben jetzt den Gradienten der Geschwindigkeit bei Transformation ( 5.1 ) zu untersuchen. Da ein Flächenpunkt auch gleichzeitig Raumpunkt ist, können wir die Geschwindigkeit $v^k$ eines Raumpunktes mit der Geschwindigkeit eines Grenzflächenpunktes identifizieren. Die Formel schreiben wir in der Form:

$$\bar{w}^j = Q^{jk} w^k + v^j \; . \tag{5.37}$$

Differenziert nach den Flächenkoordinaten, liefert den Ausdruck

$$\bar{w}^j_{;A} = Q^{jk} w^k_{;A} \; . \tag{5.38}$$

Mit diesen Überlegungen, folgt für den Geschwindigkeitsgradienten:

$$\begin{aligned} \overline{g^{AB} x^i_{;B} w^j_{;A}} &= Q^{ip} Q^{jq} g^{AB} x^p_{;B} \, w^q_{;A} \\ &= Q^{ip} Q^{jq} \Big\{ g^{AB} x^p_{;B} e^q \big( \underset{n}{w}_{;A} + \underset{\tau}{w}^C b_{AC} \big) \\ &\qquad + g^{DC} g^{AB} x^p_{;B} \, x^q_{;C} \big( \underset{\tau}{w}_{D;A} - \underset{n}{w} \, b_{DA} \big) \Big\} \; . \end{aligned} \tag{5.39}$$

Dabei haben wir berücksichtigt, daß die kovariante Ableitung des Geschwindigkeitsfeldes $w^q$ durch $w^q_{;A} = ( \underset{n}{w}_{;A} + \underset{\tau}{w}^C b_{CA}) e^q + ( \underset{\tau}{w}^C_{;A} - \underset{n}{w} b^C_A ) x^q_{;C}$ , gegeben ist. Der erste Term in der geschweiften Klammer in Formel (5.39) ist antisymmetrisch bezüglich $p$ und $q$. Dieses motiviert uns, den zweiten Term in einen symmetrischen und antisymmetrischen Teil zu zerlegen und die antisymmetrischen Teile zusammenzufassen, wir erhalten:

$$\overline{g^{AB} x^p_{;B} w^q_{;A}} = Q^{ip} Q^{jq} \left( \Delta^{pq} + d^{pq} \right) . \tag{5.40}$$

Die Größen $\Delta^{pq}$ und $d^{pq}$ sind wie folgt definiert:

$$\Delta^{pq} := g^{AB} x^p_{;B} e^q \big( \underset{n}{w}_{;A} + \underset{\tau}{w}^C b_{AC} \big) + g^{AB} g^{DC} x^{[p}_{;B} \, x^{q]}_{;C} \big( \underset{\tau}{w}_{D;A} - \underset{n}{w} \, b_{DA} \big) \tag{5.41}$$

und

$$d^{pq} := g^{AB} g^{DC} x^{(p}_{;B} \, x^{q)}_{;C} \big( \underset{\tau}{w}_{D;A} - \underset{n}{w} \, b_{DA} \big) . \tag{5.42}$$

Die linke Seite von (5.39) denken wir uns ebenfalls zerlegt in einen antisymmetrischen und einen symmetrischen Teil, den wir mit $\bar{\Delta}^{ij}$ und $\bar{d}^{ij}$ bezeichnen und schreiben

$$\bar{\Delta}^{ij} = Q^{ip} Q^{jq} \Delta^{pq} \tag{5.43}$$

und

$$\bar{d}^{ij} = Q^{ip} Q^{jq} d^{pq} . \tag{5.44}$$

Die Größe $\Delta^{kl}$ stellt eine starre Rotation dar und scheidet deshalb als Variable aus.

Es verbleibt als Variable $d^{jk}$ und die Variablenliste für die konstitutiven Gleichungen lautet

$$\gamma , \quad \vartheta_S , \quad x^j_{;B} \vartheta_{S,j} , \quad d^{jk} , \quad x^j_{;A} , \quad e^j_{;A} . \tag{5.45}$$

## b) Transformation der konstitutiven Gleichungen unter Galilei Transformation

Betrachten wir die konstitutiven Größen $E_S$, $\eta_S$, $\underset{\sim}{Q}^A$, $\underset{\sim}{\Phi}^A$ und $T^{kA}$, so stellen wir fest: Es gibt drei Gruppen von konstitutiven Größen, erstere enthält weder Flächenindices noch räumliche Indices, es sind die innere Energie $E_S$ und die Entropie $\eta_S$, die zweite Gruppe repräsentiert die Komponenten von kontravarianten Flächenvektoren, wie der Wärmestrom $\underset{\sim}{Q}$ und der Entropiestrom $\underset{\sim}{\Phi}$ und letztere, repräsentiert durch den Spannungstensor $T^{kA}$, enthält Flächenindices und räumliche Komponenten.

Diese konstitutiven Größen sollen jetzt näher, bezüglich der Galilei Transformation ( 5.1 ), diskutiert werden.

Die innere Energie $E_s$ und die Entropie $\eta_s$ sind unabhängig von Flächenindices und räumlichen Indices, es sind skalar-wertige Größen.

Annahme: Für die skalar-wertige innere Energie $E_s$ und die skalar-wertige Entropie $\eta_s$ soll gelten:

$$\bar{E}_s = E_s \quad \text{und} \quad \bar{\eta}_s = \eta_s \;, \tag{5.46}$$

in Übereinstimmung mit Gl. ( 5.3a ).

Die kontravarianten Komponenten $\underset{\tau}{Q}^A$ des Wärmestromes und die kontravarianten Komponenten $\underset{\tau}{\Phi}^A$ des Entropiestromes in der Fläche lassen sich als räumliche Komponenten tangential zur Fläche darstellen. Mit den Komponenten des Tangentialvektors $x^k_{,A}$ können wir schreiben:

$$Q^k = \underset{\tau}{Q}^A x^k_{,A} \quad \text{und} \quad \Phi^k = \underset{\tau}{\Phi}^A x^k_{,A} \;, \tag{5.47}$$

hierbei sind $Q^k$ die räumlichen Komponenten des Wärmestromes bzw. $\Phi^k$ die räumlichen Komponenten des Entropiestromes tangential zur Fläche. In anderen Worten, der Wärmestrom und der Entropiestrom der Fläche hat nur Tangentialkomponenten.

Beh.: $\underset{\tau}{\Phi}^A$ transformiert sich bezüglich Galilei Transformation ( 5.1 ) wie eine skalarwertige Größe nach (5.3a).

Verfikation:

$$\underset{\tau}{\bar{\Phi}}^A \bar{x}^k_{,A} = \bar{\Phi}^k \;. \tag{5.48}$$

Überschieben wir Gl.(5.48) mit $\bar{x}^\ell_{,A}\, g_{k\ell}\, g^{AB}$, so erhalten wir

$$\underset{\tau}{\bar{\Phi}}^A = \Phi^k x^\ell_{,B}\, g_{k\ell}\, g^{AB} . \tag{5.49}$$

Mit $\bar{\Phi}^k = Q^{kp}\,\Phi^p$ und $\bar{x}^l_{,B} = Q^{lk} x^k_{,B}$ folgt:

$$\begin{aligned} \bar{\underset{\tau}{\Phi}}{}^A &= Q^{kp} Q^{lk}\, \Phi^p x^k_{,B}\, g_{kl}\, g^{AB} \\ &= Q^{kp} \bar{Q}^{-1kl}\, \Phi^p x^k_{,B}\, g_{kl}\, g^{AB} = \Phi^l x^k_{,B}\, g_{kl}\, g^{AB} \end{aligned} \tag{5.50}$$

und

$$\bar{\underset{\tau}{\Phi}}{}^A = \underset{\tau}{\Phi}{}^A\,, \tag{5.51}$$

wobei $\Phi^l x^k_{,B}\, g_{kl}\, g^{AB} = \underset{\tau}{\Phi}{}^A$ gilt. Die Komponenten des Entropiestromes sind bezüglich Galilei Transformation objektive Skalare, sie genügen der Formel (5.3a). Eine analoge Betrachtung für den Wärmestrom liefert das Resultat

$$\bar{\underset{\tau}{Q}}{}^A = \underset{\tau}{Q}{}^A\,. \tag{5.52}$$

Die kontravarianten Komponenten des Wärmestromes genügen ebenfalls der Formel (5.3a).

Wir wollen jetzt den Spannungstensor $T^{kA}$ bezüglich Transformation (5.1) untersuchen. Aber zunächst einige physikalische Vorbemerkungen, sie betreffen das zu untersuchende viskose Medium. Wir hatten vorausgesetzt, daß die zu untersuchende viskose Flüssigkeit aus nicht-polaren Teilchen besteht und die Flüssigkeit nicht polarisierbar und magnetisierbar sei. In solchen "klassischen" Flüssigkeiten mit sphärischen Bestandteilen ordnen wir den Teilchen kein Spin zu und folglich keine Bilanz für den Spin. Dieses hat zur Folge, daß sich die Forderung, der Gesamtdrehimpuls sei eine Erhaltungsgröße, reduziert auf die einfachere Bedingung der Erhaltung des Drehimpulses. Dieses ist der Fall, wenn die Produktionsdichte des Drehimpulses $\varepsilon_{ijk}\, x^j_{,A}\, T^{kA}$ auf $\Sigma_0(t)$ verschwindet. Hieraus folgt:

$$\varepsilon_{ijk}\, x^j_{,A}\, T^{kA} = 0. \tag{5.53}$$

Mit der Komponentendarstellung $T^{kA} = T^A e^k + T^{BA} x^k_{,B}$ für den Spannungstensor $T^{kA}$, erhalten wir:

$$\varepsilon_{ijk}\, x^j_{,A}\, e^k\, T^A + \varepsilon_{ijk}\, x^j_{,A}\, x^k_{,B}\; T^{BA} = 0. \tag{5.54}$$

Da $T^A$ und $T^{BA}$ unabhängig voneinander sind, müssen sie unabhängig voneinander verschwinden. In anderen Worten, jeder Term in Gl.(5.54) muß unabhängig von dem anderen Term gleich Null sein.

$\varepsilon_{ijk}\, x^j_{,A}\, e^k$ sind Vektorkomponenten einer Größe die in der Tangentialebene liegen. Die Größen $x^j_{,A}$ und $e^k$ sind selbst von Null verschieden, so daß die Forderung, der erste Term sei Null unabhängig von dem zweiten Term nur erfüllbar ist, falls

$$T^A = 0 \tag{5.55}$$

gilt. Der Koeffizient von $T^{BA}$ ist bekannt Gl.(3.5b), so daß wir schreiben können

$$e^i \varepsilon_{AB}\left( T^{[BA]} + T^{(BA)} \right) = 0, \tag{5.56}$$

wobei wir den Spannungstensor $T^{AB}$ durch seinen antisymmetrischen und symmetrischen Bestandteil zerlegt haben. $\varepsilon_{AB}$ selbst ist ein antisymmetrischer Flächentensor und ungleich Null für $A \neq B$. $\varepsilon_{AB}$ zusammen mit dem symmetrischen Term $T^{(BA)}$ ist gleich Null.

Die verbleibende Bedingung

$$\varepsilon_{AB}\, T^{[BA]} = 0, \tag{5.56a}$$

ist nur erfüllbar, falls

$$T^{[BA]} = 0 \tag{5.57}$$

ist. Dieses bedeutet auch $T^{BA} = T^{AB}$.

Bei der bisherigen Diskussion wurde beachtet, daß $A \neq B$ ist. Falls $A = B$, so ist $\varepsilon_{AB} = 0$ und Gl.(5.56a) ist ebenfalls erfüllt. D.h. aber auch, daß die Komponenten $T^{11}$ und $T^{22}$ nicht Null zu sein brauchen.

Die bisherige Diskussion zeigt, daß wir nicht die Form $T^{kA}$ unter Transformation zu untersuchen haben, sondern $T^{BA}$. Wir behaupten, daß unter Transformation (5.1) gilt:

$$\bar{T}^{AB} = T^{AB}. \tag{5.58}$$

Zur Verifikation benutzen wir die Bedingung $T^{A}_{\cdot} = 0$ und dieselbe Argumentation wie zuvor.

Wir schreiben: $$\bar{T}^{AB}\bar{x}^{k}{}_{,B} = \bar{T}^{kA}, \tag{5.59}$$

In analoger Weise, wie oben für den Entropiestrom $\underset{\tau}{\Phi}^{A}$ erläutert wurde, folgt hier, daß der Spannungstensor der Transformationsformel (5.3a) für skalar-wertige Größen genügt.

Als Resultat halten wir fest, daß die innere Energie $E_S$, die Entropie $\eta_S$, die Komponenten des Wärmestromes $\underset{\tau}{Q}^{A}$, die Komponenten des Entropiestromes $\underset{\tau}{\Phi}^{A}$ und die Komponenten des Spannungstensors $T^{AB}$ bezüglich Galilei Transformation wie Skalare zu behandeln sind. Diese konstitutiven Größen sind aber abhängig von Variablen, die bezüglich Galilei Transformation den Transformationsregeln (6.3a - 6.3c) genügen. Hieraus schließen wir, wir müssen jetzt eine skalar-wertige Funktion untersuchen, die von Skalaren, Komponenten von Vektoren und Komponenten eines Tensors abhängen. Es ist klar, daß nur durch gewisse Kombinationen der Argumente eine skalar-wertige Funktion konstruierbar ist und zwar in der Ordnung beliebig nichtlinear. Wir werden diesen Sachverhalt im nächsten Abschnitt genauer untersuchen, es sei aber jetzt schon darauf hingewiesen, daß wir nur lineare konstitutive Gleichungen betrachten. Über eventuell auftretende Nichtlinearitäten in den Feldgleichungen werden wir uns bei deren Lösung für ein spezifisches Problem auseinandersetzen. Wie wir oben dargelegt haben, treten vektor-wertige und tensor-wertige Funktionen nicht auf.

## c) Transformation von skalar-wertigen Funktionen unter Galilei Transformation

Wir haben gezeigt, daß die innere Energie $E_S$, die Entropie $\eta_S$, die Komponenten des Wärmestromes $\underset{\tau}{Q}^A$, die Komponenten des Entropiestromes $\underset{\tau}{\Phi}^A$ und die Komponenten des Spannungstensors $T^{BA}$ der Transformationsformel (5.3a) für Skalare genügt. Für irgendeinen solchen Skalar schreiben wir im folgenden, stellvertretend $F$ und beachten die Variablenliste (5.45), wir haben

$$F = \mathcal{F}(\gamma, \vartheta_S, x^j_{;B} \vartheta_{S,j}, d^{jk}, x^j_{;A}, e^j_{;A}) . \tag{5.60}$$

Die Fläche $\Sigma_0(t)$ sei glatt, so daß in der Funktion $\mathcal{F}$ keine explizite Abhängigkeit von den Oberflächenparameter $u^1$ und $u^2$ berücksichtigt werden muß.

Wir verlangen, daß die konstitutiven Gleichungen form-invariant bezüglich Galilei Transformation (5.1) sind. Deshalb fordern wir für eine skalar-wertige Funktion

$$\mathcal{F}(\Sigma) = \mathcal{F}(\bar{\Sigma}) , \tag{5.61}$$

wobei die Variablenliste mit $\Sigma = \{ \gamma, \vartheta_S, x^j_{;B} \vartheta_{S,j}, d^{jk}, x^j_{;A}, e^j_{;A} \}$ abgekürzt wurde. Explizit lautet die Forderung:

$$\begin{aligned} &\mathcal{F}(\gamma, \vartheta_S, x^j_{;B} \vartheta_{S,j}, d^{jk}, x^j_{;A}, e^j_{;A}) \\ &\quad = \mathcal{F}(\bar{\gamma}, \bar{\vartheta}_S, \overline{x^j_{;B} \vartheta_{S,j}}, \bar{d}^{jk}, \bar{x}^j_{;A}, \bar{e}^j_{;A}) \\ &\quad = \mathcal{F}(\gamma, \vartheta_S, \vartheta_{S,A}, Q^{jp} Q^{kq} d^{pq}, Q^{jp} x^p_{;A}, Q^{jp} e^p_{;A}) . \end{aligned} \tag{5.62}$$

Dieses ist eine Funktionalgleichung aus der wir eine Darstellung für die Funktion $\mathcal{F}$ erhalten. Wie oben ausgeführt wurde, ist $F$ skalar-wertig und dieses besagt, daß nur durch gewisse Kombinationen der Variablen in (5.62) eine skalar-wertige Funktion konstruierbar ist. Soll vorstehende Funktionalgleichung erfüllt werden, dann besteht die skalarwertige Funktion $\mathcal{F}$ aus allen möglichen Kombinationen von Skalarprodukten und mehrfachen Produkten bzw. Überschiebungen, die skalar-wertige Terme ergeben. Dabei ist gegebenenfalls darauf zu achten, daß nicht alle Produkte voneinander unabhängig sind, wir werden später in einem anderen Zusammenhang darauf zurückkommen. Wir haben die folgenden unabhängigen Produkte, die zu linearen Termen führen

$$
\begin{aligned}
x^j_{;A}\, x^j_{;B} &= g_{AB} \;, \\
-x^j_{;A}\, e^j_{;B} &= b_{AB} \;, \\
d^{jk}\, x^j_{;A}\, x^k_{;B} &= d_{AB} \;,
\end{aligned}
\tag{5.63}
$$

wobei $d_{AB} = \underset{\tau}{w}_{(A;B)} - \underset{n}{w} b_{AB}$ ist. Wir beschränken uns im Moment bei der Darstellung für die konstitutiven Gleichungen auf lineare Abhängigkeiten, bezüglich der thermodynamischen Variablen und der geometrischen Größen. Diese Beschränkung bedeutet für die gesuchte Darstellung eine Abhängigkeit in der folgenden Form

$$
\mathcal{F}(\gamma \,,\, \vartheta_s \,,\, \vartheta_{s,A} \,,\, d_{AB} \,,\, g_{AB} \,,\, b_{AB}) \tag{5.64}
$$

und explizit für die konstitutiven Gleichungen

$$
\begin{aligned}
E_s &= \mathcal{E}_s(\gamma \,,\, \vartheta_s \,,\, \vartheta_{s,A} \,,\, d_{AB} \,,\, g_{AB} \,,\, b_{AB}) \,, \\
\eta_s &= \eta_s(\gamma \,,\, \ldots \qquad\qquad\qquad\qquad , b_{AB}) \,, \\
\underset{\tau}{Q}^A &= \underset{\tau}{Q}^A(\gamma \,,\, \ldots \qquad\qquad\qquad\qquad , b_{AB}) \,, \\
\underset{\tau}{\Phi}^A &= \underset{\tau}{\Phi}^A(\gamma \,,\, \ldots \qquad\qquad\qquad\qquad , b_{AB}) \,, \\
T^{BA} &= T^{BA}(\gamma \,,\, \ldots \qquad\qquad\qquad\qquad , b_{AB}) \,.
\end{aligned}
\tag{5.65}
$$

Die Funktionen $\mathcal{E}_S, \ldots, T^{BA}$ sind skalar-wertig bezüglich der Transformation (5.3a), an einer Fläche sind es skalar-wertige ( $\mathcal{E}_S$ und $\eta_S$ ), vektor-wertige ( $\underset{\tau}{Q}^A$ und $\underset{\tau}{\tilde{\mathcal{E}}}^A$ ) und eine tensor-wertige Funktion $T^{BA}$, abhängig von den skalar-wertigen Feldern der Dichte $\gamma$ und der Temperatur $\vartheta_S$, abhängig von dem vektor-wertigen Temperaturgradienten und den Komponenten,der bezüglich A und B symmetrischen tensor-wertigen Größen, wie dem Deformationsgradienten $d_{AB}$, dem Metriktensor $g_{AB}$ und dem Krümmungstensor $b_{AB}$. Weitere Einschränkungen erhalten wir aus drei weiteren Funktionalgleichungen an Flächen, die wir im nächsten Abschnitt 5.4.3 im Zusammenhang mit der Untersuchung des Transformationsverhaltens der konstitutiven Gleichungen bei Koordinatentransformation der Flächenkoordinaten diskutieren.

## 5.3.2 Transformation der Felder und konstitutiven Gleichungen bei Transformation der Flächenkoordinaten

### a) Transformation der Felder unter Transformation der Flächenkoordinaten

Forderung: Wir nehmen an, daß die Massendichte $\gamma$ und die Temperatur $\vartheta_S$ sich wie Skalare nach der Transformationsregel (5.16a) transformieren

$$\bar{\gamma} = \gamma \quad \text{und} \quad \bar{\vartheta}_S = \vartheta_S \,. \tag{5.66}$$

Der Flächengradient der Temperatur genügt der Regel (5.19a), da gilt:

$$\bar{\vartheta}_{S,A} = \frac{\partial \bar{\vartheta}_S}{\partial \bar{u}^A} = \frac{\partial \vartheta_S}{\partial u^B} \cdot \frac{\partial u^B}{\partial \bar{u}^A} = \overset{-1}{h}{}^B_A \, \vartheta_{S,B} \,. \tag{5.67}$$

Der metrische Tensor $g_{AB}$ und der Krümmungstensor $b_{AB}$ sind Flächentensoren, die skalaren Invarianten des Krümmungstensors sind Skalare, nämlich die mittlere Krümmung $k_H$ und die Gaußsche Krümmung $k_G$, wir haben diese bereits in Abschnitt 5.3.4 untersucht.

Behauptung: Der Geschwindigkeitsgradient $d_{AB}$ ist ein Flächentensor, der, der Transformationsregel (5.19b) genügt:

$$\bar{d}_{AB} = \overset{-1}{h}{}^{G}_{A} \, \overset{-1}{h}{}^{H}_{B} \, d_{GH} \; . \tag{5.68}$$

Verifikation: Der Geschwindigkeitsgradient $d_{AB}$ besteht aus zwei Anteilen, der kovarianten Ableitung eines tangentialen Geschwindigkeitsfeldes und einem Term $\underset{n}{w} b_{AB}$, der die Veränderung des Krümmungstensors bei Normalverschiebung beschreibt. Die Transformationsregel für die kovariante Ableitung der Komponenten des Geschwindigkeitsfeldes $\underset{\tau}{w}_A$ als auch die Transformationsregel für den Krümmungstensor $b_{AB}$ genügen der Regel (5.19).

## b) Transformationsverhalten der konstitutiven Gleichungen bei Transformation der Flächenkoordinaten

Invariant unter Transformation der Flächenkoordinaten heißt, daß die konstitutiven Funktionen (5.65) forminvariant, bezüglich der Transformation (5.9) für die Flächenparameter bleiben. Es sei $\varphi$ eine konstitutive Funktion, abhängig von einem Skalar $s$, einem Vektor $\underset{\sim}{v}$ (mit den kovarianten Komponenten $v_A$) und einem symmetrischen Tensor $\underset{\approx}{t}$ (mit den kovarianten Komponenten $t_{AB}$). $\phi$ bzw. $\bar{\phi}$ seien die Werte von $\varphi$ in dem

System der Parameter $u^1, u^2$ bzw. $\bar{u}^1, \bar{u}^2$. Die Werte in beiden Systemen sollen gleich sein, d.h.:

$$\phi = \bar{\phi} \quad , \tag{5.69}$$

wobei $\phi = \varphi(s, v_A, t_{AB})$ und $\bar{\phi} = \varphi(\bar{s}, \bar{v}_A, \bar{t}_{AB})$ ist. D.h. ausgeschrieben:

$$\begin{aligned} \varphi(s, v_A, t_{AB}) &= \varphi(\bar{s}, \bar{v}_A, \bar{t}_{AB}) = \\ &= \varphi(s, \overset{-1}{h}{}^G_A v_G, \overset{-1}{h}{}^G_A \overset{-1}{h}{}^H_B t_{GH}) . \end{aligned} \tag{5.70a}$$

Hierbei haben wir die Transformationsregel (5.19) für kovariante Flächengrößen benutzt, dieses ist in Übereinstimmung mit (5.65a,b).

Ein Blick auf die konstitutiven Gleichungen (5.65c-e) zeigt, daß dieses kontravariante Funktionen sind, die von Skalaren und kovarianten Flächengrößen abhängen. Die kovarianten Flächengrößen transformieren wir analog der skalar-wertigen Funktion in Gleichung (5.70a) und die kontravarianten Funktionen nach den Regeln (5.16) für kontravariante Flächengrößen.

Sei $\psi$ eine vektor-wertige Funktion, ihr Funktionswert sei $\underset{\sim}{\Psi}$ und $\chi$ eine tensorwertige Funktion eines symmetrischen Tensors mit Funktionswert $\Xi$, dann schreiben wir:

$$\bar{\Psi}^K = h^K_A \Psi^A , \tag{5.71}$$

bzw.

$$\bar{\Xi}^{KL} = h^K_A h^L_B \Xi^{AB} . \tag{5.72}$$

Für eine vektor-wertige Funktion und einer symmetrischen tensorwertigen Funktion, abhängig von einem Skalar $s$, einem Vektor $\underset{\sim}{v}$ und einem symmetrischen Tensor $\underset{\approx}{t}$, schreiben wir dann

$$h^K_C \varphi^C(s, v_A, t_{AB}) = \varphi^K(\bar{s}, \bar{v}_A, \bar{t}_{AB}) = \varphi^K(s, \overset{-1}{h}{}^G_A v_G, \overset{-1}{h}{}^G_A \overset{-1}{h}{}^H_B t_{GH}),$$

bzw. (5.70b)

$$h^K_C h^L_D \chi^{CD}(s, v_A, t_{AB}) = \chi^{KL}(\bar{s}, \bar{v}_A, \bar{t}_{AB}) = \chi^{KL}(s, \overset{-1}{h}{}^G_A v_G, \overset{-1}{h}{}^G_A \overset{-1}{h}{}^H_B t_{GH}). \tag{5.70c}$$

Die Bedingungen (5.70) wenden wir jetzt auf unser Problem an. Die innere Energie $\varepsilon_S$ und die Entropie $\eta_S$ sind skalar-wertige Funktionen, der Wärmestrom $\underset{\tau}{Q}{}^A$ und der Entropiestrom $\underset{\tau}{\Phi}{}^A$ sind vektor-wertige Funktionen und der Spannungstensor $\tau^{AB}$ ist eine symmetrische tensor-wertige Funktion. Es sind diese Funktionen, die von zwei Skalaren, der Dichte $\gamma$ und der Temperatur $\vartheta_S$, den Komponenten eines Vektors, dem Temperaturgradienten $\vartheta_{S,A}$ sowie drei symmetrischen Tensoren, den Komponenten des Geschwindigkeitsgradienten $d_{AB}$, des Metriktensors $g_{AB}$ und des Krümmungstensors $b_{AB}$ abhängen. Wir haben

$$\varepsilon_S(\gamma, \vartheta_S, \vartheta_{S,A}, d_{AB}, g_{AB}, b_{AB}) \tag{5.73}$$

$$= \varepsilon_S(\gamma, \vartheta_S, \overset{-1}{h}{}^G_A \vartheta_{S,G}, \overset{-1}{h}{}^G_A \overset{-1}{h}{}^H_B d_{GH}, \overset{-1}{h}{}^G_A \overset{-1}{h}{}^H_B g_{GH}, \overset{-1}{h}{}^G_A \overset{-1}{h}{}^H_B b_{GH}),$$

$$\eta_S(\gamma, \ldots, b_{AB}) = \eta_S(\gamma, \ldots, \overset{-1}{h}{}^G_A \overset{-1}{h}{}^H_B b_{GH}),$$

$$h^K_C \underset{\tau}{Q}{}^C(\gamma, \ldots, b_{AB}) = \underset{\tau}{Q}{}^K(\gamma, \ldots, \overset{-1}{h}{}^G_A \overset{-1}{h}{}^H_B b_{GH}),$$

$$h^K_C \underset{\tau}{\Phi}{}^C(\gamma, \ldots, b_{AB}) = \underset{\tau}{\Phi}{}^K(\gamma, \ldots, \overset{-1}{h}{}^G_A \overset{-1}{h}{}^H_B b_{GH}),$$

$$h^K_C h^L_D \tau^{CD}(\gamma, \ldots, b_{AB}) = \tau^{KL}(\gamma, \ldots, \overset{-1}{h}{}^G_A \overset{-1}{h}{}^H_B b_{GH}).$$

Die Gleichungen (5.73) sind Bedingungen für die konstitutiven Gleichungen, sie werden analog zu der Bedingung (5.62) ausgewertet.

## c 1) Untersuchung einer skalar-wertigen Funktion, abhängig von Skalaren, einem Vektor und symmetrischen Tensoren

Die Gleichungen (5.73) besagen, daß die Funktionen nicht in beliebiger Weise von $\gamma, \ldots, b_{AB}$ abhängen können, sondern bezüglich $\ell_S$ und $\eta_S$ nur von den skalar-wertigen Variablen und Kombinationen der Variablen $\vartheta_{S,A}$, $d_{AB}$, $g_{AB}$ und $b_{AB}$ sowie von den skalaren Invarianten der Flächentensoren (Metriktensor $g_{AB}$, Krümmungstensor $b_{AB}$), die voneinander unabhängige skalar-wertige Argumente ergeben.

i) Nach unserer bisherigen Diskussion ist klar, daß die Dichte $\gamma$ und die Temperatur $\vartheta_S$ Skalare sind.

ii) Skalare Invarianten des Metriktensors $g_{AB}$ und des Krümmungstensors $b_{AB}$ der Fläche sind:

ii,1) $tr(\underset{\approx}{g}) = g^A{}_A = 2$, numerischer Wert entfällt als Variable.

ii,2) $tr(\underset{\approx}{g}^2)$ entfällt als Variable, wegen ii,1)

ii,3) $det(\underset{\approx}{g}) = det(g^A{}_B) = det(g_A{}^B)$ entfällt als Variable, weil gilt:

$$g^A_B = g^{AC} g_{CB} = \delta^A_B \quad \text{und} \quad det\, \delta^A_B = 1 .$$

ii,4) $tr(\underset{\approx}{b}) = g^{AB} b_{AB} = b^A{}_A = b_A{}^A = 2k_M$ .

ii,5) $det(\underset{\approx}{b}) = det(b^A{}_B) = k_G$ .

ii,6) $tr(\underset{\approx}{b}^2) = tr(\underset{\approx}{b})^2 - 2k_G$ ,

folgt aus $2k_G = (b^A{}_A)^2 - b^A{}_B b^B{}_A = (tr\, \underset{\approx}{b})^2 - tr\, \underset{\approx}{b}^2$.

$tr(\underset{\approx}{b}^2)$ ist keine unabhängige Variable, sie ist durch ii,4) und ii,5) darstellbar.

*iii)* Invarianten des Deformationsgradienten sind:

*iii,1)* $tr(\underset{\approx}{d}) = tr(d_{AB}) = g^{AB} d_{AB}$ .

*iii,2)* $tr(\underset{\approx}{d}^2)$ .

*iv)* Gemischte Terme:

*iv,1)* $tr(\underset{\approx}{g}\,\underset{\approx}{d}) = g^{AB} d_{AB}$ ist schon vorhanden siehe iii,1).

*iv,2)* $tr(\underset{\approx}{b}\,\underset{\approx}{d})$

*iv,3)* $tr(\underset{\approx}{g}\,\underset{\approx}{b}) = g^{AB} b_{AB}$ ist schon vorhanden siehe ii,4).

*iv,4)* $\vartheta_{S,A}\,\vartheta_{S,B}\,g^{AB}$

*iv,5)* $\vartheta_{S,A}\,\vartheta_{S,B}\,b^{AB}$

*iv,6)* $\vartheta_{S,A}\,\vartheta_{S,B}\,d^{AB}$.

Multiple Produkte aus den vorstehenden skalaren Größen werden nicht betrachtet, demzufolge haben wir die folgenden skalaren Größen zu berücksichtigen:

$$\gamma\,,\ \vartheta_S\,,\ k_H\,,\ k_G\,,\ tr(\underset{\approx}{d})\,,\ tr(\underset{\approx}{d}^2)\,,\ tr(\underset{\approx}{b}\,\underset{\approx}{d})\,,\ \vartheta_{S,A}\,\vartheta_{S,B}\,g^{AB}\,,$$
$$\vartheta_{S,A}\,\vartheta_{S,B}\,b^{AB} \quad \text{und} \quad \vartheta_{S,A}\,\vartheta_{S,B}\,d^{AB}\,. \tag{5.74}$$

Damit können wir für die innere Energie $E_S$ und die Entropie $\eta_S$ schreiben:

$$E_S = \mathcal{E}_S\big(\gamma, \vartheta_S, k_H, k_G, tr(\underset{\approx}{d}), tr(\underset{\approx}{d}^2), tr(\underset{\approx}{b}\,\underset{\approx}{d}),$$
$$\vartheta_{S,A}\,\vartheta_{S,B}\,g^{AB}, \vartheta_{S,A}\,\vartheta_{S,B}\,b^{AB}, \vartheta_{S,A}\,\vartheta_{S,B}\,d^{AB}\big)\,,$$

$$\eta_S = \eta_S\big(\gamma, \vartheta_S, k_H, k_G, tr(\underset{\approx}{d}), tr(\underset{\approx}{d}^2), tr(\underset{\approx}{b}\,\underset{\approx}{d}), \tag{5.75a}$$
$$\vartheta_{S,A}\,\vartheta_{S,B}\,g^{AB}, \vartheta_{S,A}\,\vartheta_{S,B}\,b^{AB}, \vartheta_{S,A}\,\vartheta_{S,B}\,d^{AB}\big)\,.$$

## c2) Untersuchung einer vektor-wertigen Funktion, abhängig von Skalaren, einem Vektor und symmetrischen Tensoren

Es gibt zwei vektor-wertige Funktionen Gl.(5.73c,d) für den Wärmestrom und den Entropiestrom. Unsere Untersuchungen führen wir an der vektor-wertigen Funktion des Wärmestromes aus.

$$h^K_C \underset{\tau}{Q}^C(\gamma, \vartheta_S, \vartheta_{S,A}, d_{AB}, g_{AB}, b_{AB}) =$$

$$\underset{\tau}{Q}^K(\gamma, \vartheta_S, \overset{-1}{h}{}^G_A \vartheta_{S,G}, \overset{-1}{h}{}^G_A \overset{-1}{h}{}^H_B d_{GH}, \overset{-1}{h}{}^G_A \overset{-1}{h}{}^H_B g_{GH}, \overset{-1}{h}{}^G_A \overset{-1}{h}{}^H_B b_{GH}). \qquad (5.76)$$

Multiplizieren wir diese Gleichung mit einem beliebigen kovarianten Flächenvektor $\alpha_K$ und beachten, daß die linke Seite mit der transformierten Größe $\overset{-1}{h}{}^D_K \alpha_D$ in Übereinstimmung mit (5.17), multipliziert werden muß, so erhalten wir eine skalar-wertige Funktion $F$ :

$$\overset{-1}{h}{}^D_K h^K_C \alpha_D \underset{\tau}{Q}^C(\gamma, \dots, b_{AB}) = \alpha_K \underset{\tau}{Q}^K(\gamma, \dots, \overset{-1}{h}{}^G_A \overset{-1}{h}{}^H_B b_{GH}), \qquad (5.77)$$

bzw. mit $\overset{-1}{h}{}^D_K h^K_C = \delta^D_C$ , folgt:

$$\alpha_D \underset{\tau}{Q}^D(\gamma, \dots, b_{AB}) = \alpha_K \underset{\tau}{Q}^K(\gamma, \dots, \overset{-1}{h}{}^G_A \overset{-1}{h}{}^H_B b_{GH}) \qquad (5.78)$$

und

$$F(\alpha_K; \gamma, \dots, \overset{-1}{h}{}^G_A \overset{-1}{h}{}^H_B b_{GH}) = \alpha_K \underset{\tau}{Q}^K(\gamma, \dots, \overset{-1}{h}{}^G_A \overset{-1}{h}{}^H_B b_{GH}), \qquad (5.79)$$

kann ausgewertet werden wie wir das oben angedeutet haben. Dieses ist ein Standardverfahren, das wir hier und bei der tensor-wertigen Funktion entsprechend benutzen werden (siehe Abschnitt c3 ). Die Schreibweise ( 5.79) bringt zum Ausdruck, daß F eine lineare Funktion von $\alpha_K$ sein soll.

Die Funktion $F$ kann von allen skalaren Größen (5.74) abhängen und von

$$\alpha^A \vartheta_{S,A} = h^A_C \overset{-1}{h}{}^D_A \alpha^C \vartheta_{S,D} = \delta^D_C \alpha^C \vartheta_{S,D} = \alpha^D \vartheta_{S,D} = \alpha_K g^{KA} \vartheta_{S,A} ,$$

$$\alpha_K \vartheta_{S,B} d^{KB} , \quad \alpha_K \vartheta_{S,B} b^{KB} . \tag{5.80}$$

Terme der Form $\alpha_K \vartheta_{S,B} (\underset{\approx}{d}^2)^{KB}$, $\alpha_K \vartheta_{S,B} (\underset{\approx}{g}^2)^{KB}$ und $\alpha_K \vartheta_{S,B} (\underset{\approx}{b}^2)^{KB}$ können nicht vorkommen, weil das Hamilton-Cayley-Theorem

$$\underset{\approx}{B}^2 - \underset{\approx}{B}\, tr(\underset{\approx}{B}) + I \det(\underset{\approx}{B}) = 0 \tag{5.81}$$

für symmetrische $2 \times 2$ Matrizen $\underset{\approx}{B}$ gilt. $I$ ist die $2\times 2$ Einheitsmatrix. Dieses Theorem besagt, daß $(\underset{\approx}{B}^2)^{KL}$ dargestellt werden kann, durch $tr(\underset{\approx}{B})$, $B^{KL}$ und $det(\underset{\approx}{B})$. Folge: $\vartheta_{S,B} (\underset{\approx}{B}^2)^{KB}$ kommt nicht vor bzw. kann dargestellt werden durch $B^{KL}$, $tr(\underset{\approx}{B})$ und $det(\underset{\approx}{B})$ , und $\vartheta_{S,B} (\underset{\approx}{B}^\nu)^{KL}$, $\nu > 2$, kommt auch nicht vor, wegen der gerade beschriebenen Reduktionsmöglichkeit.

Terme in denen $\alpha_K$ quadratisch auftritt, sind nicht von Interesse, weil F linear in $\alpha_K$ sein soll.

Für die Darstellung von F erhalten wir:

$$F(\alpha_K ; \dots) = \alpha_K \cdot \left\{ \varkappa^{KA} \vartheta_{S,A} + \lambda d^{KA} \vartheta_{S,A} \right\} \tag{5.82}$$

mit

$$\kappa^{KA} := \kappa g^{KA} + \hat{\kappa} b^{KA} \tag{5.83}$$

und für den Wärmestrom

$$\underset{\tau}{Q}^{K} = \kappa^{KA} \vartheta_{S,A} + \lambda d^{KA} \vartheta_{S,A} . \tag{5.75b}$$

Entsprechend gilt für den Entropiestrom:

$$\underset{\tau}{\Phi}^{K} = \varepsilon^{KA} \vartheta_{S,A} + \gamma d^{KA} \vartheta_{S,A} \qquad mit \quad \varepsilon^{KA} := \varepsilon g^{KA} + \hat{\varepsilon} b^{KA} . \tag{5.75c}$$

Die Größen $\kappa$, $\hat{\kappa}$, $\lambda, \varepsilon, \hat{\varepsilon}$ und $\gamma$ hängen von dem Satz (5.74) von Skalaren ab.

## c3) Untersuchung einer symmetrischen tensor-wertigen Funktion $T^{AB}$, abhängig von Skalaren, einem Vektor und symmetrischen Tensoren

Wir untersuchen die Funktionalgleichung für den symmetrischen Spannungstensor

$$h^K_C h^L_D T^{CD}(\gamma, \vartheta_S, \vartheta_{S,A}, d_{AB}, g_{AB}, b_{AB})$$

$$= T^{KL}(\gamma, \vartheta_S, \overset{-1}{h}{}^G_A \vartheta_{S,G}, \overset{-1}{h}{}^G_A \overset{-1}{h}{}^H_B d_{GH}, \overset{-1}{h}{}^G_A \overset{-1}{h}{}^H_B g_{GH}, \overset{-1}{h}{}^G_A \overset{-1}{h}{}^H_B b_{GH}). \tag{5.84}$$

Wir multiplizieren diese Gleichung mit der symmetrischen tensorwertigen Größe $\beta_{KL}$ bzw. links mit $\overset{-1}{h}{}^E_K \overset{-1}{h}{}^F_L \beta_{EF} = \beta_{KL}$ und erhalten eine skalar-wertige Funktion $H$ :

$$\overset{-1}{h}{}^{E}_{K}\, h^{K}_{C}\, \overset{-1}{h}{}^{F}_{L}\, h^{L}_{D}\, \beta_{EF}\, T^{CD}(\gamma, \ldots, b_{AB}) = \beta_{KL}\, T^{KL}(\gamma, \ldots, \overset{-1}{h}{}^{G}_{A}\, \overset{-1}{h}{}^{H}_{B}\, b_{GH}),$$

bzw. (5.85)

$$\beta_{EF}\, T^{EF}(\gamma, \ldots, b_{AB}) = \beta_{KL}\, T^{KL}(\gamma, \ldots, \overset{-1}{h}{}^{G}_{A}\, \overset{-1}{h}{}^{H}_{B}\, b_{GH}) \tag{5.86}$$

und

$$H(\beta_{KL}; \gamma, \ldots, \overset{-1}{h}{}^{G}_{A}\, \overset{-1}{h}{}^{H}_{B}\, b_{GH}) = \beta_{KL}\, T^{KL}(\gamma, \ldots, \overset{-1}{h}{}^{G}_{A}\, \overset{-1}{h}{}^{H}_{B}\, b_{GH}). \tag{5.87}$$

Die Aufgabe besteht nun darin, eine tensor-wertige Gleichung zu finden, die mit Gl.(5.87) verträglich ist. Wir konstruieren jetzt die skalar-wertige Funktion $H$ und listen alle möglichen Terme auf:

1.) $tr(\beta_{KL}) = g^{KL}\beta_{KL}$ ist ein Skalar und es gilt:

$$h^{K}_{A}\, h^{L}_{B}\, \overset{-1}{h}{}^{C}_{K}\, \overset{-1}{h}{}^{D}_{L}\, g^{AB}\beta_{CD} = \delta^{C}_{A}\, \delta^{D}_{B}\, g^{AB}\beta_{CD} = g^{CD}\beta_{CD}.$$

Analog läßt sich die Transformationsregel auch bei den folgenden Termen überprüfen und deshalb können wir hier auf eine explizite Niederschrift verzichten.

2.) $tr(\underset{\approx}{\beta}\,\underset{\approx}{d}) = \beta_{KL}\, d^{KL}$

3.) $tr(\underset{\approx}{\beta}\,\underset{\approx}{g}) = \beta_{KL}\, g^{KL}$ entfällt, siehe 1.)

4.) $tr(\underset{\approx}{\beta}\,\underset{\approx}{b}) = \beta_{KL}\, b^{KL}$.

Für den Temperaturgradienten verwenden wir im folgenden die Abkürzung $\vartheta_{S,K} = g_K$.

5.) $g^K \beta_{KL} g^L = \beta_{KL} \vartheta_{S,A} \vartheta_{S,B} g^{BK} g^{LA}$

6.) $g^K \beta_{KL} d^{LA} g_A = \vartheta_{S,A} \vartheta_{S,B} g^{BK} \beta_{KL} d^{LA}$

7.) $g^K \beta_{KL} g^{LA} g_A = \vartheta_{S,A} \vartheta_{S,B} g^{BK} \beta_{KL} g^{LA}$ entfällt,siehe 5.)

8.) $g^K \beta_{KL} b^{LA} g_A = \vartheta_{S,A} \vartheta_{S,B} g^{BK} \beta_{KL} b^{LA}$

9.) $\beta_{KL} (\underset{\approx}{d}^2)^{KL} = \beta_{KL} d^K_A d^{AL}$ entfällt, wegen Hamilton-Cayley-Theorem.

10.) $\beta_{KL} (\underset{\approx}{d}\underset{\approx}{g})^{KL} = \beta_{KL} d^K_A g^{AL}$ entfällt, siehe 2.)

11.) $\beta_{KL} (\underset{\approx}{d}\underset{\approx}{b})^{KL} = \beta_{KL} d^K_A b^{AL}$

12.) $\beta_{KL} (\underset{\approx}{g}\underset{\approx}{d})^{KL} = \beta_{KL} g^K_A d^{AL}$ entfällt, siehe 2.)

13.) $\beta_{KL} (\underset{\approx}{g}\underset{\approx}{g})^{KL} = \beta_{KL} g^K_A g^{AL} = \beta_{KL} g^{KL}$ entfällt, siehe 1.)

14.) $\beta_{KL} (\underset{\approx}{g}\underset{\approx}{b})^{KL} = \beta_{KL} g^K_A b^{AL}$ entfällt, siehe 4.)

15.) $\beta_{KL} (\underset{\approx}{b}\underset{\approx}{d})^{KL} = \beta_{KL} b^K_A d^{AL}$

16.) $\beta_{KL} (\underset{\approx}{b}\underset{\approx}{g})^{KL} = \beta_{KL} b^K_A g^{AL}$ entfällt, siehe 4.)

17.) $\beta_{KL} (\underset{\approx}{b}^2)^{KL} = \beta_{KL} b^K_A b^{AL}$ entfällt, wegen Hamilton-Cayley-Theorem.

Nach Sichtung aller möglichen Terme verbleiben nur noch acht relevante skalare Terme für die skalar-wertige Funktion $H$, die linear in dem tensoriellen Faktor $\beta_{KL}$ ist. Natürlich können wir noch weitere Terme (nichtlineare Terme) hinzufügen, wenn wir die vorstehenden acht Terme mit den Skalaren der Liste (5.74) kombinieren, dieses soll hier nicht geschehen. Für die skalar-wertige Funktion folgt :

$$H(\beta_{KL};\dots) = \beta_{KL}\{A g^{KL} + B b^{KL} + C d^{KL} + D \vartheta_{S,A}\vartheta_{S,B} g^{BK} g^{LA} + E \vartheta_{S,A}\vartheta_{S,B} g^{BK} d^{LA} + F \vartheta_{S,A}\vartheta_{S,B} g^{BK} b^{LA} + G (\underset{\approx}{d}\underset{\approx}{b})^{KL} \tag{5.88}$$

und letztlich für den symmetrischen Spannungstensor die Darstellung:

$$T^{KL} = A g^{KL} + B b^{KL} + C d^{KL} + D \vartheta_{S,A} \vartheta_{S,B} g^{B(K} g^{L)A} + E \vartheta_{S,A} \vartheta_{S,B} g^{B(K} d^{L)A}$$
$$+ F \vartheta_{S,A} \vartheta_{S,B} g^{B(K} b^{L)A} + G d^{(K}{}_{A} b^{L)A} \,. \tag{5.75d}$$

Die Koeffizienten $A, \dots, G$ hängen von dem Satz (5.74) von Skalaren ab.

## 5.3.3 Darstellung der konstitutiven Gleichungen für eine viskose Flüssigkeit

### a) Zusammenfassung

Die folgenden Darstellungen spezifizieren ein viskoses Material, es sind die konstitutiven Gleichungen für die innere Energie $E_S$, die Entropie $\eta_S$, den Wärmestrom $\underset{\tau}{Q}^A$, den Entropiestrom $\underset{\tau}{\Phi}^A$ und den Spannungstensor $T^{KL}$ für eine viskose Flüssigkeit in der Grenzfläche:

$$E_S = \mathcal{E}_S(\gamma, \vartheta_S, k_H, k_G, tr(\underset{\approx}{d}), tr(\underset{\approx}{d}^2), tr(\underset{\approx}{b}\underset{\approx}{d}), \vartheta_{S,A}\vartheta_{S,B} g^{AB}, \vartheta_{S,A}\vartheta_{S,B} b^{AB}, \vartheta_{S,A}\vartheta_{S,B} d^{A}$$

$$\eta_S = \eta_S(\gamma, \dots \qquad\qquad , \vartheta_{S,A}\vartheta_{S,B} d$$

$$\underset{\tau}{Q}^A = \kappa^{AB}\vartheta_{S,B} + \lambda d^{AB}\vartheta_{S,B} \quad \text{mit} \quad \kappa^{AB} = \kappa g^{AB} + \hat{\kappa} b^{AB},$$

$$\underset{\tau}{\Phi}^A = \varepsilon^{AB}\vartheta_{S,B} + \gamma d^{AB}\vartheta_{S,B} \quad \text{mit} \quad \varepsilon^{AB} = \varepsilon g^{AB} + \hat{\varepsilon} b^{AB}, \tag{5.75}$$

$$T^{KL} = A g^{KL} + B b^{KL} + C d^{KL} + D \vartheta_{S,A}\vartheta_{S,B} g^{A(K} g^{L)B} + E \vartheta_{S,A}\vartheta_{S,B} g^{B(K} d^{L)A}$$
$$+ F \vartheta_{S,A}\vartheta_{S,B} g^{B(K} b^{L)A} + G d^{(K}{}_{A} b^{L)A},$$

wobei die skalaren Koeffizienten $\kappa, \hat{\kappa}, \lambda, \varepsilon, \hat{\varepsilon}, \gamma, A, \ldots, G$ von $\gamma$, $\vartheta_s$, $k_M$, $k_G$, $tr(\underset{\approx}{d})$, $tr(\underset{\approx}{d}^2)$, $tr(\underset{\approx}{b}\underset{\approx}{d})$, $\vartheta_{s,A}\vartheta_{s,B}g^{AB}$, $\vartheta_{s,A}\vartheta_{s,B}b^{AB}$ und $\vartheta_{s,A}\vartheta_{s,B}d^{AB}$ abhängen.

Die vorstehenden Gleichungen wollen wir jetzt weiter an unser Problem anpassen. Wir hatten gesagt, daß wir das extra- bzw. intrazelluläre Medium in den räumlichen Bereichen außerhalb der Grenzfläche mit einer Navier-Stokes Gleichung beschreiben werden. Das bedeutet aber, daß wir in den räumlichen Bereichen eine konstitutive Gleichung für den Spannungstensor in der Impulsbilanz benutzen, der linear bezüglich des Geschwindigkeitsgradienten ist (Newtonsches Fluid). Setzen wir diesen Spannungstensor in die Impulsbilanz ein, so erhalten wir die Navier-Stokes Gleichung. Wir werden dieses noch ausführlicher in Abschnitt 6.2.1 für unsere Zwecke besprechen. Die Anpassung an unser Problem besteht nun darin aus der Darstellung (5.75e) für den Spannungstensor, einen Spannungstensor für ein Newtonsches Fluid in der Grenzfläche zu deduzieren. Wir beobachten, daß der Spannungstensor $T^{KL}$ Terme enthält, in denen explizit der Geschwindigkeitsgradient linear auftritt. Die Koeffizientenfunktionen $A, \ldots, G$ enthalten implizit den Geschwindigkeitsgradienten. Diese implizite Abhängigkeit von dem Geschwindigkeitsgradienten machen wir explizit durch Ausreduktion. Bei dieser Ausreduktion treten Terme auf, in denen der Geschwindigkeitsgradient linear, quadratisch und kubisch explizit in Erscheinung tritt. Wir erreichen unser Ziel, indem wir Terme, in denen der Geschwindigkeitsgradient quadratisch und kubisch vorkommt, weglassen.

## b) Newtonsches Fluid in der Grenzfläche

Ein Newtonsches Fluid sei dadurch charakterisiert, daß gilt:

i) Der Spannungstensor $T^{KL}$ sei linear von den Geschwindigkeitsgradienten $d_{AB} = \underset{\tau}{w}_{(A;B)} - \underset{n}{w}\, b_{AB}$ abhängig.

ii) **Keine** Abhängigkeit von Termen, in denen die thermodynamischen Variablen quadratisch auftreten, d.h. Terme der Form $g^{AB} \vartheta_{S,A} \vartheta_{S,B}$.

Betrachten wir die Darstellung (5.75e) und die Abhängigkeit der Koeffizienten von den skalaren Invarianten in der folgenden Form

$$A, \dots, G = \{ \gamma, \vartheta_S, k_M, k_G, tr(\underset{\approx}{d}), tr(\underset{\approx}{d}^2), tr(\underset{\approx}{b}\underset{\approx}{d}), \vartheta_{S,A}\vartheta_{S,B}\, g^{AB}, \vartheta_{S,A}\vartheta_{S,B}\, b^{AB}, \vartheta_{S,A}\vartheta_{S,B}\, d^{AB} \}, \tag{5.76}$$

so schließen wir, daß Terme von der Form $tr(\underset{\approx}{d})d^{KL}$ etc. nicht vorkommen dürfen. Insgesamt würde eine explizite Abhängigkeit der Koeffizienten von $tr(\underset{\approx}{d})$, $tr(\underset{\approx}{d}^2)$, $tr(\underset{\approx}{b}\underset{\approx}{d})$ und $\vartheta_{S,A}\vartheta_{S,B}\, d^{AB}$ zusammen mit dem 3.,5. und 7. Term der Darstellung (5.75e) nichtlineare Terme bezüglich des Geschwindigkeitsgradienten $d_{AB}$ ergeben. Streichung dieser Terme führt zu der folgenden Darstellung für den Spannungstensor

$$\begin{aligned} T^{KL} = {} & \underset{1}{c}\, g^{KL} + \underset{2}{c}\, b^{KL} + \underset{3}{c}\, d^{KL} + \underset{4}{c}\, g^{KL} tr(\underset{\approx}{d}) + \underset{5}{c}\, g^{KL} tr(\underset{\approx}{b}\underset{\approx}{d}) + \underset{6}{c}\, g^{KL} g_A g_B d^{A\cdot} \\ & + \underset{7}{c}\, b^{KL} tr(\underset{\approx}{d}) + \underset{8}{c}\, b^{KL} tr(\underset{\approx}{b}\underset{\approx}{d}) + \underset{9}{c}\, b^{KL} g_A g_B\, d^{AB} + \underset{10}{c}\, g_A g_B\, g^{B(K} g^{L)A} \\ & + \underset{11}{c}\, g_A g_B\, g^{B(K} g^{L)A} tr(\underset{\approx}{d}) + \underset{12}{c}\, g_A g_B\, g^{B(K} g^{L)A} tr(\underset{\approx}{b}\underset{\approx}{d}) + \underset{13}{c}\, g_A g_B\, g^{B(K} g^{L)A} g_C \\ & + \underset{14}{c}\, g_A g_B\, g^{B(K} d^{L)A} + \underset{15}{c}\, g_A g_B\, g^{B(K} b^{L)A} + \underset{16}{c}\, g_A g_B\, g^{B(K} b^{L)A} tr(\underset{\approx}{d}) \\ & + \underset{17}{c}\, g_A g_B\, g^{B(K} b^{L)A} tr(\underset{\approx}{b}\underset{\approx}{d}) + \underset{18}{c}\, g_A g_B\, g^{B(K} b^{L)A} g_C g_D\, d^{CD} + \underset{19}{c}\, d^{(K}{}_A\, b^{L)A}. \end{aligned} \tag{5.77}$$

Dabei haben wir bei der Ausreduktion der Koeffizienten $A, \dots, G$ bezüglich des Geschwindigkeitsgradienten, den quadratischen Term $tr(\underset{\approx}{d}^2)$ bereits unterdrückt.

Die Bedeutung der skalaren Koeffizienten $\underset{1}{c}, \dots, \underset{19}{c}$ ist klar, sie hängen von den skalaren Invarianten

$$\gamma, \ \vartheta_S, \ k_M, \ k_G, \ g_A g_B g^{AB}, \ g_A g_B b^{AB} \tag{5.78}$$

ab.

Berücksichtigen wir in der Darstellung (5.77) und (5.78) keine Terme, die $g_A g_B$ enthalten, so vereinfacht diese Einschränkung drastisch die Darstellung (5.77) für den Spannungstensor:

$$\begin{aligned} T^{KL} = {} & \sigma g^{KL} + \lambda b^{KL} + \eta d^{KL} + \gamma g^{KL} \, tr(\underset{\approx}{d}) + \nu b^{KL} tr(\underset{\approx}{d}) \\ & + \xi g^{KL} tr(\underset{\approx}{b}\underset{\approx}{d}) + \chi b^{AB} tr(\underset{\approx}{b}\underset{\approx}{d}) + \mu d^{(K}{}_A b^{L)A} . \end{aligned} \tag{5.79a}$$

Die skalaren Koeffizientenfunktionen $\sigma, \lambda, \eta, \gamma, \nu, \xi, \chi$ und $\mu$ sind abhängig von den skalaren Invarianten

$$\gamma, \ \vartheta_S, \ k_M, \ k_G . \tag{5.80}$$

Bevor wir den Spannungstensor in seiner Form (5.79) ausführlich diskutieren, wollen wir zunächst die begonnene Anpassung weiter durchführen. Wir müssen die anderen konstitutiven Gleichungen, so die innere Energie $E_S$, den Wärmestrom $\underset{\tau}{Q}^A$ sowie die Hilfsfunktionen, nämlich die Entropie $\eta_S$ und den Entropiestrom $\underset{\tau}{\Phi}^A$ im Sinne einer konsistenten Beschreibung ebenfalls auf eine lineare Abhängigkeit von Geschwindigkeitsgradienten reduzieren.

Aus der Darstellung (5.75a,b) folgt unmittelbar für die innere Energie $E_S$ und die Entropie $\eta_S$

$$E_S = \mathcal{E}_S(\gamma, \vartheta_S, k_M, k_G, tr(\underset{\approx}{d}), tr(\underset{\approx}{b}\underset{\approx}{d})), \tag{5.79b}$$

$$\eta_S = \eta_S(\gamma, \ldots \qquad , tr(\underset{\approx}{b}\underset{\approx}{d})). \tag{5.79c}$$

Bei den vektor-wertigen Funktionen an der Fläche, so dem Wärmestrom $\underset{\tau}{Q}^A$ und dem Entropiestrom $\underset{\tau}{\Phi}^A$ ist eine explizite Abhängigkeit von dem Geschwindigkeitsgradienten gegeben, eine implizite Abhängigkeit von dem Geschwindigkeitsgradienten repräsentieren die Koeffizientenfunktionen $\kappa, \hat{\kappa}, \lambda, \varepsilon, \hat{\varepsilon}$ und $\Upsilon$. Schreiben wir die impliziten Abhängigkeiten explizit, so folgt für den Wärmestrom

$$\begin{aligned}\underset{\tau}{Q}^A = (&\underset{1}{k}\, g^{AB} + \underset{2}{k}\, g^{AB} tr(\underset{\approx}{d}) + \underset{3}{k}\, g^{AB} tr(\underset{\approx}{d}^2) + \underset{4}{k}\, g^{AB} tr(\underset{\approx}{b}\underset{\approx}{d}) \\ &+ \underset{5}{k}\, b^{AB} + \underset{6}{k}\, b^{AB} tr(\underset{\approx}{d}) + \underset{7}{k}\, b^{AB} tr(\underset{\approx}{d}^2) + \underset{8}{k}\, b^{AB} tr(\underset{\approx}{b}\underset{\approx}{d}) \\ &+ \underset{9}{k}\, d^{AB} + \underset{10}{k}\, d^{AB} tr(\underset{\approx}{d}) + \underset{11}{k}\, d^{AB} tr(\underset{\approx}{d}^2) + \underset{12}{k}\, d^{AB} tr(\underset{\approx}{b}\underset{\approx}{d}).\end{aligned}$$

Die Koeffizienten $\underset{1}{k}, \ldots, \underset{12}{k}$ hängen von den skalaren Größen $\gamma, \vartheta_S, k_M$ und $k_G$ ab. Eine analoge Entwicklung erhalten wir auch für den Entropiestrom. Mit der Forderung, der Wärmestrom und der Entropiestrom seien lineare Funktionen des Geschwindigkeitsgradienten, folgt:

$$\begin{aligned}\underset{\tau}{Q}^A = (&\underset{1}{\kappa}\, g^{AB} + \underset{2}{\kappa}\, b^{AB} + \underset{3}{\kappa}\, d^{AB} + \underset{4}{\kappa}\, g^{AB} tr(\underset{\approx}{d}) + \underset{5}{\kappa}\, g^{AB} tr(\underset{\approx}{b}\underset{\approx}{d}) \\ &+ \underset{6}{\kappa}\, b^{AB} tr(\underset{\approx}{d}) + \underset{7}{\kappa}\, b^{AB} tr(\underset{\approx}{b}\underset{\approx}{d}))\, \vartheta_{S,B}\end{aligned} \tag{5.79d}$$

bzw.

$$\underset{\tau}{Q}^{A} = (-k^{AB} + \kappa d^{AB})\vartheta_{S,B} \,, \tag{5.79d}$$

wenn wir die einzelnen Terme aus Gl.(5.79d) nach dem Metriktensor $g^{AB}$, dem Krümmungstensor $b^{AB}$ und dem Geschwindigkeitsgradienten $d^{AB}$ ordnen und analog folgt für den Entropiestrom :

$$\underset{\tau}{\Phi}^{A} = (\varepsilon^{AB} + \varepsilon d^{AB})\vartheta_{S,B} \,. \tag{5.79e}$$

Hierbei ist:

$$\begin{aligned} k^{AB} &= \underset{1}{k}\, g^{AB} + \underset{2}{k}\, b^{AB} \,, \\ \varepsilon^{AB} &= \underset{1}{\varepsilon}\, g^{AB} + \underset{2}{\varepsilon}\, b^{AB} . \end{aligned} \tag{5.81}$$

Die skalaren Größen $\underset{1}{k}$, $\underset{2}{k}$, $\underset{1}{\varepsilon}$ und $\underset{2}{\varepsilon}$ sind Funktionen von $\gamma, \vartheta_S, k_H, k_G$, $tr(\underset{\approx}{d})$ und $tr(\underset{\approx}{b}\underset{\approx}{d})$, $\kappa$ und $\varepsilon$ sind Funktionen von $\gamma, \vartheta_S, k_H$ und $k_G$.

## c) Vergleich des Spannungstensors für ein wärmeleitendes Newtonsches Fluid in der Grenzfläche mit der Darstellung des Spannungstensors für räumliche Bereiche

Für ein Newtonsches Fluid in einer Grenzfläche gilt der folgende Spannungstensor

$$\begin{aligned} T^{AB} = {} & \sigma g^{AB} + \lambda b^{AB} + \eta d^{AB} + \zeta g^{AB} tr(\underset{\approx}{d}) + \nu b^{AB} tr(\underset{\approx}{d}) + \\ & + \xi g^{AB} tr(\underset{\approx}{b}\underset{\approx}{d}) + \chi b^{AB} tr(\underset{\approx}{b}\underset{\approx}{d}) + \mu d^{(A}{}_{C} b^{B)C} . \end{aligned} \tag{5.82}$$

Die Koeffizienten $\sigma, \ldots, \varkappa$ haben die in Abschnitt 5.3.3 niedergelegte Bedeutung. $g^{AB}$ ist der Metriktensor, $b^{AB}$ der Krümmungstensor der Fläche und $d^{AB}$ ist der Geschwindigkeitsgradient. Die Form (5.82) für den Spannungstensor ist nicht vergleichbar mit dem Spannungstensor

$$t^{ik} = -p\,\delta^{ik} + \lambda\, g^{ik} tr(\underset{\approx}{d}) + 2\mu\, d^{ik} \tag{5.83}$$

für ein Newtonsches Fluid in einem räumlichen Bereich. Diese Unterschiede sollen präziser untersucht werden. Die verwendeten Abkürzungen in der Darstellung (5.83) haben die folgende Bedeutung:

| | | |
|---|---|---|
| $p(\varrho, \vartheta)$ | ist der isotrope Druck, | (5.84) |
| $d^{ik} = \frac{\partial v^{(i}}{\partial x^{k)}}$ | ist der Geschwindigkeitsgradient, | (5.85) |
| $tr(\underset{\approx}{d}) = d^j_j$ | es ist die Spur des Geschwindigkeitsgradienten, | (5.86) |
| $\lambda(\varrho, \vartheta)$ | heißt Volumenviskosität und | (5.87) |
| $\mu(\varrho, \vartheta)$ | heißt Viskosität. | (5.88) |

In der Grenzfläche tritt an die Stelle des isotropen Druckes der skalare Koeffizient $\sigma$ (oft "Oberflächenspannung" genannt) und an die Stelle der Spur $tr(\underset{\approx}{d})$ des symmetrischen Teils $\frac{\partial x^{(i}}{\partial v^{k)}}$ des Geschwindigkeitsgradienten $d^{ik} = \frac{\partial v^{(i}}{\partial x^{k)}}$ tritt die Spur

$$d^C_C = \underset{\tau}{w}{}^C{}_{;C} - \underset{n}{w}\, b^C_C = \frac{\dot{g}}{2g} + \underset{\tau}{w}{}^C{}_{;C}$$

des Geschwindigkeitsgradienten $d_{AB} = \underset{\tau}{w}{}_{(A;B)} - \underset{n}{w}\, b_{AB}$ an der Grenzfläche. (Vorsicht: Wir haben hier den Geschwindigkeitsgradienten für die Grenzfläche in kovarianter Schreibweise formuliert und nicht in kontravarianter Schreibweise, wie im räumlichen Fall. Dem Leser dürfte bekannt sein, daß man mit Hilfe des Metriktensors an Flächen die kovariante Form des Geschwindigkeitsgradienten umschreiben kann, in eine kontravariante Form. Um die Formel für den Geschwindigkeitsgradienten nicht durch den Metriktensor unübersichtlich zu gestalten, haben wir hier auf eine Hebung der Indices verzichtet.) Wir sehen hieraus, daß der Geschwindigkeitsgradient an der Grenzfläche neben einer Flächenableitung des Geschwindigkeitsfeldes der Grenzfläche, einen weiteren Term mit dem Geschwindigkeitsfeld $\underset{n}{w}$ normal zur Grenzfläche enthält. Dieses Geschwindigkeitsfeld zusammen mit dem Krümmungstensor $b_{AB}$ an der Grenzfläche berücksichtigen eine eventuelle Änderung des Geschwindigkeitsgradienten $d_{AB}$ bei variierender Krümmung. Der vierte Term in Gl. (5.82) und der zweite Term in Gl. (5.83) haben ähnliche Struktur, die restlichen fünf Terme in der Darstellung für den Spannungstensor (5.82) sind notwendig, um die Krümmungseigenschaften der Grenzfläche erfassen zu können. Diese Terme sind nur im Rahmen einer systematischen Diskussion unter Berücksichtigung der Darstellungssätze für isotrope Funktionen zu erhalten. Der letzte Teil dieser Behauptung ist durch die vorangegangene Diskussion verifiziert, der erste Teil der Behauptung, bezüglich einer systematischen Diskussion ebenso. Eine weniger systematische Diskussion mit einem anderen Resultat ist durch eine Darstellung für den Spannungstensor gegeben, die auf Scriven [34] zurückgeht. Wir nehmen jetzt einen Vergleich des Spannungstensors (5.82) an Grenzflächen mit einer Darstellung von Scriven vor, diese hat die Form:

$$T^{AB} = \sigma g^{AB} + \bar{\zeta} d_{CD} g^{CD} g^{AB} + \qquad (5.90)$$

$$+ \bar{\eta} d_{CD} \left( g^{AC} g^{BD} + g^{BC} g^{AD} - g^{CD} g^{AB} \right).$$

Diese Form soll im nächsten Abschnitt untersucht werden sowie mit der Darstellung (5.82) verglichen werden.

## d) Vergleich des hergeleiteten viskosen Spannungstensors mit einer anderen Darstellung

1.) Wir diskutieren zunächst die Darstellung (5.90) für den viskosen Spannungstensor, den Scriven nach heuristischen Gesichtspunkten für ein Newtonsches Fluid aufgestellt hat. Ein Newtonsches Fluid ist eine isotrope Flüssigkeit, die linear vom Geschwindigkeitsgradienten (rate of strain) abhängt. Für den Spannungstensor $T^{AB}$ wird angenommen, daß dieser von einem statischen Teil $P^{AB}$ und von dem Geschwindigkeitsgradienten $S_{CD}$ abhängt:

$$T^{AB} = P^{AB} + E^{ABCD} S_{CD} , \tag{5.91}$$

wobei

$$S_{CD} = \frac{1}{2} \dot{g}_{CD} + \underset{\tau}{w}_{(C;D)} \tag{5.92}$$

und $\underset{\tau}{w}_C$ die Komponenten des kovarianten Geschwindigkeitsfeldes sind. (Die verwendeten Bezeichnungen unterscheiden sich von denjenigen in [34].) Der Spannungstensor $T^{AB}$ ist ein symmetrischer Tensor bezüglich $A, B$ und der Tensor $S_{CD}$ ist symmetrisch bezüglich $C$ und $D$. Dieses bedeutet, daß die Tensoren $P^{AB}$ und $E^{ABCD}$ symmetrisch bezüglich $A$ und $B$ sein müssen, $E^{ABCD}$ muß weiterhin symmetrisch bezüglich $C$ und $D$ sein. Wegen der Isotropie eines Newtonschen Fluides wird der Metriktensor für die Konstruktion der Tensoren $P^{AB}$ und $E^{ABCD}$ benutzt. Es wird angesetzt:

$$P^{AB} = \sigma g^{AB} , \tag{5.93}$$

$$E^{ABCD} = \Upsilon g^{AB} g^{CD} + \frac{\eta}{2} \left( g^{AC} g^{BD} + g^{AD} g^{BC} \right) . \tag{5.94}$$

$\sigma$ ist der skalare Koeffizient der Oberflächenspannung und die Koeffizienten $\Upsilon$ und $\eta$ beschreiben die Scherviskosität an Flächen.

Damit nimmt der Spannungstensor $T^{AB}$ aus Gl.(5.91) die folgende Form an:

$$T^{AB} = \sigma g^{AB} + \gamma g^{AB} g^{CD} S_{CD} + \frac{\eta}{2} \left( g^{AC} g^{BD} + g^{AD} g^{BC} \right) S_{CD} \,. \tag{5.95}$$

Diese Darstellung beinhaltet keine methodische Begründung einer Materialgleichung, die Darstellung ist unvollständig. Bei der Darstellung der isotropen Tensoren $P^{AB}$ und $E^{ABCD}$ wird ein isotroper Anteil durch den symmetrischen Krümmungstensor $b_{AB}$ nicht berücksichtigt. Es ist zu bemerken, daß bei einem solchen Ansatz nicht klar ist, von welchen thermodynamischen Variablen und eventuell geometrischen Variablen bzw. Kombinationen daraus die skalaren Koeffizienten $\sigma, \gamma$ und $\eta$ abhängen.

2.) Wir geben jetzt einen Vergleich mit dem Spannungstensor (5.82) für ein Newtonsches Fluid. Dazu benutzen wir die Darstellung

$$d^{AB} = \frac{1}{2} d_{CD} \left( g^{AC} g^{BD} + g^{BC} g^{AB} \right) \tag{5.96}$$

in kontravarianter Form, um den Spannungstensor (5.82) umzuschreiben. Der Spannungstensor in Termen der kovarianten Form des Geschwindigkeitsgradienten $d_{CD}$ lautet:

$$\begin{aligned} T^{AB} = {} & \sigma g^{AB} + \lambda b^{AB} + \bar{\eta}\, d_{CD} \left( g^{AC} g^{BD} + g^{BC} g^{AD} - g^{CD} g^{AB} \right) + \bar{\zeta}\, d_{CD}\, g^{CD} g^{AB} \\ & + \nu\, b^{AB} g^{DC} d_{DC} + \xi g^{AB} \operatorname{tr}(\underset{\approx}{b}\, \underset{\approx}{d}) + \varkappa\, b^{AB} \operatorname{tr}(\underset{\approx}{b}\, \underset{\approx}{d}) + \mu\, d^{(A}{}_{C}\, b^{B)C} , \end{aligned} \tag{5.97}$$

wobei

$$\bar{\zeta} = \zeta + \bar{\eta} \tag{5.98}$$

und

$$\bar{\eta} = \frac{\eta}{2} \tag{5.99}$$

ist.

Vergleichen wir die Darstellung (5.97) mit der von (5.90), so sehen wir, daß der erste, dritte und vierte Term von (5.97) mit der Darstellung von (5.90) übereinstimmt. Der Krümmungsterm $\lambda b^{AB}$ sowie die letzten vier Terme in Gl.(5.97) fehlen in der Darstellung von Scriven. Dieses ist auch nicht verwunderlich, da Scriven keine systematische Theorie begründet. Sein Vorgehen ist dadurch charakterisiert, daß er für den Spannungstensor im Gleichgewicht eine "Erweiterung" sucht, wobei die oben besprochenen Terme fehlen. Diese Terme können wichtig werden bei gekrümmten Grenzflächen, da diese bekanntlich durch den Krümmungstensor $b_{AB}$ und den Metriktensor $g_{AB}$ charakterisierbar sind.

### 5.3.4 Einschränkungen der konstitutiven Gleichungen für eine viskose Grenzflächen-Flüssigkeit durch ein Flächen-Entropieprinzip

Das Ziel hier ist es, neben den vorher besprochenen Reduktionsprinzipien für konstitutive Gleichungen weitere Einschränkungen der konstitutiven Gleichungen für eine viskose Flüssigkeit durch ein Entropieprinzip zu finden. Die vorher besprochenen Reduktionsprinzipien beruhen auf einer räumlichen Koordinatentransformation und einer Transformation bezüglich der Flächenkoordinaten. Wir können diese Prinzipien als kinematische Prinzipien bezeichnen, dagegen ist das hier zu besprechende Prinzip strukturell ein anderes, es ist ein physikalisches Prinzip. Die zentralen Aussagen gründen darauf, daß die Entropie eine additive Größe ist und daß diese Größe durch eine Bilanzgleichung bilanziert werden kann. Dabei ist zu beachten, daß die Bilanzgleichungen an Flächen strukturell eine andere Form haben als die Bilanzgleichungen für räumliche Bereiche. Das liegt daran, daß sich die Metrik der Fläche in einem Zeitintervall $\tau$ $t_2 < \tau < t_1$ ändern kann. Zum anderen liegt es daran, daß die Flächendivergenz durch ein Sprungterm, den wir als Normaldivergenz ansehen können, ergänzt wird. Da die Entropie $\eta_s$ und der Entropiestrom $\underset{\tau}{\Phi}^A$ in verschiedenen Materialien verschieden ist, sind für diese Größen konstitutive Gleichungen zu formulieren. Sie werden in dieser Theorie als Hilfsgrößen angesehen.

Ein allgemeines, aber wirksames Entropieprinzip, um die konstitutiven Gleichungen in den räumlichen Bereichen einzuschränken, wurde von Müller [35] in die theoretische Thermodynamik eingeführt. Seine Wirksamkeit besteht darin, daß damit die konstitutiven Gleichungen weiter eingeschränkt werden können.

Dieses allgemeine Entropieprinzip, formuliert für ein drei-dimensionales Kontinuum, gilt für jeden materiellen Bereich, so z.B. auch für eine mit Materie belegte Fläche, die nichts anderes ist, als ein zweidimensionales Kontinuum. Die Anpassung des Entropieprinzips auf eine materielle Fläche wurde von Moeckel [18] für eine materielle Fläche mit einer einfachen wärmeleitenden Flüssigkeit durchgeführt. Dabei wurde ein Massenaustausch zwischen der Fläche und den daran angrenzenden räumlichen Bereichen nicht betrachtet. Die Anpassung des Entropieprinzips auf semipermeable zwei-dimensionale Kontinua wurde in [21, 36] vollzogen. In der Arbeit [21] wurde eine nichtviskose Mischung von zwei Konstituenten diskutiert, die sich in Wärme- und Materie-Austausch mit der Umgebung befindet. Dagegen wurde in Arbeit [22,36] eine chemisch reagierende nichtviskose Flüssigkeitsmischung in der Grenzfläche untersucht, die sich in Wärme- und Materie-Austausch mit der Umgebung befindet. Mit dieser Anpassung wird erreicht, daß wir konstitutive Gleichungen für semipermeable zwei-dimensionale Medien, wie z.B. Modell-Biomembranen einschränken können. Von welcher Art diese Einschränkungen sind, soll im folgenden noch genauer diskutiert werden. Wir werden zunächst eine vereinfachte Form des Flächen-Entropieprinzips geben, die ausreicht für die Diskussion der konstitutiven Gleichungen für eine viskose Flüssigkeit in der Grenzfläche. Später bei der Diskussion einer nichtviskosen Flüssigkeitsmischung benutzen wir das Flächen-Entropieprinzip in der Form, wie wir es in einer vorangegangenen Arbeit formuliert haben.

Die Annahmen für das Flächen-Entropieprinzip sind die folgenden:

a) An der Grenzfläche existiert eine additive Größe $\eta_s$, genannt die Grenzflächen-Entropie. Für diese Entropie existiert eine Bilanz der Form

$$\partial_t(\gamma\eta_s) + \frac{\dot{g}}{2g}\gamma\eta_s + (\gamma\eta_s \underset{\tau}{w}^A + \underset{\tau}{\Phi}^A)_{;A} + [\rho\eta(v^j - w_\lambda^j) + \Phi^j]e_j - \gamma\sigma_{\eta_s} = \pi_{\eta_s}. \tag{5.100}$$

1.) <u>Bemerkung</u>: $\gamma\sigma_{\eta_s}$ ist ein Zufuhrterm an Entropie (siehe Seite 186).

2.) <u>Bemerkung</u>: Die Entropie $\eta_s$ kann sich im Verlaufe der Zeit ändern, falls sich die Determinante des Metriktensors $g_{AB}$ (der Metriktensor ist ein Maß für das gekrümmte Linienelement auf der Fläche) zeitlich ändert, durch einen Ausfluß durch die Berandung eines Flächenelementes und durch einen konvektiven und nichtkonvektiven Entropiefluß normal zu der Fläche aus den, die Fläche umgebenden Medien. Die linke Seite von (5.100) identifizieren wir mit $\pi_{\eta_s}$ und nennen $\pi_{\eta_s}$ die Entropieproduktion.

Durch die Einführung der Entropiebilanz (5.100) haben wir Hilfsfunktionen, so die Entropie $\eta_s$, den Entropiestrom $\underset{\tau}{\Phi}^A$, den Entropiestrom $J_\eta = \rho\eta(v^j - w_\lambda^j)e_j$, den Entropiestrom $\Phi^j$ und einen Zufuhrterm an Entropie in die Theorie eingeführt, ohne deren genaue Spezifikation wir nicht auskommen, wenn wir aus der Entropiebilanz restriktive Aussagen erhalten wollen.

Die Grenzflächen-Entropie $\eta_s$ und die Entropie $\eta$ sind skalarwertige Größen. $\underset{\tau}{\Phi}^A$ sind die Komponenten eines kontravarianten Flächenvektors, genannt Entropiestrom. $\Phi^j$ sind die kontravarianten Komponenten des Entropiestromes $\underset{\sim}{\Phi}$, wobei j = 1,...3, gilt.

(b1) Für die Entropie $\eta_s$ und den Entropiestrom $\underset{\tau}{\Phi}^A$ sind konstitutive Gleichungen zu begründen.

(b2) Für den konvektiven Entropiestrom $\underset{\eta}{J} = \varrho\eta(\underset{n}{v} - \underset{n\lambda}{w})$ und den nichtkonvektiven Entropiestrom $\Phi^i$ sind konstitutive Gleichungen aufzustellen, wobei letztere bereits aus der räumlichen Mischungstheorie bekannt ist.

Für jeden thermodynamischen Prozess (wird im Anschluß an die Formulierung des Prinzips erklärt) sei die Entropieproduktion $\pi_{\eta_s} \geqslant 0$ und wir schreiben diese in der Form

$$\partial_t(\gamma\eta_s) + \frac{\dot{g}}{2g}\gamma\eta_s + (\gamma\eta_s \underset{\tau}{w}^A + \underset{\tau}{\Phi}^A)_{;A} + [\varrho\eta(v^j - w^j_\lambda) + \Phi^j]e_j - (a_k F^k\gamma + b r_s \gamma) \geqslant 0. \qquad (5.101)$$

Wir betrachten eine viskose Flüssigkeit in der Grenzfläche, für die wir das Dichtefeld $\gamma$, das Geschwindigkeitsfeld $w^k$ und das Temperaturfeld $\vartheta_s$ bestimmen wollen, das sind

ein Dichtefeld,

drei Geschwindigkeitsfelder und

ein Temperaturfeld,

insgesamt also fünf thermodynamische Felder. Dafür haben wir genau fünf Gleichungen zur Verfügung, nämlich die Partialbilanz der Massendichte, die Partialbilanz des Impulses und die Bilanz der inneren Energie, die mit geeigneten konstitutiven Gleichungen genau fünf Feldgleichungen für die fünf Felder repräsentieren. Diese Feldgleichungen sind partielle Differentialgleichungen und in der Zeitableitung von erster Ordnung mit kovarianten Ableitungen bezüglich der Flächenkoordinaten[1]. Durch Vorgabe von Anfangs- und Randbedingungen erhalten wir Lösungen, sie sind speziellen thermodynamischen Prozessen zugeordnet. Wir können jetzt definieren, was wir unter einem thermodynamischen Prozess verstehen wollen.

Def.: Jede Lösung der Feldgleichungen unter vorgegebenen Anfangs- und Randbedingungen heißt ein thermodynamischer Prozess.

Die Entropieungleichung (5.101) stellt eine Einschränkung für die Lösungsmannigfaltigkeit der thermodynamischen Felder $\vartheta_s$, $w^k$ und $\gamma$ dar. In anderen Worten, die Gl.(5.101) filtert aus den mathematisch möglichen Lösungen für $\vartheta_s$, $w^k$ und $\gamma$ die physikalisch zulässigen, d.h. die Lösungen, die die Entropieungleichung nicht verletzten, heraus. Dieses wurde in einer Arbeit von Liu [37] untersucht und in einem Lemma formuliert. Dieses Lemma basiert auf einer algebraischen Äquivalenz, es besagt, daß das System der Feldgleichungen (Bilanzgleichungen plus konstitutive Gleichungen) mit der Nebenbedingung (5.101) äquivalent einer Ungleichung ist, die wir erhalten, wenn wir die Bilanzgleichungen, multipliziert mit Lagrange-Multiplikatoren, als Nebenbedingung in der Unglei -

---

1) Wir können diesen Satz von partiellen Differentialgleichungen auch als vollständigen Satz von Randbedingungen für einen beweglichen Rand ansehen. Kennen wir Lösungen dieses Satzes von Randbedingungen, dann können wir über das Geschehen am beweglichen Rand Auskunft geben. Üblicherweise betrachtet man in der Mathematik partielle Differentialgleichungen in räumlichen Bereichen, die durch starre Ränder begrenzt sind. Die Lösungsmethoden für freie oder bewegliche Ränder ist ein, in der Mathematik bisher noch sehr wenig untersuchtes Gebiet, wir werden darauf noch zurückkommen müssen bei der Diskussion in Abschnitt VI.

chung (5.101) berücksichtigen. Liu hat gezeigt, daß diese neue Ungleichung ohne Beschränkung der Dimensionen für alle analytischen Felder , der Dichte, der Temperatur und der Geschwindigkeit gilt. Wir passen diese algebraische Äquivalenz an unser Problem an und schreiben für die Ungleichung:

$$\partial_t(\gamma\eta_s) + \frac{\dot{g}}{2g}\gamma\eta_s + (\gamma\eta_s \underset{\tau}{w}^A + \underset{\tau}{\Phi}^A)_{;A} + [\rho\eta(v^j - w^j) + \Phi^j]e_j - a_k F^k_\gamma - b r_s \gamma$$

$$-\Lambda^\gamma \left\{\partial_t\gamma + \frac{\dot{g}}{2g}\gamma + (\gamma \underset{\tau}{w}^A)_{;A} + [\rho_\sigma(v_\sigma^j - w^j)e_j] \right\}$$

$$-\Lambda^{\underset{n}{w}}\left\{\partial_t(\gamma \underset{n}{w}) + \frac{\dot{g}}{2g}\gamma\underset{n}{w} + (\gamma \underset{n}{w}\underset{\tau}{w}^A)_{;A} + \gamma \underset{n}{w}_{,B}\underset{\tau}{w}^B + \gamma\underset{\tau}{w}^A\underset{\tau}{w}^B b_{AB}\right.$$

$$\left. - \quad T^A_{;A} - T^{BA}b_{AB} + [\rho_\sigma v_\sigma^k(v_\sigma^j - w^j)e_j - t_\sigma^{kj}e_j]e_k - \gamma \underset{n}{F}\right\}$$

(5.103)

$$-\Lambda^{\underset{\tau}{w}^B}\left\{\partial_t(\gamma\underset{\tau}{w}^B) + \frac{\dot{g}}{2g}\gamma\underset{\tau}{w}^B + (\gamma\underset{\tau}{w}^A\underset{\tau}{w}^B)_{;A} - \gamma\underset{n}{w}\underset{\tau}{w}^A b^B_A - \gamma\underset{n}{w}g^{AB}\underset{n}{w}_{,A}\right.$$

$$\left. -\gamma\underset{n}{w}\delta^B_A\underset{\tau}{w}^C b_C^A + T^A b^B_A - T^{BA}_{;A} + [\rho_\sigma v_\sigma^k(v_\sigma^j - w^j)e_j - t_\sigma^{kj}e_j]g^{AB}x_{k,A} - \gamma\underset{\tau}{F}^B\right\}$$

$$-\Lambda^{E_s}\left\{\partial_t(\gamma E_s) + \frac{\dot{g}}{2g}\gamma E_s + (\gamma E_s\underset{\tau}{w}^A + \underset{\tau}{Q}^A)_{;A} - T^{kA}w^k_{;A}\right.$$

$$\left. + [\rho(\varepsilon + \tfrac{1}{2}(v^k - w^k)^2)(v^j - w^j)e_j + q^j e_j - t^{kj}(v_k - w_k)e_j - \gamma r_s\right\} \geq 0.$$

Diese Ungleichung gilt für alle analytischen Felder:

der Dichte $\gamma$,

der Geschwindigkeit $w^k$,

und der Temperatur $\vartheta_S$.

Ein Blick auf die neue Ungleichung läßt erkennen, daß wir weitere Hilfsfunktionen $\Lambda^{\gamma}, \Lambda^{\underset{n}{w}}, \Lambda^{\underset{\tau}{w}B}$ und $\Lambda^{E_S}$ eingeführt haben, um die Bilanzgleichungen als Nebenbedingungen berücksichtigen zu können. Nach dem Lemma von Liu können die Lagrange-Multiplikatoren $\Lambda^{\gamma}, \ldots, \Lambda^{E_S}$ Funktionen von

$$\gamma, \; \vartheta_S \; , \; \vartheta_{S,A} \; , \; d_{AB} \; , \; g_{AB} \; \text{und} \; b_{AB} \tag{5.104}$$

sein. Nach unseren bisherigen Diskussionen sind $\Lambda^{\gamma}, \Lambda^{\underset{n}{w}}$ und $\Lambda^{E_S}$ skalar-wertige Größen, die nur von Skalaren abhängen können. Dagegen ist die Größe $\Lambda^{\underset{\tau}{w}B}$ als vektor-wertig anzusehen, sie hängt von vektor-wertigen Variablen ab.

In die vorstehende Entropie-Ungleichung müssen wir jetzt die konstitutiven Gleichungen für die innere Energie $E_S$, den Wärmestrom $\underset{\tau}{Q}^A$ und den Spannungstensor $T^{kA}$ sowie die Hilfsfunktionen, nämlich die Entropie $\eta_S$ und den Entropiestrom $\underset{\tau}{\Phi}^A$ einführen. Wir benutzen die Darstellung (5.65). Inspektion der Entropie-Ungleichung in der Form (5.103) zeigt, daß wir Ableitungen nach der Zeit $t$ und Flächenableitungen benötigen. Zunächst berechnen wir die zeitliche Ableitung der inneren Energie:

$$\begin{aligned} \partial_t(\gamma E_S) = E_S \partial_t \gamma + \gamma \Big\{ & \frac{\partial E_S}{\partial \gamma} \partial_t \gamma + \frac{\partial E_S}{\partial \vartheta_S} \partial_t \vartheta_S + \frac{\partial E_S}{\partial \vartheta_{S,A}} \partial_t \vartheta_{S,A} + \frac{\partial E_S}{\partial d_{AB}} \partial_t d_{AB} \\ & + \frac{\partial E_S}{\partial g_{AB}} \partial_t g_{AB} + \frac{\partial E_S}{\partial b_{AB}} \partial_t b_{AB} \Big\} . \end{aligned} \tag{5.105}$$

Berücksichtigen wir die zeitliche Ableitung (3.44 ) für den Metriktensor $g_{AB}$ sowie die zeitliche Ableitung ( 3.50 ) für den Krümmungstensor $b_{AB}$ , dann läßt sich die zeitliche Ableitung der inneren Energie $E_S$ in die folgende Form bringen:

$$\partial_t(\gamma E_S) = E_S \partial_t \gamma + \gamma \Big\{ \frac{\partial E_S}{\partial \gamma} \partial_t \gamma + \frac{\partial E_S}{\partial \vartheta_S} \partial_t \vartheta_S + \frac{\partial E_S}{\partial \vartheta_{S,A}} \partial_t \vartheta_{S,A} + \frac{\partial E_S}{\partial d_{AB}} \partial_t d_{AB} \tag{5.106}$$

$$- 2 \underset{n}{w} b_{AB} \frac{\partial E_S}{\partial g_{AB}} + \left( \underset{n}{w}_{;AB} - 2 k_M \underset{n}{w} b_{AB} + k_G \underset{n}{w} g_{AB} \right) \frac{\partial E_S}{\partial b_{AB}} \Big\} .$$

Analog folgt für die Ableitung der Entropie $\eta_S$ bezüglich der Zeit t :

$$\partial_t(\gamma \eta_S) = \eta_S \partial_t \gamma + \gamma \Big\{ \frac{\partial \eta_S}{\partial \gamma} \partial_t \gamma + \frac{\partial \eta_S}{\partial \vartheta_S} \partial_t \vartheta_S + \frac{\partial \eta_S}{\partial \vartheta_{S,A}} \partial_t \vartheta_{S,A} + \frac{\partial \eta_S}{\partial d_{AB}} \partial_t d_{AB} \tag{5.107}$$

$$- 2 \underset{n}{w} b_{AB} \frac{\partial \eta_S}{\partial g_{AB}} + \left( \underset{n}{w}_{;AB} - 2 k_M \underset{n}{w} b_{AB} + k_G \underset{n}{w} g_{AB} \right) \frac{\partial \eta_S}{\partial b_{AB}} \Big\} .$$

Als nächstes berechnen wir die kovariante Ableitung der inneren Energie $E_S$ und der Entropie $\eta_S$

$$(E_S \gamma \underset{\tau}{w}^A)_{;A} = E_S \Gamma^A_{AB} \gamma \underset{\tau}{w}^B + E_S \gamma_{,A} \underset{\tau}{w}^A + E_S \gamma \underset{\tau}{w}^A_{,A} + \gamma \underset{\tau}{w}^A \Big\{ \frac{\partial E_S}{\partial \gamma} \gamma_{,A} + \frac{\partial E_S}{\partial \vartheta_S} \vartheta_{S,A}$$

$$+ \frac{\partial E_S}{\partial \vartheta_{S,B}} \vartheta_{S,AB} + \frac{\partial E_S}{\partial d_{BC}} \left[ d_{BC;A} + \Gamma^D_{BA} d_{DC} + \Gamma^D_{CA} d_{DB} \right] \tag{5.108}$$

$$+ \frac{\partial E_S}{\partial g_{BC}} \left[ \Gamma^D_{BA} g_{DC} + \Gamma^D_{CA} g_{DB} \right] + \frac{\partial E_S}{\partial b_{BC}} \left[ b_{BC;A} + \Gamma^D_{BA} b_{DC} + \Gamma^D_{CA} b_{DB} \right] \Big\} ,$$

bzw.

$$(\eta_s \gamma \underset{\tau}{w}^A)_{;A} = \eta_s \Gamma^A_{AB} \gamma \underset{\tau}{w}^B + \eta_s \gamma_{,A} \underset{\tau}{w}^A + \eta_s \gamma \underset{\tau}{w}^A_{;A} + \gamma \underset{\tau}{w}^A \Big\{ \frac{\partial \eta_s}{\partial \gamma} \gamma_{,A} + \frac{\partial \eta_s}{\partial \vartheta_s} \vartheta_{s,A}$$

$$+ \frac{\partial \eta_s}{\partial \vartheta_{s,B}} \vartheta_{s,BA} + \frac{\partial \eta_s}{\partial d_{BC}} \Big[ d_{BC;A} + \Gamma^D_{BA} d_{DC} + \Gamma^D_{CA} d_{DB} \Big] \tag{5.109}$$

$$+ \frac{\partial \eta_s}{\partial g_{BC}} \Big[ \Gamma^D_{BA} g_{DC} + \Gamma^D_{CA} g_{DB} \Big] + \frac{\partial \eta_s}{\partial b_{BC}} \Big[ b_{BC;A} + \Gamma^D_{BA} b_{DC} + \Gamma^D_{CA} b_{DB} \Big] .$$

Für die Ableitungen der vektor-wertigen Größen, wie den Wärmestrom und den Entropiestrom, erhalten wir den folgenden Ausdruck:

$$\underset{\tau}{Q}^A_{;A} = \Gamma^A_{AB} \underset{\tau}{Q}^B + \frac{\partial \underset{\tau}{Q}^A}{\partial \gamma} \gamma_{,A} + \frac{\partial \underset{\tau}{Q}^A}{\partial \vartheta_s} \vartheta_{s,A} + \frac{\partial \underset{\tau}{Q}^A}{\partial \vartheta_{s,B}} \vartheta_{s,BA} + \frac{\partial \underset{\tau}{Q}^A}{\partial d_{BC}} \Big[ d_{BC;A} + \Gamma^D_{BA} d_{DC} + \Gamma^D_{CA} d_{DB} \Big]$$

$$+ \frac{\partial \underset{\tau}{Q}^A}{\partial g_{BC}} \Big[ \Gamma^D_{BA} g_{DC} + \Gamma^D_{CA} g_{DB} \Big] + \frac{\partial \underset{\tau}{Q}^A}{\partial b_{BC}} \Big[ b_{BC;A} + \Gamma^D_{BA} b_{DC} + \Gamma^D_{CA} b_{DB} \Big] \tag{5.110}$$

bzw. für den Entropiestrom

$$\underset{\tau}{\Phi}^A_{;A} = \Gamma^A_{AB} \underset{\tau}{\Phi}^B + \frac{\partial \underset{\tau}{\Phi}^A}{\partial \gamma} \gamma_{,A} + \frac{\partial \underset{\tau}{\Phi}^A}{\partial \vartheta_s} \vartheta_{s,A} + \frac{\partial \underset{\tau}{\Phi}^A}{\partial \vartheta_{s,B}} \vartheta_{s,BA} + \frac{\partial \underset{\tau}{\Phi}^A}{\partial d_{BC}} \Big[ d_{BC;A} + \Gamma^D_{BA} d_{DC} + \Gamma^D_{CA} d_{DB} \Big].$$

$$+ \frac{\partial \underset{\tau}{\Phi}^A}{\partial g_{BC}} \Big[ \Gamma^D_{BA} g_{DC} + \Gamma^D_{CA} g_{DB} \Big] + \frac{\partial \underset{\tau}{\Phi}^A}{\partial b_{BC}} \Big[ b_{BC;A} + \Gamma^D_{BA} b_{DC} + \Gamma^D_{CA} b_{DB} \Big] . \tag{5.111}$$

Für die Impulsbilanz benötigen wir noch die kovariante Ableitung des Spannungstensors $T^{BA}$, sie lautet:

$$T^{BA}_{\ \ ;A} = T^{BA}_{\ \ ,A} + \Gamma^B_{AC} T^{CA} + \Gamma^A_{AC} T^{BC} + \frac{\partial T^{BA}}{\partial \gamma} \gamma_{,A} + \frac{\partial T^{BA}}{\partial \vartheta_s} \vartheta_{s,A} + \frac{\partial T^{BA}}{\partial \vartheta_{s,C}} \vartheta_{s,CA}$$

$$+ \frac{\partial T^{BA}}{\partial d_{CD}} \Big[ d_{CD;A} + \Gamma^E_{CA} d_{ED} + \Gamma^E_{DA} d_{EC} \Big] + \frac{\partial T^{BA}}{\partial g_{CD}} \Big[ \Gamma^E_{CA} g_{ED} + \Gamma^E_{DA} g_{EC} \Big] \tag{5.112}$$

$$+ \frac{\partial T^{BA}}{\partial b_{CD}} \Big[ b_{CD;A} + \Gamma^E_{CA} b_{ED} + \Gamma^E_{DA} b_{EC} \Big].$$

Wir setzen die vorstehenden Ableitungen in die Ungleichung (5,103) ein und erhalten:

$$\eta_s \partial_t \gamma + \gamma \Big\{ \frac{\partial \eta_s}{\partial \gamma} \partial_t \gamma + \frac{\partial \eta_s}{\partial \vartheta_s} \partial_t \vartheta_s + \frac{\partial \eta_s}{\partial \vartheta_{s,A}} \partial_t \vartheta_{s,A} + \frac{\partial \eta_s}{\partial d_{AB}} \partial_t d_{AB} - \frac{\partial \eta_s}{\partial g_{AB}} 2 \underset{n}{w} b_{AB}$$

$$+ \underset{n}{w}_{;AB} \frac{\partial \eta_s}{\partial b_{AB}} - 2 k_M \underset{n}{w} b_{AB} \frac{\partial \eta_s}{\partial b_{AB}} + k_G \underset{n}{w} g_{AB} \frac{\partial \eta_s}{\partial b_{AB}} \Big\} - 2 \underset{n}{w} k_M \gamma \eta_s + \eta_s \Gamma^A_{AB} \gamma \underset{\tau}{w}^B$$

$$+ \eta_s \gamma_{,A} \underset{\tau}{w}^A + \eta_s \gamma \underset{\tau}{w}^A{}_{,A} + \gamma \underset{\tau}{w}^A \Big\{ \frac{\partial \eta_s}{\partial \gamma} \gamma_{,A} + \frac{\partial \eta_s}{\partial \vartheta_s} \vartheta_{s,A} + \frac{\partial \eta_s}{\partial \vartheta_{s,B}} \vartheta_{s,AB} +$$

$$+ \frac{\partial \eta_s}{\partial d_{BC}} \left[ d_{BC;A} + \Gamma^D_{BA} d_{DC} + \Gamma^D_{CA} d_{DB} \right] + \frac{\partial \eta_s}{\partial g_{BC}} \left[ \Gamma^D_{BA} g_{DC} + \Gamma^D_{CA} g_{DB} \right] +$$

$$+ \frac{\partial \eta_s}{\partial b_{BC}} \left[ b_{BC;A} + \Gamma^D_{BA} b_{DC} + \Gamma^D_{CA} b_{DB} \right] \Big\} + \Gamma^A_{AB} \underset{\tau}{\Phi}^B + \frac{\partial \underset{\tau}{\Phi}^A}{\partial \gamma} \gamma_{,A} + \frac{\partial \underset{\tau}{\Phi}^A}{\partial \vartheta_s} \vartheta_{s,A} +$$

$$+ \frac{\partial \underset{\tau}{\Phi}^A}{\partial \vartheta_{s,B}} \vartheta_{s,AB} + \frac{\partial \underset{\tau}{\Phi}^A}{\partial d_{BC}} \left[ d_{BC;A} + \Gamma^D_{BA} d_{DC} + \Gamma^D_{CA} d_{DB} \right] + \frac{\partial \underset{\tau}{\Phi}^A}{\partial g_{BC}} \left[ \Gamma^D_{BA} g_{DC} + \Gamma^D_{CA} g_{DB} \right]$$

$$+ \frac{\partial \underset{\tau}{\Phi}^A}{\partial b_{BC}} \left[ b_{BC;A} + \Gamma^D_{BA} b_{BC} + \Gamma^D_{CA} b_{DB} \right] + \left[ \varrho \eta (v^j - w^j) e_j + \Phi^j e_j \right] - a_k F^k_\gamma - b r_s \gamma$$

$$- \Lambda^\gamma \Big\{ \partial_t \gamma - 2 \underset{n}{w} k_M \gamma + \gamma_{,A} \underset{\tau}{w}^A + \gamma \underset{\tau}{w}^B{}_{,A} \delta^A_B + \gamma \Gamma^A_{AB} \underset{\tau}{w}^B + \left[ \varrho_\sigma (v^j_\sigma - w^j) e_j \right] \Big\}$$

$$- \Lambda^{\underset{n}{w}} \Big\{ \underset{n}{w} \partial_t \gamma + \gamma \partial_t \underset{n}{w} - 2 \underset{n}{w} k_M \gamma \underset{n}{w} + \gamma \underset{n}{w} \Gamma^A_{AB} \underset{\tau}{w}^B + \gamma_{,A} \underset{n}{w} \underset{\tau}{w}^A + \gamma \underset{n}{w}_{,A} \underset{\tau}{w}^A +$$

$$+ \gamma \underset{n}{w} \underset{\tau}{w}^B{}_{,A} \delta^A_B + \gamma \underset{n}{w}_{,B} \underset{\tau}{w}^B + \gamma \underset{\tau}{w}^A \underset{\tau}{w}^B b_{AB} - T^A_{;A} - T^{BA} b_{AB} +$$

$$+ \left[ \varrho_\sigma v^k_\sigma (v^j_\sigma - w^j) e_j - t^{kj}_\sigma e_j \right] e_k - \gamma \underset{n}{F} \Big\}$$

$$-\Lambda^{\underset{\tau}{w}^B}\{\underset{\tau}{w}^B\partial_t\gamma+\gamma\partial_t\underset{\tau}{w}^B-2\underset{n}{w}k_M\gamma\underset{\tau}{w}^B+\gamma_{,A}\underset{\tau}{w}^A\underset{\tau}{w}^B+2\gamma\underset{\tau}{w}^A\underset{\tau}{w}^B{}_{,A}+\gamma\Gamma^B_{AC}\underset{\tau}{w}^C\underset{\tau}{w}^A$$

$$+\gamma\Gamma^A_{AC}\underset{\tau}{w}^B\underset{\tau}{w}^C-\gamma\underset{n}{w}\underset{\tau}{w}^A b^B_A-\gamma\underset{n}{w}g^{AB}\underset{n}{w}_{,A}-\gamma\underset{n}{w}\delta^B_A\underset{\tau}{w}^B b^A_B+T^A b^B_A$$

$$-T^{BA}{}_{,A}-\Gamma^B_{AC}T^{CA}-\Gamma^A_{AC}T^{BC}+\frac{\partial T^{BA}}{\partial\gamma}\gamma_{,A}+\frac{\partial T^{BA}}{\partial\vartheta_S}\vartheta_{S,A}+\frac{\partial T^{BA}}{\partial\vartheta_{S,C}}\vartheta_{S,AC}$$

$$+\frac{\partial T^{BA}}{\partial d_{CD}}[d_{CD;A}+\Gamma^E_{CA}d_{ED}+\Gamma^E_{DA}d_{EC}]+\frac{\partial T^{BA}}{\partial g_{CD}}[\Gamma^E_{CA}g_{ED}+\Gamma^E_{DA}g_{EC}]$$

$$+\frac{\partial T^{BA}}{\partial b_{CD}}[b_{CD;A}+\Gamma^E_{CA}d_{ED}+\Gamma^E_{DA}d_{EC}]+[\rho_\sigma v_\sigma^k(v_\sigma^j-w^j)e_j-t_\sigma^{kj}e_j]g^{AB}x^k_{,A}$$

$$-\gamma\underset{\tau}{F}^B\}$$

$$-\Lambda^{E_S}\{E_S\partial_t\gamma+\gamma\{\frac{\partial E_S}{\partial\gamma}\partial_t\gamma+\frac{\partial E_S}{\partial\vartheta_S}\partial_t\vartheta_S+\frac{\partial E_S}{\partial\vartheta_{S,A}}\partial_t\vartheta_{S,A}+\frac{\partial E_S}{\partial d_{AB}}\partial_t d_{AB}$$

$$-2\underset{n}{w}b_{AB}\frac{\partial E_S}{\partial g_{AB}}+\underset{n}{w}_{;AB}\frac{\partial E_S}{\partial b_{AB}}-2k_M\underset{n}{w}b_{AB}\frac{\partial E_S}{\partial b_{AB}}+k_G\underset{n}{w}g_{AB}\frac{\partial E_S}{\partial b_{AB}}\}-2\underset{n}{w}k_M\gamma E_S$$

$$+E_S\Gamma^A_{AB}\gamma\underset{\tau}{w}^B+E_S\gamma_{,A}\underset{\tau}{w}^A+E_S\gamma\underset{\tau}{w}^A{}_{,A}+\gamma\underset{\tau}{w}^A\{\frac{\partial E_S}{\partial\gamma}\gamma_{,A}+\frac{\partial E_S}{\partial\vartheta_S}\vartheta_{S,A}+\frac{\partial E_S}{\partial\vartheta_{S,B}}\vartheta_{S,AB}$$

$$+\frac{\partial E_S}{\partial d_{BC}}[d_{BC;A}+\Gamma^D_{BA}d_{DC}+\Gamma^D_{CA}d_{DB}]+\frac{\partial E_S}{\partial g_{BC}}[\Gamma^D_{BA}g_{DC}+\Gamma^D_{CA}g_{DB}]$$

$$+\frac{\partial E_S}{\partial b_{BC}}[b_{BC;A}+\Gamma^D_{BA}b_{DC}+\Gamma^D_{CA}b_{DB}]\}\}+\Gamma^A_{AB}\underset{\tau}{Q}^B+\frac{\partial\underset{\tau}{Q}^A}{\partial\gamma}\gamma_{,A}+\frac{\partial\underset{\tau}{Q}^A}{\partial\vartheta_S}\vartheta_{S,A}$$

$$+\frac{\partial\underset{\tau}{Q}^A}{\partial\vartheta_{S,B}}\vartheta_{S,AB}+\frac{\partial\underset{\tau}{Q}^A}{\partial d_{BC}}[d_{BC;A}+\Gamma^D_{BA}d_{DC}+\Gamma^D_{CA}d_{DB}]+\frac{\partial\underset{\tau}{Q}^A}{\partial g_{BC}}[\Gamma^D_{BA}g_{DC}+\Gamma^D_{CA}g_{DB}]$$

$$+\frac{\partial \underset{\tau}{Q}^A}{\partial b_{BC}}\left[b_{BC;A}+\Gamma^D_{BA}b_{DC}+\Gamma^D_{CA}b_{DB}\right]-T^{BA}g_{BC}\left\{\underset{\tau}{w}^C{}_{/A}-\underset{n}{w}\,b^C_A+\Gamma^C_{AB}\underset{\tau}{w}^B\right\}$$

$$+\left[\varrho(\varepsilon+\tfrac{1}{2}(v^k-w^k)^2)(v^j-w^j)e_j+q^je_j-t^{kj}(v_k-w_k)e_j\right]-\gamma r_s\ \Big\}\geq 0\ .$$

(5.113)

Die Entropie-Ungleichung ist linear in den Ableitungen

$$\partial_t \underset{n}{w}\ ,\ \partial_t \underset{\tau}{w}^B\ ,\ \partial_t\gamma\ ,\ \partial_t\vartheta_s\ ,\ \partial_t\vartheta_{s,A}\ ,\ \partial_t d_{AB}\ ,\ \underset{n}{w}_{;AB}\ ,$$

$$\gamma_{,A}\ ,\ \vartheta_{s,(BA)}\ ,\ d_{BC;A}\ \text{ und }\ b_{BC;A}\ . \tag{5.114}$$

Die Entropie-Ungleichung (5.113) muß gelten für alle analytischen Felder

$$\gamma\ ,\ \underset{n}{w}\ ,\ \underset{\tau}{w}^A\ \text{ und }\ \vartheta_s$$

und sie muß gelten für beliebige Werte der zeitlichen Ableitungen und Ableitungen an der Fläche. Durch spezielle Wahl von Werte für diese Ableitungen könnte die Entropie-Ungleichung verletzt werden, es sei denn, der Koeffizient vor diesen Ableitungen ist Null. Diese Bedingung, die auf der Unverletzbarkeit der Entropie-Ungleichung gründet, ergibt Oberflächenrelationen, aus denen grob gesprochen die thermodynamischen Gesetzmäßigkeiten an einer Fläche folgen. Im Einzelnen erhalten wir die folgenden Koeffizienten vor den Werten der Ableitung $\partial_t \underset{n}{w}\ ,\ \dots\ ,\ b_{BC;A}$ .

---

1) $\{\dots\}$ bedeutet, daß die nachfolgend aufgelistete Grenzflächen-Relation als Koeffizient der in der geschweiften Klammer auftretenden Größe in der Entropie-Ungleichung vorkommt.

$$\{\partial_t \underset{n}{w}\}^{1)}: \qquad \Lambda^{\underset{n}{w}} = 0 \quad , \tag{5.115a}$$

$$\{\partial_t \underset{\tau}{w}^B\}: \qquad \Lambda^{\underset{\tau}{w}^B} = 0 \quad , \tag{5.115b}$$

$$\{\partial_t \gamma\}: \qquad \Lambda^{\gamma} = \frac{\partial \gamma \eta_s}{\partial \gamma} - \Lambda^{E_s} \frac{\partial \gamma E_s}{\partial \gamma} \quad , \tag{5.115c}$$

$$\{\partial_t \vartheta_s\}: \qquad \frac{\partial \eta_s}{\partial \vartheta_s} - \Lambda^{E_s} \frac{\partial E_s}{\partial \vartheta_s} = 0 \quad , \tag{5.115d}$$

$$\{\partial_t \vartheta_{s,A}\}: \qquad \frac{\partial \eta_s}{\partial \vartheta_{s,A}} - \Lambda^{E_s} \frac{\partial E_s}{\partial \vartheta_{s,A}} = 0 \quad , \tag{5.115e}$$

$$\{\partial_t d_{AB}\}: \qquad \frac{\partial \eta_s}{\partial d_{AB}} - \Lambda^{E_s} \frac{\partial E_s}{\partial d_{AB}} = 0 \quad , \tag{5.115f}$$

$$\{\underset{n}{w}_{;AB}\}: \qquad \frac{\partial \eta_s}{\partial b_{AB}} - \Lambda^{E_s} \frac{\partial E_s}{\partial b_{AB}} = 0 \quad , \tag{5.115g}$$

$$\{\gamma_{,A}\}: \qquad \frac{\partial \underset{\tau}{\Phi}^A}{\partial \gamma} - \Lambda^{E_s} \frac{\partial \underset{\tau}{Q}^A}{\partial \gamma} = 0 \quad , \tag{5.115h}$$

$$\{\vartheta_{s,(AB)}\}: \qquad \frac{\partial \underset{\tau}{\Phi}^{(A}}{\partial \vartheta_{s,B)}} - \Lambda^{E_s} \frac{\partial \underset{\tau}{Q}^{(A}}{\partial \vartheta_{s,B)}} = 0 \quad , \tag{5.115i}$$

$$\{d_{BC;A}\}: \qquad \frac{\partial \underset{\tau}{\Phi}^A}{\partial d_{BC}} - \Lambda^{E_s} \frac{\partial \underset{\tau}{Q}^A}{\partial d_{BC}} = 0 \quad , \tag{5.115j}$$

$$\{b_{BC;A}\}: \qquad \frac{\partial \underset{\tau}{\Phi}^{(A}}{\partial b_{B(C}} - \Lambda^{E_s} \frac{\partial \underset{\tau}{Q}^{(A}}{\partial b_{B(C}} = 0 \quad . \tag{5.115k}$$

Bei der Aufstellung des Koeffizienten von $b_{BC;A}$ wurde die Flächenrelation (5,115g) berücksichtigt.

Die Entropie-Ungleichung ist linear in der Zufuhr von Strahlung und in der Zufuhr von Impuls, der dadurch zustande kommt, daß äußere Kräfte $F^k$ an den Teilchen der Grenzfläche wirken. Beliebige Werte von $r_s$ und $F^k$ dürfen die Entropie-Ungleichung nicht verletzen. Deshalb muß der Koeffizient

$$a_k = 0 \tag{5.116}$$

sein und

$$b = \Lambda^{E_s} . \tag{5.117}$$

Damit folgt, daß die Entropiezufuhr in der Entropiebilanz (5.100) auf

$$\sigma_{\eta_s} = \Lambda^{E_s} r_s \tag{5.118}$$

reduziert werden kann. Dieses Resultat besagt, daß die Entropiezufuhrdichte der Zufuhr von Strahlung $r_s$ proportional ist. $\Lambda^{E_s}$ werden wir weiter unten bestimmen.

Die Flächenrelationen (5.115a) bis (5.115k) sind eine Folge der Unverletzbarkeitsforderung des Entropieprinzips, wobei wir beliebige Anfangs- und Randwerte zulassen. Kombinieren wir vorstehende Flächenrelationen mit den entsprechenden konstitutiven Gleichungen, so folgen daraus Einschränkungen für die konstitutiven Gleichungen. Darüberhinaus erhalten wir aus diesen Relationen eine Entropie-Wärmestrom-Relation und die Gibbs-Gleichung an der Grenzfläche in konsistenter Weise. In anderen Worten, wir brauchen die Gibbs-Gleichung nicht vorzugeben, sie folgt direkt aus den Flächenrelationen mit ihren Abhängigkeiten von den thermodynamischen Größen bzw. thermodynamischen Variablen an der Grenzfläche. Dieser methodische Vorgang ist völlig anders als z.B. bei Guggenheim [38], der eine Gibbs-Gleichung für Flächen postuliert.

Wir beginnen jetzt mit Gl.(5.115i) mit der Auswertung der Flächenrelationen (5.115). Wegen der Symmetrie von $\vartheta_{S,AB}$ bezüglich $A$ und $B$ tritt nur der symmetrische Teil von

$$\frac{\partial \underset{\tau}{\Phi}^A}{\partial \vartheta_{S,B}} - \Lambda^{E_S} \frac{\partial \underset{\tau}{Q}^A}{\partial \vartheta_{S,B}} \tag{5.119}$$

in der Entropieungleichung auf. Mit Hilfe der Darstellung von $\underset{\tau}{\Phi}^A$ und $\underset{\tau}{Q}^A$ sehen wir, daß (5.119) keinen antisymmetrischen Teil besitzt. Setzen wir die Darstellung (5.79d) für den Wärmestrom $\underset{\tau}{Q}^A$ und die Darstellung (5.79e) für den Entropiestrom $\underset{\tau}{\Phi}^A$ in die Relation (5.115i) ein und beachten die algebraische Unabhängigkeit der Flächentensoren $g^{AB}$, $b^{AB}$ und $d^{AB}$ voneinander, so erhalten wir aus einer einfachen Rechnung die folgenden algebraischen Verknüpfungen:

$$\underset{1}{\kappa} = \Lambda^{E_S} \underset{1}{\varepsilon} \ , \quad \underset{2}{\kappa} = \Lambda^{E_S} \underset{2}{\varepsilon} \quad \text{und} \quad \underset{3}{\kappa} = \Lambda^{E_S} \underset{3}{\varepsilon} \ . \tag{5.120}$$

Mit diesen Verknüpfungen folgt, daß der Entropiestrom dem Wärmestrom proportional ist:

$$\underset{\tau}{\Phi}^A = \Lambda^{E_S} \underset{\tau}{Q}^A \ . \tag{5.121}$$

Die drei Relationen (5.115h,i,j), zusammen mit der Entropie-Wärmestrom-Relation (5.121) liefern Einschränkungen für die Hilfsfunktion $\Lambda^{E_S}(\gamma, \vartheta_S, \vartheta_{S,A}, d_{AB}, g_{AB}, b_{AB})$. Setzen wir die Entropie-Wärmestrom-Relation (5.121) in die Flächenrelation (5.115h) ein, so erhalten wir:

$$\frac{\partial \Lambda^{E_S}(\ldots)}{\partial \gamma} \underset{\tau}{Q}^A = 0 \ .$$

Falls $\underset{\tau}{Q}^{A} \neq 0$ , was wir voraussetzen werden, so folgt:

$$\frac{\partial \Lambda^{E_s}(\ldots)}{\partial \gamma} = 0$$

und wir sagen $\Lambda^{E_s}(\ldots)$ ist keine Funktion von $\gamma$ . Analoge Schlußfolgerungen aus der Relation ($5.115i$ ) und ($5.115j$), zusammen mit der Entropie-Wärmestrom-Relation besagen, daß auch $\Lambda^{E_s}(\ldots)$ nicht von $\vartheta_{s,B}$ und von $d_{BC}$ bzw. deren skalaren Invarianten abhängen. Es verbleibt somit

$$\Lambda^{E_s}(\vartheta_s, g_{AB}, b_{AB}), \tag{5.122}$$

bzw. weil $\Lambda^{E_s}(\ldots)$ eine skalar-wertige Hilfsfunktion ist, die nur von skalaren Invarianten der Flächentensoren abhängt

$$\Lambda^{E_s}(\vartheta_s, k_M, k_G). \tag{5.123}$$

Anmerkung: Die kleine Veränderung am Funktionssymbol soll andeuten, daß es sich um eine andere Funktion handelt .

Mit Hilfe der Flächenrelation ($5.115k$) erhalten wir eine weitere Reduktion für die Hilfsfunktion $\Lambda^{E_s}(\vartheta_s, k_M, k_G)$. Analog wie oben folgt

$$\frac{\partial \Lambda^{E_s}(\ldots)}{\partial b_{B(C}} \underset{\tau}{Q}^{A)} = 0 \tag{5.124}$$

und

$$\left\{ \frac{\partial \Lambda^{E_s}(\ldots)}{\partial k_M} \frac{\partial k_M}{\partial b_{B(C}} + \frac{\partial \Lambda^{E_s}(\ldots)}{\partial k_G} \frac{\partial k_G}{\partial b_{B(C}} \right\} \underset{\tau}{Q}^{A)} = 0 \ . \tag{5.125}$$

Die partielle Ableitung $\frac{\partial k_M}{\partial b_{AB}}$ und $\frac{\partial k_G}{\partial b_{AB}}$ ist bekannt (siehe ($3.34$ ) und ( $3.35$ )). Setzen wir diese partielle Ableitungen in Gl.($5.125$) ein und ordnen die Gleichung nach den Flächentensoren $g^{AB}$ und $b^{AB}$ , so entsteht:

$$\underset{\tau}{Q}^{(A}\left\{\left(\frac{1}{2}\,\frac{\partial\Lambda^{E_s}(\ldots)}{\partial k_M}+2k_M\,\frac{\partial\Lambda^{E_s}(\ldots)}{\partial k_G}\right)g^{C)B}-\frac{\partial\Lambda^{E_s}(\ldots)}{\partial k_G}\,b^{C)B}\right\}=0\ .$$

Nach Voraussetzung ist der Wärmestrom ungleich Null, folglich muß die eingeklammerte Größe Null sein. Da der Flächentensor $g^{AB}$ algebraisch unabhängig von dem Flächentensor $b^{AB}$ ist , müssen die Koeffizienten der Flächentensoren unabhängig voneinander Null sein. Damit kann die Forderung, daß die eingeklammerte Größe Null sein muß, erfüllt werden.

$$\frac{\partial\Lambda^{E_s}(\ldots)}{\partial k_G}=0 \tag{5.126}$$

und

$$\frac{1}{2}\,\frac{\partial\Lambda^{E_s}(\ldots)}{\partial k_M}+2k_M\,\frac{\partial\Lambda^{E_s}(\ldots)}{\partial k_G}=0\ . \tag{5.127}$$

Aus der Gleichung (5.126) folgt, daß die Hilfsfunktion nicht von der Gaußschen Krümmung $k_G$ abhängt, und aus der Gleichung (5.127) folgt die Unabhängigkeit von der mittleren Krümmung $k_M$. Damit ist die Hilfsfunktion vollständig reduziert auf ihre Abhängigkeit von der Grenzflächentemperatur $\vartheta_s$ :

$$\Lambda^{E_s}(\vartheta_s)\,, \tag{5.128}$$

wobei wir eine Umbenennung in der Bezeichnung des Funktionssymbols vorgenommen haben.

Es sollen jetzt weitere Schlußfolgerungen aus den Grenzflächen-Relationen, die die innere Energie $E_s$ und die Entropie $\eta_s$ enthalten, gezogen werden. Die Grenzflächen-Relation (5.115e) bleibt für ein Newtonsches Fluid in der Grenzfläche unwirksam. Die Darstellungen für die innere Energie $E_s$ und die Entropie $\eta_s$, nach Gl.(5.79b) und Gl.(5.79c) für ein

Newtonsches Fluid, enthalten keine Abhängigkeiten von einem Flächengradienten $\vartheta_{S,A}$ der Grenzflächentemperatur $\vartheta_S$. Wir betrachten zunächst die Relationen (5.115d,f und g). Die Grenzflächenrelation (5.115g) ist noch nicht in der für unsere Zwecke geeigneten Form. Es ist keineswegs so, daß die Relation (5.115g) keinen Beitrag liefert, weil die innere Energie $E_S$ und die Entropie $\eta_S$ als skalare Größen nicht explizit von einem Flächentensor, dem Krümmungstensor $b_{AB}$, abhängen. Die innere Energie $E_S$ und die Entropie $\eta_S$ hängen aber von den skalaren Invarianten des Flächentensors $b_{AB}$ ab und deshalb schreiben wir, z.B. für die Entropie $\eta_S$:

$$\frac{\partial \eta_S}{\partial b_{AB}} = \frac{\partial \eta_S}{\partial k_M}\frac{\partial k_M}{\partial b_{AB}} + \frac{\partial \eta_S}{\partial k_G}\frac{\partial k_G}{\partial b_{AB}} . \tag{5.129}$$

Mit den partiellen Ableitungen $\frac{\partial k_M}{\partial b_{AB}}$ und $\frac{\partial k_G}{\partial b_{AB}}$ (siehe (3.34) und (3.35)), erhalten wir:

$$\frac{\partial \eta_S}{\partial b_{AB}} = \frac{1}{2} g^{AB} \frac{\partial \eta_S}{\partial k_M} + \left(2k_M g^{AB} - b^{AB}\right)\frac{\partial \eta_S}{\partial k_G} . \tag{5.130}$$

Entsprechend folgt für die partielle Ableitung der inneren Energie $E_S$ nach dem Flächentensor $b_{AB}$ die Form:

$$\frac{\partial E_S}{\partial b_{AB}} = \frac{1}{2} g^{AB} \frac{\partial E_S}{\partial k_M} + \left(2k_M g^{AB} - b^{AB}\right)\frac{\partial E_S}{\partial k_G} . \tag{5.131}$$

Damit können wir Gl.(5.115g) in die folgende Form umschreiben:

$$\left\{ \frac{1}{2}\left( \frac{\partial \eta_S}{\partial k_M} - \Lambda^{E_S} \frac{\partial E_S}{\partial k_M} \right) + 2k_M \left( \frac{\partial \eta_S}{\partial k_G} - \Lambda^{E_S} \frac{\partial E_S}{\partial k_G} \right) \right\} g^{AB} \\ - \left( \frac{\partial \eta_S}{\partial k_G} - \Lambda^{E_S} \frac{\partial E_S}{\partial k_G} \right) b^{AB} = 0 . \tag{5.132}$$

Wegen der algebraischen Unabhängigkeit des Metriktensors $g_{AB}$ von dem Krümmungstensor $b_{AB}$ müssen die Koeffizienten von $g_{AB}$ und $b_{AB}$ unabhängig voneinander Null sein. Den speziellen Fall, daß $g_{AB}$ und $b_{AB}$ verschwinden, wollen wir nicht betrachten. Die Flächenthermodynamik soll ja an beliebig gekrümmten Flächen gelten. Folge: Die Gl.(5.131) kann nur erfüllt werden, falls gilt:

$$\frac{\partial \eta_S}{\partial k_G} = \Lambda^{E_S} \frac{\partial E_S}{\partial k_G} \quad \text{und} \quad \frac{\partial \eta_S}{\partial k_M} = \Lambda^{E_S} \frac{\partial E_S}{\partial k_M} \quad . \tag{5.133}$$

Im folgenden betrachten wir die Relationen:

$$\frac{\partial \eta_S}{\partial \vartheta_S} = \Lambda^{E_S} \frac{\partial E_S}{\partial \vartheta_S} \quad , \tag{5.134a}$$

$$\frac{\partial \eta_S}{\partial d_{AB}} = \Lambda^{E_S} \frac{\partial E_S}{\partial d_{AB}} \quad , \tag{5.134b}$$

$$\frac{\partial \eta_S}{\partial k_G} = \Lambda^{E_S} \frac{\partial E_S}{\partial k_G} \quad , \tag{5.134c}$$

$$\frac{\partial \eta_S}{\partial k_M} = \Lambda^{E_S} \frac{\partial E_S}{\partial k_M} \quad . \tag{5.134d}$$

Mit Hilfe von Integrabilitätsbedingungen für die Entropie $\eta_S$ erhalten wir Einschränkungen für $\eta_S$, $E_S$ und die Hilfsfunktion $\Lambda^\gamma$. So z.B. erhalten wir eine Einschränkung für die innere Energie $E_S$, wenn wir Gl. (5.134a) partiell nach $k_M$ ableiten und von Gl.(5.134d) die partielle Ableitung nach $\vartheta_S$ bilden und beide Gleichungen subtrahieren, aus

$$\frac{\partial \Lambda^{E_S}}{\partial \vartheta_S} \frac{\partial E_S}{\partial k_M} = 0$$

bzw.

$$\frac{\partial E_S}{\partial k_M} = 0 \quad , \tag{5.135}$$

wobei wir vorausgesetzt haben $\partial\Lambda^{E_s}/\partial\vartheta_s \neq 0$. Das Resultat bedeutet: $\mathcal{E}_s(\ldots)$ ist keine Funktion von $k_M$

$$\mathcal{E}_s(\gamma, \vartheta_s, k_G, tr(\underset{\approx}{d}), tr(\underset{\approx}{b}\,\underset{\approx}{d})). \tag{5.136}$$

Die weitere Auswertung der anderen Relationen (5.134) liefert letztlich: Die innere Energie und die Entropie sind Funktionen der Grenzflächendichte $\gamma$ und der Grenzflächentemperatur $\vartheta_s$. Es gilt:

$$E_s = \mathcal{E}_s(\gamma, \vartheta_s), \tag{5.137}$$

$$\eta_s = \eta_s(\gamma, \vartheta_s). \tag{5.138}$$

Diese Darstellung hat sofort zur Folge, daß

$$\Lambda^\gamma = \frac{\partial\gamma\eta_s}{\partial\gamma} - \Lambda^{E_s}\frac{\partial\gamma E_s}{\partial\gamma} \tag{5.139}$$

(siehe Relation (5.115c)) aus Gründen der Darstellung (die rechte Seite ist ja nur von $\gamma$ und $\vartheta_s$ abhängig) nur von $\gamma$ und $\vartheta_s$ abhängt. Somit besitzt $\Lambda^\gamma$ die Darstellung:

$$\Lambda^\gamma = \Lambda^\gamma(\gamma, \vartheta_s).$$

Das Resultat der Reduktion für die innere Energie $E_s$ (siehe (5.137)) und für die Entropie $\eta_s$ (siehe (5.138)) besagt auch, daß die innere Energie $E_s$ und die Entropie $\eta_s$ nicht von dem Metriktensor abhängt und dieses wiederum hat zur Folge, daß die verbleibende Rest-Ungleichung die folgende einfache Gestalt annimmt:

$$\left\{-\gamma\left(\frac{\partial\eta_s}{\partial\gamma} - \Lambda^{E_s}\frac{\partial E_s}{\partial\gamma}\right)g^{BA} + \Lambda^{E_s}T^{BA}\right\}d_{AB} + \left(\frac{\partial\underset{\sim}{\Phi}^A}{\partial\vartheta_s} - \Lambda^{E_s}\frac{\partial\underset{\sim}{Q}^A}{\partial\vartheta_s}\right)\vartheta_{s,A} \geq 0. \tag{5.140}$$

Diese Rest-Ungleichung soll im folgenden diskutiert werden, insbesondere wollen wir aus ihr die Gibbssche Gleichung für ein Newtonsches Fluid deduzieren und Einschränkungen für die Koeffizienten in der Darstellung (5.79a) für den Spannungstensor angeben.

### 5.3.5 Zur Entropie-Produktion an einer viskosen wärmeleitenden Flüssigkeit

Die Rest-Ungleichung (5.140) schreiben wir mit Hilfe der Entropie-Wärmestrom-Relation (5.121) um und erhalten als Resultat:

$$\Sigma = \left\{ -\gamma^2 \left( \frac{\partial \eta_S}{\partial \gamma} - \Lambda^{E_S} \frac{\partial E_S}{\partial \gamma} \right) g^{BA} + \Lambda^{E_S} T^{BA} \right\} d_{AB} + \frac{\partial \Lambda^{E_S}}{\partial \vartheta_S} \underset{\tau}{Q}^A \vartheta_{S,A} \geqslant 0 . \tag{5.141}$$

Diese Rest-Ungleichung, bezeichnet mit $\Sigma$, sehen wir als Entropie-Produktion im thermodynamischen Nicht-Gleichgewicht an. Im nächsten Abschnitt soll diese Gleichung für die Entropie-Produktion im Falle des thermodynamischen Gleichgewichtes näher untersucht werden. Bevor wir dieses tun, soll gezeigt werden, daß der Lagrange-Multiplikator $\Lambda^{E_S}(\vartheta_S)$ mit $\vartheta_S^{-1}$ identifiziert werden kann. Die dazu notwendigen Überlegungen schließen an meine Ausführungen in der Arbeit [21] an. Für die folgende Diskussion ist es zweckmäßig, die Gedankengänge in einer kurzen Einführung zu wiederholen.

## 5.3.6 Identifikation des Lagrange-Multiplikators $\Lambda^{E_s}$

Die Identifikation des Lagrange-Multiplikators $\Lambda^{E_s}$ mit der reziproken Temperatur $\vartheta_s$ erreichen wir in zwei Stufen. Zunächst zeigen wir, daß der Lagrange-Multiplikator $\Lambda^{E_s}$ nur eine Funktion der Grenzflächentemperatur $\vartheta_s$ ist. Dazu erinnern wir uns an Abschnitt 3.4.2 und die Bemerkungen dort, bezüglich einer Linie auf der Referenzfläche $\Sigma_o(t)$ ,die jetzt Grenzfläche sei. Wir betrachten jetzt eine materielle Linie $\ell(t)$ in einer Grenzfläche $\Sigma_o(t)$ , d.h. eine Linie, die für Flüssigkeitsteilchen auf der Grenzfläche $\Sigma_o(t)$ undurchdringlich ist. Es ist nicht notwendig, daß $\ell(t)$ eine geschlossene Linie ist. Wir nehmen an, daß die Grenzfläche $\Sigma_o(t)$ durch die Linie in zwei Flächenbereiche $\Sigma_+$ und $\Sigma_-$ aufgeteilt wird.

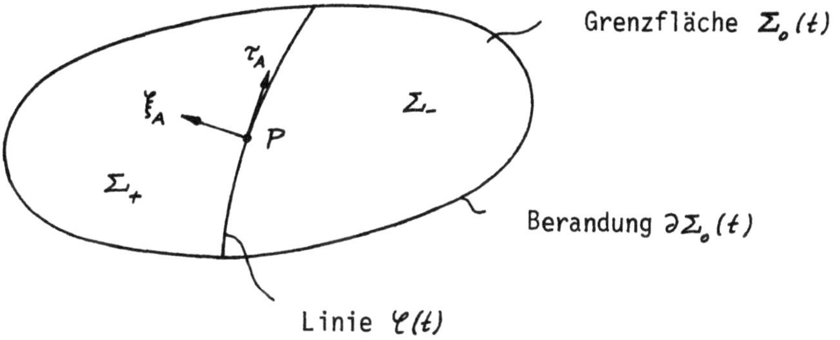


$\tau_A$ und $\xi_A$ sind die kovarianten Komponenten von zwei Flächenvektoren,die in der Tangentialebene im Punkte P der Linie $\ell(t)$ liegen. $\tau_A$ liegt tangential und $\xi_A$ senkrecht zu $\ell(t)$. Die Parameterdarstellung der Linie $\ell(t)$ sei

$$\ell(t): \qquad u^A = \mathfrak{u}^A(s,t) \ ,$$

wobei $s$ die Bogenlänge ist.

Für unsere weiteren Überlegungen benötigen wir Bilanzgleichungen an einer Linie, die in einer Fläche liegt. Hat die Linie selbst keine Dichte an Masse etc., existieren keine nicht-konvektiven Flußterme entlang der Linie und existiert keine Produktionsdichte und keine Strahlungsdichte, so schränkt sich das Geschehen an der Linie bis auf Unstetigkeiten von Flächengrößen an der Linie ein:

$$[\![ \underset{s}{\varphi} ( \underset{\tau}{w}^A - \underset{\tau}{u}^A ) + \underset{\tau}{\Phi}^A ]\!] \xi_A = 0 . \qquad (5.142)$$

$\underset{\tau}{u}^A$ sind die Komponenten des Geschwindigkeitsfeldes von Teilchen der Linie, und $\underset{\tau}{w}^A$ sind die Komponenten des Geschwindigkeitsfeldes von Flüssigkeitsteilchen der Grenzfläche. Das Symbol $[\![ \varphi ]\!]$ soll anzeigen, daß die in der eckigen Klammer eingeschlossene Größe $\varphi$ an einer Linie, zu beiden Seiten der Linie, unterschiedliche Werte annehmen kann:

$$[\![ \varphi ]\!] = \varphi_+ - \varphi_- ,$$

wobei $\varphi_+$ und $\varphi_-$ Grenzwerte von Flächengrößen an der Linie sind.

Da die Linie undurchdringlich für Flüssigkeitsteilchen ist, bedeutet dieses $\underset{\tau}{w}^A = \underset{\tau}{u}^A$. Wir interpretieren das so, erreicht ein Flüssigkeitsteilchen der Grenzfläche die Linie, so bewegt es sich mit dem Geschwindigkeitsfeld der Linie.

Wir nehmen jetzt an, daß die Linie $\ell(t)$ in der Grenzfläche zwei verschiedene Flüssigkeiten in $\Sigma_+$ und $\Sigma_-$ voreinander trennt. Weiterhin habe die, für Teilchen undurchdringliche Linie $\ell(t)$, diathermale Eigenschaften, d.h. $[\![ \vartheta_s ]\!]$ . Identifizieren wir jetzt $\underset{\tau}{\Phi}^A$ mit dem Entropiestrom, so gilt an dieser Linie:

$$[\![ \underset{\tau}{\Phi}^A \xi_A ]\!] = 0 . \qquad (5.143)$$

Zunächst zeigen wir, daß unabhängig von dem Material der Flüssigkeit in $\Sigma_+$ und $\Sigma_-$ gilt: $\Lambda_+^{E_s}(\vartheta_s) = \Lambda_-^{E_s}(\vartheta_s)$. Dazu betrachten wir die Energie-Wärmestrom-Relation für eine Flüssigkeit in der Form $\underset{\tau}{\Phi}^A = \Lambda^{E_s}(\gamma,\vartheta_s)\cdot\underset{\tau}{Q}^A$ und zusammen mit der Bedingung (5.143) erhalten wir:

$$[\![ \Lambda^{E_s}(\gamma,\vartheta_s)\,\underset{\tau}{Q}^A \xi_A ]\!] = 0. \tag{5.144}$$

Benutzen wir die Aussage, daß der Fluß der inneren Energie an einer undurchdringlichen Linie $\mathcal{C}(t)$ stetig ist, also $[\![ \underset{\tau}{Q}^A \xi_A ]\!] = 0$ gilt, so folgt aus der Bedingung (5.144):

$$[\![ \Lambda^{E_s}(\gamma,\vartheta_s) ]\!] = 0. \tag{5.145}$$

Wir interpretieren diese Bedingung durch das folgende Gedankenexperiment: Die Grenzfläche wird durch die, für Flüssigkeitsteilchen undurchdringliche Grenzlinie $\mathcal{C}(t)$ in zwei Flächen $\Sigma_+$ und $\Sigma_-$ unterteilt. Die Fläche $\Sigma_+$ sei, z.B. durch einen sehr dünnen Flüssigkeitsfilm einer nichtviskosen wärmeleitenden Flüssigkeit der Dichte $\rho$ repräsentiert und die Fläche $\Sigma_-$, z.B. durch ein Newtonsches Fluid der Dichte $\gamma$. Die Bedingung (5.145) lautet in diesem Fall:

$$\Lambda_+^{E_s}(\rho,\vartheta_s) = \Lambda_-^{E_s}(\gamma,\vartheta_s). \tag{5.146}$$

Da nach Voraussetzung die Linie $\mathcal{C}(t)$ undurchdringlich ist, können wir in einem Gedankenexperiment die Flüssigkeiten zu beiden Seiten der Grenzfläche austauschen und erhalten:

$$\Lambda_+^{E_s}(\gamma,\vartheta_s) = \Lambda_-^{E_s}(\rho,\vartheta_s). \tag{5.147}$$

Hieraus folgt:

$$\Lambda_+^{E_s}(\gamma,\vartheta_s) = \Lambda_-^{E_s}(\rho,\vartheta_s) = \Lambda_-^{E_s}(\gamma,\vartheta_s) \tag{5.148}$$

und die letzte Gleichheit zwischen derselben Funktion, nämlich $\Lambda_-^{E_s}(\ldots)$, besagt, daß die Funktion $\Lambda_-^{E_s}(\ldots)$ nicht von den Dichten $\varrho$ oder $\gamma$ abhängen kann. Somit gilt: $\Lambda_-^{E_s}(\vartheta_s)$ und weiterhin $\Lambda_+^{E_s}(\vartheta_s)$. Wir können schreiben:

$$\Lambda_-^{E_s}(\vartheta_s) = \Lambda_+^{E_s}(\vartheta_s)\,. \tag{5.149}$$

Daraus folgern wir, daß nur eine Funktion

$$\Lambda^{E_s}(\vartheta_s) \tag{5.150}$$

an der Grenzfläche existiert und daß diese im Gleichgewicht (abgekürzt durch E ) durch $\Lambda^{E_s}(\vartheta_s)\big|_E = \vartheta_s^{-1}$, gegeben ist [21]. Dasselbe Gedankenexperiment können wir mit zwei viskosen Flüssigkeiten mit verschiedenen Dichten in $\Sigma_+$ und $\Sigma_-$ ausführen, wir erhalten ebenfalls die Gl. (5.148). Aus diesen Betrachtungen folgt:

$$\Lambda^{E_s}(\vartheta_s)\Big|_E = \vartheta_s^{-1} \tag{5.151}$$

unabhängig davon, welche Flüssigkeiten wir in der Grenzfläche betrachten. Die Temperatur $\vartheta_s$ sehen wir als die absolute Temperatur an, ihre Eichung in Einheiten der empirischen Temperatur läßt sich wie üblich vornehmen.

### 5.3.7 Folgerungen aus der Rest-Ungleichung im Gleichgewicht

Wir definieren das thermodynamische Gleichgewicht E als einen thermodynamischen Prozeß, der charakterisiert ist durch:

E1) Alle Relativ-Geschwindigkeiten bezüglich eines Referenzsystems sind Null, ebenso sind alle räumliche Gradienten bzw. Flächengradienten und zeitliche Ableitungen der Geschwindigkeitsfelder Null.

E2) Alle Temperaturdifferenzen sind Null, ebenso sind alle räumliche Gradienten bzw. Flächengradienten und zeitliche Ableitungen des Temperaturfeldes Null.

Die Rest-Ungleichung

$$\Sigma = \left\{-\gamma^2\left(\frac{\partial \eta_s}{\partial \gamma} - \Lambda^{E_s}\frac{\partial E_s}{\partial \gamma}\right)g^{BA} + \Lambda^{E_s}T^{BA}\right\}d_{AB} + \frac{\partial \Lambda^{E_s}}{\partial \vartheta_s}\underset{\tau}{Q}^A\vartheta_{s,A} \geqslant 0 \tag{5.152}$$

in dieser Form besteht aus drei Termen, wobei die beiden ersten Terme von dem Geschwindigkeitsgradienten $d_{AB}$ abhängen und der dritte Term unabhängig von $d_{AB}$ ist. Ist $d_{AB}=0$, so verbleibt als Rest-Ungleichung

$$\frac{\partial \Lambda^{E_s}}{\partial \vartheta_s}\underset{\tau}{Q}^A\vartheta_{s,A} \geqslant 0 \,, \tag{5.153}$$

im Gleichgewicht folgt daraus die triviale Aussage, daß der Wärmestrom Null sein muß. Eine weitere Aussage, bezüglich des Wärmeleitungskoeffizienten erfolgt später.

Die Rest-Ungleichung $\Sigma$ in der oben angegebenen Form ist abhängig von

$$\gamma\,,\ \vartheta_s\,,\ \vartheta_{s,A}\,,\ d_{AB}\,,\ k_M\,,\ k_G\,,\ tr(\underset{\approx}{d})\,,\ tr(\underset{\approx}{b}\underset{\approx}{d})\,.$$

Die Abhängigkeit der Entropie-Produktion $\Sigma$ von der mittleren Krümmung $k_M$ und der Gaußschen Krümmung $k_G$ tritt implizit in den Koeffizienten in Erscheinung. Da der Geschwindigkeitsgradient $d_{AB}$ ein symmetrischer $2\times2$ Tensor ist, so haben wir drei unabhängige Komponenten. Es sind zwei Diagonalelemente (zwei Spurterme) und ein weiteres nicht-diagonales Element. Die Größe $tr(\underset{\approx}{d})$ ist die Spur von $d_{AB}$, diese ist per definitionem die Summe der Diagonalelemente. D.h. wir dürfen $d_{AB}$ und $tr(\underset{\approx}{d})=d^C_C$ nicht unabhängig voneinander betrachten. Es ist deshalb zweckmäßig, den Geschwindigkeitsgradienten in seinen Spurterm und einen spurfreien Anteil zu zerlegen. Für diese Zerlegung schreiben wir

$$\hat{d}_{AB} = -\left( d_{AB} - \tfrac{1}{2} d^C_C g_{AB} \right), \tag{5.154}$$

hierbei bedeutet $\hat{d}_{AB}$ der spurfreie Teil des Geschwindigkeitsgradienten $d_{AB}$, und $d^C_C g_{AB}$ ist der Spurterm von $d_{AB}$ (Vorsicht: Die Spur von $d^E_F$ ist $d^C_C$.)

Die Entropie-Produktion $\Sigma$ nimmt im Gleichgewicht ihren Minimalwert, nämlich $\Sigma = 0$ ein. Daraus folgt, daß $\Sigma$ den folgenden Bedingungen genügen muß

$$\left.\frac{\partial \Sigma}{\partial \vartheta_{S,A}}\right|_E = 0 \, , \quad \left.\frac{\partial \Sigma}{\partial X_i}\right|_E = 0 \quad \text{und} \quad \left.\frac{\partial \Sigma}{\partial \, tr(\underset{\approx}{b}\,\underset{\approx}{d})}\right|_E = 0 \tag{5.155}$$

und die Matrix der zweiten Ableitungen

$$\begin{pmatrix} \dfrac{\partial^2 \Sigma}{\partial X_i \partial X_j} & \dfrac{\partial^2 \Sigma}{\partial X_i \partial \vartheta_{S,A}} & \dfrac{\partial^2 \Sigma}{\partial X_i \partial \, tr(\underset{\approx}{b}\,\underset{\approx}{d})} \\ & \dfrac{\partial^2 \Sigma}{\partial \vartheta_{S,A} \partial \vartheta_{S,B}} & \dfrac{\partial^2 \Sigma}{\partial \vartheta_{S,A} \partial \, tr(\underset{\approx}{b}\,\underset{\approx}{d})} \\ & & \dfrac{\partial^2 \Sigma}{\partial \, tr(\underset{\approx}{b}\,\underset{\approx}{d}) \partial \, tr(\underset{\approx}{b}\,\underset{\approx}{d})} \end{pmatrix} \tag{5.156}$$

positiv semidefinit (auch bereichsweise) sein muß. Die $X_i$ sind die oben erklärten drei unabhängigen Größen des Geschwindigkeitsgradienten und deshalb nimmt i nur die Werte 1,2,3 an.

In die oben angegebene Form der Entropie-Produktion $\Sigma$ setzen wir jetzt den Spannungstensor (5.79a) für ein Newtonsches Fluid ein und erhalten:

$$\Sigma = -\gamma^2\left(\frac{\partial \eta_s}{\partial \gamma} - \Lambda^{E_s}\frac{\partial E_s}{\partial \gamma}\right)d^c_c + \Lambda^{E_s}\Big\{\sigma d^c_c + \lambda\, tr(\underset{\approx}{b}\underset{\approx}{d}) + \eta\left(\hat{d}_{AB}\hat{d}^{AB} + \tfrac{1}{2}(d^c_c)^2\right)$$

$$+ \Upsilon (d^c_c)^2 + (\nu + \xi) d^c_c\, tr(\underset{\approx}{b}\underset{\approx}{d}) + \chi\left(tr(\underset{\approx}{b}\underset{\approx}{d})\right)^2 + \mu\Big(\hat{s}_{AB}\hat{d}^{AB} + \tag{5.157}$$

$$\tfrac{1}{2} d^c_c\, tr(\underset{\approx}{b}\underset{\approx}{d})\Big)\Big\} + \frac{\partial \Lambda^{E_s}}{\partial \vartheta_s}\underset{\tau}{Q}{}^A \vartheta_{s,A} \geq 0,$$

dabei haben wir $-\hat{d}_{AB} = d_{AB} - \frac{1}{2} d^c_c g_{AB}$ und $-\hat{s}_{AB} = b^c_{(A} d_{B)c} - \frac{1}{2} b^D_{(E} d_{F)D} g^{EF} g_{AB}$ eingeführt,)
wobei für $b^{AB} d_{AB} = b^B_{(C} d_{A)B} g^{AC}$ geschrieben wurde. Wir werten jetzt die Bedingungen (5.155) aus und erhalten aus der Bedingung (5.153a):

$$\underset{\tau}{Q}{}^A\Big|_E = 0\ , \tag{5.158}$$

die triviale Aussage, daß der Wärmestrom im Gleichgewicht Null sein muß. Die Bedingung (5.155c) besagt, daß im Gleichgewicht der Koeffizient $\lambda$ verschwinden muß:

$$\lambda\,\Big|_E = 0\ . \tag{5.159}$$

Aus der Bedingung (5.155b) folgt:

$$\sigma\Big|_E = -\gamma^2\left(\frac{\partial E_s|_E}{\partial \gamma} - \frac{1}{\Lambda^{E_s}|_E}\frac{\partial \eta_s|_E}{\partial \gamma}\right)\ . \tag{5.160}$$

Dieses ist eine Bedingung für den skalaren Koeffizienten $\sigma$ der Oberflächenspannung, sie kann zusammen mit Gl.(5.151) als eine Berechnungsvorschrift für den skalaren Koeffizienten $\sigma$ im Gleichgewicht aufgefaßt werden. Allerdings ist dazu die Ableitung der freien Energie $E_s - \vartheta_s \eta_s$ nach dem Feld der Massendichte im Gleichgewicht notwendig. Benutzen wir die explizite Darstellung (5.151) für $\Lambda^{E_s}|_E$ , so erhalten wir für den skalaren Koeffizienten

$$\sigma|_E = -\gamma^2 \frac{\partial(E_s|_E - \vartheta_s \eta_s|_E)}{\partial\gamma} . \tag{5.161}$$

Die Gibbssche Gleichung für eine viskose Flüssigkeit in der Grenzfläche erhalten wir mit Hilfe der Gl.(5.161) und der Gleichgewichtsbedingung (5.115d), sie lautet:

$$d\eta_s|_E = \Lambda^{E_s}|_E \left\{ \frac{\partial E_s|_E}{\partial \vartheta_s} d\vartheta_s + \left( \frac{\partial E_s|_E}{\partial\gamma} + \frac{\sigma|_E}{\gamma^2} \right) d\gamma \right\}. \tag{5.162}$$

Bemerkung (1): Aus dieser Gleichung folgt unmittelbar eine Integrabilitätsbedingung für $\eta_s|_E$ :

$$\frac{d \ln \Lambda^{E_s}|_E}{d\vartheta_s} = \frac{\dfrac{\partial\sigma|_E}{\partial\vartheta_s}}{\gamma^2 \dfrac{\partial E_s|_E}{\partial\gamma} + \sigma|_E} . \tag{5.163}$$

Bemerkung (2): Mit der Identifikation (5.159) des Lagrange-Multiplikators $\Lambda^{E_s}|_E$ mit der reziproken Grenzflächentemperatur $\vartheta_s$ folgt:

$$d\eta_s|_E = \frac{1}{\vartheta_s} \left\{ \frac{\partial E_s|_E}{\partial\vartheta_s} d\vartheta_s + \left( \frac{\partial E_s|_E}{\partial\gamma} + \frac{\sigma|_E}{\gamma^2} \right) d\gamma \right\}. \tag{5.164}$$

Bemerkung (3): Es existiert im Restproblem, bei Integration der Gibbsschen Gleichung erhalten wir $\eta_s|_E$, allerdings verbleibt eine noch nicht spezifizierte Integrationskonstante.

Wir sehen hier, daß aus der Theorie, die wir vorschlagen, die relevanten thermodynamischen Gesetzmäßigkeiten an der Grenzfläche folgen und es ist deshalb berechtigt zu sagen, daß wir hier eine Grenzflächenthermodynamik vorschlagen, die aus spezifischen Annahmen bezüglich der Grenzfläche entsteht. In anderen Worten, wir brauchen z.B. die Gibbssche Gleichung für eine Grenzfläche nicht zu postulieren, wir leiten sie ab.

Mit der Darstellung (5.79d) für den Wärmestrom, werten wir jetzt die Bedingung (5.156) aus.

$$\frac{\partial^2 \Sigma}{\partial X_i \partial X_j}\bigg|_E \geq 0 : \tag{5.165}$$

Wir untersuchen zunächst den Fall, daß $X_i$ und $X_j$ die Spur $d_c^c$ des Geschwindigkeitsgradienten repräsentiert und erhalten die Aussage:

$$\Lambda^{E_s}\big|_E (2\zeta+\eta)\big|_E \geq 0 \quad \text{und wegen} \quad \Lambda^{E_s}\big|_E \geq 0 \text{ folgt} : \quad (2\zeta+\eta)\big|_E \geq 0. \tag{5.166}$$

Wird für $X_i$ gleich $d_c^c$ gesetzt und für $X_j$ die Abweichung $\hat{d}_{AB}$ von der Spur, so folgt keine Einschränkung für den Wertebereich eines Koeffizienten.

Setzen wir $X_i$ gleich $\hat{d}_{AB}$ und $X_j$ gleich $\hat{d}^{AB}$, so folgt:

$$\eta\big|_E \geq 0. \tag{5.167}$$

$$\frac{\partial^2 \Sigma}{\partial X_i \partial tr(\underset{\sim}{b}\underset{\sim}{d})}\bigg|_E \geq 0 : \tag{5.168}$$

Wird $X_i$ mit $d_c^c$ identifiziert, so folgt:

$$(2(\nu+\xi)+\mu)\big|_E \geq 0 \tag{5.169}$$

und für $X_i$ gleich $\hat{d}_{AB}$ liefert die zweite Ableitung der Entropie-Produktion $\Sigma$ keine Einschränkung.

$$\frac{\partial^2 \Sigma}{\partial tr(\underset{\sim}{b}\underset{\sim}{d})\partial tr(\underset{\sim}{b}\underset{\sim}{d})}\bigg|_E \geq 0 : \tag{5.170}$$

Folge hieraus:

$$\varkappa\big|_E \geq 0. \tag{5.171}$$

$$\frac{\partial^2 \Sigma}{\partial \vartheta_{s,A} \partial \vartheta_{s,B}}\bigg|_E \geq 0 : \qquad -\frac{\partial \Lambda^{E_s}}{\partial \vartheta_s}\bigg|_E \kappa^{AB}\big|_E \geq 0. \tag{5.172}$$

Weil $-\frac{\partial \Lambda^{E_s}}{\partial \vartheta_s}\Big|_E \geq 0$ , so folgt aus dieser Bedingung eine Einschränkung für den Wärmeleitungskoeffizienten

$$\kappa^{AB}\Big|_E \geq 0 \ . \tag{5.173}$$

Für den Koeffizienten $\kappa$ in der Darstellung (5.79d) für den Wärmestrom, erhalten wir keine Einschränkung.

Die Matrix (5.156) soll positiv semidefinit sein, zusammen mit den vorstehenden Resultaten gilt zusätzlich:

$$\varkappa\Big|_E \, (2\varsigma + \eta)\Big|_E \geq \left(2(\nu + \xi) + \mu\right)^2\Big|_E \ . \tag{5.174}$$

Wir sehen hier, aus den zweiten Ableitungen folgen Einschränkungen für den Wertebereich der Koeffizienten, in der Polynomdarstellung für den Spannungstensor und den Wärmestrom für eine viskose Flüssigkeit.

Aus den Betrachtungen dieses Abschnittes sehen wir, daß die vorgestellte Thermodynamik an Grenzflächen die Aufgabe erfüllt, eine Materialtheorie für Grenzflächen zu sein. D.h. es werden explizit die Materialeigenschaften der Grenzfläche - die wir als idealisierte Membran ansehen können - berücksichtigt. Damit ist ein erster Schritt vollzogen, im Hinblick darauf, biologische Materie in Grenzflächen und Grenzbereichen zu beschreiben. Allerdings sind noch einige Stufen der Erkenntnis zu vollziehen bis wir exakt das Verhalten von biologischer Materie (vergleichbar mit lyotropen Flüssigkristallen) in Membranen verstehen. Als nächste Stufe in diesem Programm betrachten wir in dem nächsten Abschnitt eine nichtviskose chemisch reagierende Flüssigkeitsmischung in der Grenzfläche. Die einzelnen Flüssigkeiten sind wärmeleitend und mit der Umgebung austauschbar. In anderen Worten, wir betrachten eine Grenzfläche, die sich in Wärme- und Materieaustausch mit ihrer Umgebung befindet.

## 5.4 Nichtviskose wärmeleitende Flüssigkeitsmischung in der Grenzfläche

Unser Ziel ist es, konstitutive Gleichungen für eine nicht-viskose wärmeleitende Mischung von Flüssigkeiten an einer Grenzfläche systematisch zu begründen und das thermodynamische Verhalten einer Flüssigkeitsmischung zu untersuchen. Diese Betrachtung ist von Interesse im Hinblick auf biologische Membranen (Zellmembranen), die sich in Materieaustausch mit ihrer Umgebung befinden.

Wie wir das Ziel erreichen können, haben wir im vorherigen Abschnitt 5.3 für eine viskose Flüssigkeit dargelegt. Wir werden hier, gegenüber dem Abschnitt 5.3, das Spezifische für eine nicht-viskose Flüssigkeitsmischung herauszuarbeiten und systematisch zu begründen haben.

Wir haben Partial-Bilanzgleichungen an einer Grenzfläche in Abschnitt IV aufgestellt. Für diese Bilanzgleichungen benötigen wir konstitutive Gleichungen in der Massenproduktion für die materialabhängige Größe $z_r$,
für die innere Energie $\varepsilon_s$,
für die Wechselwirkungskraft $m_{\delta}^{k}$, (5.165)
für den Wärmestrom $\underset{\tau}{Q}^{A}$
und den Spannungstensor $T_{\delta}^{kA}$,

die jetzt begründet werden sollen. Wie wir im Abschnitt 5.3.4 gesehen haben, benötigen wir für die Auswertung des Entropieprinzipes zwei Hilfsgrößen. Es sind dieses, die Entropie $\eta_s$ und der Entropiestrom $\underset{\tau}{\Phi}^{A}$, für die wir ebenfalls konstitutive Gleichungen aufstellen müssen. Wir werden diese, im folgenden stets zusammen mit dem Satz (5.165) von konstitutiven Gleichungen auflisten. Dieses hat lediglich einen methodischen Grund, nämlich, wir werden für die Entropie und den Entropiestrom die Äquipräsenz-Regel [15] beachten. Diese Regel besagt, vereinfacht ausgedrückt, daß die Entropie und der Entropiestrom von dem selben Satz von Variablen abhängen soll, wie die Größen (5.165).

Die konstitutiven Größen $z_r, \varepsilon_s, m^k_\delta, \underset{\tau}{Q}^A, T^{kA}_\delta, \eta_s$ und $\underset{\tau}{\Phi}^A$ sind Funktionen des Dichte-, Temperatur- und Geschwindigkeitsfeldes und somit abhängig von

$$\gamma_\delta(u^1,u^2,t)\ ,\ \vartheta_s(u^1,u^2,t)\ ,\ w^k_\delta(u^1,u^2,t)\ , \tag{5.166a}$$

weiterhin abhängig von den geometrischen Größen

$$e^k_{,A}(u^1,u^2,t) \quad \text{und} \quad x^k_{,A}(u^1,u^2,t)\ , \tag{5.166b}$$

die wir benötigen, um die Krümmungseigenschaften der Fläche zu charakterisieren.

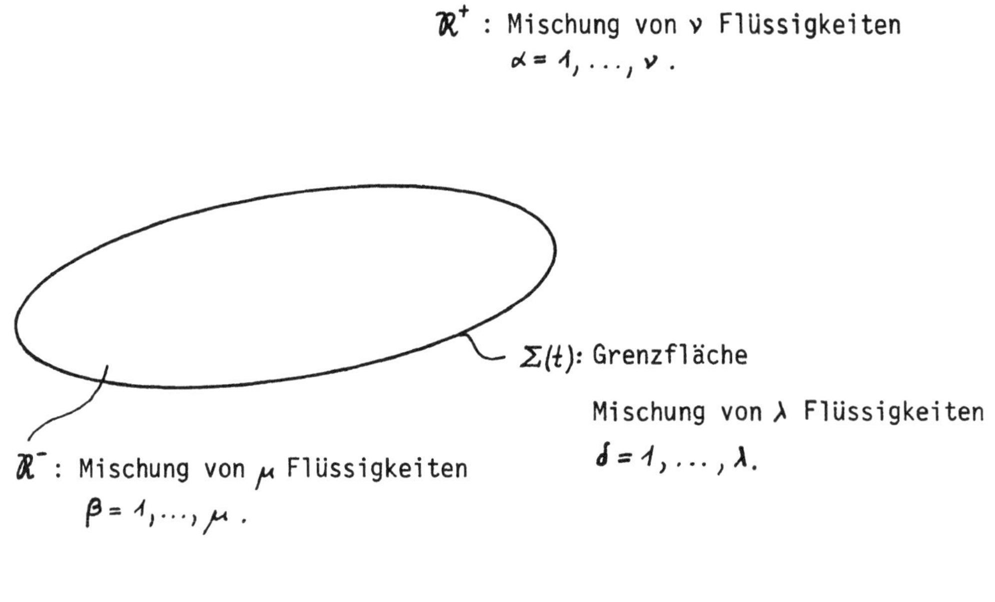


Fig. 5.1 Innerhalb und außerhalb der Grenzfläche sowie auf der Grenzfläche befinden sich viskose wärmeleitende Flüssigkeiten. Die verschiedene Kennzeichnung der Flüssigkeiten untereinander durch $\alpha$, $\beta$ und $\delta$ soll die unterschiedlichen stofflichen Eigenschaften der Flüssigkeiten charakterisieren.

Im folgenden betrachten wir die Situation, wie sie in Fig. 5.1 dargestellt ist, d.h. wir nehmen eine geschlossene Fläche an. Innerhalb und außerhalb der Fläche nehmen wir Mischungen von Flüssigkeiten mit verschiedenen Materialen an, wobei wir das unterschiedliche Materialverhalten durch $\beta$ und $\alpha$ charakterisieren. Im Grenzbereich befinde sich eine Mischung von Flüssigkeiten, wobei eine Flüssigkeitskonstituente, nämlich $\lambda$ über die ganze Fläche verteilt sein soll und die Membranmatrix repräsentiert. Diese Membranmatrix mit dem Geschwindigkeitsfeld $w_\lambda^k$ kann im strengen Sinne mit der Grenzfläche identifiziert werden. Die Annahme, innerhalb und außerhalb der Grenzfläche Flüssigkeiten mit unterschiedlichem Materialverhalten anzusetzen, entspricht der physikalischen Realität. Die Grenzfläche als realistische Membran betrachtet, besitzt eine Permselektivität, d.h. für gewisse Stoffe durchlässig zu sein und für andere nicht. Deshalb ist obige Annahme gerechtfertigt.

Die räumlichen Felder, das sind die Felder außerhalb der Grenzfläche und die Grenzflächenfelder sind nicht unabhängig voneinander, wie wir schon betont haben. Deshalb müssen wir für die Sprungterme konstitutive Gleichungen aufstellen, die von den Grenzflächenfeldern und den räumlichen Feldern an der Grenzfläche abhängen. Dabei ist zu beachten, daß die innere Energie $\varepsilon$, die Entropie $\eta$, der Wärmestrom $q^j$, der Entropiestrom $\Phi^j$ und der Spannungstensor $t_\sigma^{kj}$ von den räumlichen Feldern abhängt. Es sind dieses die Felder

der Dichte $\rho_\alpha(x^j,t)$,

der Komponenten der Geschwindigkeit $v_\alpha^i(x^j,t)$ mit $\alpha=1,\dots,\nu$ und

der Temperatur $\vartheta_+(x^j,t)$ (5.167)

im räumlichen Bereich $\mathcal{R}^+(t)$, außerhalb der geschlossenen Grenzfläche. Innerhalb der Grenzfläche, räumlicher Bereich $\mathcal{R}^-(t)$, befinde sich eine Mischung von $\mu$ Flüssigkeiten für die Konstituente $\beta$ sind es die Felder

der Dichte $\rho_\beta(x^j, t)$,

der Komponenten der Geschwindigkeit $v_\beta^i(x^j, t)$ mit $\beta = 1, \ldots, \mu$ und

der Temperatur $\underline{\vartheta}(x^j, t)$. (5.168)

Die konstitutiven Größen hängen von diesen Feldern in einer bestimmten Art ab, und durch diese Abhängigkeit kann ein spezielles Material in $\mathcal{R}^+$ und $\mathcal{R}^-$ charakterisiert werden. Die konstitutiven Gleichungen werden deshalb auch oft in der Literatur Materialgleichungen genannt. Wir werden diese Bezeichnung hier nicht verwenden.

Für die später folgenden Betrachtungen benötigen wir noch einige Definitionen, die hier aufgelistet werden sollen. Für die Mischung von $\nu$ Flüssigkeiten in dem Bereich $\mathcal{R}^+$ definieren wir:

$\rho = \sum_{\alpha=1}^{\nu} \rho_\alpha$ die Dichte der Mischung,

$v^k = \sum_{\alpha=1}^{\nu} \frac{\rho_\alpha}{\rho} v_\alpha^k$ die Geschwindigkeitskomponenten der Mischung,

$u_\alpha^k = v_\alpha^k - v^k$ die Komponenten der Diffusionsgeschwindigkeit in der Mischung und

$V_\alpha^k = v_\alpha^k - v_\nu^k$ die Komponenten des relativen Geschwindigkeitsfeldes in der Mischung. (5.169)

Analog sind die Größen für die Mischung von $\mu$ Flüssigkeiten innerhalb der Grenzfläche in dem Bereich $\mathcal{R}^-$ definiert:

$$\rho = \sum_{\beta=1}^{\mu} \rho_\beta \quad ,$$

$$v^k = \sum_{\beta=1}^{\mu} \frac{\rho_\beta}{\rho} v_\beta^k \quad ,$$

$$u_\beta^k = v_\beta^k - v^k \quad , \tag{5.170}$$

$$V_\beta^k = v_\beta^k - v_\mu^k \quad .$$

Die Flüssigkeiten in der Grenzfläche (Membran) repräsentieren eine Mischung, für die wir Mischungsgrößen definieren:

$\gamma = \sum_{\delta=1}^{\lambda} \gamma_\delta$ Dichte der Mischung,

$w^k = \sum_{\delta=1}^{\lambda} \frac{\gamma_\delta}{\gamma} w_\delta^k$ Komponenten des Geschwindigkeitsfeldes in der Mischung,

$U_\delta^k = w_\delta^k - w^k$ Komponenten der Diffusionsgeschwindigkeit in der Mischung und

$W_\delta^k = w_\delta^k - w_\lambda^k$ Komponenten des relativen Geschwindigkeitsfeldes in der Mischung. $\delta = 1, \ldots, \lambda-1$.

(5.171)

Annahme: Wir nehmen an, daß die konstitutiven Gleichungen an einem Flächenpunkt mit den Koordinaten $u^1, u^2$ und der Zeit $t$ von den Werten der Größen

$$\gamma_\delta(u^1,u^2,t), \quad \vartheta_\delta(u^1,u^2,t), \quad \gamma_{\delta,A}(u^1,u^2,t), \quad \vartheta_{\delta,A}(u^1,u^2,t),$$
$$w_\delta^k(u^1,u^2,t), \quad x^k_{,A}(u^1,u^2,t), \quad e^k_{,A}(u^1,u^2,t)$$

abhängen.

Die ersten fünf Felder sollen ausreichen, um wärmeleitende Flüssigkeiten in Mischungen zu beschreiben. Die beiden letzten Variablen, die Komponenten des Flächenvektors $x^k_{,A}$ und die Ableitung der Komponenten des Normalvektors $e^k_{,A}$, bezüglich der Flächenkoordinaten sind notwendig, denn aus deren Kombination lassen sich die Krümmungseigenschaften der Fläche beschreiben[1].

---

[1] Den Normalenvektor selbst nehmen wir nicht hinzu, er ist durch $x^k_{,A}$ darstellbar (siehe Gl. (3.5b)).

Für die funktionale Abhängigkeit folgt

$$
\begin{aligned}
z_r &= \mathfrak{z}_r(\gamma_\delta, \vartheta_s, x^k_{,B}\gamma_{\delta,k}, x^k_{,B}\vartheta_{s,k}, w_\delta^k, x^k_{,A}, e^k_{,A}),\\
\varepsilon_s &= \epsilon_s(\gamma_\delta, \vartheta_s, x^k_{,B}\gamma_{\delta,k}, x^k_{,B}\vartheta_{s,k}, w_\delta^k, x^k_{,A}, e^k_{,A}),\\
\eta_s &= \eta_s(\gamma_\delta, \vartheta_s, x^k_{,B}\gamma_{\delta,k}, x^k_{,B}\vartheta_{s,k}, w_\delta^k, x^k_{,A}, e^k_{,A}),\\
m^k_\varsigma &= m^k_\varsigma(\gamma_\delta, \vartheta_s, x^k_{,B}\gamma_{\delta,k}, x^k_{,B}\vartheta_{s,k}, w_\delta^k, x^k_{,A}, e^k_{,A}),\\
\underset{\tau}{q}^A &= \underset{\tau}{\mathfrak{q}}^A(\gamma_\delta, \vartheta_s, x^k_{,B}\gamma_{\delta,k}, x^k_{,B}\vartheta_{s,k}, w_\delta^k, x^k_{,A}, e^k_{,A}),\\
\underset{\tau}{\Phi}^A &= \underset{\tau}{\mathfrak{F}}^A(\gamma_\delta, \vartheta_s, x^k_{,B}\gamma_{\delta,k}, x^k_{,B}\vartheta_{s,k}, w_\delta^k, x^k_{,A}, e^k_{,A}),\\
T^{kA}_\varsigma &= \mathcal{T}^{kA}_\varsigma(\gamma_\delta, \vartheta_s, x^k_{,B}\gamma_{\delta,k}, x^k_{,B}\vartheta_{s,k}, w_\delta^k, x^k_{,A}, e^k_{,A}).
\end{aligned}
\qquad (5.172)
$$

Dabei ist $\gamma_{\delta,B} = x^k_{,B}\gamma_{\delta,k}$ der Flächengradient der Dichte $\gamma_\delta$ und $\vartheta_{s,B} = x^k_{,B}\gamma_{\delta,k}$ der Flächengradient der Temperatur $\vartheta_s$ an der Grenzfläche.

## 5.4.1 Transformationseigenschaften der Felder und der konstitutiven Gleichungen bezüglich Galilei–Transformation

### a) Transformationseigenschaften der Felder

Annahme: Die Konstituente $\delta$ der skalar-wertigen Dichte $\gamma_\delta$ und die Temperatur $\vartheta_s$ genügen der Transformationsregel (5.3a) für Skalare

$$\bar{\gamma}_\delta = \gamma_\delta \quad \text{und} \quad \bar{\vartheta}_s = \vartheta_s . \qquad (5.173)$$

Für den Temperaturgradienten gilt nach Gl. (5.3a)

$$\bar{\vartheta}_{s,A} = \vartheta_{s,A} \qquad (5.174a)$$

und analog für den Dichtegradienten

$$\overline{\gamma}_{\delta,A} = \gamma_{\delta,A} \tag{5.174b}$$

der Konstituenten $\delta$ . Beide, der Temperaturgradient und der Dichtegradient genügen der Transformationsregel (5.3a) für Skalare bezüglich Galilei Transformation, bezüglich Transformation der Flächenkoordinaten sind es aber kovariante Komponenten von Flächenvektoren. Wir werden jetzt auf Abschnitt 5.4.3 verweisen, wo wir diese Größen unter Transformation der Flächenparameter untersuchen.

In einer Mischung von Flüssigkeiten, gilt für jede Konstituente $\alpha$ die Gl.( 5.4 ), d.h.

$$\bar{v}_\delta^{\,j} = Q^{jk}\, v_\delta^{\,k} + v^j . \tag{5.175}$$

Dieses ist in Übereinstimmung mit der Annahme, daß jeder Raumpunkt zur gleichen Zeit $t$ mit allen Konstituenten besetzbar ist.

Für das Geschwindigkeitsfeld $w_\delta^k$ folgt: $\bar{v}_\delta^j$ und $v_\delta^k$ in Gl. (5.175) sind die Komponenten des Geschwindigkeitsfeldes eines beliebigen Raumpunktes. Kann der Raumpunkt mit einem Flächenpunkt einer Grenzfläche im Raum identifiziert werden, so schreiben wir $\bar{w}_\delta^j$ bzw. $w_\delta^k$ entsprechend unserer früherer Bezeichnungsverabredung. Somit können wir schreiben:

$$\bar{w}_\delta^{\,j} = Q^{jk}\, w_\delta^{\,k} + v^j . \tag{5.176}$$

Es sei ausdrücklich betont, daß dieser Ausdruck kein objektiver Vektor ist. Aber: Die Transformation ( 5.1 ) gilt für beliebige orthogonale Matrizen $Q^{jk}$ , sie gilt also auch speziell für

$$Q^{jk} = \delta^{jk} , \tag{5.177}$$

wenn wir eine Drehung um 360 Grad wählen.

Setzen wir

$$v^j = -w_\lambda^j = -\delta^{jk} w_\lambda^k , \tag{5.178}$$

so folgt für die rechte Seite von Gl. (5.176), wenn wir eine volle Umdrehung und die Geschwindigkeit der Translation nach (5.177) wählen:

$$\delta^{jk}(w_\delta^k - w_\lambda^k) . \tag{5.179}$$

Wir interpretieren das so: Die Komponenten der Partialgeschwindigkeit selbst sind keine objektive vektor-wertige Größen, aber die Komponenten der Relativgeschwindigkeit $W_\delta^k = w_\delta^k - w_\lambda^k$, mit $\delta = 1, \dots, \lambda - 1$, sind solche objektiven Größen. D.h.

$$\bar{W}_\delta^j = \delta^{jk} W_\delta^k , \tag{5.180}$$

wobei $\delta = 1, \dots, \lambda - 1$ und $\lambda$ die Zahl der Konstituenten in der Mischung ist. Das heißt aber auch, daß die konstitutive Gleichung, die $W_\delta^k$ als Variable enthält, nur von $\delta = \lambda - 1$ Relativgeschwindigkeiten abhängt.

Nach vorstehenden Informationen erhalten wir für die Variablenliste der konstitutiven Gleichungen (5.165):

$$\gamma_\delta , \vartheta_s , x^j_{,B} \gamma_{\delta,j} , x^j_{,B} \vartheta_{s,j} , x^j_{,A} , e^j_{,A} .$$

## b) Transformation der konstitutiven Gleichungen unter Galilei Transformation

Betrachten wir in der gesamten Mischung die innere Energie $E_S$, den Wärmestrom $\underset{\tau}{Q}^A$ und den Spannungstensor $T^{kA}$, so können wir diese Grössen durch zwei Terme darstellen, nämlich einen Term, der Diffusionsgeschwindigkeiten enthält und einen diffusionsfreien Term:

$$E_S = \varepsilon_S + \frac{1}{2} \sum_{\delta=1}^{\lambda} \frac{\gamma_\delta}{\gamma} \mathcal{U}_\delta^2 \;, \tag{5.181a}$$

$$\underset{\tau}{Q}^A = \underset{\tau}{q}^A + \frac{1}{2} \sum_{\delta=1}^{\lambda} \gamma_\delta \mathcal{U}_\delta^2 \underset{\tau}{\mathcal{U}}_\delta^A \;, \tag{5.181b}$$

$$T^{kA} = \tau^{kA} - \sum_{\delta=1}^{\lambda} \gamma_\delta \mathcal{U}_\delta^k \underset{\tau}{\mathcal{U}}_\delta^A \;, \tag{5.181c}$$

mit den Komponenten der Diffusionsgeschwindigkeit $\mathcal{U}_\delta^k = w_\delta^k - w^k$.
Diese Aufspaltung legt nahe, nicht für die Größen $E_S$, $\underset{\tau}{Q}^A$ und $T^{kA}$ konstitutive Gleichungen zu formulieren, sondern für die Größen $\varepsilon$, $\underset{\tau}{q}^A$ und $\tau^{kA}$, die wir jetzt als materialabhängig ansehen werden. Da $\tau^{kA} := \sum_{\delta=1}^{\lambda} T_\delta^{kA}$ ist, brauchen wir nicht für $\tau^{kA}$ und $T_\delta^{kA}$ eine konstitutive Gleichung zu begründen, es genügt, eine Gleichung für $T_\delta^{kA}$ zu begründen.
Annahme: Die skalar-wertige, innere Energie $\varepsilon_S$ und die skalar-wertige Entropie $\eta_S$ seien objektive Skalare bezüglich der Transformationsregel (5.3):

$$\bar{\varepsilon}_S = \varepsilon_S \quad \text{und} \quad \bar{\eta}_S = \eta_S \;. \tag{5.182}$$

Bezüglich des Wärmestromes $\underset{\tau}{q}^A$ und des Entropiestromes $\underset{\tau}{\Phi}^A$, gilt das früher in Abschnitt 5.3.1b Gesagte:

$$\underset{\tau}{\bar{q}}^A = \underset{\tau}{q}^A \quad \text{und} \quad \underset{\tau}{\bar{\Phi}}^A = \underset{\tau}{\Phi}^A \;. \tag{5.183}$$

Inspektion der Impulsbilanz für die Konstitutive $\delta$ zeigt, daß verschiedene einzelne Terme nach unseren bisherigen Betrachtungen bezüglich der Geschwindigkeit und Beschleunigung keine objektiven Größen sind, aber durch Umformung in solche umgeformt werden können. Durch Einführung der materiellen Zeitableitung folgt:

$$\gamma_\delta d_t w_\delta^k - T_{\delta;A}^{kA} + [\rho_\sigma(v_\sigma^k - w_\delta^k)(v_\sigma^j - w_A^j)e_j - t^{kj}e_j]_\delta = m_\delta^k - \pi_\delta w_\delta^k + \gamma_\delta F_\delta^k. \tag{5.184}$$

Da die linke Seite dieser Gleichung nur objektive Größen enthält, schließen wir, daß die rechte Seite auch nur objektive Größen enthält. Da die Gleichung auch gelten muß bei verschwindenden äußerem Kraftfeld, schließen wir, daß nicht die Wechselwirkungsenergie $m_\delta^k$, sondern

$$m_\delta^k - \pi_\delta w_\delta^k \tag{5.185}$$

die objektive Größe ist. D.h. es gilt:

$$\overline{m_\delta^j - \pi_\delta w_\delta^j} = Q^{jk}(m_\delta^k - \pi_\delta w_\delta^k). \tag{5.186}$$

Damit ist klar, daß wir nicht für $m_\delta^k$, sondern für die Größe $m_\delta^k - \pi_\delta w_\delta^k$ der Wechselwirkungsenergie eine konstitutive Gleichung formulieren müssen. Welche Rolle dieser Größe zukommt, können wir hier noch nicht erkennen. Wir werden diese Größe bei der Auswertung der Restungleichung näher diskutieren, allerdings werden wir bei der Formulierung der Entropieungleichung eine Aufteilung der Impulsbilanz vornehmen. Wir werden die Komponenten der Impulsbilanz normal zur Grenzfläche (Normalimpulsbilanz) getrennt von den Komponenten der Impulsbilanz tangential zur Grenzfläche (Tangentialimpulsbilanz) diskutieren.

In anderen Worten, wir werden eine Normal- und eine Tangentialimpulsbilanz betrachten, um das physikalische Geschehen normal und tangential zur Grenzfläche besser diskutieren zu können. Aufgrund dieser Aufspaltung der Impulsbilanz (5.184) benötigen wir konstitutive Gleichungen für die Normalkomponente der Wechselwirkungskraft $\underset{n}{\mathcal{M}}_\gamma$ und des Spannungstensors $T_\gamma^A$ sowie für die Tangentialkomponenten der Wechselwirkungskraft $\underset{\tau}{\mathcal{M}}_\gamma^A$ und des Spannungstensors $T_\gamma^{BA}$. Dieses motiviert unser Vorgehen, die Normal- und Tangentialkomponenten bezüglich Galilei Transformation zu untersuchen. Zunächst untersuchen wir die Wechselwirkungskraft $\mathcal{M}_\delta^p$, zerlegt in seine Normal- und Tangentialkomponenten in der Form $\mathcal{M}_\gamma^p = \underset{n}{\mathcal{M}}_\gamma e^p + \underset{\tau}{\mathcal{M}}_\gamma^A x^p_{;A}$ und mit (5.186) können wir schreiben

$$\underset{n}{\bar{\mathcal{M}}}_\gamma \bar{e}^j + \underset{\tau}{\bar{\mathcal{M}}}_\gamma^A \bar{x}^j_{;A} = Q^{jk}\left(\underset{n}{\mathcal{M}}_\gamma e^k + \underset{\tau}{\mathcal{M}}_\gamma^A x^k_{;A}\right). \tag{5.187}$$

Beachten wir ( 5.5 ) und ( 5.6 ), so erhalten wir

$$\underset{n}{\bar{\mathcal{M}}}_\delta \bar{e}^j + \underset{\tau}{\bar{\mathcal{M}}}_\gamma^A \bar{x}^j_{;A} = \underset{n}{\mathcal{M}}_\gamma \bar{e}^j + \underset{\tau}{\mathcal{M}}_\gamma^A \bar{x}^j_{;A} . \tag{5.188}$$

Durch Multiplikation von (5.188) mit $\bar{x}^j_{;B}\, \bar{g}^{AB}$ bzw. $\bar{e}^j$ und unter Beachtung von $\varepsilon^q \perp \bar{x}^q_{;A}$ folgt:

$$\underset{\tau}{\bar{\mathcal{M}}}_\gamma^A = \underset{\tau}{\mathcal{M}}_\gamma^A \tag{5.189}$$

und

$$\underset{n}{\bar{\mathcal{M}}}_\gamma = \underset{n}{\mathcal{M}}_\gamma . \tag{5.190}$$

Wir haben jetzt noch den Spannungstensor zu untersuchen, wir wissen, daß wegen Drehimpulserhaltung

$$\varepsilon_{ijk}\, x^j_{;A}\, T^{kA} = 0 \tag{5.191}$$

gelten muß. Dabei ist der Spannungstensor durch (5.181c) gegeben. Wir schließen aus (5.191) im Hinblick auf Gl.(5.181c), daß die Summe über die Partialspannungen verschwinden muß, d.h.:

$$\sum_{\delta=1}^{\lambda} T_{\delta}^{A} = 0 . \tag{5.192}$$

Wir erfüllen diese Bedingung durch die Annahme: Für jede Konstituente $\delta$ der Spannung sei

$$T_{\delta}^{A} = 0. \tag{5.193}$$

Für die Tangentialspannungen muß gelten

$$T^{[BA]} = 0 , \tag{5.194}$$

damit (5.191) erfüllt ist. Diese Bedingung bedeutet wegen

$$T^{BA} = \tau^{BA} - \sum_{\delta=1}^{\lambda} \gamma_{\delta} \underset{\tau}{U}_{\delta}^{B} \underset{\tau}{U}_{\delta}^{A} \tag{5.195}$$

und der Symmetrie bezüglich $A$ und $B$ des letzten Termes, daß die Größe

$$\tau^{BA} \tag{5.196}$$

bzw.

$$T_{\delta}^{BA} \tag{5.197}$$

symmetrisch bezüglich $A$ und $B$ sein muß.

Aufgrund früherer Überlegungen gilt für den tangentialen Spannungstensor der Konstituente $\delta$ :

$$\bar{T}_{\delta}^{BA} = T_{\delta}^{BA} . \tag{5.198}$$

Schlußfolgerung: Wir haben dargelegt, daß die konstitutiven Funktionen für eine Mischung von Flüssigkeiten skalar-wertig sind, bezüglich den Transformationsregeln für Galilei Transformation. D.h. unsere Untersuchung reduziert sich auf die Diskussion des Transformationsverhaltens für eine skalar-wertige Funktion, abhängig von Skalaren, räumlichen Vektoren tangential zur Fläche und einem Tensor, dem Geschwindigkeitsgradienten. Für diese skalar-wertige Funktion schreiben wir $\mathcal{G}$ , mit dem Wert $G$ , sie hat die funktionale Form

$$G = \mathcal{G}\left( \gamma_\delta, \vartheta_S, x^j_{;B} \gamma_{\delta,j}, x^j_{;B} \vartheta_{S,j}, W_j^{\ k}, x^j_{,}, e^j_{;A} \right) \tag{5.199}$$

und diese Form wird jetzt näher, in Anlehnung an unsere Betrachtungen für eine viskose Flüssigkeit, diskutiert.

## c) Einschränkungen aus einer Funktionalgleichung für eine skalar-wertige Funktion

Die konstitutiven Größen $z_r$, $\varepsilon_S$, $\eta_S$, $\underset{\tau}{\mathcal{M}}{}_{\mathfrak{f}}^{\,A}$, $\underset{n}{\mathcal{M}}{}_{\mathfrak{f}}$, $\underset{\tau}{q}{}^A$, $\underset{\tau}{\Phi}{}^A$ und $T_{\mathfrak{f}}^{\ BA}$ transformieren sich wie objektive Skalare bezüglich (5.3a). Unabhängigkeit vom Koordinatensystem verlangt, daß die konstitutiven Gleichungen forminvariant bezüglich Galilei Transformation (5.1) sind und deshalb fordern wir

$$g(\Omega) = g(\bar{\Omega}) \,,^{1)} \tag{5.200}$$

---

1) Querstrich bedeutet hier, die Variablen sind gemäß den Regeln (5.3) für Galilei Transformation zu transformieren.

wobei $\Omega$ die Variablenliste aus ( $a$ ) repräsentiert:

$\Omega = \{ \gamma_\delta , \vartheta_s , \dots , x^j_{;A} , e^j_{;A} \}$ . Explizit lautet die Forderung:

$$
\begin{aligned}
&g(\gamma_\delta, \vartheta_s , x^j_{;B}\gamma_{\delta,j} , x^j_{;B}\vartheta_{s,j} , W_\delta^{\ k} , x^j_{,A} , e^j_{;A} ) \\
&= g(\bar{\gamma}_\delta , \bar{\vartheta}_s , \overline{x^j_{;B}\gamma_{\delta,j}} , \overline{x^j_{;B}\vartheta_{s,j}} , \overline{W_\delta^{\ k}} , \overline{x^j_{,A}} , \overline{e^j_{,A}} ) \qquad (5.201) \\
&= g(\gamma_\delta , \vartheta_s , \gamma_{\delta,A} , \vartheta_{s,A} , Q^{kp} W_\delta^{\ p} , Q^{jp} x^p_{,A} , Q^{jp} e^p_{,A} ) .
\end{aligned}
$$

Aus dieser Funktionalgleichung erhalten wir eine Darstellung für die Funktion $g$ , wobei wir nur solche Variable aus $\Omega$ und Kombinationen von Variablen berücksichtigen, so daß $g$ dargestellt werden kann als skalar-wertige Funktion, die die Transformationsregel ( 5.3a), bezüglich Galilei Transformation, nicht verletzt (wir haben das schon durch unsere Schreibweise in (5.200) angedeutet). Bei der Konstruktion von $g$ berücksichtigen wir nur die unabhängigen Produkte bei der Überschiebung und diese nur in niedrigster Näherung. Wir erhalten:

$$
\begin{aligned}
x^j_{,A}\, x^j_{,B} &= g_{AB} , \\
-x^j_{,A}\, e^j_{,B} &= b_{AB} , \\
W_\delta^{\ j}\, x^j_{,A} &= \underset{\tau}{W}{}_A^{\ \delta} , \qquad (5.202) \\
W_\delta^{\ j}\, e^j &= \underset{n}{W}{}_\delta .
\end{aligned}
$$

Explizit haben die konstitutiven Gleichungen jetzt die Darstellung:

$$
\begin{aligned}
z_r &= \mathfrak{z}_r\left(\gamma_\delta, \vartheta_s, \gamma_{\delta,A}, \vartheta_{s,A}, \underset{n}{w}_\delta, \underset{\tau}{w}_\delta^A, g_{AB}, b_{AB}\right), \\
\varepsilon_s &= \epsilon_s\left(\gamma_\delta, \ldots \qquad\qquad, b_{AB}\right), \\
\eta_s &= \eta_s\left(\gamma_\delta, \ldots \qquad\qquad, b_{AB}\right), \\
\underset{n}{\mathcal{M}}_\zeta &= \underset{n}{m}_\zeta\left(\gamma_\delta, \ldots \qquad\qquad, b_{AB}\right), \qquad (5.203)\\
\underset{\tau}{\mathcal{M}}_\zeta^A &= \underset{\tau}{m}_\zeta^A\left(\gamma_\delta, \ldots \qquad\qquad, b_{AB}\right), \\
\underset{\tau}{q}^A &= \underset{\tau}{\mathfrak{q}}^A\left(\gamma_\delta, \ldots \qquad\qquad, b_{AB}\right), \\
\underset{\tau}{\Phi}^A &= \underset{\tau}{\mathfrak{F}}^A\left(\gamma_\delta, \ldots \qquad\qquad, b_{AB}\right), \\
T_\zeta^{BA} &= \mathcal{T}_\zeta^{BA}\left(\gamma_\delta, \ldots \qquad\qquad, b_{AB}\right).
\end{aligned}
$$

Die Funktionen $\mathfrak{z}_r, \ldots, \mathcal{T}_\zeta^{BA}$ sind bezüglich Galilei Transformation skalar-wertig, bezüglich einer Transformation der Flächenkoordinaten ist die Situation anders. Die Größe $\mathfrak{z}_r$, die innere Energie $\varepsilon_s$, die Entropie $\eta_s$ und die Normalkomponente der Wechselwirkungskraft $\underset{n}{m}_\zeta$ sind skalar-wertige Funktionen. Die Tangentialkomponenten der Wechselwirkungskraft $\underset{\tau}{m}_\zeta^A$, die Komponenten des Wärmestromes $\underset{\tau}{\mathfrak{q}}^A$ und die Komponenten des Entropiestromes $\underset{\tau}{\mathfrak{F}}^A$ sind vektor-wertige Funktionen und letztlich die Komponenten des Spannungstensors $\mathcal{T}_\zeta^{BA}$ sind tensor-wertig. Alle Funktionen $\mathfrak{z}_r, \ldots, \mathcal{T}_\zeta^{BA}$ hängen von der skalar-wertigen Dichte $\gamma_\delta$, der Temperatur $\vartheta_s$ sowie der Normalgeschwindigkeit $\underset{n}{w}_\delta$ ab. Weiterhin hängen die Funktionen von vektor-wertigen Flächenvariablen ab, nämlich den Komponenten des Dichtegradienten $\gamma_{\delta,A}$, des Temperaturgradienten $\vartheta_{s,A}$ und des Geschwindigkeitsfeldes $\underset{\tau}{w}_\delta^A$ sowie von tensoriellen Flächenvariablen, nämlich dem Metriktensor $g_{AB}$ und dem Krümmungstensor $b_{AB}$.

In der Schreibweise (5.203), z.B. letzte Zeile haben wir zum Ausdruck gebracht, daß der Spannungstensor $T_\xi^{BA}$ der Konstituente $\xi$ von allen Partialdichten $\gamma_\delta$ mit $\delta=1,\dots,\lambda$ abhängt.
Um weitere Einschränkungen bezüglich der Argumentenliste der Funktionen $\mathfrak{z}_r,\dots,T_\xi^{BA}$ zu finden, untersuchen wir ihr Transformationsverhalten bezüglich Transformationen der Flächenparameter. Diesen Schritt führen wir in drei Stufen durch. Zuerst untersuchen wir eine Transformation der Flächenkoordinaten und der geometrischen Variablen (siehe 5.2 ), sodann die Transformation der Grenzflächenfelder. In einem letzten Schritt untersuchen wir das Transformationsverhalten der konstitutiven Gleichungen bezüglich einer Transformation der Flächenkoordinaten. Es ist selbstverständlich, daß auch die Bilanzgleichungen der Grenzfläche invariant bei Transformation der Flächenkoordinaten sein müssen, was wir hier als gegeben voraussetzen.

Bevor wir jedoch diese programmatischen Schritte durchführen, wollen wir eine physikalische Reduktion der konstitutiven Funktionen vornehmen.

### 5.4.2 Physikalisch reduzierte konstitutive Gleichungen

Um die systematische Beschreibung nicht in unnötiger Weise durch Schreibarbeit zu erschweren und den Blick auf das Wesentliche zu erleichtern, betrachten wir zunächst Vereinfachungen der konstitutiven Funktionen (5.203). Die Vereinfachungen sind von der Art, daß wir die Funktionen (5.203) an das physikalische Problem anpassen und Variable weglassen, die im Moment nicht relevant sind. Wir nehmen an, daß die innere Energie $\varepsilon_s$, die Entropie $\eta_s$ und der Spannungstensor $T_\xi^{BA}$ unabhängig von einem Dichtegradienten $\gamma_{\delta/A}$, einem Temperaturgradienten $\vartheta_{s/A}$ und den relativen Geschwindigkeitskomponenten $\underset{n}{W}_\delta$ und $\underset{\tau A}{W}^\delta$ ist. Für die skalare Größe $z_r$ in der Massenproduktion nehmen wir auch diese Vereinfachungen an. Diese Annahmen für die konstitutiven Gleichungen führen zu den folgenden physikalisch reduzierten konstitutiven Gleichungen:

$$
\begin{aligned}
z_r &= \mathfrak{z}_r(\gamma_\delta, \vartheta_s, g_{AB}, b_{AB}),\\
\varepsilon_s &= \epsilon_s(\gamma_\delta, \vartheta_s, g_{AB}, b_{AB}),\\
\eta_s &= \eta_s(\gamma_\delta, \vartheta_s, g_{AB}, b_{AB}),\\
T_\xi^{BA} &= T_\xi^{BA}(\gamma_\delta, \vartheta_s, g_{AB}, b_{AB}).
\end{aligned}
\tag{5.204}
$$

Wir nehmen an, daß die Wechselwirkungskraft $\underset{n}{\mathcal{M}}_\xi$ normal zur Grenzfläche nicht von den Flächenvektoren, so von dem Dichtegradient $\gamma_{\delta,A}$, dem Temperaturgradient $\vartheta_{s,A}$ und den Komponenten der Relativgeschwindigkeit $\underset{\tau A}{W}^\delta$ abhängt.

Mit diesen Annahmen, folgt für die Wechselwirkungskraft:

$$
\underset{n}{\mathcal{M}}_\xi = \underset{n}{m}_\xi(\gamma_\delta, \vartheta_s, \underset{n}{W}_\delta, g_{AB}, b_{AB}).
\tag{5.205}
$$

Es ist plausibel für die kontravarianten Komponenten der Wechselwirkungskraft $\underset{\tau}{\mathcal{M}}_\xi^A$, des Wärmestromes $\underset{\tau}{q}^A$ und des Entropiestromes $\underset{\tau}{\Phi}^A$, Unabhängigkeit von der Relativgeschwindigkeit normal zur Grenzfläche anzunehmen. Mit dieser Annahme erhalten wir:

$$
\begin{aligned}
\underset{\tau}{\mathcal{M}}_\xi^A &= \underset{\tau}{m}_\xi^A(\gamma_\delta, \vartheta_s, \gamma_{\delta,A}, \vartheta_{s,A}, \underset{\tau A}{W}^\delta, g_{AB}, b_{AB}),\\
\underset{\tau}{q}^A &= \underset{\tau}{\mathfrak{q}}^A(\gamma_\delta, \cdots \qquad\qquad , b_{AB}),\\
\underset{\tau}{\Phi}^A &= \underset{\tau}{\mathfrak{F}}^A(\gamma_\delta, \cdots \qquad\qquad , b_{AB}).
\end{aligned}
\tag{5.206}
$$

## 5.4.3 Transformation der Felder und der konstitutiven Gleichungen bei Transformation der Flächenkoordinaten

### a) Transformation der Felder

Annahme: Die Massendichte $\gamma_\delta$ und die Temperatur $\vartheta_S$ an der Fläche seien objektive Skalare. D.h. wir schreiben:

$$\bar{\gamma}_\delta = \gamma_\delta \qquad \text{und} \qquad \bar{\vartheta}_S = \vartheta_S \,. \tag{5.207}$$

Der Flächengradient der Partialdichte $\gamma_\delta$ und der Temperatur $\vartheta_S$ ist ein objektiver Vektor, da gilt

$$\bar{\gamma}_{\delta,A} = \frac{\partial\gamma_\delta}{\partial\bar{u}^A} = \frac{\partial\gamma_\delta}{\partial u^B}\frac{\partial u^B}{\partial\bar{u}^A} = h_A^B\,\gamma_{\delta,B} \qquad \text{und} \qquad \bar{\vartheta}_{S,A} = h_A^B\,\vartheta_{S,B} \,. \tag{5.208}$$
(5.209)

Im folgenden werden wir für den Flächengradienten $\vartheta_{S,A}$ der Temperatur die folgende Abkürzung verwenden:

$$g_A = \vartheta_{S,A} \,. \tag{5.210}$$

Für das kovariante Geschwindigkeitsfeld an der Fläche nehmen wir an, daß bezüglich einer Koordinatentransformation (5.9) der Flächenkoordinaten gilt:

$$\underset{\tau}{\bar{W}}{}_A^\delta = \overset{-1}{h}{}_A^G \, \underset{\tau}{W}{}_G^\delta \,, \tag{5.211}$$

dieses ist in Übereinstimmung mit Regel (5.19a).

Der metrische Tensor $g_{AB}$ und der Krümmungstensor $b_{AB}$ sind objektive Flächentensoren, die skalaren Invarianten des Krümmungstensors, nämlich die mittlere Krümmung $k_M$ und die Gaußsche Krümmung $k_G$ sind objektive Skalare (siehe Abschnitt 5.2.2).

b) Transformation der konstitutiven Gleichungen bei Transformation der Flächenparameter

Nach unserem bisherigen Überlegungen gilt:

$$\bar{z}_r = z_r \quad , \quad \bar{\epsilon}_s = \epsilon_s \quad , \quad \bar{\eta}_s = \eta_s \quad \text{und} \quad \underset{n}{\bar{m}}_\gamma = \underset{n}{m}_\gamma \quad , \tag{5.212}$$

wobei wir angenommen haben, daß die materialabhängige Größe $z_r$ in der Massenproduktion skalar-wertig bezüglich Transformation der Flächenparameter sei.

Die Komponenten der Wechselwirkungskraft tangential zur Fläche, der Wärmestrom und der Entropiestrom sind kontravariante Flächenvektoren, für die wir das folgende Transformationsverhalten bezüglich Transformation (5.9) der Flächenkoordinaten annehmen:

$$\underset{\tau}{\bar{m}}_\gamma^A = h^A_G \underset{\tau}{m}_\gamma^G \quad , \quad \underset{\tau}{\bar{q}}^A = h^A_G \underset{\tau}{q}^G \quad \text{und} \quad \underset{\tau}{\bar{\Phi}}^A = h^A_G \underset{\tau}{\Phi}^G . \tag{5.213}$$

Diese Flächenvektoren sind abhängig von Skalaren (Dichte $\gamma_\delta$, Temperatur $\vartheta_s$, Normalgeschwindigkeit $\underset{n}{w}_\delta$), Flächenvektoren (Dichtegradient $\gamma_{\delta,A}$, Temperaturgradient $\vartheta_{s,A}$, Geschwindigkeit $\underset{\tau}{w}^\delta_A$) und Tensoren (Metriktensor $g_{AB}$, Krümmungstensor $b_{AB}$).

Für die kontravarianten Komponenten des Spannungstensors nehmen wir bezüglich der Transformation (5.9) der Flächenkoordinaten an:

$$\bar{T}_\zeta^{BA} = h^B_H h^A_G T_\zeta^{HG} . \tag{5.214}$$

Der Flächentensor selbst ist abhängig von den skalaren Größen der Dichte $\gamma_\delta$ und der Temperatur $\vartheta_s$ sowie von den Flächentensoren, nämlich dem Metriktensor $g_{AB}$ sowie dem Krümmungstensor $b_{AB}$.

Die Bedingungen ( 5.70) wenden wir jetzt auf die konstitutiven Funktionen für eine nicht-viskose Flüssigkeitsmischung an und erhalten die folgenden Funktionalgleichungen:

$$
\begin{aligned}
&\mathfrak{z}_r(\gamma_\delta, \vartheta_S, g_{AB}, b_{AB}) = \mathfrak{z}_r(\gamma_\delta, \vartheta_S, \overset{-1}{h}{}^G_A \overset{-1}{h}{}^H_B g_{GH}, \overset{-1}{h}{}^G_A \overset{-1}{h}{}^H_B b_{GH}),\\
&\epsilon_S(\gamma_\delta, \vartheta_S, g_{AB}, b_{AB}) = \epsilon_S(\gamma_\delta, \ldots, \overset{-1}{h}{}^G_A \overset{-1}{h}{}^H_B b_{GH}),\\
&\eta_S(\gamma_\delta, \vartheta_S, g_{AB}, b_{AB}) = \eta_S(\gamma_\delta, \ldots, \overset{-1}{h}{}^G_A \overset{-1}{h}{}^H_B b_{GH}),\\
&h^K_C h^L_D T^{CD}_\delta(\gamma_\xi, \vartheta_S, g_{AB}, b_{AB}) = T^{KL}(\gamma_\delta, \ldots, \overset{-1}{h}{}^G_A \overset{-1}{h}{}^H_B b_{GH}),\\
&\underset{n}{m}_\delta(\gamma_\xi, \vartheta_S, \underset{n}{W}_\xi, g_{AB}, b_{AB}) =\\
&\qquad \underset{n}{m}_\delta(\gamma_\xi, \vartheta_S, \underset{n}{W}_\xi, \overset{-1}{h}{}^G_A \overset{-1}{h}{}^H_B g_{GH}, \overset{-1}{h}{}^G_A \overset{-1}{h}{}^H_B b_{GH}),\\
&h^K_C \underset{\tau}{m}^C_\delta(\gamma_\xi, \vartheta_S, \gamma_{\xi,A}, \vartheta_{S,A}, \underset{\tau}{W}^\xi_A, g_{AB}, b_{AB}) =\\
&\qquad \underset{\tau}{m}^K_\delta(\gamma_\xi, \vartheta_S, \overset{-1}{h}{}^G_A \gamma_{\xi,G}, \overset{-1}{h}{}^G_A \vartheta_{S,G}, \overset{-1}{h}{}^G_A \underset{\tau}{W}^\xi_G, \overset{-1}{h}{}^G_A \overset{-1}{h}{}^H_B g_{GH}, \overset{-1}{h}{}^G_A \overset{-1}{h}{}^H_B b_{GH}),\\
&h^K_C \underset{\tau}{q}^C(\gamma_\xi, \vartheta_S, \gamma_{\xi,A}, \vartheta_{S,A}, \underset{\tau}{W}^\xi_A, g_{AB}, b_{AB}) =\\
&\qquad \underset{\tau}{q}^K(\gamma_\xi, \vartheta_S, \overset{-1}{h}{}^G_A \gamma_{\xi,G}, \overset{-1}{h}{}^G_A \vartheta_{S,G}, \overset{-1}{h}{}^G_A \underset{\tau}{W}^\xi_G, \overset{-1}{h}{}^G_A \overset{-1}{h}{}^H_B g_{GH}, \overset{-1}{h}{}^G_A \overset{-1}{h}{}^H_B b_{GH}),\\
&h^K_C \underset{\tau}{\Phi}^C(\gamma_\xi, \vartheta_S, \gamma_{\xi,A}, \vartheta_{S,A}, \underset{\tau}{W}^\xi_A, g_{AB}, b_{AB}) =\\
&\qquad \underset{\tau}{\Phi}^K(\gamma_\xi, \vartheta_S, \overset{-1}{h}{}^G_A \gamma_{\xi,G}, \overset{-1}{h}{}^G_A \vartheta_{S,G}, \overset{-1}{h}{}^G_A \underset{\tau}{W}^\xi_G, \overset{-1}{h}{}^G_A \overset{-1}{h}{}^H_B g_{GH}, \overset{-1}{h}{}^G_A \overset{-1}{h}{}^H_B b_{GH}).
\end{aligned}
\tag{5.215}
$$

Dieselbe Methode, die wir im Falle einer viskosen Flüssigkeit für die Auffindung von expliziten Darstellungen für die konstitutiven Gleichungen benutzt haben, wird hier auch benutzt .

c1) Für die <u>skalar-wertigen Funktionen</u>, abhängig von den skalaren Größen

$$\gamma_\delta \, , \ \vartheta_s \, , \ k_M \, , \ k_G \, , \qquad (5.216)$$

folgt die Darstellung:

$$\begin{aligned} z_r &= \mathfrak{z}_r(\gamma_\delta, \vartheta_s, k_M, k_G), \\ \varepsilon_s &= \epsilon_s(\gamma_\delta, \vartheta_s, k_M, k_G), \\ \eta_s &= \eta_s(\gamma_\delta, \vartheta_s, k_M, k_G). \end{aligned} \qquad (5.217)$$

Bevor wir uns den übrigen konstitutiven Gleichungen zuwenden, wollen wir uns zunächst überlegen, wie wir die Komponente der Wechselwirkungskraft senkrecht zur Grenzfläche berücksichtigen. Ich schlage die folgende konstitutive Gleichung vor:

$$\underset{n}{\mathcal{M}}_\delta = \sum_{\zeta=1}^{\lambda-1} M_{\delta\zeta} \underset{n}{W}_\zeta \ . \qquad (5.218)$$

Hierbei ist der Koeffizient $M_{\delta\zeta}$ ein Reibungskoeffizient und eine Funktion der Partialdichte $\gamma_\zeta$, der Grenzflächentemperatur $\vartheta_s$ und der skalaren Invarianten des Krümmungstensors $b_{AB}$, nämlich $k_M$ und $k_G$. Diesem Ansatz liegt die physikalische Vorstellung zugrunde, daß der Bewegung des Teilchens $\delta$ in der semipermeablen Grenzfläche Kräfte entgegenwirken. Diese Kräfte versuchen eine Bewegung zu verhindern. Auf der molekularen Ebene ist das die sterische Behinderung, die van der Waalsschen -Molekularkräfte und eine eventuelle Wechselwirkung durch die Coulombkraft. Letztere soll in dieser Arbeit nicht betrachtet werden, da wir eine Flüssigkeitsmischung von ungeladenen Teilchen betrachten. Die Molekularkräfte sind zwischen dem Teilchen $\delta$ und allen anderen Konstituenten $\zeta = 1, \dots, \lambda$ (ausgenommen $\zeta = \delta$ ) wirksam. Wir berücksichtigen diese durch die Reibungswechselwirkung, die das $\delta$ -Teilchen bei der Bewegung in der

Grenzfläche erfährt. Dabei ist es physikalisch sinnvoll anzunehmen, daß der Reibungskoeffizient $M_{\delta\xi}$ für die Konstituente $\delta$ von allen Partial - dichten $\gamma_\xi$ , der Temperatur $\vartheta_S$ , der mittleren Krümmung $k_M$ und der Gauß - schen Krümmung $k_G$ abhängt. Damit sei die konstitutive Gleichung (5.218) physikalisch begründet, auf eine Berechnung des Koeffizienten $M_{\delta\xi}$ auf molekular-statistischer Grundlage wollen wir in dieser Arbeit verzichten. Es sei noch angemerkt, daß die Gl.(5.218) nicht der Darstellung (5.215e) widerspricht. Eine Relation bezüglich der Summe der Koeffizienten $M_{\delta\xi}$ läßt sich aus der Impulserhaltung angeben. Da der Impuls eine Erhaltungsgröße ist, muß in der Mischung die Impulsproduktion gleich Null sein . Diese Aussage gilt auch komponentenweise, so daß für die Impulsproduktion normal zur Grenzfläche gelten muß:

$$\sum_{\delta=1}^{\lambda} \underset{n}{\mathcal{M}}_{\delta} = 0$$

bzw. hieraus folgt für die Reibungskoeffizienten $M_{\delta\xi}$ die Forderung.

$$\sum_{\delta=1}^{\lambda} M_{\delta\xi} = 0 .$$

c2) Untersuchungen einer vektor-wertigen Funktion, abhängig von Skalaren, Oberflächenvektoren und symmetrischen Flächentensoren

Es gibt drei vektor-wertige Funktionen, nämlich die Komponenten der Wechselwirkungskraft, der Wärmestrom und der Entropiestrom, die wir jetzt untersuchen müssen. Es sind dieses die Funktionalgleichungen (5.215 f,g,h). Eine explizite Darstellung der konstitutiven Gleichungen, erhalten wir durch Konstruktion mit Hilfe der skalar-wertigen Hilfsfunktion F wie folgt:

$$F(\alpha_K, \gamma_\xi, \vartheta_S, \overset{-1}{h}{}^G_A \gamma_{\delta,G}, \ldots, \overset{-1}{h}{}^G_A \overset{-1}{h}{}^H_B b_{GH}) = \alpha_B \underset{\tau}{q}^B(\gamma_\xi, \ldots, \overset{-1}{h}{}^G_A \overset{-1}{h}{}^H_B b_{GH}). \quad (5.219)$$

Es wird hier für die Aufstellung der konstitutiven Gleichungen dieselbe Methode benutzt, die wir bei der Diskussion einer viskosen Flüssigkeit in der Grenzfläche benutzt haben. Die skalar-wertige Funktion $F$ kann von allen skalaren Größen $\gamma_\xi$, $\vartheta_s$, $k_M$, $k_G$,

$$\begin{array}{lll} \gamma_{\xi,A}\gamma_{\xi,B}\, g^{AB}, & \vartheta_{s,A}\vartheta_{s,B}\, g^{AB}, & \underset{\tau}{W}{}_A^{\xi}\underset{\tau}{W}{}_B^{\xi}\, g^{AB}, \\ \gamma_{\xi,A}\gamma_{\xi,B}\, b^{AB}, & \vartheta_{s,A}\vartheta_{s,B}\, b^{AB}, & \underset{\tau}{W}{}_A^{\xi}\underset{\tau}{W}{}_B^{\xi}\, b^{AB}, \\ \gamma_{\xi,A}\vartheta_{s,B}\, g^{AB}, & \gamma_{\xi,A}\underset{\tau}{W}{}_B^{\xi}\, g^{AB}, & \vartheta_{s,A}\underset{\tau}{W}{}_B^{\xi}\, g^{AB}, \\ \gamma_{\xi,A}\vartheta_{s,B}\, b^{AB}, & \gamma_{\xi,A}\underset{\tau}{W}{}_B^{\xi}\, b^{AB}, & \vartheta_{s,A}\underset{\tau}{W}{}_B^{\xi}\, b^{AB}, \end{array} \tag{5.220}$$

abhängen, die sich aus der Variablenliste der Funktion $F$ in Gl.(5.219 ) bilden lassen. Aus der Darstellung (5.219) ist ersichtlich, daß $F$ linear von $\alpha_B$ abhängt. Durch Kombination von $\alpha_B$ mit diversen Variablen, erhalten wir Skalare, so z.B.:

$$\alpha^A \vartheta_{s,A} = h^A_C \overset{-1}{h}{}^D_A \alpha^C \vartheta_{s,D} = \delta^D_C \alpha^C \vartheta_{s,D} = \alpha_B\, g^{BA} \vartheta_{s,A} \tag{5.221}$$

und

$$\alpha_B\, b^{BA}\vartheta_{s,A}, \; \alpha_B\, g^{BA}\gamma_{\xi,A}, \; \alpha_B\, b^{BA}\gamma_{\xi,A},$$

$$\alpha_B\, g^{BA}\underset{\tau}{W}{}_A^{\xi}, \; \alpha_B\, b^{BA}\underset{\tau}{W}{}_A^{\xi}.$$

Terme der Form $\alpha_B \underset{\tau}{W}{}_A^{\xi}(\underset{\approx}{g}^2)^{BA}$ und $\alpha_B \underset{\tau}{W}{}_A^{\xi}(\underset{\approx}{b}^2)^{BA}$ etc. treten nicht auf, wegen dem Hamilton-Cayley-Theorem (5.81) für symmetrische $2\times2$ Matrizen. Mit diesem Theorem lassen sich aber auch die Terme der Form $\vartheta_{s,A}(\underset{\approx}{D}^\nu)^{BA}, \nu>2$, reduzieren (siehe 5.3.2,c2).

Da F eine lineare Funktion bezüglich $\alpha_B$ sein soll, treten Terme mit Potenzen von $\alpha_B$ nicht auf. Für die Darstellung von $F$, erhalten wir

$$F(\alpha_B;\ldots) = \alpha_B \cdot \Big\{ \underset{1}{Q}\, g^{BA} \vartheta_{S,A} + \underset{2}{Q}\, b^{BA} \vartheta_{S,A} + \sum_{\zeta=1}^{\lambda} \big( \underset{3}{Q}_{\zeta}\, g^{BA} + \underset{4}{Q}_{\zeta}\, b^{BA} \big) \gamma_{\zeta,A} + \sum_{\zeta=1}^{\lambda-1} \big( \underset{5}{Q}_{\zeta}\, g^{BA} + \underset{6}{Q}_{\zeta}\, b^{BA} \big) \underset{\tau}{W}{}_A^{\zeta} \Big\} \tag{5.222}$$

bzw.

$$F(\alpha_B;\ldots) = \alpha_B \cdot \Big\{ \underset{1}{\kappa}{}^{BA} \vartheta_{S,A} + \sum_{\zeta=1}^{\lambda} \underset{2}{\kappa}{}_{\zeta}^{BA} \gamma_{\zeta,A} + \sum_{\zeta=1}^{\lambda-1} \underset{3}{\kappa}{}_{\zeta}^{BA} \underset{\tau}{W}{}_A^{\zeta} \Big\}. \tag{5.223}$$

Hierbei haben Koeffizienten die folgende Bedeutung:

$$\underset{1}{\kappa}{}^{BA} = \underset{1}{Q}\, g^{BA} + \underset{2}{Q}\, b^{BA}, \quad \underset{2}{\kappa}{}_{\zeta}^{BA} = \underset{3}{Q}_{\zeta}\, g^{BA} + \underset{4}{Q}_{\zeta}\, b^{BA}, \quad \underset{3}{\kappa}{}_{\zeta}^{BA} = \underset{5}{Q}_{\zeta}\, g^{BA} + \underset{6}{Q}_{\zeta}\, b^{BA}. \tag{5.224}$$

Für den Wärmestrom folgt aus (5.223) die Darstellung:

$$\underset{\tau}{q}{}^{B} = \underset{1}{\kappa}{}^{BA} \vartheta_{S,A} + \sum_{\zeta=1}^{\lambda} \underset{2}{\kappa}{}_{\zeta}^{BA} \gamma_{\zeta,A} + \sum_{\zeta=1}^{\lambda-1} \underset{3}{\kappa}{}_{\zeta}^{BA} \underset{\tau}{W}{}_A^{\zeta} \tag{5.225}$$

und analog für den Entropiestrom und die Wechselwirkungskraft:

$$\underset{\tau}{\Phi}{}^{B} = \underset{1}{\varphi}{}^{BA} \vartheta_{S,A} + \sum_{\zeta=1}^{\lambda} \underset{2}{\varphi}{}_{\zeta}^{BA} \gamma_{\zeta,A} + \sum_{\zeta=1}^{\lambda-1} \underset{3}{\varphi}{}_{\zeta}^{BA} \underset{\tau}{W}{}_A^{\zeta}, \tag{5.226}$$

$$\underset{\tau}{\mathcal{M}}{}_{\delta}^{B} = \underset{1}{m}{}_{\delta}^{BA} \vartheta_{S,A} + \sum_{\zeta=1}^{\lambda} \underset{2}{m}{}_{\delta\zeta}^{BA} \gamma_{\zeta,A} + \sum_{\zeta=1}^{\lambda-1} \underset{3}{m}{}_{\delta\zeta}^{BA} \underset{\tau}{W}{}_A^{\zeta}. \tag{5.227}$$

Die Koeffizienten sind definiert durch:

$$\underset{1}{\varphi}^{BA} = \underset{1}{\phi}\, g^{BA} + \underset{2}{\phi}\, b^{BA}\,, \quad \underset{2}{\varphi}_{\xi}^{BA} = \underset{3}{\phi}_{\xi}\, g^{BA} + \underset{4}{\phi}_{\xi}\, b^{BA}\,, \quad \underset{3}{\varphi}_{\xi}^{BA} = \underset{5}{\phi}_{\xi}\, g^{BA} + \underset{6}{\phi}_{\xi}\, b^{BA}\,,$$

$$\underset{1}{m}_{\delta}^{BA} = \underset{1}{M}_{\delta}\, g^{BA} + \underset{2}{M}_{\delta}\, b^{BA}\,, \quad \underset{2}{m}_{\delta\xi}^{BA} = \underset{3}{M}_{\delta\xi}\, g^{BA} + \underset{4}{M}_{\delta\xi}\, b^{BA}\,,$$

$$\underset{3}{m}_{\delta\xi}^{BA} = \underset{5}{M}_{\delta\xi}\, g^{BA} + \underset{6}{M}_{\delta\xi}\, b^{BA}\,.$$

Die skalaren Koeffizienten $\underset{1}{Q}, \underset{2}{Q}, \underset{3}{Q}_{\xi}, \dots, \underset{6}{Q}_{\xi}, \underset{1}{\phi}, \underset{2}{\phi}, \underset{3}{\phi}_{\xi}, \dots, \underset{6}{\phi}_{\xi},$ $\underset{1}{M}_{\delta}, \underset{2}{M}_{\delta}, \underset{3}{M}_{\delta\xi}, \dots, \underset{6}{M}_{\delta\xi}$ sind Funktionen der skalaren Variablen (5.216).

Da der Impuls eine Erhaltungsgröße ist, muß in der Mischung die Impulsproduktion gleich Null sein. Für die Komponenten tangential zur Grenzfläche bedeutet die Erhaltung des Impulses in der Mischung:

$$\sum_{\delta=1}^{\lambda} \underset{\tau}{\mathcal{M}}_{\delta}^{B} = 0$$

bzw. für die Koeffizienten in dem Polynomansatz (5.227)

$$\sum_{\delta=1}^{\lambda} \underset{1}{m}_{\delta}^{BA} = 0\,, \quad \sum_{\delta=1}^{\lambda} \underset{2}{m}_{\delta\xi}^{BA} = 0 \quad \text{und} \quad \sum_{\delta=1}^{\lambda} \underset{3}{m}_{\delta\xi}^{BA} = 0\,.$$

## c3) Untersuchung einer symmetrischen tensor-wertigen Funktion $T_{\delta}^{BA}$, abhängig von zwei Skalaren und zwei symmetrischen Tensoren

Wir untersuchen die Funktionalgleichung (5.215d) für den symmetrischen Spannungstensor. Eine explizite Darstellung erhalten wir durch Konstruktion mit Hilfe der skalar-wertigen Hilfsfunktion

$$H(\beta_{KL}, \gamma_{\delta}, \vartheta_{s}, \overset{-1}{h}{}^{G}_{A} \overset{-1}{h}{}^{H}_{B}\, g_{GH}, \overset{-1}{h}{}^{G}_{A} \overset{-1}{h}{}^{H}_{B}\, b_{GH}) = \beta_{KL} \cdot T_{\delta}^{KL}(\gamma_{\xi}, \dots, \overset{-1}{h}{}^{G}_{A} \overset{-1}{h}{}^{H}_{B}\, b_{GH}) \tag{5.228}$$

bzw.

$$H(\beta_{KL}; \dots) = \beta_{KL} \cdot \{-\sigma_{\delta}\, g^{KL} + \tau_{\delta}\, b^{KL}\}\,. \tag{5.229}$$

Durch die bekannte Argumentation, daß H eine lineare Funktion bezüglich $\beta_{KL}$ ist, folgt für die Darstellung des symmetrischen Spannungstensors

$$\underset{\delta}{T}^{KL} = -\underset{\delta}{\sigma}\, g^{KL} + \underset{\delta}{\tau}\, b^{KL} . \tag{5.230}$$

Die Koeffizienten $\underset{\delta}{\sigma}$ und $\underset{\delta}{\tau}$ sind Funktionen von:

$$\gamma_{\gamma} \, , \; \vartheta_s \, , \; k_H \quad \text{und} \quad k_G \, . \tag{5.231}$$

Diese Darstellung für den Spannungstensor $\underset{\delta}{T}^{KL}$ bzw. die skalaren Koeffizienten $\underset{\delta}{\sigma}$ und $\underset{\delta}{\tau}$ für die Konstituente $\delta$ in der Mischung besagt, daß $\underset{\delta}{T}^{KL}$ implizit von allen Partialdichten $\gamma_{\zeta}$, der Grenzflächentemperatur $\vartheta_s$ und den skalaren Invarianten des Krümmungstensors $b_{AB}$ abhängen soll.

## 5.4.4 Einschränkungen der konstitutiven Gleichungen für eine Flüssigkeitsmischung durch ein Flächen-Entropieprinzip

Das Flächen-Entropieprinzip haben wir bereits in Abschnitt 5.3.4 eingeführt und vorformuliert, wir geben dem Prinzip jetzt seine präzise Fassung (siehe auch [21]). Das Entropieprinzip dient dem Zweck, die konstitutiven Gleichungen, hier für eine Flüssigkeitsmischung, einzuschränken. Das Entropieprinzip formulieren wir durch die folgenden Annahmen:

(a) An der Grenzfläche existiert eine additive Größe, genannt Grenzflächen-Entropie $\eta_s$. Für diese Entropie $\eta_s$ existiere eine Bilanz der Form:

$$\partial_t(\gamma\eta_s) + \frac{\dot{g}}{2g}\gamma\eta_s + \left(\gamma\eta_s \underset{\tau}{w}^A + \underset{\tau}{\Phi}^A\right)_{;A} + \left[\varrho\eta\,(v^i - w_\lambda^i) + \Phi^i\right]e_i - \gamma\sigma_{\eta_s} = \Pi_{\eta_s} . \tag{5.232}$$

$\gamma\sigma_{\eta_S}$ ist ein Zufuhrterm an Entropie aus den Volumenbereichen zu beiden Seiten der Fläche auf die Fläche. Dieser Zufuhrterm besteht aus einer Linearkombination, so aus einem Beitrag durch eine Zufuhr eines äußeren Kraftfeldes und durch eine Zufuhr an innerer Energie $\gamma r_S$ :

$$\gamma\sigma_{\eta_S} = \sum_{\delta=1}^{\lambda} a_j^{\delta} F_{\delta}^{j} \gamma_{\delta} + b r_S \gamma \; . \tag{5.233}$$

Durch die Einführung der Entropiebilanz (5.232) haben wir Hilfsfunktionen, so die Entropie $\eta_S$ , den Entropiestrom $\underset{\tau}{\Phi}^A$ , den Entropiestrom $J_\eta = \rho\eta(v^j - w_\lambda^j)e_j$ und $\Phi^j$ sowie einen Zufuhrterm $\gamma\sigma_{\eta_S}$ an Entropie in die Theorie eingeführt, ohne deren genaue Spezifikation wir nicht auskommen, wenn wir aus der Entropiebilanz restriktive Aussagen erhalten wollen. Die Grenzflächen-Entropie $\eta_S$ und die Entropie $\eta$ sind skalarwertige Größen. $\underset{\tau}{\Phi}^A$ sind die Komponenten eines kontravarianten Flächenvektors, genannt Entropiestrom. $\Phi^j$ sind die kontravarianten Komponenten des Entropiestromes $\Phi^j$, wobei $j=1,2,3$ gilt.

(b1) Für die Entropie $\eta_S$ und den Entropiestrom $\Phi^j$ sind konstitutive Gleichungen zu begründen.

(b2) Die Größen $a_j^{\delta}$ und $b$ sind konstitutive Größen.

(b3) Für den konvektiven Entropiestrom $J_\eta = \rho\eta(\underset{n}{v} - \underset{n\lambda}{w})$ und den Entropiestrom $\Phi^j$ sind konstitutive Gleichungen aufzustellen, wobei $\Phi^j$ bereits aus der räumlichen Mischungstheorie [39] bekannt ist.

(c) Für jeden thermodynamischen Prozess (wird im Anschluß an die Formulierung des Prinzips erklärt) sei die Entropieproduktion $\pi_{\eta_S}$ größer oder gleich Null und wir schreiben dieses in der Form

$$\partial_t(\gamma\eta_s)+\frac{\dot g}{2g}\gamma\eta_s+(\gamma\eta_s \underset{\tau}{w}^A+\underset{\tau}{\Phi}^A)_{;A}+[\varrho\eta(v^i-w_\lambda^i)+\Phi^i]e_i$$

$$-\left(\sum_{\delta=1}^{\lambda} a_j^{\delta} F_\delta^j \gamma_\delta + br_s\gamma\right) \geq 0. \tag{5.234}$$

(d) An der Grenzfläche existiere eine materielle Kurve $\mathcal{C}$. Der Entropiestrom $\underset{\tau}{\Phi}^A \xi_A$ an dieser Kurve sei stetig, vorausgesetzt die Grenzflächentemperatur $\vartheta_s$ an $\mathcal{C}$ ist stetig. Somit gilt:

$$[\underset{\tau}{\Phi}^A \xi_A]=0. \tag{5.235}$$

Die Größe $\xi_A$ ist ein kovarianter Flächenvektor der senkrecht zu $\mathcal{C}$ aber in der Tangentialebene zur Fläche liegt.

Wir betrachten eine Mischung von $\delta=1,\dots,\lambda$ Konstituenten und in dieser Mischung das Dichtefeld $\gamma_\delta$, das Geschwindigkeitsfeld $w_\delta^k$ und das Temperaturfeld $\vartheta_s$, das sind

$\lambda$ Dichtefelder für die Massendichte,

$3\lambda$ Geschwindigkeitsfelder und

ein Temperaturfeld,

insgesamt also $4\lambda+1$ Felder. Dafür haben wir genau $4\lambda+1$ Gleichungen zur Verfügung, nämlich die Partialbilanz der Massendichte, die Partialbilanz des Impulses und die Bilanz der inneren Energie, die mit geeigneten konstitutiven Gleichungen genau $4\lambda+1$ Feldgleichungen für die $4\lambda+1$ Felder repräsentieren. Diese Feldgleichungen sind partielle Differentialgleichungen und in der Zeitableitung von erster Ordnung mit kovarianten Ableitungen bezüglich der Flächenkoordinaten. Durch Vorgabe von Anfangs - und Randbedingungen erhalten wir Lösungen, sie sind speziellen thermo - dynamischen Prozessen zugeordnet. Wir können jetzt definieren, was wir unter einem thermodynamischen Prozess verstehen wollen.

Definition: Jede Lösung der Feldgleichungen unter vorgegebenen Anfangs- und Randbedingungen, heißt ein thermodynamischer Prozess.

Die Entropieungleichung (5.234) stellt eine Einschränkung für die Lösungsmannigfaltigkeit der thermodynamischen Felder $\gamma_\delta, w_\delta^k$ und $\vartheta_s$ dar. In anderen Worten, die Gl. (5.234) filtert aus dem mathematisch möglichen Lösungen für $\gamma_\delta, w_\delta^k$ und $\vartheta_s$ die physikalisch zulässigen, d.h. die Lösungen, die die Entropieungleichung nicht verletzten, heraus. Dieses wurde in einer Arbeit von Liu [37] untersucht und in einem Lemma formuliert. Dieses Lemma haben wir bereits in Abschnitt 5.3 besprochen, wir verweisen hier auf Abschnitt 5.3.

$$
\begin{aligned}
&\partial_t(\gamma\eta_s) + \frac{\dot{g}}{2g}\gamma\eta_s + (\gamma\eta_s \underset{\tau}{w}^A + \underset{\tau}{\Phi}^A)_{;A} + [\varrho\eta(v^j - w_\lambda^j)e_j + \Phi^j e_j] \\
&\qquad - \sum_{\delta=1}^{\lambda} a_k^\delta F_\delta^k \gamma_\delta - b r_s \gamma \\
&- \sum_{\delta=1}^{\lambda} \Lambda^{\gamma_\delta}\Big\{\partial_t\gamma_\delta + \frac{\dot{g}}{2g}\gamma_\delta + (\gamma_\delta \underset{\tau}{w}_\delta^A)_{;A} + [\varrho_\sigma(v_\sigma^j - w_\lambda^j)e_j] - \pi_\delta\Big\} \\
&- \sum_{\delta=1}^{\lambda} \Lambda^{\underset{n}{w}_\delta}\Big\{\partial_t(\gamma_\delta \underset{n}{w}_\delta) + \frac{\dot{g}}{2g}\gamma_\delta \underset{n}{w}_\delta + (\gamma_\delta \underset{n}{w}_\delta \underset{\tau}{w}_\delta^A)_{;A} + \gamma_\delta \underset{n}{w}_{\lambda,B} \underset{\tau}{w}_\delta^B \\
&\qquad + \gamma_\delta \underset{\tau}{w}_\delta^A \underset{\tau}{w}_\delta^B b_{AB} - T_\delta^{BA} b_{AB} + [\varrho_\sigma v_\sigma^k (v_\sigma^j - w_\lambda^j)e_j - \underset{\sigma}{t}^{kj} e_j]e_k - \underset{n}{m}_\delta - \gamma_\delta \underset{n}{F}_\delta\Big\} \\
&- \sum_{\delta=1}^{\lambda} \Lambda^{\underset{\tau}{w}_\delta^B}\Big\{\partial_t(\gamma_\delta \underset{\tau}{w}_\delta^B) + \frac{\dot{g}}{2g}\gamma_\delta \underset{\tau}{w}_\delta^B + (\gamma_\delta \underset{\tau}{w}_\delta^A \underset{\tau}{w}_\delta^B)_{;A} - \gamma_\delta \underset{n}{w}_\delta \underset{\tau}{w}_\delta^A b_A^B - \gamma_\delta \underset{n}{w}_\delta g^{AB} \underset{n}{w}_{\lambda,A} \\
&\qquad - \gamma_\delta \underset{n}{w}_\lambda \delta_A^B \underset{\tau}{w}_\delta^B b_B^A - T_{\delta;A}^{BA} + [\varrho_\sigma v_\sigma^k (v_\sigma^j - w_\lambda^j)e_j - \underset{\sigma}{t}^{kj} e_j] g^{AB} x_{k,A} - \underset{\tau}{m}_\delta^B - \gamma_\delta \underset{\tau}{F}_\delta^B\Big\} \\
&- \Lambda^{E_s}\Big\{\partial_t(\gamma E_s) + \frac{\dot{g}}{2g}\gamma E_s + (\gamma E_s \underset{\tau}{w}^A + \underset{\tau}{Q}^A)_{;A} - T^{kA} w_{k;A} \\
&\qquad + [\varrho(\varepsilon + \tfrac{1}{2}(v^k - w^k)^2)(v^j - w_\lambda^j)e_j + q^j e_j - t^{kj}(v_k - w_k)e_j] - \gamma r_s\Big\} \geq 0 .
\end{aligned}
\tag{5.236}
$$

Diese Ungleichung gilt für alle analytischen Felder

der Massendichte $\gamma_\delta$,

den Komponenten der Geschwindigkeit $w_\delta^k$,

und der Temperatur $\vartheta_s$

an der Grenzfläche.

Wir sehen hier, daß wir neben den Hilfsfunktionen $a_k^\delta$, $b$, $\eta_s$ und $\underset{\tau}{\Phi}^A$ in der Entropiebilanz (5.232) weitere Hilfsfunktionen, nämlich die Lagrange-Multiplikatoren $\Lambda^{\gamma_\delta}$, $\Lambda^{\underset{n}{w}_\delta}$, $\Lambda^{\underset{\tau}{w}_\delta^B}$ und $\Lambda^{E_s}$ einführen müssen,um die erweiterte Entropie-Ungleichung formulieren zu können.

Die Hilfsfunktion $\eta_s$ (Entropiedichte) und die Hilfsfunktion $\underset{\tau}{\Phi}^A$ (Entropiestrom) sind durch die Darstellungen (5.217) bzw. (5.226) gegeben. Die Größen $a_k^\delta$ und $b$ in der Entropiezufuhr können von dem Variablensatz

$$\gamma_\delta\ ,\ \vartheta_s\ ,\ \gamma_{\delta,A}\ ,\ \vartheta_{s,A}\ ,\ \underset{n}{w}_\delta\ ,\ \underset{\tau}{w}_\delta^A\ ,\ g_{AB}\ \text{und}\ b_{AB}$$

abhängen. Nach dem Lemma von Liu können die Lagrange-Multiplikatoren $\Lambda^{\gamma_\delta}$, $\Lambda^{\underset{n}{w}_\delta}$, $\Lambda^{\underset{\tau}{w}_\delta^B}$ und $\Lambda^{E_s}$ Funktionen von

$$\gamma_\delta\ ,\ \vartheta_s\ ,\ \gamma_{\delta,A}\ ,\ \vartheta_{s,A}\ ,\ \underset{n}{w}_\delta\ ,\ \underset{\tau}{w}_\delta^A\ ,\ g_{AB}\ \text{und}\ b_{AB}$$

sowie von $b$ und $a_k^\delta$ sein. Die Lagrange-Multiplikatoren $\Lambda^{\gamma_\delta}$, $\Lambda^{\underset{n}{w}_\delta}$ und $\Lambda^{E_s}$ an der Grenzfläche sind skalar-wertige Funktionen und $\Lambda^{\underset{\tau}{w}_\delta^B}$ sind die Komponenten einer vektor-wertigen Flächenfunktion. Wir werden später zeigen, daß nur die Lagrange-Multiplikatoren $\Lambda^{\gamma_\delta}$ und $\Lambda^{E_s}$ algebraisch voneinander unabhängig sind.

In die Ungleichung (5.236) müssen wir jetzt die konstitutiven Gleichungen (5.203) einsetzen. Wir benötigen zeitliche Ableitungen von den Grenzflächengrößen (5.203) und Ableitungen an der Grenzfläche bezüglich der Flächenkoordinaten. Die funktionale Form für die innere Energie $\varepsilon_s$

und die Entropie $\eta_s$ ist durch die Darstellung (5.203) gegeben, allerdings werden wir keine Abhängigkeit von einem Dichtegradienten und einem Temperaturgradienten betrachten. Für die zeitliche Ableitung der Grenzflächenentropie $\eta_s$ schreiben wir:

$$\partial_t(\gamma\eta_s) = \eta_s\partial_t\gamma + \gamma\Big\{\frac{\partial\eta_s}{\partial\gamma_\delta}\partial_t\gamma_\delta + \frac{\partial\eta_s}{\partial\vartheta_s}\partial_t\vartheta_s + \frac{\partial\eta_s}{\partial \underset{n}{W_\delta}}\partial_t \underset{n}{W_\delta} + \frac{\partial\eta_s}{\partial \underset{\tau}{W}{}^\delta_A}\partial_t \underset{\tau}{W}{}^\delta_A + \frac{\partial\eta_s}{\partial g_{AB}}\partial_t g_{AB}$$
$$+ \frac{\partial\eta_s}{\partial b_{AB}}\partial_t b_{AB}\Big\} . \tag{5.237}$$

Mit Hilfe der Gl.(3.44) für die zeitliche Ableitung des Metriktensors und der Gl.(3.50) für die zeitliche Ableitung des Krümmungstensors, können wir Gl.(5.237) umschreiben. Das Resultat lautet:

$$\partial_t(\gamma\eta_s) = \eta_s\partial_t\gamma + \gamma\Big\{\frac{\partial\eta_s}{\partial\gamma_\delta}\partial_t\gamma_\delta + \frac{\partial\eta_s}{\partial\vartheta_s}\partial_t\vartheta_s + \frac{\partial\eta_s}{\partial \underset{n}{W_\delta}}\partial_t \underset{n}{W_\delta} + \frac{\partial\eta_s}{\partial \underset{\tau}{W}{}^\delta_A}\partial_t \underset{\tau}{W}{}^\delta_A$$
$$-2\underset{n}{w_\lambda}b_{AB}\frac{\partial\eta_s}{\partial g_{AB}} + (\underset{n}{w}_{\lambda;AB} - 2k_M \underset{n}{w_\lambda} b_{AB} + k_G \underset{n}{w_\lambda} g_{AB})\frac{\partial\eta_s}{\partial b_{AB}}\Big\} . \tag{5.238}$$

Für die Ableitung der inneren Energie $E_s$ bezüglich der Zeit $t$ können wir schreiben:

$$\partial_t(\gamma E_s) = E_s\partial_t\gamma + \gamma\Big\{\frac{\partial E_s}{\partial\gamma_\delta}\partial_t\gamma_\delta + \frac{\partial E_s}{\partial\vartheta_s}\partial_t\vartheta_s + \frac{\partial E_s}{\partial \underset{n}{W_\delta}}\partial_t \underset{n}{W_\delta} + \frac{\partial E_s}{\partial \underset{\tau}{W}{}^\delta_A}\partial_t \underset{\tau}{W}{}^\delta_A$$
$$-2\underset{n}{w_\lambda}b_{AB}\frac{\partial E_s}{\partial g_{AB}} + (\underset{n}{w}_{\lambda;AB} - 2k_M \underset{n}{w_\lambda} b_{AB} + k_G \underset{n}{w_\lambda} g_{AB})\frac{\partial E_s}{\partial b_{AB}}\Big\} . \tag{5.239}$$

Wir berechnen jetzt für die Flächendivergenz der Entropie $\eta_s$ in der Entropie-Ungleichung die Formel:

$$(\eta_s\gamma \underset{\tau}{w}{}^A)_{;A} = \eta_s\gamma\Gamma^A_{AB}\underset{\tau}{w}{}^B + \eta_s(\gamma\underset{\tau}{w}{}^A)_{,A} + \gamma\underset{\tau}{w}{}^A\Big(\frac{\partial\eta_s}{\partial\gamma_\delta}\gamma_{\delta,A} + \frac{\partial\eta_s}{\partial\vartheta_s}\vartheta_{s,A} + \frac{\partial\eta_s}{\partial \underset{n}{W_\delta}}\underset{n}{W}_{\delta,A}$$
$$+ \frac{\partial\eta_s}{\partial \underset{\tau}{W}{}^\delta_B}\underset{\tau}{W}{}^\delta_{B,A} + \frac{\partial\eta_s}{\partial g_{BC}}\big\{\Gamma^D_{BA}g_{DC} + \Gamma^D_{CA}g_{DB}\big\} + \frac{\partial\eta_s}{\partial b_{BC}}\big\{b_{BC;A} + \Gamma^D_{BA}b_{DC} + \Gamma^D_{CA}b_{DB}\big\}\Big). \tag{5.240}$$

Ersetzen wir in der Darstellung (5.240) die Entropie durch die innere Energie $E_S$, so erhalten wir für die Flächendivergenz $(E_S \gamma \underset{\tau}{w}^A)_{;A}$ in der Bilanz für die innere Energie $E_S$ die Form:

$$(E_S \gamma \underset{\tau}{w}^A)_{;A} = E_S \gamma \Gamma^A_{AB} \underset{\tau}{w}^B + E_S (\gamma \underset{\tau}{w}^A)_{,A} + \gamma \underset{\tau}{w}^A \Big( \frac{\partial E_S}{\partial \gamma_\delta} \gamma_{\delta,A} + \frac{\partial E_S}{\partial \vartheta_S} \vartheta_{S,A} + \frac{\partial E_S}{\partial \underset{n}{W}_\delta} \underset{n}{W}_{\delta,A}$$

$$+ \frac{\partial E_S}{\partial \underset{\tau}{W}^\delta_B} \underset{\tau}{W}^\delta_{B,A} + \frac{\partial E_S}{\partial g_{BC}} \left\{ \Gamma^D_{BA} g_{DC} + \Gamma^D_{CA} g_{DB} \right\} + \frac{\partial E_S}{\partial b_{BC}} \left\{ b_{BC;A} + \Gamma^D_{BA} b_{DC} + \Gamma^D_{CA} b_{DB} \right\} \Big). \tag{5.241}$$

Inspektion der Entropie-Ungleichung (5.236) zeigt, daß wir noch die kovariante Ableitung der kontravarianten Komponenten des Wärmestromes $\underset{\tau}{Q}^A$ und des Entropiestromes $\underset{\tau}{\Phi}^A$ berechnen müssen. Das soll jetzt geschehen, wir beachten die Darstellung (5.203) für diese Größen und berechnen für die kontravarianten Komponenten des Wärmestromes:

$$\underset{\tau}{Q}^A_{;A} = \Gamma^A_{AB} \underset{\tau}{Q}^B + \frac{\partial \underset{\tau}{Q}^A}{\partial \gamma_\delta} \gamma_{\delta,A} + \frac{\partial \underset{\tau}{Q}^A}{\partial \vartheta_S} \vartheta_{S,A} + \frac{\partial \underset{\tau}{Q}^A}{\partial \gamma_{\delta,B}} \gamma_{\delta,BA} + \frac{\partial \underset{\tau}{Q}^A}{\partial \vartheta_{S,B}} \vartheta_{S,BA} + \frac{\partial \underset{\tau}{Q}^A}{\partial \underset{n}{W}_\delta} \underset{n}{W}_{\delta,A} +$$

$$+ \frac{\partial \underset{\tau}{Q}^A}{\partial \underset{\tau}{W}^\delta_C} \underset{\tau}{W}^\delta_{C,A} + \frac{\partial \underset{\tau}{Q}^A}{\partial g_{BC}} \left\{ \Gamma^D_{BA} g_{DC} + \Gamma^D_{CA} g_{DB} \right\} + \frac{\partial \underset{\tau}{Q}^A}{\partial b_{BC}} \left\{ b_{BC;A} + \Gamma^D_{BA} b_{DC} + \Gamma^D_{CA} b_{DB} \right\} \tag{5.242}$$

bzw. für die kontravarianten Komponenten des Entropiestromes:

$$\underset{\tau}{\Phi}^A_{;A} = \Gamma^A_{AB} \underset{\tau}{\Phi}^B + \frac{\partial \underset{\tau}{\Phi}^A}{\partial \gamma_\delta} \gamma_{\delta,A} + \frac{\partial \underset{\tau}{\Phi}^A}{\partial \vartheta_S} \vartheta_{S,A} + \frac{\partial \underset{\tau}{\Phi}^A}{\partial \gamma_{\delta,B}} \gamma_{\delta,BA} + \frac{\partial \underset{\tau}{\Phi}^A}{\partial \vartheta_{S,B}} \vartheta_{S,BA} + \frac{\partial \underset{\tau}{\Phi}^A}{\partial \underset{n}{W}_\delta} \underset{n}{W}_{\delta,A} +$$

$$+ \frac{\partial \underset{\tau}{\Phi}^A}{\partial \underset{\tau}{W}^\delta_C} \underset{\tau}{W}^\delta_{C,A} + \frac{\partial \underset{\tau}{\Phi}^A}{\partial g_{BC}} \left\{ \Gamma^D_{BA} g_{DC} + \Gamma^D_{CA} g_{DB} \right\} + \frac{\partial \underset{\tau}{\Phi}^A}{\partial b_{BC}} \left\{ b_{BC;A} + \Gamma^D_{BA} b_{DC} + \Gamma^D_{CA} b_{DB} \right\}. \tag{5.243}$$

Für die Komponenten des Spannungstensors $T_{\zeta;A}^{BA}$ schreibt sich die kovariante Ableitung wie folgt:

$$T_{\zeta;A}^{BA} = T_{\zeta,A}^{BA} + \Gamma^{B}_{CA}\, T_{\zeta}^{CA} + \Gamma^{A}_{AC}\, T_{\zeta}^{BC} + \frac{\partial T_{\zeta}^{BA}}{\partial \gamma_\delta}\gamma_{\delta,A} + \frac{\partial T_{\zeta}^{BA}}{\partial \vartheta_s}\vartheta_{s,A} + \frac{\partial T_{\zeta}^{BA}}{\partial \gamma_{\delta,C}}\gamma_{\delta,CA} +$$

$$+ \frac{\partial T_{\zeta}^{BA}}{\partial \vartheta_{s,C}}\vartheta_{s,CA} + \frac{\partial T_{\zeta}^{BA}}{\partial \underset{n}{W_\delta}}\underset{n}{W}_{\delta,A} + \frac{\partial T_{\zeta}^{BA}}{\partial \underset{\tau}{W}^{\delta}_{C}}\underset{\tau}{W}^{\delta}_{C,A} + \frac{\partial T_{\zeta}^{BA}}{\partial g_{CD}}\left\{\Gamma^{E}_{CA}\, g_{ED} + \Gamma^{E}_{DA}\, g_{EC}\right\} \tag{5.244}$$

$$+ \frac{\partial T_{\zeta}^{BA}}{\partial b_{CD}}\left\{ b_{CD;A} + \Gamma^{E}_{CA}\, b_{ED} + \Gamma^{E}_{DA}\, b_{EC}\right\}.$$

Setzen wir die vorstehenden Ableitungen in die Entropie-Ungleichung (5.236) ein, so schreibt sich die Ungleichung:

$$\eta_s \partial_t \gamma + \gamma\Big\{\frac{\partial \eta_s}{\partial \gamma_\delta}\partial_t \gamma_\delta + \frac{\partial \eta_s}{\partial \vartheta_s}\partial_t \vartheta_s + \frac{\partial \eta_s}{\partial \underset{n}{W_\delta}}\partial_t(\underset{n}{w_\delta} - \underset{n}{w_\lambda}) - 2\underset{n}{w_\lambda} b_{AB}\, \underset{\tau}{W}_{\delta}^{B} \frac{\partial \eta_s}{\partial \underset{\tau}{W}^{\delta}_{A}} + \frac{\partial \eta_s}{\partial \underset{\tau}{W}^{\delta}_{A}} g_{AB}$$

$$\cdot \partial_t(\underset{\tau}{w}_{\delta}^{B} - \underset{\tau}{w}_{\lambda}^{B}) + (\underset{n}{w_\lambda}_{;AB} - 2k_M \underset{n}{w_\lambda} b_{AB} + k_G \underset{n}{w_\lambda} g_{AB})\frac{\partial \eta_s}{\partial b_{AB}} - 2\underset{n}{w_\lambda} b_{AB}\frac{\partial \eta_s}{\partial g_{AB}}\Big\}$$

$$+ \frac{\dot g}{2g}\gamma\eta_s + \eta_s \Gamma^{A}_{AB}\gamma \underset{\tau}{w}^{B} + \eta_s \gamma_{,A}\underset{\tau}{w}^{A} + \eta_s \gamma\, \underset{\tau}{w}^{A}_{;A} + \gamma\, \underset{\tau}{w}^{A}\Big(\frac{\partial \eta_s}{\partial \gamma_\delta}\gamma_{\delta,A} + \frac{\partial \eta_s}{\partial \vartheta_s}\vartheta_{s,A}$$

$$+ \frac{\partial \eta_s}{\partial \underset{n}{W_\delta}}\underset{n}{W}_{\delta,A} + \frac{\partial \eta_s}{\partial \underset{\tau}{W}^{\delta}_{C}}\underset{\tau}{W}^{\delta}_{C,A} + \frac{\partial \eta_s}{\partial g_{BC}}(\Gamma^{D}_{BA}\, g_{DC} + \Gamma^{D}_{CA}\, g_{DB}) + \frac{\partial \eta_s}{\partial b_{BC}}\big(b_{BC;A}$$

$$+ \Gamma^{D}_{BA}\, b_{DC} + \Gamma^{D}_{CA}\, b_{DB}\big)\Big) + \Gamma^{A}_{AB}\underset{\tau}{\Phi}^{B} + \frac{\partial \underset{\tau}{\Phi}^{A}}{\partial \gamma_\delta}\gamma_{\delta,A} + \frac{\partial \underset{\tau}{\Phi}^{A}}{\partial \vartheta_s}\vartheta_{s,A} + \frac{\partial \underset{\tau}{\Phi}^{A}}{\partial \gamma_{\delta,B}}\gamma_{\delta,BA}$$

$$+ \frac{\partial \underset{\tau}{\Phi}^{A}}{\partial \vartheta_{s,B}}\vartheta_{s,BA} + \frac{\partial \underset{\tau}{\Phi}^{A}}{\partial \underset{n}{W_\delta}}\underset{n}{W}_{\delta,A} + \frac{\partial \underset{\tau}{\Phi}^{A}}{\partial \underset{\tau}{W}^{\delta}_{C}}\underset{\tau}{W}^{\delta}_{C,A} + \frac{\partial \underset{\tau}{\Phi}^{A}}{\partial g_{BC}}(\Gamma^{D}_{BA}\, g_{DC} + \Gamma^{D}_{CA}\, g_{DB})$$

$$+ \frac{\partial \underset{\tau}{\Phi}^{A}}{\partial b_{BC}}(b_{BC;A} + \Gamma^{D}_{BA}\, b_{DC} + \Gamma^{D}_{CA}\, b_{DB}) + [\varrho\eta(v^j - \underset{\lambda}{w}^j)e_j + \Phi^j e_j]$$

$$- \sum_{\delta=1}^{\lambda} a^{\delta}_{k} F^{k}_{\delta}\gamma_\delta - b r_s \gamma$$

$$-\sum_{\delta=1}^{\lambda}\Lambda^{\gamma_\delta}\Big\{\partial_t\gamma_\delta+\frac{\dot g}{2g}\gamma_\delta+(\gamma_\delta \underset{\tau}{w}{}_\delta^A)_{;A}+[\rho_\sigma(v_\sigma^j-\underset{\lambda}{w}{}^j)e_j]-\pi_\delta\Big\}$$

$$-\sum_{\delta=1}^{\lambda}\Lambda^{\underset{n}{w}\delta}\Big\{\underset{n}{w}{}_\delta\partial_t\gamma_\delta+\gamma_\delta\partial_t\underset{n}{w}{}_\delta+\frac{\dot g}{2g}\gamma_\delta\underset{n}{w}{}_\delta+\gamma_{\delta,A}\underset{n}{w}{}_\delta\underset{\tau}{w}{}_\delta^A+\gamma_\delta\underset{n}{w}{}_{\delta,A}\underset{\tau}{w}{}_\delta^A+\gamma_\delta\underset{n}{w}{}_\delta\underset{\tau}{w}{}^B_{\delta,A}\delta^A_B$$

$$+\gamma_\delta\underset{n}{w}{}_\delta\Gamma^A_{AB}\underset{\tau}{w}{}_\delta^B+\gamma_\delta\underset{n}{w}{}_{\lambda,B}\underset{\tau}{w}{}_\delta^B+\gamma_\delta\underset{\tau}{w}{}_\delta^A\underset{\tau}{w}{}_\delta^B b_{AB}-T_\delta^{BA}b_{AB}+[\rho_\sigma v_\sigma^k(v_\sigma^j-\underset{\lambda}{w}{}^j)e_j$$

$$-t_\sigma^{kj}e_j]e_k-\underset{n}{m}{}_\delta-\gamma_\delta\underset{n}{F}{}_\delta\Big\}$$

$$-\sum_{\delta=1}^{\lambda}\Lambda^{\underset{\tau}{w}{}_\delta^B}\Big\{\underset{\tau}{w}{}_\delta^B\partial_t\gamma_\delta+\gamma_\delta\partial_t\underset{\tau}{w}{}_\delta^B+\frac{\dot g}{2g}\gamma_\delta\underset{\tau}{w}{}_\delta^B+\gamma_{\delta,B}\underset{\tau}{w}{}_\delta^A\underset{\tau}{w}{}_\delta^B+2\gamma_\delta\underset{\tau}{w}{}_\delta^A\underset{\tau}{w}{}_\delta^B+$$

$$+\gamma_\delta\Gamma^A_{AC}\underset{\tau}{w}{}_\delta^C\underset{\tau}{w}{}_\delta^B+\gamma_\delta\Gamma^B_{AC}\underset{\tau}{w}{}_\delta^A\underset{\tau}{w}{}_\delta^C-\gamma_\delta\underset{n}{w}{}_\delta\underset{\tau}{w}{}_\delta^A b_A^B-\gamma_\delta\underset{n}{w}{}_\delta g^{AB}\underset{n}{w}{}_{\lambda,A}$$

$$-\gamma_\delta\underset{n}{w}{}_\lambda\delta^B_A\underset{\tau}{w}{}_\delta^B b_B^A-T^{BA}_{\delta\,;A}+[\rho_\sigma v_\sigma^k(v_\sigma^j-\underset{\lambda}{w}{}^j)e_j-t_\sigma^{kj}e_j]g^{AB}x_{k,A}-\underset{\tau}{m}{}_\delta^B-\gamma_\delta\underset{\tau}{F}{}_\delta^B\Big\}$$

$$-\Lambda^{E_S}\Big\{E_S\partial_t\gamma+\gamma\Big(\frac{\partial E_S}{\partial\gamma_\delta}\partial_t\gamma_\delta+\frac{\partial E_S}{\partial\vartheta_S}\partial_t\vartheta_S+\frac{\partial E_S}{\partial\underset{n}{W}_\delta}\partial_t(\underset{n}{w}{}_\delta-\underset{n}{w}{}_\lambda)-2\underset{n}{w}{}_\lambda b_{AB}\underset{\tau}{W}{}_\delta^B\frac{\partial E_S}{\partial\underset{\tau}{W}{}^\delta_A}$$

$$+\frac{\partial E_S}{\partial\underset{\tau}{W}{}^\delta_A}g_{AB}\partial_t(\underset{\tau}{w}{}_\delta^B-\underset{\tau}{w}{}_\lambda^B)+(\underset{n}{w}{}_{\lambda;AB}-2k_H\underset{n}{w}{}_\lambda b_{AB}+k_G\underset{n}{w}{}_\lambda g_{AB})\frac{\partial E_S}{\partial b_{AB}}$$

$$-2\underset{n}{w}{}_\lambda b_{AB}\frac{\partial E_S}{\partial g_{AB}}\Big)+\frac{\dot g}{2g}\gamma E_S+E_S\Gamma^A_{AB}\gamma\underset{\tau}{w}{}^B+E_S\gamma_{,A}\underset{\tau}{w}{}^A+E_S\gamma\underset{\tau}{w}{}^A_{,A}+\gamma\underset{\tau}{w}{}^A\Big(\frac{\partial E_S}{\partial\gamma_\delta}\gamma_{\delta,A}$$

$$+\frac{\partial E_S}{\partial\vartheta_S}\vartheta_{S,A}+\frac{\partial E_S}{\partial\underset{n}{W}_\delta}\underset{n}{W}_{\delta,A}+\frac{\partial E_S}{\partial\underset{\tau}{W}{}^\delta_C}\underset{\tau}{W}{}^\delta_{C,A}+\frac{\partial E_S}{\partial g_{BC}}\big(\Gamma^D_{BA}g_{DC}+\Gamma^D_{CA}g_{DB}\big)+$$

$$+\frac{\partial E_S}{\partial b_{BC}}\big(b_{BC;A}+\Gamma^D_{BA}b_{DC}+\Gamma^D_{CA}b_{DB}\big)\Big)+\Gamma^A_{AB}\underset{\tau}{Q}{}^B+\frac{\partial\underset{\tau}{Q}{}^A}{\partial\gamma_\delta}\gamma_{\delta,A}+\frac{\partial\underset{\tau}{Q}{}^A}{\partial\vartheta_S}\vartheta_{S,A}$$

$$+\frac{\partial\underset{\tau}{Q}{}^A}{\partial\vartheta_{S,B}}\vartheta_{S,BA}+\frac{\partial\underset{\tau}{Q}{}^A}{\partial\gamma_{\delta,B}}\gamma_{\delta,BA}+\frac{\partial\underset{\tau}{Q}{}^A}{\partial\underset{n}{W}_\delta}\underset{n}{W}_{\delta,A}+\frac{\partial\underset{\tau}{Q}{}^A}{\partial\underset{\tau}{W}{}^\delta_C}\underset{\tau}{W}{}^\delta_{C,A}+\frac{\partial\underset{\tau}{Q}{}^A}{\partial g_{BC}}\big(\Gamma^D_{BA}g_{DC}+\Gamma^D_{CA}g_{DB}\big)$$

$$+\frac{\partial\underset{\tau}{Q}{}^A}{\partial b_{BC}}\big(b_{BC;A}+\Gamma^D_{BA}b_{DC}+\Gamma^D_{CA}b_{DB}\big)-T^{kA}w_{k;A}+[\rho(\epsilon+\tfrac{1}{2}(v^k-w^k)^2)\cdot$$

$$\cdot(v^j-\underset{\lambda}{w}{}^j)e_j+q^je_j-t^{kj}(v_k-w_k)e_j]-\gamma r_S\Big\}\geq 0\,. \tag{5.245}$$

Betrachten wir die Entropie-Ungleichung, so erkennen wir, daß diese linear bezüglich den Ableitungen

$$\partial_t \underset{n}{w}_\delta \,,\quad \partial_t \underset{\tau}{w}_\delta^{B} \,,\quad \partial_t \gamma_\delta \,,\quad \partial_t \vartheta_s \,,\quad \underset{n}{w}_{\lambda,(AB)} \,,\quad \gamma_{\delta,(BA)} \,,\quad \vartheta_{s,(BA)} \,,\quad \underset{\tau}{w}^{B}_{\delta,A} \,,\quad \underset{n}{w}_{\delta,A} \quad \text{und} \quad b_{CD;A} \tag{5.246}$$

ist. Hier gilt dasselbe bezüglich der Verletzbarkeit der Ungleichung, was wir in Abschnitt 5.3 besprochen haben. Die Ungleichung (5.245) muß für alle analytischen Felder

$$\gamma_\delta \,,\quad \underset{n}{w}_\delta \,,\quad \underset{\tau}{w}_\delta^{A} \quad \text{und} \quad \vartheta_s$$

gelten. Die Ungleichung (5.245) muß auch gelten für beliebige Werte der Größen (5.246) an der Grenzfläche, die wir als Anfangswerte bzw. als Randwerte vorzugeben hätten, falls wir die Feldgleichungen lösen möchten. Die Ungleichung könnte durch die Größen (5.246) verletzt werden, wenn wir diesen Größen spezielle Werte zuweisen. Damit könnte aber die Ungleichung verletzt werden, es sei denn, der Koeffizient vor den Größen (5.246) wird Null gesetzt. Diese Festsetzung liefert Relationen an der Grenzfläche, mit deren Hilfe wir Einschränkungen für die konstitutiven Gleichungen an der Grenzfläche erhalten und deren Kombination thermodynamische Gesetzmäßigkeiten an der Grenzfläche ergeben. Im folgenden listen wir zu jeder Größe (5.246), die wir in eine geschweifte Klammer einschließen , den zugehörigen Koeffizienten aus der Ungleichung (5.245), den wir Null gesetzt haben, auf:

$$\{\partial_t \underset{n}{w}_\delta\}:\quad \frac{\partial \eta_s}{\partial \underset{n}{W}_\delta} - \Lambda^{E_s} \frac{\partial E_s}{\partial \underset{n}{W}_\delta} - \frac{\gamma_\delta}{\gamma} \Lambda^{\underset{n}{w}_\delta} = 0 \,, \quad \text{für } \delta = 1, \dots, \lambda-1 \,, \tag{5.247a}$$

$$\{\partial_t \underset{n}{w}_\lambda\}:\quad \sum_{\delta=1}^{\lambda-1} \left( \frac{\partial \eta_s}{\partial \underset{n}{W}_\delta} - \Lambda^{E_s} \frac{\partial E_s}{\partial \underset{n}{W}_\delta} \right) + \frac{\gamma_\lambda}{\gamma} \Lambda^{\underset{n}{w}_\lambda} = 0 \,, \tag{5.247b}$$

$$\{\partial_t \underset{\tau}{w}_\delta^{A}\}:\quad g_{AB} \left( \frac{\partial \eta_s}{\partial \underset{\tau}{W}{}^{\delta}_{A}} - \Lambda^{E_s} \frac{\partial E_s}{\partial \underset{\tau}{W}{}^{\delta}_{A}} \right) - \frac{\gamma_\delta}{\gamma} \Lambda^{\underset{\tau}{w}_\delta^{B}} = 0 \,, \quad \text{für } \delta = 1, \dots, \lambda-1 \,, \tag{5.247c}$$

$$\{\partial_t \underset{\tau}{W}{}^A_\lambda\}: \qquad g_{AB}\sum_{\delta=1}^{\lambda-1}\left(\frac{\partial\eta_s}{\partial \underset{\tau}{W}{}^\delta_A} - \Lambda^{E_s}\frac{\partial E_s}{\partial \underset{\tau}{W}{}^\delta_A}\right) + \frac{\gamma_\lambda}{\gamma}\Lambda^{\underset{\tau}{W}{}^B_\delta} = 0\,, \tag{5.247d}$$

$$\{\partial_t \gamma_\delta\}: \qquad \frac{\partial\gamma\eta_s}{\partial\gamma_\delta} = \Lambda^{E_s}\frac{\partial\gamma\varepsilon_s}{\partial\gamma_\delta} + \Lambda_I^{\gamma_\delta}\,, \quad \text{mit} \quad \Lambda_I^{\gamma_\delta} = \Lambda^{\gamma_\delta} - \Lambda^{E_s}\frac{1}{2}\left\{(w_\delta^k)^2 - (w^k)^2\right\}, \tag{5.247e}$$

$$\{\partial_t \vartheta_s\}: \qquad \frac{\partial\gamma\eta_s}{\partial\vartheta_s} = \Lambda^{E_s}\frac{\partial\gamma\varepsilon_s}{\partial\vartheta_s}\,, \tag{5.247f}$$

$$\{\underset{n}{W}{}_{\lambda,(AB)}\}: \qquad \frac{\partial\gamma\eta_s}{\partial b_{AB}} = \Lambda^{E_s}\frac{\partial\gamma\varepsilon_s}{\partial b_{AB}}\,, \tag{5.247g}$$

$$\{\gamma_{\delta,(BA)}\}: \qquad \frac{\partial\underset{\tau}{\Phi}{}^{(A}}{\partial\gamma_{\delta,B)}} = \Lambda^{E_s}\frac{\partial\underset{\tau}{Q}{}^{(A}}{\partial\gamma_{\delta,B)}}\,, \tag{5.247h}$$

$$\{\vartheta_{s,(BA)}\}: \qquad \frac{\partial\underset{\tau}{\Phi}{}^{(A}}{\partial\vartheta_{s,B)}} = \Lambda^{E_s}\frac{\partial\underset{\tau}{Q}{}^{(A}}{\partial\vartheta_{s,B)}}\,, \tag{5.247i}$$

$$\{\underset{\tau}{W}{}^B_{\delta,A}\}: \qquad \left(\frac{\partial\eta_s}{\partial\gamma_\delta} - \Lambda^{E_s}\frac{\partial E_s}{\partial\gamma_\delta}\right)\delta^A_B - g_{BE}\frac{1}{\gamma\gamma_\delta}\left(\frac{\partial\underset{\tau}{\Phi}{}^A}{\partial\underset{\tau}{W}{}^\delta_E} - \Lambda^{E_s}\frac{\partial\underset{\tau}{Q}{}^A}{\partial\underset{\tau}{W}{}^\delta_E}\right)$$
$$+\Lambda^{\underset{\tau}{W}{}^B_\delta}\frac{1}{\gamma}\underset{\tau}{U}{}^A_\delta - \Lambda^{E_s}T^{EA}g_{EB}\frac{1}{\gamma^2} = 0 \quad \text{für } \delta = 1,\dots,\lambda-1\,, \tag{5.247j}$$

$$\{\underset{\tau}{W}{}^B_{\lambda,A}\}: \qquad \left(\frac{\partial\eta_s}{\partial\gamma_\lambda} - \Lambda^{E_s}\frac{\partial E_s}{\partial\gamma_\lambda}\right)\delta^A_B + g_{BE}\frac{1}{\gamma\gamma_\lambda}\sum_{\delta=1}^{\lambda-1}\left(\frac{\partial\underset{\tau}{\Phi}{}^A}{\partial\underset{\tau}{W}{}^\delta_E} - \Lambda^{E_s}\frac{\partial\underset{\tau}{Q}{}^A}{\partial\underset{\tau}{W}{}^\delta_E}\right)$$
$$+\Lambda^{\underset{\tau}{W}{}^B_\lambda}\frac{1}{\gamma}\underset{\tau}{U}{}^A_\lambda - \Lambda^{E_s}T^{EA}g_{EB}\frac{1}{\gamma^2} = 0\,, \tag{5.247k}$$

$$\{\underset{n}{W}{}_{\delta,A}\}: \qquad -\frac{1}{\gamma\gamma_\delta}\left(\frac{\partial\underset{\tau}{\Phi}{}^A}{\partial\underset{n}{W}{}_\delta} - \Lambda^{E_s}\frac{\partial\underset{\tau}{Q}{}^A}{\partial\underset{n}{W}{}_\delta}\right) + \Lambda^{\underset{n}{W}{}_\delta}\frac{1}{\gamma}\underset{\tau}{U}{}^A_\delta - \Lambda^{E_s}T^A\frac{1}{\gamma^2} = 0\,, \tag{5.247l}$$

$$\{\underset{n}{W}{}_{\lambda,A}\}: \qquad \frac{1}{\gamma\gamma_\lambda}\sum_{\delta=1}^{\lambda-1}\left(\frac{\partial\underset{\tau}{\Phi}{}^A}{\partial\underset{n}{W}{}_\delta} - \Lambda^{E_s}\frac{\partial\underset{\tau}{Q}{}^A}{\partial\underset{n}{W}{}_\delta}\right) + \Lambda^{\underset{n}{W}{}_\delta}\frac{1}{\gamma}\underset{\tau}{U}{}^A_\lambda - \Lambda^{E_s}T^A\frac{1}{\gamma^2} = 0\,. \tag{5.247m}$$

Die Entropie-Ungleichung (5.245) ist linear in der kovarianten Ableitung $b_{CD;A}$ des Krümmungstensors $b_{CD}$. Die kovariante Ableitung des Krümmungstensors besitzt einen symmetrischen und einen antisymmetrischen Teil, bezüglich den letzten zwei Indices. Der antisymmetrische Teil der kovarianten Ableitung des Krümmungstensors muß Null sein, wenn die Fläche im Euklidischen Raum eingebettet ist. Das ist so zu verstehen: In jedem Raum, in dem sich ein kartesisches Koordinatensystem wählen läßt (ist charakteristisch für den Euklidischen Raum), ist der Riemannsche Krümmungstensor $R^{n}{}_{ijk}=0$. Gehen wir jetzt von dem drei-dimensionalen Euklidischen Raum auf die in diesem Raum eingebettete Fläche über und leiten den Riemannschen Krümmungstensor der Fläche aus dem des eingebetteten Raumes ab, so folgt:

$$R_{1212} = \det(\underset{\approx}{b}) = b .$$

Wegen $k_{H}=\frac{b}{g}$ ($b$ ist die Determinante des Krümmungstensors $b_{AB}$ und $g$ ist die Determinante des Metriktensors $g_{AB}$) folgt für die einzige Komponente des Riemannschen Krümmungstensors:

$$R_{1212} = k_{H}\, g . \tag{I}$$

Der Riemannsche Krümmungstensor ist proportional der Gaußschen Krümmung. Setzen wir jetzt den Riemannschen Krümmungstensor $R^{3}{}_{ABC}=0$, so erhalten wir die Bedingung von Mainardi und Codazzi:

$$b_{CD;A} - b_{CA;D} = 0 . \tag{II}$$

Die Gl.( I ) und die Bedingung von Mainardi und Codazzi sind die Folge, daß der Riemannsche Krümmungstensor des eingebetteten Raumes verschwindet. Diese Bedingung ist eine notwendige Bedingung, daß eine Fläche im Euklidischen Raum eingebettet ist [13] (siehe hierzu auch [40] ).

Wegen der Bedingung von Mainardi-Codazzi, die wir stets in unserer Formulierung der Grenzflächenthermodynamik beachten werden, enthält die Entropie-Ungleichung nur die, bezüglich der beiden letzten Indices, symmetrische kovariante Ableitung des Krümmungstensors $b_{CD}$. Die Entropie-Ungleichung könnte durch spezielle Werte des symmetrischen Anteils der kovarianten Ableitung verletzt werden, sie wird nicht verletzt, falls die Bedingung

$$\frac{\partial \underset{\tau}{\Phi}^{A)}}{\partial b_{B(C}} - \Lambda^{E_s} \frac{\partial \underset{\tau}{Q}^{A)}}{\partial b_{B(C}} - \Lambda^{E_s} g_{AE} \sum_{\delta=1}^{\lambda} \underset{\tau}{U}_{\delta}^{A} \frac{\partial T_{\delta}^{EA)}}{\partial b_{B(C}} = 0 \tag{5.247n}$$

gilt.

Aus dem Verschwinden des antisymmetrischen Teils der kovarianten Ableitung läßt sich aus der Entropie-Ungleichung keine Aussage gewinnen.

Nach dem Lemma von Liu haben die Lagrange-Multiplikatoren, die folgende funktionale Abhängigkeit:

$$\Lambda^{\gamma_\delta} = \Lambda^{\gamma_\delta}\left(\gamma_\xi, \vartheta_s, \gamma_{\xi,A}, \vartheta_{s,A}, \underset{n}{W}_\xi, \underset{\tau}{W}_\xi^A, g_{AB}, b_{AB}, b, a_k^\xi\right), \tag{5.247o}$$

$$\Lambda^{\underset{n}{W}_\delta} = \Lambda^{\underset{n}{W}_\delta}\left(\gamma_\xi, \ldots, a_k^\xi\right), \tag{5.247p}$$

$$\Lambda^{\underset{\tau}{W}_\delta^B} = \Lambda^{\underset{\tau}{W}_\delta^B}\left(\gamma_\xi, \ldots, a_k^\xi\right), \tag{5.247q}$$

$$\Lambda^{E_s} = \Lambda^{E_s}\left(\gamma_\xi, \ldots, a_k^\xi\right) \tag{5.247r}$$

Die Konstante $b$ und die Größe $a_k^\xi$ sind Koeffizienten in dem Zufuhrterm (5.233).

a) Vereinfachungen der Grenzflächenrelationen

Wir haben aus der Forderung, daß die erweiterte Entropie-Ungleichung in der Form (5.245) nicht durch beliebige Anfangs- und Randbedingungen verletzt werden darf, Grenzflächen-Relationen erhalten. Diese sind jetzt zu untersuchen, insbesondere sollen daraus wichtige Gleichungen für die Grenzfläche, wie z.B. die Gibbssche Gleichung für eine Grenzfläche, die Entropie-Wärmestrom-Relation sowie Einschränkungen für die konstitutiven Gleichungen deduziert werden. Weiterhin sollen die unbekannten Hilfsgrößen $\Lambda^{\gamma_\delta}$, $\Lambda^{\underset{n}{w}_\delta}$, $\Lambda^{\underset{\tau}{w}_\delta^B}$ und $\Lambda^{E_s}$ näher bestimmt werden, algebraische Relationen zwischen den Hilfsgrößen aufgestellt werden und die verbleibenden unabhängigen Hilfsgrößen durch physikalische Annahmen identifiziert werden.

Wir beginnen jetzt damit, die Grenzflächen-Relationen (5.247) auszuwerten, diese Auswertung soll mit den physikalisch reduzierten konstitutiven Gleichungen (5.204), (5.205) und (5.206) vorgenommen werden.

Zuerst zeigen wir, daß eine algebraische Abhängigkeit zwischen dem Lagrange-Multiplikator $\Lambda^{E_s}$ der inneren Energie und den Lagrange-Multiplikatoren $\Lambda^{\underset{\tau}{w}_\delta^B}$ bzw. $\Lambda^{\underset{n}{w}_\delta}$ des Geschwindigkeitsfeldes existiert. Um diese Abhängigkeit aufzuzeigen, benutzen wir die Darstellung (5.204b)und schreiben für die innere Energie:

$$E_s = \epsilon_s\left(\gamma_\delta, \vartheta_s, g_{AB}, b_{AB}\right) + \frac{1}{2}\sum_{\delta=1}^{\lambda} \frac{\gamma_\delta}{\gamma} \underset{n}{U}_\delta^2 + \frac{1}{2}\sum_{\delta=1}^{\lambda} \frac{\gamma_\delta}{\gamma} \underset{\tau}{U}_\delta^A \underset{\tau}{U}_\delta^B g_{AB} \quad . \qquad (5.248)$$

Mit dieser Darstellung für die innere Energie $E_s$ und der Formel für die Diffusionsgeschwindigkeit

$$\underset{n}{U}_\xi = \sum_{\zeta=1}^{\lambda-1} \left(\delta_{\xi\zeta} - \frac{\gamma_\varphi}{\gamma}\right) \underset{n}{W}_\zeta , \qquad (5.249)$$

berechnen wir die partielle Ableitung der inneren Energie $E_s$ bezüglich des Geschwindigkeitsfeldes $\underset{n}{W_\delta}$ zu:

$$\frac{\partial E_s}{\partial \underset{n}{W_\delta}} = \frac{\gamma_\delta}{\gamma} \underset{n}{\mathcal{U}_\delta} \qquad \text{für} \quad \delta = 1, \dots, \lambda - 1 . \tag{5.250}$$

Beachten wir die Darstellung (5.215) für die Entropie $\eta_s$ , so folgt aus (5.250):

$$\Lambda^{\underset{n}{w}_\delta} = - \underset{n}{\mathcal{U}_\delta} \Lambda^{E_s} \qquad \text{für} \quad \delta = 1, \dots, \lambda - 1 . \tag{5.251}$$

Mit Hilfe von Gl.(5.250) und der Flächenrelation (5.247b) läßt sich für $\delta = \lambda$ zeigen, daß

$$\Lambda^{\underset{n}{w}_\lambda} = - \underset{n}{\mathcal{U}_\lambda} \Lambda^{E_s} \tag{5.252}$$

gilt. Fassen wir das Resultat (5.251) und (5.252) zusammen, so erhalten wir letztlich:

$$\Lambda^{\underset{n}{w}_\delta} = - \underset{n}{\mathcal{U}_\delta} \Lambda^{E_s} \qquad \text{für} \quad \delta = 1, \dots, \lambda - 1 . \tag{5.253}$$

Wir erkennen, daß der Lagrange-Multiplikator der inneren Energie $E_s$ nicht unabhängig ist von dem Lagrange-Multiplikator des Geschwindigkeitsfeldes $\underset{n}{w_\delta}$ . Weiterhin berechnen wir mit der Formel

$$\underset{\tau}{\mathcal{U}}{}_\xi^A = \sum_{\zeta=1}^{\lambda-1} \left( \delta_{\xi\zeta} - \frac{\gamma_\zeta}{\gamma} \right) \underset{\tau}{W}{}_\zeta^A \tag{5.254}$$

für die Diffusionsgeschwindigkeit tangential zur Fläche den Zusammenhang zwischen dem Lagrange-Multiplikator $\Lambda^{E_s}$ und dem Lagrange-Multiplikator des tangentialen Geschwindigkeitsfeldes $\underset{\tau}{w}{}_\delta^B$ . Für die Abhängigkeit der Lagrange-Multiplikatoren folgt:

$$\Lambda^{\underset{\tau}{w}{}_\delta^B} = - \underset{\tau}{\mathcal{U}}{}_\delta^A g_{AB} \Lambda^{E_s} = - \underset{\tau}{\mathcal{U}}{}_B^\delta \Lambda^{E_s} \qquad \text{für} \quad \delta = 1, \dots, \lambda . \tag{5.255}$$

Die Entropie-Ungleichung (5.245) ist linear in einer Zufuhrdichte an Strahlung $r_s$ und in einer Impulszufuhr. Die Zufuhrdichte an Impuls kommt dadurch zustande, daß die Komponenten eines äußeren Kraftfeldes $F^k_\delta$, wie z.B. die Gravitation an den Teilchen der Sorte $\delta$ an der Grenzfläche wirken. Fassen wir die Zufuhrterme in der Entropie-Ungleichung zusammen und benutzen die Gl.(5.253) sowie die Gl.(5.255), so entsteht ein Ausdruck der Form:

$$-\gamma(b-\Lambda^{E_s})r_s - \sum_{\delta=1}^{\lambda} \gamma_\delta \left(a^\delta_k + \Lambda^{E_s} \mathcal{U}^\delta_k\right) F^k_\delta \ . \tag{5.256}$$

Was nun? Nun ja, die Entropie-Ungleichung soll für beliebige Zufuhrdichten $r_s$ und Kraftdichten $F_\delta^k$ gültig sein, d.h. beliebige Werte der Zufuhrdichte $r_s$ und der Kraftdichte $F_\delta^k$ dürfen die Entropie-Ungleichung nicht verletzen. Damit die Ungleichung nicht verletzt werden kann, muß der Koeffizient von $r_s$ und $F_\delta^k$ Null sein. Diese Bedingung besagt, daß

$$b = \Lambda^{E_s} \tag{5.257}$$

und

$$a^\delta_k = - \mathcal{U}^\delta_k \Lambda^{E_s} \tag{5.258}$$

ist. Dabei haben wir vorausgesetzt, daß das Feld der Massendichte $\gamma_\delta$ und $\gamma = \sum_{\delta=1}^{\lambda} \gamma_\delta$ von Null verschieden sind. Mit den Größen $b$ und $a^\delta_k$ sowie

$r_s \gamma = \sum_{\delta=1}^{\lambda} \gamma_\delta \left({}_s r_\delta + F_\delta^k \mathcal{U}^\delta_k\right)$ läßt sich die Entropie-Produktion

$$\gamma \sigma_{\eta_s} = \sum_{\delta=1}^{\lambda} a^\delta_k F^k_\delta \gamma_\delta + b r_s \gamma \tag{5.259}$$

(siehe Entropieprinzip) umschreiben. Wir erhalten für die Entropie-Produktion das Resultat:

$$\gamma \sigma_{\eta_s} = \Lambda^{E_s} \sum_{\delta=1}^{\lambda} \gamma_\delta \, {}_s r_\delta \ . \tag{5.260}$$

Wir erkennen jetzt, daß die Entropie-Produktion proportional der Zufuhrdichte ${}_s r_\delta$ und dem Lagrange-Multiplikator $\Lambda^{E_s}$ ist.

Mit der Gleichung (5.253) und der Gl.(5.255) zeigen wir, daß die Flächenrelationen (5.247e) und (5.247m) identisch erfüllt sind. Wir werten jetzt die Flächenrelation (5.247j) und (5.247k) aus, dazu multiplizieren wir die Relation (5.247k) mit der Dichte $\gamma_\lambda$ und die Relation (5.247j) mit der Dichte $\gamma_\delta$ und summieren diese Relation bezüglich $\delta = 1, \ldots, \lambda-1$ . Nach einigen algebraischen Manipulationen erhalten wir als Resultat:

$$\begin{aligned}\Lambda^{E_s} \frac{1}{\gamma} \tau^{EA} g_{EB} &= \sum_{\delta=1}^{\lambda} \gamma_\delta \left( \frac{\partial \eta_s}{\partial \gamma_\delta} - \Lambda^{E_s} \frac{\partial E_s}{\partial \gamma_\delta} \right) \delta^A_B \\ &= -(\eta_s - \Lambda^{E_s} \varepsilon_s)\, \delta^A_B + \frac{1}{\gamma} \sum_{\delta=1}^{\lambda} \gamma_\delta \Lambda_I^{\gamma_\delta} \delta^A_B \quad .\end{aligned} \tag{5.261}$$

Mit Hilfe dieser Gleichung läßt sich die Darstellung (5.230) für den Spannungstensor $T_\delta^{EA}$ reduzieren und das geschieht so, wir schreiben für $\tau^{EA} = \sum_{\delta=1}^{\lambda} T_\delta^{EA}$ und setzen Gl.(5.230) in die Gl.(5.261a) ein. Im Einzelnen erhalten wir:

$$\left\{ \Lambda^{E_s} \frac{1}{\gamma} \sum_{\delta=1}^{\lambda} T_\delta^{EA} - \sum_{\delta=1}^{\lambda} \gamma_\delta \left( \frac{\partial \eta_s}{\partial \gamma_\delta} - \Lambda^{E_s} \frac{\partial E_s}{\partial \gamma_\delta} \right) g^{EA} \right\} g_{BE} = 0 \tag{5.262}$$

bzw. unter der Voraussetzung, daß der Metriktensor $g_{BE}$ von Null verschieden ist, gilt

$$\Lambda^{E_s} \frac{1}{\gamma} \sum_{\delta=1}^{\lambda} T_\delta^{EA} - \sum_{\delta=1}^{\lambda} \gamma_\delta \left( \frac{\partial \eta_s}{\partial \gamma_\delta} - \Lambda^{E_s} \frac{\partial E_s}{\partial \gamma_\delta} \right) g^{EA} = 0. \tag{5.263}$$

Wir benutzen jetzt die Darstellung für den Spannungstensor $T_\delta^{EA}$ und ordnen sodann die Gl.(5.263) nach Termen, die den Metriktensor $g^{EA}$ bzw. den

Krümmungstensor $b^{EA}$ enthalten. Das Resultat ist

$$\tau_\delta b^{EA} - \left\{ \sigma_\delta - \gamma\gamma_\delta \left( \frac{\partial E_s}{\partial \gamma_\delta} - \frac{1}{\Lambda^{E_s}} \frac{\partial \eta_s}{\partial \gamma_\delta} \right) \right\} g^{EA} = 0 \ , \tag{5.264}$$

$\delta = 1, \dots, \lambda$ . Wegen algebraischer Unabhängigkeit des Metriktensors $g^{EA}$ vom Krümmungstensor $b^{EA}$ müssen die Koeffizienten von diesen Tensoren unabhängig voneinander Null sein, damit die Gl.(5.264) erfüllt werden kann. Wir erhalten:

$$\tau_\delta = 0 \tag{5.265}$$

und

$$\sigma_\delta = \gamma\gamma_\delta \, \frac{\partial \left( E_s - (\Lambda^{E_s})^{-1} \eta_s \right)}{\partial \gamma_\delta} \ . \tag{5.266}$$

Wir interpretieren das Resultat wie folgt: Zunächst folgt unmittelbar, daß der Spannungstensor $T_\delta^{EA}$ an der Grenzfläche die Darstellung

$$T_\delta^{EA} = - \sigma_\delta \, g^{EA} \tag{5.267}$$

besitzt. Dabei ist $\sigma_\delta$ der skalare Koeffizient des Spannungstensors $T_\delta^{EA}$ an der Grenzfläche, $\sigma_\delta$ selbst ist eine Funktion von allen Partialdichten $\gamma_\xi$ (siehe Darstellung (5.230)), der Grenzflächentemperatur $\vartheta_s$ sowie der mittleren Krümmung $k_H$ und der Gaußschen Krümmung $k_G$ . Die Darstellung (5.267) wurde ohne Definition eines thermodynamischen Gleichgewichtes an der Grenzfläche hergeleitet, sie gilt also auch im thermodynamischen Nicht-Gleichgewicht und damit ist die Behauptung in [34] widerlegt,daß die Darstellung (5.267) nur für das thermodynamische Gleichgewicht gültig sei.

Zweitens stellt die Gl.(5.266) eine Berechnungsvorschrift für den skalaren Koeffizienten der Grenzflächenspannung dar, falls die Funktion

$E_s-(\Lambda^{E_s})^{-1}\eta_s$ , es ist die freie Energie wie wir später sehen werden, bekannt ist.

Summieren wir Gl.(5.267) bezüglich $\delta=1,\dots,\lambda$ , so erhalten wir für den Spannungstensor

$$\tau^{EA}=\gamma\sum_{\delta=1}^{\lambda}\gamma_\delta\,\frac{\partial(E_s-(\Lambda^{E_s})^{-1}\eta_s)}{\partial\gamma_\delta}\,g^{EA} \tag{5.268}$$

für die Mischung.

Subtrahieren wir jetzt die Relation (5.247k) von der Relation (5.247j), dann erhalten wir:

$$\frac{\partial \underset{\tau}{\Phi}^A}{\partial \underset{\tau E}{W}^{\delta}}=\Lambda^{E_s}\frac{\partial \underset{\tau}{q}^A}{\partial \underset{\tau E}{W}^{\delta}}+\sum_{\zeta=1}^{\lambda}\left(\gamma_\delta\,\delta_{\delta\zeta}-\frac{\gamma_\delta\gamma_\zeta}{\gamma}\right)\left(\frac{\partial\gamma\eta_s}{\partial\gamma_\zeta}-\Lambda^{E_s}\frac{\partial\gamma\varepsilon_s}{\partial\gamma_\zeta}\right)g^{AE}\ , \tag{5.269}$$

wobei $\delta=1,\dots,\lambda$ . Dieses Resultat läßt sich wie folgt verifizieren: Wir subtrahieren beide Relationen voneinander, sodann fassen wir die Terme, die den Entropiestrom und den Wärmestrom enthalten zusammen und lösen die Gleichung nach diesen Termen auf. Wir schreiben:

$$\begin{aligned}
&\left(\frac{\partial\eta_s}{\partial\gamma_\delta}-\Lambda^{E_s}\frac{\partial E_s}{\partial\gamma_\delta}\right)\delta^A_B-\left(\frac{\partial\eta_s}{\partial\gamma_\lambda}-\Lambda^{E_s}\frac{\partial E_s}{\partial\gamma_\lambda}\right)\delta^A_B+\Lambda^{\underset{\tau\delta}{W}^B}\frac{1}{\gamma}\underset{\tau}{U}_\delta^{A}-\Lambda^{\underset{\tau\lambda}{W}^B}\frac{1}{\gamma}\underset{\tau}{U}_\delta^{A}\\
&=g_{BE}\frac{1}{\gamma\gamma_\delta}\left(\frac{\partial \underset{\tau}{\Phi}^A}{\partial \underset{\tau E}{W}^{\delta}}-\Lambda^{E_s}\frac{\partial \underset{\tau}{Q}^A}{\partial \underset{\tau E}{W}^{\delta}}\right)+g_{BE}\frac{1}{\gamma\gamma_\lambda}\sum_{\varphi=1}^{\lambda-1}\left(\frac{\partial \underset{\tau}{\Phi}^A}{\partial \underset{\tau E}{W}^{\varphi}}-\Lambda^{E_s}\frac{\partial \underset{\tau}{Q}^A}{\partial \underset{\tau E}{W}^{\varphi}}\right)\ ,
\end{aligned} \tag{5.270}$$

$$=g_{BE}\sum_{\zeta=1}^{\lambda-1}\frac{1}{\gamma\gamma_\zeta}\delta_{\zeta\delta}\left(\frac{\partial \underset{\tau}{\Phi}^A}{\partial \underset{\tau E}{W}^{\varphi}}-\Lambda^{E_s}\frac{\partial \underset{\tau}{Q}^A}{\partial \underset{\tau E}{W}^{\varphi}}\right)+g_{BE}\frac{1}{\gamma\gamma_\lambda}\sum_{\varphi=1}^{\lambda-1}\left(\frac{\partial \underset{\tau}{\Phi}^A}{\partial \underset{\tau E}{W}^{\varphi}}-\Lambda^{E_s}\frac{\partial \underset{\tau}{Q}^A}{\partial \underset{\tau E}{W}^{\varphi}}\right),$$

$$=g_{BA}\sum_{\varphi=1}^{\lambda-1}\left(\frac{1}{\gamma\gamma_\zeta}\delta_{\zeta\delta}-\frac{1}{\gamma\gamma_\lambda}\right)\left(\frac{\partial \underset{\tau}{\Phi}^A}{\partial \underset{\tau E}{W}^{\varphi}}-\Lambda^{E_s}\frac{\partial \underset{\tau}{Q}^A}{\partial \underset{\tau E}{W}^{\varphi}}\right).$$

Die Auflösung erreichen wir dadurch, daß wir die Größe $\left(\frac{1}{\gamma\gamma_\xi}\delta_{\xi\delta}+\frac{1}{\gamma\gamma_\lambda}\right)$ als Matrix $A_{\delta\xi}$ definieren. Aus

$$\sum_{\delta=1}^{\lambda-1} \overset{-1}{A}_{\varrho\delta} A_{\delta\xi} = \delta_{\varrho\xi} \tag{5.271}$$

berechnen wir die Umkehrmatrix

$$\overset{-1}{A}_{\varrho\delta} = \gamma\left(\gamma_\varrho \delta_{\varrho\delta} - \frac{\gamma_\varrho\gamma_\delta}{\gamma}\right) \tag{5.272}$$

mit der wir Gl.(5.270) auflösen. Die Auflösung bezüglich des Entropie- und Wärmestromes ergibt nach einer einfachen, aber längeren Rechnung das Resultat:

$$\begin{aligned}\left(\frac{\partial \underset{\tau}{\Phi}^A}{\partial \underset{\tau E}{W}^\delta} - \Lambda^{E_s}\frac{\partial \underset{\tau}{Q}^A}{\partial \underset{\tau E}{W}^\delta}\right)g_{AE} &= \sum_{\delta=1}^{\lambda}\left(\gamma_\varrho\delta_{\varrho\delta} - \frac{\gamma_\varrho\gamma_\delta}{\gamma}\right)\left(\frac{\partial\gamma\eta_s}{\partial\gamma_\delta} - \Lambda^{E_s}\frac{\partial\gamma E_s}{\partial\gamma_\delta}\right)\\ &\quad - \Lambda^{E_s} g_{AE}\sum_{\delta=1}^{\lambda}\left(\gamma_\delta\delta_{\varrho\delta} - \frac{\gamma_\varrho\gamma_\delta}{\gamma}\right)\underset{\tau}{U}_\delta^A\, \underset{\tau}{U}_\delta^E\end{aligned} \tag{5.273}$$

bzw.

$$\frac{\partial \underset{\tau}{\Phi}^A}{\partial \underset{\tau E}{W}^\delta} = \Lambda^{E_s}\frac{\partial \underset{\tau}{q}^A}{\partial \underset{\tau E}{W}^\delta} + g^{AE}\sum_{\delta=1}^{\lambda}\left(\gamma_\varrho\delta_{\varrho\delta} - \frac{\gamma_\varrho\gamma_\delta}{\gamma}\right)\left(\frac{\partial\gamma\eta_s}{\partial\gamma_\delta} - \Lambda^{E_s}\frac{\partial\gamma\varepsilon_s}{\partial\gamma_\delta}\right), \tag{5.274}$$

wenn wir den Wärmestrom $\underset{\tau}{Q}^A$ und die innere Energie $E_s$ gemäß Gl.(4.101) und Gl.(4.100) ohne ihre geschwindigkeitsabhängigen Terme einführen.

Die Flächenrelation (5.247g) ist noch nicht in der, für unsere Zwecke geeigneten Form. Es ist so, daß die innere Energie $E_s$ und die Entropie $\eta_s$ nach (5.217) als skalare Größen nicht von einem Flächentensor, nämlich dem Krümmungstensor $b_{AB}$, abhängen. Eine Abhängigkeit ist über die mittlere Krümmung $k_H$ und die Gaußsche Krümmung $k_G$ gegeben. Aus Gl.(5.247g) entstehen zwei Grenzflächenrelationen, wobei wir beachten, daß

$$\frac{\partial \eta_s}{\partial b_{AB}} = \frac{\partial \eta_s}{\partial k_M}\frac{\partial k_M}{\partial b_{AB}} + \frac{\partial \eta_s}{\partial k_G}\frac{\partial k_G}{\partial b_{AB}} \tag{5.275}$$

ist. Die partielle Ableitung $\frac{\partial k_M}{\partial b_{AB}}$ und die Ableitung $\frac{\partial k_G}{\partial b_{AB}}$ ist bekannt (siehe (3.34 ) und ( 3.35 )), wir benutzen diese und erhalten für die partielle Ableitung der Entropie bezüglich des Krümmungstensors die Formel:

$$\frac{\partial \eta_s}{\partial b_{AB}} = \frac{1}{2} g^{AB} \frac{\partial \eta_s}{\partial k_M} + \left(2k_M g^{AB} - b^{AB}\right)\frac{\partial \eta_s}{\partial k_G} \quad . \tag{5.276}$$

Analog gilt für die innere Energie $E_s$ :

$$\frac{\partial E_s}{\partial b_{AB}} = \frac{1}{2} g^{AB} \frac{\partial E_s}{\partial k_M} + \left(2k_M g^{AB} - b^{AB}\right)\frac{\partial E_s}{\partial k_G} \quad . \tag{5.277}$$

Damit können wir die Grenzflächenrelation (5.247g) in die folgende Form bringen:

$$\begin{aligned} \left\{ \frac{1}{2}\left(\frac{\partial \gamma\eta_s}{\partial k_M} - \Lambda^{E_s}\frac{\partial \gamma E_s}{\partial k_M}\right) + 2k_M\left(\frac{\partial \gamma\eta_s}{\partial k_G} - \Lambda^{E_s}\frac{\partial \gamma E_s}{\partial k_G}\right)\right\} g^{AB} & \\ - \left(\frac{\partial \gamma\eta_s}{\partial k_G} - \Lambda^{E_s}\frac{\partial \gamma E}{\partial k_G}\right) b^{AB} = 0 \; . & \end{aligned} \tag{5.278}$$

Der Metriktensor $g^{AB}$ ist algebraisch unabhängig von dem Krümmungstensor $b^{AB}$ und daraus folgern wir, daß die Gleichung (5.278) nur erfüllt werden kann, wenn die Koeffizienten von dem Metriktensor und dem Krümmungstensor unabhängig voneinander Null sind. Den speziellen Fall, daß der Metriktensor $g^{AB}$ und der Krümmungstensor $b^{AB}$ verschwinden, wollen wir nicht betrachten, weil die Grenzflächenthermodynamik an beliebig gekrümmten Flächen gelten soll. Folge: Die Gleichung (5.278) ist identisch Null, falls gilt:

$$\frac{\partial \gamma\eta_s}{\partial k_G} = \Lambda^{E_s}\frac{\partial \gamma E_s}{\partial k_G} \qquad \text{und} \qquad \frac{\partial \gamma\eta_s}{\partial k_M} = \Lambda^{E_s}\frac{\partial \gamma E_s}{\partial k_M} \quad . \tag{5.279}$$

Nach diesen Vorüberlegungen haben sich die Grenzflächenrelationen vereinfacht. Es verbleiben die Relationen in der folgenden Form übrig:

$$\Lambda^{\underset{n}{w}} = - \underset{n}{U}_{\delta}\, \Lambda^{E_s} \quad , \tag{5.280a}$$

$$\Lambda^{\underset{\tau\delta}{w}{}^{B}} = - \underset{\tau}{U}{}_{\delta}^{A}\, g_{AB}\, \Lambda^{E_s} \quad , \tag{5.280b}$$

$$\frac{\partial \gamma \eta_s}{\partial \gamma_\delta} = \Lambda^{E_s} \frac{\partial \gamma \varepsilon_s}{\partial \gamma_\delta} + \Lambda_I^{\gamma_\delta} \quad , \tag{5.280c}$$

$$\frac{\partial \gamma \eta_s}{\partial \vartheta_s} = \Lambda^{E_s} \frac{\partial \gamma \varepsilon_s}{\partial \vartheta_s} \quad , \tag{5.280d}$$

$$\frac{\partial \gamma \eta_s}{\partial k_G} = \Lambda^{E_s} \frac{\partial \gamma \varepsilon_s}{\partial k_G} \quad , \tag{5.280e}$$

$$\frac{\partial \gamma \eta_s}{\partial k_M} = \Lambda^{E_s} \frac{\partial \gamma \varepsilon_s}{\partial k_M} \quad , \tag{5.280f}$$

$$\frac{\partial \underset{\tau}{\Phi}{}^{(A}}{\partial \gamma_{\delta,B)}} = \Lambda^{E_s} \frac{\partial \underset{\tau}{Q}{}^{(A}}{\partial \gamma_{\delta,B)}} \quad \text{bzw.} \quad \frac{\partial \underset{\tau}{\Phi}{}^{(A}}{\partial \gamma_{\delta,B)}} = \Lambda^{E_s} \frac{\partial \underset{\tau}{q}{}^{(A}}{\partial \gamma_{\delta,B)}} \tag{5.280g}$$

$$\frac{\partial \underset{\tau}{\Phi}{}^{(A}}{\partial \vartheta_{s,B)}} = \Lambda^{E_s} \frac{\partial \underset{\tau}{Q}{}^{(A}}{\partial \vartheta_{s,B)}} \quad \text{bzw.} \quad \frac{\partial \underset{\tau}{\Phi}{}^{(A}}{\partial \vartheta_{s,B)}} = \Lambda^{E_s} \frac{\partial \underset{\tau}{q}{}^{(A}}{\partial \vartheta_{s,B}} \tag{5.280h}$$

$$\frac{\partial \underset{\tau}{\Phi}{}^{A}}{\partial \underset{\tau}{W}{}_{E}^{\delta}} = \Lambda^{E_s} \frac{\partial \underset{\tau}{q}{}^{A}}{\partial \underset{\tau}{W}{}_{E}^{\delta}} + g^{AE} \sum_{\delta=1}^{\lambda} \left( \gamma_\xi \delta_{\xi\delta} - \frac{\gamma_\xi \gamma_\delta}{\gamma} \right) \left( \frac{\partial \gamma \eta_s}{\partial \gamma_\delta} - \Lambda^{E_s} \frac{\partial \gamma \varepsilon_s}{\partial \gamma_\delta} \right) , \tag{5.280i}$$

$$\frac{\partial \underset{\tau}{\Phi}{}^{A)}}{\partial b_{B(C}} = \Lambda^{E_s} \frac{\partial \underset{\tau}{Q}{}^{A)}}{\partial b_{B(C}} + \Lambda^{E_s} \sum_{\delta=1}^{\lambda} \underset{\tau}{U}{}_{\delta}^{A}\, g_{AE} \frac{\partial T_{\delta}^{A)E}}{\partial b_{B(C}} \quad . \tag{5.280j}$$

An dieser Stelle der Auswertung ist es wichtig, einmal klarzustellen, wie wir Vereinfachungen für die Lagrange-Multiplikatoren (5.247 o-r) erreichen können. Die Grenzflächenrelation (5.280d-f) können wir umschreiben, so können wir z.B. für die Relation (5.280d) schreiben:

$$\Lambda^{E_s} = \frac{\partial\gamma\eta_s/\partial\vartheta_s}{\partial\gamma\varepsilon_s/\partial\vartheta_s} \quad . \tag{5.281}$$

Berücksichtigen wir die Darstellung (5.217) für die innere Energie $\varepsilon_s$ und die Entropie $\eta_s$ , so schließen wir aus (5.281), daß die rechte Seite keine Funktion von $\gamma_{\delta,A}$, $\vartheta_{s,A}$, $\underset{n}{w}_\delta$ , $\underset{\tau}{w}_\delta{}^A$ und den Konstanten $b$ und $a_k^\delta$ ist. Die linke Seite, d.h. also $\Lambda^{E_s}$ kann keine Funktion von $\gamma_{\delta,A}, \dots, a_k^\delta$ sein. Dieselbe Schlußfolgerung ergibt sich aus den Relationen (5.280e) und (5.280f). Daraus folgt, daß die Darstellung (5.247r) für den Lagrange-Multiplikator $\Lambda^{E_s}$ die folgende funktionale Abhängigkeit besitzt:

$$\Lambda^{E_s} = \Lambda^{E_s}(\gamma_\delta, \vartheta_s, k_H, k_G) \, . \tag{5.282}$$

Aus der Relation (5.280c) folgt durch Umschreibung:

$$\Lambda_I^{\gamma_\delta} = \frac{\partial\gamma\eta_s}{\partial\gamma_\delta} - \Lambda^{E_s}\frac{\partial\gamma\varepsilon_s}{\partial\gamma_\delta} \quad .$$

Auch hier ist die rechte Seite keine Funktion von $\gamma_{\delta,A}$, $\vartheta_{s,A}$ , $\underset{n}{w}_\delta$, $\underset{\tau}{w}_\delta{}^A$, $b$ und $a_k^\delta$ und folglich besitzt der Lagrange-Multiplikator $\Lambda_I^{\gamma_\delta}$ die reduzierte Darstellung:

$$\Lambda_I^{\gamma_\delta} = \Lambda_I^{\gamma_\delta}(\gamma_\delta, \vartheta_s, k_H, k_G) \, . \tag{5.283}$$

Die Lagrange-Muliplikatoren $\Lambda^{\underset{n}{w}_\delta}$ und $\Lambda^{\underset{\tau}{w}_\delta^B}$ sind von der Diffusionsgeschwindigkeit normal bzw. tangential zur Grenzfläche abhängig und abhängig von dem Lagrange-Multiplikator $\Lambda^{E_s}$ . Da sich die Diffusionsgeschwindigkeit in Termen der Relativgeschwindigkeit $\underset{n}{w}_\delta$ (siehe Gl.(5.249)) bzw. $\underset{\tau}{W}_\delta^A$ (siehe Gl.(5.254) darstellen läßt, folgern wir aus Relation (5.280a) bzw. (5.280b) eine funktionale Abhängigkeit für die Lagrange-Multiplikatoren $\Lambda^{\underset{n}{W}_\delta}$ bzw. $\Lambda^{\underset{\tau}{W}_\delta^B}$ :

$$\begin{aligned} \Lambda^{\underset{n}{W}_\delta} &= \Lambda^{\underset{n}{W}_\delta}\left(\gamma_\xi, \vartheta_s, \underset{n}{W}_\xi, k_H, k_G\right), \\ \Lambda^{\underset{\tau}{W}_\delta^B} &= \Lambda^{\underset{\tau}{W}_\delta^B}\left(\gamma_\xi, \vartheta_s, \underset{\tau}{W}_\xi^B, k_H, k_G\right). \end{aligned} \tag{5.284}$$

Diese Lagrange-Multiplikatoren ermöglichen es, daß die Sprungterme in der Impulsbilanz mit den Sprungtermen in der Energiebilanz vereinigt werden können. Eine weitere oder grundlegende Bedeutung kann diesen Lagrange-Multiplikatoren nicht zugeordnet werden - sie sind, wie oben schon betont, nur Hilfsfunktionen. Im folgenden werden wir zeigen, daß der Lagrange-Multiplikator $\Lambda^{E_s}$ bis auf eine Abhängigkeit von der Grenzflächentemperatur $\vartheta_s$ reduziert wird. Die Lagrange-Multiplikatoren $\Lambda^{\underset{n}{W}_\delta}$ und $\Lambda^{\underset{\tau}{W}_\delta^B}$ sind dann nur noch Funktionen der Grenzflächentemperatur $\vartheta_s$ und der Relativgeschwindigkeit $\underset{n}{W}_\xi$ bzw. $\underset{\tau}{W}_\xi^B$.

## b) Entropie-Wärmestrom-Relation

Mittels Integration erhalten wir aus den Relationen (5.280g-i) die folgende Entropie-Wärmestrom-Relation:

$$\underset{\tau}{\Phi}^A = \Lambda^{E_s}\underset{\tau}{q}^A + \sum_{\delta=1}^{\lambda-1}\sum_{\xi=1}^{\lambda}\left(\gamma_\delta\delta_{\delta\xi} - \frac{\gamma_\delta\gamma_\xi}{\gamma}\right)\left(\frac{\partial\gamma\eta_s}{\partial\gamma_\xi} - \Lambda^{E_s}\frac{\partial\gamma\varepsilon_s}{\partial\gamma_\xi}\right)\underset{\tau}{W}_\delta^A . \tag{5.285a}$$

Mit Gl.(5.254) folgt aus vorstehender Relation die Form

$$\underset{\tau}{\Phi}^A = \Lambda^{E_s}\underset{\tau}{q}^A + \sum_{\xi=1}^{\lambda}\gamma_\xi\left(\frac{\partial\gamma\eta_s}{\partial\gamma_\xi} - \Lambda^{E_s}\frac{\partial\gamma\varepsilon_s}{\partial\gamma_\xi}\right)\underset{\tau}{u}_\xi^A \tag{5.285b}$$

bzw.

$$\underset{\tau}{\Phi}^A = \Lambda^{E_s} \underset{\tau}{Q}^A + \sum_{\zeta=1}^{\lambda} \gamma_\zeta \left( \frac{\partial \gamma \eta_s}{\partial \gamma_\zeta} - \Lambda^{E_s} \frac{\partial \gamma E_s}{\partial \gamma_\zeta} \right) \underset{\tau}{\mathcal{U}}_\zeta^A \quad . \tag{5.285c}$$

Weiterhin können wir diese Relation noch mit Gl.(5.280c) umschreiben und erhalten eine weitere Variante für die Entropie-Wärmestrom-Relation in der folgenden Form:

$$\underset{\tau}{\Phi}^A = \Lambda^{E_s} \underset{\tau}{q}^A + \sum_{\zeta=1}^{\lambda} \gamma_\zeta \underset{\tau}{\mathcal{U}}_\zeta^A \Lambda_I^{\gamma_\zeta} \quad . \tag{5.285d}$$

## c) Einschränkungen für die Lagrange-Multiplikatoren $\Lambda^{E_s}$ und $\Lambda_I^{\gamma_\zeta}$ sowie für die innere Energie $\varepsilon_s$ und die Entropie $\eta_s$

Zunächst besprechen wir weitere Einschränkungen, die sich für die Darstellung (5.282) des Lagrange-Multiplikators $\Lambda^{E_s}$ aus der Grenzflächenrelation (5.280j) ergeben. Inspektion der Darstellung (5.282) zeigt, daß $\Lambda^{E_s}$ unabhängig von der Diffusionsgeschwindigkeit $\underset{\tau}{\mathcal{U}}_\delta^B$ ist. Wir gelangen zu einer Einschränkung für $\Lambda^{E_s}$ , wenn wir nur den Teil der Relation (5.280j) und (5.285d) benutzen, der unabhängig von der Diffusionsgeschwindigkeit ist. Wir erhalten dann aus Relation (5.280j):

$$\frac{\partial \Lambda^{E_s}}{\partial b_{B(C}} \underset{\tau}{Q}^{A)} = 0 \tag{5.286}$$

bzw.

$$\left( \frac{1}{2} \frac{\partial \Lambda^{E_s}}{\partial k_H} + 2 k_H \frac{\partial \Lambda^{E_s}}{\partial k_G} \right) g^{B(C} - \frac{\partial \Lambda^{E_s}}{\partial k_G} b^{B(C} = 0 \tag{5.287}$$

unter der Voraussetzung, daß der Wärmstrom $\underset{\tau}{Q}^A \neq 0$ ist und mit Hilfe von Gl.(3.34) und Gl.(3.35). Aus Gl.(5.287) erhalten wir unmittelbar:

$$\frac{\partial \Lambda^{E_s}}{\partial k_G} = 0 \quad \text{und} \quad \frac{\partial \Lambda^{E_s}}{\partial k_H} = 0 \quad . \tag{5.288}$$

Dieses Resultat besagt, daß $\Lambda^{E_s}$ unabhängig ist von der Gaußschen Krümmung $k_G$ und der mittleren Krümmung $k_M$. Der Lagrange-Multiplikator (5.282) ist eine Funktion der Partial-Massendichte $\gamma_\delta$, $\delta = 1, \dots, \lambda$ und der Grenzflächentemperatur $\vartheta_s$, wir schreiben:

$$\Lambda^{E_s}(\gamma_\delta, \vartheta_s) . \tag{5.289}$$

Wir diskutieren jetzt die Einschränkungen, die aus den Grenzflächenrelationen (5.280c-f) bei einer wechselseitigen Differentiation folgen. Wir differenzieren die Relation (5.280d) bezüglich $k_M$ und die Relation (5.280f) bezüglich $\vartheta_s$ und erhalten:

$$\begin{aligned} \frac{\partial^2 \gamma \eta_s}{\partial k_M \, \partial \vartheta_s} &= \frac{\partial \Lambda^{E_s}}{\partial k_M} \frac{\partial \gamma \varepsilon_s}{\partial \vartheta_s} + \Lambda^{E_s} \frac{\partial^2 \gamma \varepsilon_s}{\partial k_M \partial \vartheta_s} , \\ \frac{\partial^2 \gamma \eta_s}{\partial \vartheta_s \, \partial k_M} &= \frac{\partial \Lambda^{E_s}}{\partial \vartheta_s} \frac{\partial \gamma \varepsilon_s}{\partial k_M} + \Lambda^{E_s} \frac{\partial^2 \gamma \varepsilon_s}{\partial \vartheta_s \, \partial k_M} . \end{aligned} \tag{5.290}$$

Subtrahieren wir die zweite Zeile von der ersten Zeile und beachten, daß $\Lambda^{E_s}$ keine Funktion von $k_M$ ist, so folgt:

$$\frac{\partial \varepsilon_s}{\partial k_M} = 0 , \tag{5.291}$$

wobei wir $\partial \Lambda^{E_s}/\partial \vartheta_s \neq 0$ vorausgesetzt haben. Differenzieren wir die Relation (5.280d) bezüglich $k_G$ und die Relation (5.280e) bezüglich $\vartheta_s$, so erhalten wir nach obigem Schema

$$\frac{\partial \varepsilon_s}{\partial k_G} = 0 . \tag{5.292}$$

Die beiden Formen (5.291) und (5.292) schränken die Darstellung (5.217) für die innere Energie $\varepsilon_s$ auf eine Abhängigkeit von der Partial-Massendichte $\gamma_\delta$ $(\delta=1,\dots,\lambda)$ und der Temperatur $\vartheta_s$ an der Grenzfläche ein. Für die innere Energie $\varepsilon_s$ folgt die Darstellung:

$$\epsilon_s(\gamma_\delta, \vartheta_s) . \tag{5.293}$$

Weiterhin folgt unmittelbar aus den Grenzflächenrelationen (5.280e) und (5.280f) mit dem vorstehenden Resultat, daß gilt:

$$\frac{\partial \eta_s}{\partial k_G} = 0 \quad \text{und} \quad \frac{\partial \eta_s}{\partial k_H} = 0 , \tag{5.294}$$

sowie

$$\eta_s(\gamma_\delta, \vartheta_s) . \tag{5.295}$$

Die Grenzflächenrelation (5.280c) benutzen wir jetzt, um eine Einschränkung für den Lagrange-Multiplikator $\Lambda_I^{\gamma_\delta}$ zu deduzieren. Wir schreiben

$$\Lambda_I^{\gamma_\delta} = \frac{\partial \gamma \eta_s}{\partial \gamma_\delta} - \Lambda^{\varepsilon_s} \frac{\partial \gamma \varepsilon_s}{\partial \gamma_\delta} = f(\gamma_\delta, \vartheta_s) \tag{5.296}$$

und erkennen, daß die rechte Seite keine Funktion ist, die von der mittleren Krümmung und der Gaußschen Krümmung abhängt. Somit ist die Darstellung (5.283) für $\Lambda_I^{\gamma_\delta}$ auf

$$\Lambda_I^{\gamma_\delta}(\gamma_\xi, \vartheta_s) \tag{5.297}$$

reduziert. Mit dieser Diskussion haben wir gezeigt, daß die innere Energie $\varepsilon_s$ und die Entropie $\eta_s$ an einer Grenzfläche nicht von den skalaren Invarianten des Krümmungstensors $b_{AB}$, nämlich der mittleren Krümmung $k_H$ und der Gaußschen Krümmung $k_G$, abhängt. Dieses Resultat ist zunächst nicht ohne weitere Überlegungen verständlich. Das Resultat wird verständlich, wenn wir uns daran erinnern, daß wir eine lokale Theorie [21] für die Grenzflächenthermodynamik vorgeschlagen haben. In einer Theorie, bei der die thermodynamischen Eigenschaften nur an einer lokalen Stelle im Kontinuum betrachtet werden, können gar keine skalaren Invarianten des Krümmungstensors auftreten. In anderen Worten, einer lokalen Stelle $P$ können wir gar kein Krümmungsmaß zuordnen. Für die Feststellung einer Krümmung in der Umgebung des Punktes $P$ sind Punkte aus der Umgebung von $P$ bezüglich eines Referenzsystems notwendig. Die Situation ist eine andere für die in Abschnitt IV vorgeschlagene Theorie für semipermeable Grenzbereiche, dort existiert eine Krümmungsabhängigkeit.

Die Reduktion des Lagrange-Multiplikators $\Lambda^{E_s}$, der inneren Energie $E_s$ und der Entropie $\eta_s$ auf eine Funktion, abhängig von den Partialdichten $\gamma_\delta$ und der Grenzflächentemperatur $\vartheta_s$, implizieren weitere Restriktionen, so zum Beispiel für die Darstellung (5.230) für den skalaren Koeffizienten $\sigma_\zeta$ der Grenzflächenspannung $T_\zeta^{BA}$. Mit den vorstehend reduzierten Größen $\Lambda^{E_s}$, $E_s$ und $\eta_s$ folgt, daß die rechte Seite der Gl.(5.266) nur eine Funktion der Partialdichte $\gamma_\delta$ und der Temperatur $\vartheta_s$ ist. Somit gilt für den skalaren Koeffizienten

$$\sigma_\zeta(\gamma_\delta, \vartheta_s) \tag{5.298}$$

und den Spannungstensor

$$T_\zeta^{BA} = -\sigma_\zeta(\gamma_\delta, \vartheta_s)\, g^{BA} . \tag{5.299}$$

Aus der Definition

$$T^{BA} = \tau^{BA} - \sum_{\delta=1}^{\lambda} \gamma_\delta \underset{\tau}{\mathcal{U}}_\delta^B \underset{\tau}{\mathcal{U}}_\delta^A \qquad \text{mit} \quad \tau^{BA} = \sum_{\delta=1}^{\lambda} T_\delta^{BA} \tag{5.300}$$

für den Spannungstensor $T^{BA}$ einer Flüssigkeitsmischung folgt für den Teil des Spannungstensors der unabhängig von den Diffusionsgeschwindigkeiten ist:

$$\tau^{BA} = -\sigma\, g^{AB} . \tag{5.301}$$

Hierbei ist der skalare Koeffizient $\sigma$ die Summe über die partiellen Koeffizienten:

$$\sigma = \sum_{\delta=1}^{\lambda} \sigma_\delta \ . \tag{5.302}$$

Mit Gl.(5.266) können wir schreiben:

$$\sigma = \sum_{\delta=1}^{\lambda} \sigma_\delta = \gamma \sum_{\delta=1}^{\lambda} \gamma_\delta \frac{\partial (E_s - (\Lambda^{E_s})^{-1} \eta_s)}{\partial \gamma_\delta} \ . \tag{5.303}$$

## d) Gibbssche Gleichung der Grenzflächenthermodynamik

Aus der vorangegangenen Diskussion wird deutlich, daß von den vier Grenzflächenrelationen (5.280c-f) nur die beiden Grenzflächenrelationen (5.280c und d), die die Entropie $\eta_s$ mit der inneren Energie $\epsilon_s$ verbindet, übrig bleiben. Multiplizieren wir formal die eine Relation mit $d\gamma_\delta$, die andere mit $d\vartheta_s$ und addieren beide, so entsteht

$$d(\gamma \eta_s) = \Lambda^{E_s} \left\{ \frac{\partial \gamma \varepsilon_s}{\partial \vartheta_s} d\vartheta_s + \sum_{\xi=1}^{\lambda} \left( \frac{\partial \gamma \varepsilon_s}{\partial \gamma_\xi} + \frac{\Lambda_I^{\gamma_\xi}}{\Lambda^{E_s}} \right) d\gamma_\xi \right\} . \tag{5.304}$$

Diese Gleichung nennen wir Gibbssche Gleichung der Grenzflächenthermodynamik. Diese Gleichung gilt für eine Mischung von $\lambda$ Konstituenten von chemisch reagierenden wärmeleitenden Flüssigkeiten in der Grenzfläche.

## e) Chemisches Potential einer Grenzfläche

In diesem Abschnitt soll das chemische Potential an einer Grenzfläche eingeführt werden. Für diese Betrachtungen benötigen wir den Begriff einer semipermeablen Linie in der Grenzfläche. Eine Linie $\mathcal{C}(t)$ in der

Grenzfläche haben wir in Abschnitt 3.4.2 eingeführt, und wir haben in Abschnitt 3.4.4 das Geschwindigkeitsfeld an der Berandung eines herausgegriffenen Testvolumens diskutiert. Die dort eingeführte Nomenklatur soll hier beibehalten werden. In Abschnitt 5.4.6 haben wir eine, für Teilchen undurchdringliche Linie $\mathcal{Y}(t)$ in der Grenzfläche diskutiert. Wir nehmen jetzt an, daß die Linie $\mathcal{Y}(t)$ in der Grenzfläche für Flüssigkeitsteilchen semipermeabel sei.

Die Grundlage für unsere Überlegungen sind die folgenden Sprungterme an einer semipermeablen Linie $\mathcal{Y}(t)$, die keine Massendichte besitzen soll (vergleiche die Konditionen, die wir bezüglich $\mathcal{Y}(t)$ in Abschnitt 5.3.6 eingeführt haben). Die Bilanzgleichungen sind dann Sprungterme von Flächengrößen, die wir definiert haben.

Bilanz der Massendichte an einer Linie in der Grenzfläche:

$$[\![ \gamma(\underset{\tau}{w}^A - \underset{\tau}{u}^A)\xi_A ]\!] = 0. \tag{5.305}$$

Bilanz des Impulses an einer Linie:

$$[\![ \gamma w^k(\underset{\tau}{w}^A - \underset{\tau}{u}^A)\xi_A - T^{kA}\xi_A ]\!] = \mathcal{S}^k, \tag{5.306}$$

wobei $\mathcal{S}^k$ die Komponenten einer Kraft längs der Linie $\mathcal{Y}(t)$ sind.

Bilanz der inneren Energie an einer Linie:

$$[\![ \gamma\left(E_s + \tfrac{1}{2}(w^k)^2\right)(\underset{\tau}{w}^A - \underset{\tau}{u}^A)\xi_A - T^{kA}w_k\xi_A + \underset{\tau}{Q}^A\xi_A ]\!] = \mathcal{S}^k u_k . \tag{5.307}$$

Bilanz der Entropie an einer Linie:

$$[\![ \gamma\eta_s(\underset{\tau}{w}^A - \underset{\tau}{u}^A)\xi_A + \underset{\tau}{\Phi}^A\xi_A ]\!] = 0. \tag{5.308}$$

Multiplizieren wir die Gl.(5.306) mit den Komponenten des Geschwindigkeitsfeldes $u_k$, so läßt sich die Linienkraft $S^k$ in (5.306) und (5.307) eliminieren. Wir erhalten:

$$[\![ \gamma (E_S + \tfrac{1}{2}(w^k)^2 - w^k u_k)(\underset{\tau}{w}^A - \underset{\tau}{u}^A)\xi_A - T^{kA}(w_k - u_k)\xi_A + \underset{\tau}{Q}^A \xi_A ]\!] = 0. \tag{5.309}$$

Da die semipermeable Linie $\mathcal{C}(t)$ in der Fläche, bezüglich ihrer Eigenschaft der Semipermeabilität innerhalb der Fläche bei Annäherung an $\mathcal{C}(t)$ untersucht werden soll, ist klar, daß nur die Komponenten der Geschwindigkeitsfelder und der konstitutiven Gleichungen in der Fläche von Bedeutung sind. Das ist der Grund, daß wir in Gl.(5.309) die Normalkomponenten der Felder, die senkrecht zur Linie angeordnet sind und in die angrenzenden Volumenbereiche zeigen, nicht betrachten. In den Sprungtermen treten nur Größen und Felder in Erscheinung, die auf der Grenzfläche definiert sind. Unter Hinzunahme der Massenbilanz folgt für die Gl.(5.309):

$$[\![ \underset{\tau}{Q}^A \xi_A ]\!] + [\![ E_S - \tfrac{1}{2}(\underset{\tau}{w}^A - \underset{\tau}{u}^A)(\underset{\tau}{w}^B - \underset{\tau}{u}^B) g_{AB} - \tfrac{1}{\gamma} T^{BA} g_{BA} ]\!] \gamma (\underset{\tau}{w}^C - \underset{\tau}{u}^C)\xi_C = 0, \tag{5.310}$$

wobei wir die algebraische Identität

$$[\![ \varphi \psi ]\!] = \tfrac{1}{2}(\varphi_+ + \varphi_-)[\![ \psi ]\!] + \tfrac{1}{2}(\psi_+ + \psi_-)[\![ \varphi ]\!] \tag{5.311}$$

bezüglich eines Produktes $\varphi\psi$ an einer Grenzlinie benutzt haben. Die Größe $\varphi$ und $\psi$ sind in der Grenzfläche definiert. $\varphi_+$ bzw. $\varphi_-$ ist der flächenartige Grenzwert der Größe $\varphi$ bei Annäherung aus der Fläche $\Sigma_+$ bzw. $\Sigma_-$ an die Linie $\mathcal{C}(t)$.

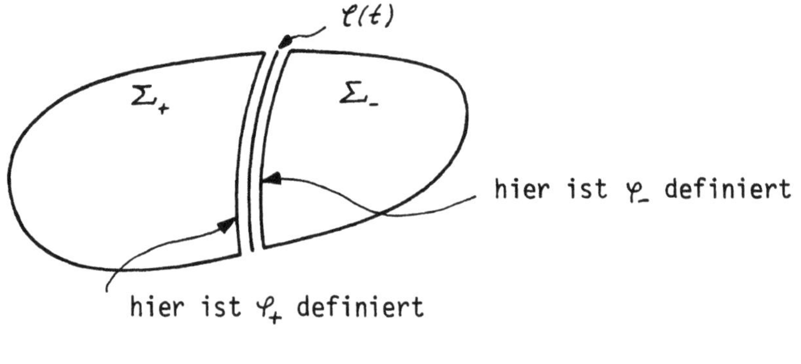

Mit der Definition (vergleiche (4.99 - 4.101))

$$T^{BA} = \sum_{\delta=1}^{\lambda}\left(T_{\delta}^{BA} - \gamma_{\delta}\, \underset{\tau}{U}_{\delta}^{B}\, \underset{\tau}{U}_{\delta}^{A}\right) \qquad \text{für den Spannungstensor,}$$

$$\underset{\tau}{Q}^{A} = \underset{\tau}{q}^{A} + \frac{1}{2}\sum_{\delta=1}^{\lambda} \gamma_{\delta}\left(U_{\delta}^{k}\right)^{2} \underset{\tau}{U}_{\delta}^{A} \qquad \text{für den Wärmestrom und}$$

$$E_{s} = \varepsilon_{s} + \frac{1}{2}\sum_{\delta=1}^{\lambda}\frac{\gamma_{\delta}}{\gamma}\left(U_{\delta}^{k}\right)^{2} \qquad \text{für die innere Energie}$$

und einer Zusammenfassung der geschwindigkeitsabhängigen Terme folgt unmittelbar für die Gl.(5.310) die Form

$$[\![ \underset{\tau}{q}^{A}\xi_{A} ]\!] + [\![ \varepsilon_{s} + \frac{1}{2}(\underset{\tau}{w}_{\delta}^{A} - \underset{\tau}{u}^{A})(\underset{\tau}{w}_{\delta}^{B} - \underset{\tau}{u}^{B}) g_{AB} - \frac{1}{\gamma} g_{BA}\sum_{\zeta=1}^{\lambda} T_{\zeta}^{BA} ]\!]\, \gamma\, (\underset{\tau}{w}^{C} - \underset{\tau}{u}^{C})\xi_{C} = 0 \tag{5.312}$$

für eine Linie, die für $\delta$ -Teilchen permeabel ist. In dieser Gleichung eliminieren wir den ersten Term auf der linken Seite mit Hilfe der Entropiebilanz (5.308). Zu diesem Zweck benutzen wir die hergeleitete Entropie-Wärmestrom-Relation (5.285d) an einer Grenzfläche, um die Bilanz (5.308) umzuformen. Wir erhalten:

$$[\![ \underset{\tau}{q}^{A}\xi_{A} ]\!] = -\frac{1}{\Lambda^{E_s}} [\![ \eta_{s} + \sum_{\zeta=1}^{\lambda}\gamma_{\zeta}\left(\frac{1}{\gamma_{\delta}}\delta_{\zeta\delta} - \frac{1}{\gamma}\right)\Lambda_{I}^{\gamma_{\zeta}} ]\!]\, \gamma\, (\underset{\tau}{w}^{C} - \underset{\tau}{u}^{C})\xi_{C} \tag{5.313}$$

und zusammen mit Gl.(3.312) gilt:

$$[\![ \varepsilon_{s} - \frac{1}{\Lambda^{E_s}}\eta_{s} - \frac{1}{\gamma} g_{BA}\sum_{\zeta=1}^{\lambda} T_{\zeta}^{BA} - \sum_{\zeta=1}^{\lambda}\left(\frac{\gamma_{\zeta}}{\gamma_{\delta}}\delta_{\zeta\delta} - \frac{\gamma_{\zeta}}{\gamma}\right)\frac{\Lambda_{I}^{\gamma_{\zeta}}}{\Lambda^{E_s}} \frac{1}{2}(\underset{\tau}{w}_{\delta}^{A} - \underset{\tau}{u}^{A})(\underset{\tau}{w}_{\delta}^{B} - \underset{\tau}{u}^{B}) g_{AB} ]\!]\, \gamma\, (\underset{\tau}{w}^{C} - \underset{\tau}{u}^{C})\xi_{C} = 0. \tag{5.314}$$

Der in der eckigen Klammer eingeschlossene Ausdruck ist an einer für $\delta$ -Teilchen semipermeablen Linie stetig. Wir identifizieren diesen Ausdruck als das chemische Potential

$$\mu_{s\delta} = \varepsilon_s - \frac{1}{\Lambda^{E_s}} \eta_s - \frac{1}{\gamma} g_{AB} \sum_{\xi=1}^{\lambda} T_\xi^{BA} - \sum_{\xi=1}^{\lambda} \left( \frac{\gamma_\xi}{\gamma_\delta} \delta_{\xi\delta} - \frac{\gamma_\xi}{\gamma} \right) \frac{\Lambda_I^{\gamma_\xi}}{\Lambda^{E_s}} + \frac{1}{2} (\underset{\tau}{w}_\delta^A - \underset{\tau}{u}^A)(\underset{\tau}{w}_\delta^B - \underset{\tau}{u}^B) g_{AB}$$

an der Fläche. Hieraus folgt unmittelbar für das thermodynamische Gleichgewicht $E$ :

$$\mu_{s\delta}\Big|_E = {}_I\mu_{s\delta} \quad , \tag{5.315}$$

wobei

$${}_I\mu_{s\delta} = \varepsilon_s - \frac{\eta_s}{\Lambda^{E_s}} + \frac{\sigma}{\gamma} - \sum_{\xi=1}^{\lambda} \left( \frac{\gamma_\xi}{\gamma_\delta} \delta_{\xi\delta} - \frac{\gamma_\xi}{\gamma} \right) \frac{\Lambda_I^{\gamma_\xi}}{\Lambda^{E_s}} \quad . \tag{5.316}$$

Mit der konstitutiven Gleichung (5.267) für den Spannungstensor $T_\xi^{BA}$ an der Grenzfläche, erhalten wir:

$${}_I\mu_{s\delta} = \varepsilon_s - \frac{\eta_s}{\Lambda^{E_s}} + \frac{\sigma}{\gamma} - \sum_{\xi=1}^{\lambda} \left( \frac{\gamma_\xi}{\gamma_\delta} \delta_{\xi\delta} - \frac{\gamma_\xi}{\gamma} \right) \frac{\Lambda_I^{\gamma_\xi}}{\Lambda^{E_s}} \quad . \tag{5.317}$$

Mit Gl.(5.261) erhalten wir anstelle der Darstellung (5.315) die Darstellung

$$\mu_{s\delta} = {}_I\mu_{s\delta} + \frac{1}{2} (\underset{\tau}{w}_\delta^A - \underset{\tau}{u}^A)(\underset{\tau}{w}_\delta^B - \underset{\tau}{u}^B) g_{AB} \quad , \tag{5.318}$$

wobei

$${}_I\mu_{s\delta} = - \frac{\Lambda_I^{\gamma_\delta}}{\Lambda^{E_s}} \tag{5.319}$$

ist. Eine weitere Darstellung für das chemische Potential an der Grenzfläche erhalten wir mit Hilfe von

$$\frac{\sigma}{\gamma} = - \frac{1}{\Lambda^{E_s}} \sum_{\varsigma=1}^{\lambda} \gamma_\varsigma \frac{\partial(\eta_s - \varepsilon_s \Lambda^{E_s})}{\partial \gamma_\varsigma}$$

aus (5.268) und mit (5.247e):

$$_I\mu_{s\delta} = \frac{\partial \gamma(\varepsilon_s - \eta_s/\Lambda^{E_s})}{\partial \gamma_\delta} . \tag{5.320}$$

In Gl.(5.317) für das chemische Potential an der Grenzfläche haben wir die Darstellung (5.267) für den Spannungstensor $T_\varsigma^{BA}$ für eine nicht-viskose Flüssigkeit eingesetzt. Für den Fall einer viskosen Flüssigkeitsmischung müssen wir den Spannungstensor aus dem Anhang benutzen. Das chemische Potential an der Grenzfläche ist dann von dem Geschwindigkeitsgradienten $d^\delta_{AB}$ abhängig.

## 5.4.5 Rest-Entropieungleichung

In dem vorangegangenen Abschnitt haben wir besprochen, was uns berechtigt aus der Entropie-Ungleichung (5.245) die Koeffizienten vor den höchsten vorkommenden Ableitungen (5.246) aus der Entropie-Ungleichung herauszunehmen und was aus diesen Koeffizienten, wir hatten sie Grenzflächenrelationen genannt, gefolgert werden kann. Jetzt soll der verbleibende Rest der Entropie-Ungleichung, genannt Rest-Entropieungleichung angeschrieben und diskutiert werden. Diese Rest-Entropieungleichung wird mit den, im vorhergehenden Abschnitt, erhaltenen Gleichungen vereinfacht. Zunächst werden die, in der Rest-Entropieungleichung verbliebenen Terme, die Ableitungen des Entropiestromes, bezüglich der Massendichte $\gamma_\delta$ und der Grenzflächentemperatur $\vartheta_s$ enthalten, mit Hilfe der

Entropie-Wärmestrom-Relation (5.285d) umgeformt. Weiterhin fassen wir den Massenproduktionsterm $\pi_\delta$ in der Bilanz der Massendichte mit den Termen der Impulsproduktion zu objektiven Vektorkomponenten, nämlich zu dem Term

$$- \Lambda^{E_s} \sum_{\delta=1}^{\lambda} ( m_\delta^k - \pi_\delta w_\delta^k ) \, \mathcal{U}_\delta^k \; , \qquad (5.321)$$

zusammen. Die Grenzflächenspannung tritt sowohl in der Normalimpulsbilanz als auch in der Tangentialimpulsbilanz auf. Diese Terme ordnen wir der Normalkomponente bzw. den beiden Tangentialkomponenten des Termes (5.321) zu. Der Term in der Normalimpulsbilanz lautet:

$$\sum_{\delta=1}^{\lambda} \Lambda^{\overset{w}{n}\delta} \, T_\delta^{BA} \, b_{BA} = 2 k_H \, \Lambda^{E_s} \sum_{\delta=1}^{\lambda} \sigma_\delta \, \underset{n}{\mathcal{U}}_\delta \; , \qquad (5.322)$$

wobei wir die Gl.(5.280a) und die Darstellung (5.299) für den Spannungstensor $T_\delta^{BA}$ benutzt haben. Den Term $T^{BA}_{\delta;A}$ in der Tangentialimpulsbilanz formen wir ebenfalls mit der Darstellung (5.299) für den Spannungstensor $T_\delta^{BA}$ um und erhalten mit der Gl.(5.280b) explizit die Form

$$\sum_{\delta=1}^{\lambda} \Lambda^{\overset{w}{\tau}\delta^B} \, T^{BA}_{\delta;A} = \Lambda^{E_s} \sum_{\delta=1}^{\lambda} \sigma_{\delta,A} \, \underset{\tau}{\mathcal{U}}_\delta^A \; . \qquad (5.323)$$

In einem weiteren Schritt fassen wir mit Hilfe der Grenzflächenrelation (5.280a) und der Relation (5.280b) die Sprungterme, die von der Normal- und Tangentialimpulsbilanz herrühren, zusammen. Unter Beachtung dieser Umformung und unter Vernachlässigung von geschwindigkeitsabhängigen Termen von dritter Ordnung auch in den folgenden Betrachtungen nimmt die Rest-Ungleichung die folgende Gestalt an:

$$\sum_{\delta=1}^{\lambda}\left(\frac{\partial\Lambda^{E_s}}{\partial\gamma_\delta} \underset{\tau}{q}^A + \sum_{\zeta=1}^{\lambda} \gamma_\zeta \underset{\tau}{U}_\zeta^A \frac{\partial\Lambda_I^{\gamma_\zeta}}{\partial\gamma_\delta}\right)\gamma_{\delta,A} + \left(\frac{\partial\Lambda^{E_s}}{\partial\vartheta_s}\underset{\tau}{q}^A + \sum_{\zeta=1}^{\lambda}\gamma_\zeta \underset{\tau}{U}_\zeta^A \frac{\partial\Lambda_I^{\gamma_\zeta}}{\partial\vartheta_s}\right)\vartheta_{s,A}$$

$$-\Lambda^{E_s}\sum_{\delta=1}^{\lambda}\left\{(\underset{n}{m}_\delta - \pi_\delta \underset{n}{w}_\delta) - 2k_H\sigma\right\}\underset{n}{U}_\delta - \Lambda^{E_s}\sum_{\delta=1}^\lambda\left\{(\underset{\tau}{m}_\delta^B - \pi_\delta \underset{\tau}{w}_\delta^B) g_{AB} - \sigma_{\delta,A}\right\}\underset{\tau}{U}_\delta^A$$

$$+\sum_{r=1}^n\left(\sum_{\delta=1}^\lambda\left\{\Lambda_I^{\gamma_\delta} - \frac{1}{2}\Lambda^{E_s}(U_\delta^k)^2\right\}\right)\zeta_\delta^r m_\delta z_r + 2k_H(\underset{n}{w} - \underset{n}{w}_\lambda)\sum_{\delta=1}^\lambda \sigma_\delta + \qquad (5.324)$$

$$[\rho\eta(v^j - w_\lambda^j)e_j + \Phi^j e_j] - \sum_{\delta=1}^\lambda \Lambda^{\gamma_\delta}[\rho_\sigma(v_\sigma^j - w_\lambda^j)e_j] +$$

$$\Lambda^{E_s}\sum_{\delta=1}^\lambda U_\delta^k[\rho_\sigma v_\sigma^k(v_\sigma^j - w_\lambda^j)e_j - t_\sigma^{kj}e_j] - \Lambda^{E_s}[\rho(\varepsilon+\tfrac{1}{2}(v^k-w^k)^2)\cdot$$

$$(v^j - w_\lambda^j)e_j + q^j e_j - t^{kj}(v_k - w_k)e_j] \geq 0 .$$

Mit der Niederschrift der Rest-Ungleichung ist die Auswertung derselben noch nicht abgeschlossen. Es ist vielmehr so, daß mit Hilfe der Rest-Ungleichung weitere Einschränkungen für die konstitutiven Gleichungen , so beispielsweise für den Wärmestrom $\underset{\tau}{q}^A$ und die Größe $(\underset{\tau}{m}_\delta^A - \pi_\delta \underset{\tau}{w}_\delta^A)$ in der Tangentialimpulsbilanz an der Grenzfläche, aus der Rest-Ungleichung herauspräpariert werden können. Aus der Forderung, daß die Rest-Ungleichung nicht durch spezielle Größen verletzt werden darf, liefert die Rest-Ungleichung auch Einschränkungen für die Größen in den Sprungtermen. Die Sprungterme enthalten Grenzwerte von konstitutiven Gleichungen und thermodynamischen Variablen an beiden Seiten der Grenzfläche, die in räumlichen Bereichen definiert sind. Diese Grenzwerte zu beiden Seiten der Grenzfläche sind nicht unabhängig von den thermodynamischen Variablen in der Grenzfläche. So ist zum Beispiel das räumliche Temperaturfeld zu beiden Seiten außerhalb der Grenzfläche, bei Annäherung an die Grenzfläche, nicht unabhängig von dem Temperaturfeld der Grenzfläche. Die Grenzwerte der räumlichen Temperaturfelder und das Temperaturfeld der

Grenzfläche sind durch einen Wärmestrom senkrecht zur Grenzfläche bzw. einen Wärmeübergang an jeder Seite der Grenzfläche voneinander abhängig. Für diese Abhängigkeit benötigen wir eine Gleichung, nämlich eine konstitutive Gleichung, die diese Abhängigkeiten voneinander berücksichtigt. Daß dieses Vorgehen notwendig ist, läßt sich leicht physikalisch begründen. Nehmen wir an, daß der Grenzwert des räumlichen Temperaturfeldes an der Grenzfläche unabhängig von der Grenzflächentemperatur ist, so können wir durch spezielle Wahl des Wertes für das räumliche Temperaturfeld die Rest-Ungleichung verletzen (siehe hierzu den folgenden Abschnitt b, Gl. (5.328)). Vollziehen wir die gleiche Schlußfolge, die zu den Grenzflächenrelationen (5.247) geführt haben, nämlich daß der Koeffizient vor dem Temperaturfeld Null gesetzt werden muß, damit die Rest-Ungleichung nicht verletzt werden kann, so bedeutet dieses, daß wir den Wärmestrom Null setzen müssen. Diese Schlußfolge kann aber nicht allgemein gültig sein, da wir semipermeable Grenzflächen kennen, die in Wärmeaustausch mit ihrer Umgebung stehen. Außerdem liegt gar keine Spezifikation der Grenzfläche vor, so daß wir physikalisch erwarten könnten, der Wärmestrom sei Null. Analoge Überlegungen gelten für den Materieaustausch zwischen der Grenzfläche und den, an diese angrenzenden räumlichen Bereiche (siehe hierzu Abschnitt b, Gl.(5.329)). Über einen Diffusionsstrom normal zur Grenzfläche ist das Geschwindigkeitsfeld des räumlichen Bereiches mit dem Geschwindigkeitsfeld der Grenzfläche miteinander verknüpft. Wir werden auf diese Bemerkungen weiter unten noch zurückkommen.

Letztlich wird die Rest-Ungleichung im Falle des thermodynamischen Gleichgewichtes diskutiert. Im thermodynamischen Gleichgewicht wird die Temperaturfunktion $\Lambda^{E_s}(\vartheta_s)$ mit der Temperatur $\vartheta_s$ der Grenzfläche identifiziert. Für die chemischen Potentiale folgt, daß das chemische Potential der Grenzfläche gleich dem chemischen Potential in dem räumlichen Bereich außerhalb der Grenzfläche ist. Weiterhin erhalten wir Einschränkungen bezüglich des Gültigkeitsbereiches der Koeffizienten in den Polynomdarstellungen für die konstitutiven Gleichungen, speziell für den Wärmeleitungskoeffizienten.

## a) Einschränkungen aus der Rest-Ungleichung

Wir fordern, daß die Rest-Ungleichung (5.313) linear, bezüglich des Dichtegradienten $\gamma_{\delta,A}$ der Massendichte $\gamma_\delta$ an der Grenzfläche ist. Diese Forderung bedeutet, falls wir die Rest-Ungleichung als ein Maß für die Entropie-Produktion an der Grenzfläche ansehen, daß die Entropie-Produktion linear, bezüglich des Dichtegradienten $\gamma_{\delta,A}$ ist. Die Folge aus dieser Forderung ist, daß in der Darstellung (5.225) für den Wärmestrom, die Koeffizienten $\underset{3}{Q}_\zeta$ und $\underset{4}{Q}_\zeta$ Null sind bzw. der Koeffizient

$$\underset{2}{\kappa}_\zeta^{BA} = 0 \tag{5.325}$$

ist, vorausgesetzt, der Metriktensor $g^{BA}$ und der Krümmungstensor $b^{BA}$ sind von Null verschieden. Damit ist die Darstellung (5.225) für den Wärmestrom $\underset{\tau}{q}^B$ auf die folgende Form reduziert:

$$\underset{\tau}{q}^B = \underset{1}{\kappa}^{BA} \vartheta_{S,A} + \sum_{\zeta=1}^{\lambda-1} \underset{3}{\kappa}_\zeta^{BA} \cdot \underset{\tau}{W}_A^\zeta . \tag{5.326}$$

Dieses Resultat ist in Übereinstimmung mit unserer Erwartung. Der Koeffizient

$\underset{1}{\kappa}^{BA}$ heißt Wärmeleitungskoeffizient

und der Koeffizient

$\underset{3}{\kappa}{}_{\xi}^{BA}$ heißt Wärmediffusionskoeffizient

für Mischungen an der Grenzfläche.

Die Rest-Ungleichung ist linear in der beliebigen Größe $\gamma_{\delta,A}$ , sie könnte durch Terme, die diese Größe $\gamma_{\delta,A}$ enthält, verletzt werden, wenn wir der Größe spezielle Werte zuweisen. Wir erhalten keinen Beitrag zur Ungleichung durch diese Terme, die die Größe $\gamma_{\delta,A}$ enthalten, falls die folgende Bedingung gilt:

$$\underset{2}{m}{}_{\delta\xi}^{BA} = g^{BA}\left\{\frac{\partial\sigma_\delta}{\partial\gamma_\xi} + \gamma_\delta \frac{\partial}{\partial\gamma_\xi}\left(\frac{\Lambda_I^{\gamma_\delta}}{\Lambda^{E_s}}\right)\right\}. \tag{5.327}$$

Mit dem chemischen Potential $\mu_{s\delta}$ an der Grenzfläche, erhalten wir aus Gl.(5.327) für den Koeffizienten des Dichtegradienten, in der Darstellung (5.227) für die Wechselwirkungskraft $\underset{\tau}{\mathcal{M}}{}_{\delta}^{B}$ tangential zur Grenzfläche die Formel:

$$\underset{2}{m}{}_{\delta\xi}^{BA} = g^{BA}\left\{\frac{\partial\sigma_\delta}{\partial\gamma_\xi} - \gamma_\delta \frac{\partial\mu_{s\delta}}{\partial\gamma_\xi}\right\}. \tag{5.328}$$

Mit diesem Resultat folgt für die Darstellung (5.227) der Wechselwirkungskraft:

$$\underset{\tau}{\mathcal{M}}{}_{\delta}^{B} = \underset{1}{m}{}_{\delta}^{BA}\cdot\vartheta_{s,A} + \sum_{\xi=1}^{\lambda-1}\underset{3}{m}{}_{\delta\xi}^{BA}\cdot\underset{\tau}{W}{}_{A}^{\xi} + g^{BA}\sum_{\xi=1}^{\lambda}\left\{\frac{\partial\sigma_\delta}{\partial\gamma_\xi} - \gamma_\delta\frac{\partial\mu_{s\delta}}{\partial\gamma_\xi}\right\}\gamma_{\xi,A}\,. \tag{5.329}$$

Wir interpretieren dieses Resultat physikalisch wie folgt: Die Komponenten der Wechselwirkungskraft $\underset{\tau}{\mathcal{M}}{}_{\delta}^{B}$ tangential zur Grenzfläche, können von einem Temperaturgradienten $\vartheta_{s,A}$ , der Reibungswechselwirkung und einem Dichtegradienten $\gamma_{\xi,A}$ abhängen. Die Koeffizienten $\underset{3}{m}{}_{\delta\xi}^{BA}$ in dem Term für die Reibungswechselwirkung (zweiter Term auf der rechten Seite von Gl. (5.329)) heißen Koeffizienten der hydrodynamischen Wechselwirkung, zusammen mit dem Term (5.218) für die Reibungswechselwirkung senkrecht zur Grenzfläche beschreiben diese beiden Terme die gesamte Reibungswechselwirkung in der Grenzfläche. Der letzte Term in der Gl.(5.329) zeigt, daß auch ein Dichtegradient an der Grenzfläche die Wechselwirkungskraft an der Grenzfläche beeinflußt. Der Koeffizient von diesem Dichtegradienten erlaubt die Schlußfolge, daß diese Beeinflussung in direktem Zusammenhang mit einer Veränderung des skalaren Koeffizienten $\sigma_\delta$ der Grenzflächenspannung $\sigma_\delta \cdot g^{AB}$ und einer Veränderung des chemischen Potentials $\mu_{s\delta}$ der Grenzfläche, bezüglich der Konstituenten $\delta$ in der Mischung steht. Damit wird konsequent klargelegt, gegenüber den diffusen Vorstellungen von einigen Autoren in der Literatur, daß über den skalaren Koeffizienten in der Grenzflächenspannung und das chemische Potential der Grenzfläche die Dynamik der Grenzfläche (Stabilität/Instabilität) beeinflußt werden kann.

## b) Resultate für eine nicht-viskose Flüssigkeit in der Grenzfläche

Bevor wir die allgemeine Diskussion der Theorie der Flüssigkeitsmischung in Grenzflächen fortsetzen, sei hier zunächst der Spezialfall einer nicht-viskosen Flüssigkeit in der Grenzfläche diskutiert. Aus der Diskussion der konstitutiven Gleichungen, bezüglich eines Geschwindigkeitsfeldes als Variable, ist bekannt, daß ein Geschwindigkeitsfeld als Variable nicht vorkommen kann, wegen der Invarianz der konstitutiven Gleichungen, bezüglich Galilei Transformation. Eine Relativgeschwindigkeit, d.h. eine Geschwindigkeit einer Flüssigkeitskonstituente, bezüglich einer anderen Flüssigkeitskonstituente, die als Referenzsystem in der Grenzfläche gewählt werden könnte, wäre invariant, bezüglich Galilei Transformation. Dieses begründet warum in den konstitutiven Gleichungen für eine Flüssigkeit in der Grenzfläche ein Geschwindigkeitsfeld nicht vorkommt. Diffusionsgeschwindigkeiten oder Relativgeschwindigkeiten treten in der Grenzfläche nicht auf, wohl aber eine Diffusionsgeschwindigkeit zwischen dem Geschwindigkeitsfeld der Grenzfläche und dem Geschwindigkeitsfeld des Mediums außerhalb der Grenzfläche.

Für diese einzelne Flüssigkeit in der Grenzfläche entfällt eine besondere Kennzeichnung durch den Index $\delta$ , die einzelne Flüssigkeit kann direkt als die Grenzfläche identifiziert werden.

Bevor wir die vorangegangenen Überlegungen dazu benutzen, um aus der Flüssigkeitsmischung in der Grenzfläche die relevanten Formeln für eine Flüssigkeit in der Grenzfläche zu deduzieren, zitieren wir ein Resultat aus Abschnitt 5.35. Dieses Resultat besagt, daß für eine Flüssigkeit in der Grenzfläche, der Lagrange-Multiplikator $\Lambda^{E_S}$ nur eine Funktion der Grenzflächentemperatur $\vartheta_S$ ist.

Aus den Grenzflächenrelationen (5.280a,b) folgt unmittelbar

$$\Lambda^{\overset{W}{w}} = 0 \qquad \text{und} \qquad \Lambda^{\overset{W}{\tau}{}^{B}} = 0 . \tag{5.330}$$

Dieses Resultat ist nicht neu, es ist aus unserer Diskussion einer viskosen Flüssigkeit in der Grenzfläche des vorherigen Abschnittes 5.3 bekannt. Für den Lagrange-Multiplikator der Massenbilanz folgt:

$$\Lambda_I^{\gamma_S} = \Lambda^{\gamma_S} . \tag{5.331}$$

Die Entropie-Wärmestrom-Relation enthält keinen Mischungsanteil, es gilt:

$$\underset{\tau}{\Phi}^{A} = \Lambda^{E_S}(\vartheta_S) \cdot \underset{\tau}{Q}^{A} . \tag{5.332}$$

Die Gibbssche Gleichung für eine nicht-viskose Flüssigkeit in der Grenzfläche ist durch

$$d\eta_s = \Lambda^{E_s}(\vartheta_s)\left\{\frac{\partial E_s}{\partial \vartheta_s}\, d\vartheta_s + \left(\frac{\partial E_s}{\partial \gamma} - \frac{\sigma}{\gamma^2}\right) d\gamma\right\} \tag{5.333}$$

gegeben, für die, eine Integrabilitätsbedingung der folgenden Form existiert:

$$\frac{\partial \ln \Lambda^{E_s}}{\partial \vartheta_s} = \frac{\dfrac{\partial \sigma}{\partial \vartheta_s}}{\gamma^2 \dfrac{\partial E_s}{\partial \gamma} - \sigma} \; . \tag{5.334}$$

Aus dieser Gleichung folgt unmittelbar, daß $\Lambda^{E_s}$ berechenbar ist, vorausgesetzt, wir kennen den skalaren Koeffizienten $\sigma$ der Grenzflächenspannung und die innere Energie $E_s$ .

Für die Entropie-Produktion folgt aus (5.260) das Resultat

$$\sigma_{\eta_s} = \Lambda^{E_s} r_s \tag{5.335}$$

und als Rest-Ungleichung verbleibt für eine nicht-permeable Grenzfläche:

$$\frac{\partial \Lambda^{E_s}}{\partial \vartheta_s}\, q^A_{\tau}\, \vartheta_{s,A} + \left[\left(\frac{1}{\vartheta} - \Lambda^{E_s}(\vartheta_s)\right) q^j_I e_j\right] \geq 0 \, . \tag{5.336}$$

Hierbei ist $\vartheta$ die Temperatur des Mediums außerhalb der Grenzfläche und $q^j$ sind die Komponenten des Wärmestromes in dem räumlichen Bereich außerhalb der Grenzfläche. Die Rest-Ungleichung für eine semipermeable Grenzfläche, die mit einer weiteren Flüssigkeit aus den an die Grenzfläche angrenzenden Raumbereichen in Materieaustausch steht, haben wir in einer früheren Arbeit diskutiert und deshalb können wir hier auf diese Arbeit [21] verweisen. Die Erweiterung auf chemisch reagierende nichtviskose Flüssigkeitsmischungen in der Grenzfläche und nicht-viskosen wärmeleitenden Flüssigkeitsmischungen außerhalb der Grenzfläche soll in dieser Arbeit diskutiert werden. Bevor wir diese Diskussion beginnen , soll kurz eine Gegenüberstellung mit der Theorie für eine viskose Flüssigkeit in der Grenzfläche erfolgen.

Anmerkung: Ein Vergleich mit der Theorie für eine viskose Flüssigkeit zeigt, daß dort die Gibbssche Gleichung aus Überlegungen im thermodynamischen Gleichgewicht folgte. Die anderen Unterschiede bezüglich der konstitutiven Gleichungen sind direkt aus einer Gegenüberstellung ersichtlich und deshalb verzichten wir hier auf eine Auflistung. Wir haben festgestellt, daß in einer einzelnen Flüssigkeit der Lagrange-Multiplikator $\Lambda^{E_s}$ eine Funktion der Grenzflächentemperatur ist. Für eine Flüssigkeitsmischung nehmen wir an, daß jeder einzelnen Flüssigkeit in der Mischung die Funktion $\Lambda^{E_s}(\vartheta_s)$ zugeordnet werden kann. Nach unserer Voraussetzung bezüglich der Temperatur in der Mischung besitzt dann auch die Mischung insgesamt die Temperaturabhängigkeit $\Lambda^{E_s}(\vartheta_s)$.

Betrachten wir die Sprungterme in der Rest-Ungleichung (5.324), so sehen wir, daß über zwei Sprungterme summiert wird. Es sind die Sprungterme aus der Partialbilanz der Massendichte und der Partialbilanz des Impulses. Die obere Grenze des Summationszeichens ist variabel, da auf jeder Seite der Grenzfläche über die dort vorhandenen Konstituenten zu summieren ist. Wir summieren über $\beta = 1,\dots,\mu$ im Bereich $\mathcal{R}^-$ an der Grenzfläche und über $\alpha = 1,\dots,\nu$ im Bereich $\mathcal{R}^+$ an der Grenzfläche,wobei im allgemeinen $\mu \neq \nu$ ist. Die Sprungterme enthalten thermodynamische Größen, die in den Volumenbereiche definiert sind. Es sind diese, die innere Energie $\varepsilon = \varepsilon_I + \frac{1}{2}\sum_\sigma \frac{\rho_\sigma}{\rho} u_\sigma^2$ [1], (5.337a)

die Komponenten des Wärmestromes $q^j = q_I^j + \frac{1}{2}\sum_\sigma \rho_\sigma u_\sigma^2 u_\sigma^j$, (5.337b)

die Entropie $\eta$ ,

die Komponenten des Entropiestromes $\Phi^j = \Lambda^\varepsilon q_I^j + \sum_\sigma \rho_\sigma u_\sigma^j \Lambda_I^{\rho_\sigma}$, (5.337c)

und die Komponenten des Spannungstensors $t^{kj} = t_I^{kj} - \sum_\sigma u_\sigma^k u_\sigma^j$, (5.337d)

wobei $t_I^{kj} = \sum_\sigma t_\sigma^{kj}$ ist.

Die Abkürzungen (5.337a,b,d) und die Relation (5.337c) entnehmen wir der Arbeit [39] . Die Abkürzungen (5.337a,b,d) wurden erstmals von Truesdell vorgeschlagen. Die Bilanzen für die Mischung insgesamt erhalten mit den Abkürzungen eine Form, die den Partialbilanzen ähnlich ist. Der Index $I$ an den Größen $\varepsilon, q^j$ und $t^{kj}$ bedeutet, daß in diesen Größen keine Terme enthalten sind, die nur von der Diffusionsgeschwindigkeit selbst und eventuell Potenzen davon abhängen. Da die Komponenten der Diffusionsgeschwindigkeit $u_\sigma^j$ nur das Feld der Massendichte $\rho_\sigma$ und die Komponenten des Geschwindigkeitsfeldes $v_\sigma^j$ als Basisfelder enthält, werden $\varepsilon_I$ , $q_I$ und $t_I^{kj}$ als materialabhängig angesehen, für die, konstitutive Gleichungen zu formulieren sind.

Wir nehmen an, daß sich außerhalb der Grenzfläche ebenfalls nichtviskose wärmeleitende Flüssigkeiten befinden, die in Wärme- und Materieaustausch mit der Grenzfläche stehen. Nach unseren bisherigen Überlegungen bedeutet dieses für die innere Energie $\varepsilon_I$ und die Entropie $\eta$ nur eine Abhängigkeit von der Partialdichte $\rho_\varsigma$ und der Temperatur $\vartheta$. Die

---

[1] Die Summation über $\sigma$ läuft in dem Bereich $\mathcal{R}^-$ über $\beta \equiv \sigma = 1,\ldots,\mu$ und in dem Bereich $\mathcal{R}^+$ über $\alpha \equiv \sigma = 1,\ldots,\nu$.

konstitutive Gleichung für den Spannungstensor $\underset{\sigma}{t}^{kj}$ entnehmen wir der Arbeit [39] und schreiben

$$\underset{\sigma}{t}^{kj} = - p_\sigma(\varrho_\xi, \vartheta)\, \delta^{kj} . \tag{5.338}$$

Mit den vorstehenden Abkürzungen (5.337 a,b,d), der Entropie-Wärmestrom-Relation (5.337c), der konstitutiven Gleichung (5.338) für den Spannungstensor und der Darstellung $\Lambda^{E_s}(\vartheta_s)$ für den Lagrange-Multiplikator formen wir die Rest-Ungleichung (5.324) um. Wir vernachlässigen einen quadratischen Term, er besteht aus einer Temperaturdifferenz, die mit einem Diffusionsterm multipliziert wird. Weiterhin werden Terme vernachlässigt, in denen die Relativ- bzw. Diffusionsgeschwindigkeit in dritter Ordnung vorkommt. Als Rest-Ungleichung verbleibt:

$$\frac{1}{\Lambda^{E_s}} \frac{\partial \Lambda^{E_s}}{\partial \vartheta_s} \vartheta_{s,A} \underset{\tau}{q}^A - \sum_{\delta=1}^{\lambda} \frac{1}{\gamma_\delta} \underset{1}{m}_\delta^{BA} g_{AB}\, \gamma_\delta \underset{\tau}{\mathcal{U}}_\delta^A \vartheta_{s,A} - \sum_{\delta=1}^{\lambda} \sum_{\xi=1}^{\lambda-1} \underset{3}{m}_{\delta\xi}^{BA} g_{AB} \underset{\tau}{W}_B^\xi \underset{\tau}{\mathcal{U}}_\delta^B$$

$$+ \sum_{\delta=1}^{\lambda} \frac{1}{\gamma_\delta} \frac{\partial \sigma_\delta}{\partial \vartheta_s} \gamma_\delta \underset{\tau}{\mathcal{U}}_\delta^A \vartheta_{s,A} - \sum_{\delta=1}^{\lambda} \frac{\partial\, {}_{I/s}\mu_\delta}{\partial \vartheta_s} \gamma_\delta \underset{\tau}{\mathcal{U}}_\delta^A \vartheta_{s,A} - \sum_{\delta=1}^{\lambda} (\underset{n}{m}_\delta - \pi_\delta \underset{n}{w}_\delta) \underset{n}{\mathcal{U}}_\delta$$

$$- \sum_{r=1}^{n} \left( \sum_{\delta=1}^{\lambda} \left\{ {}_{I/s}\mu_\delta + \frac{1}{2} (\mathcal{U}_\delta^k)^2 \right\} \right) \xi_\delta^r m_\delta z_r + \sum_{\delta=1}^{\lambda} (2 k_M \sigma_\delta + [p_\sigma]) \underset{n}{W}_\delta$$

$$+ \frac{1}{\Lambda^{E_s}} \left[ \left( \frac{1}{\vartheta} - \Lambda^{E_s} \right) \underset{I}{q}^j e_j \right] - \sum_\sigma \Big[ \Big( {}_{I}\mu_\sigma + \frac{1}{2} (\underset{\sigma}{v}^k - \underset{\lambda}{w}^k)^2$$

$$- {}_{I/s}\mu_\delta - \frac{1}{2} (\mathcal{U}_\delta^k)^2 \Big) \varrho_\sigma (\underset{\sigma}{v}^j - \underset{\lambda}{w}^j) e_j \Big] \geq 0 . \tag{5.339}$$

${}_{I/s}\mu_\delta$ ist das chemische Potential der chemisch aktiven Grenzfläche:

$$ {}_{I/s}\mu_\delta = \varepsilon_s - \frac{1}{\Lambda^{E_s}} \eta_s + \frac{\sigma}{\gamma} + \frac{1}{\Lambda^{E_s}} \sum_{\xi=1}^{\lambda} \gamma \left( \delta_{\xi\delta} - \frac{\gamma_\xi}{\gamma} \right) \frac{\partial (\varepsilon_s - \frac{1}{\Lambda^{E_s}} \eta_s)}{\partial \gamma_\xi} \tag{5.340}$$

bzw.

$$ {}_{I}\mu_{s\delta} = - \frac{\Lambda_I^{\gamma_J}}{\Lambda^{E_s}} \quad . \tag{5.341} $$

Das chemische Potential ${}_{I}\mu_{\sigma}$ für die an der Grenzfläche angrenzenden räumlichen Bereiche ist bekannt [24] , es ist:

$$ {}_{I}\mu_{\sigma} = \varepsilon_I - \vartheta\eta + \frac{p}{\rho} + \sum_{\tau} \rho\left(\delta_{\tau\sigma} - \frac{\rho_\tau}{\rho}\right) \frac{\partial(\varepsilon_I - \vartheta_\eta)}{\partial \rho_\tau} \quad . \tag{5.342} $$

Der augenfälligste Unterschied zwischen den beiden Formeln (5.340) und (5.342) ist der dritte Term auf der rechten Seite dieser Formeln. An die Stelle des isotropen Druckes $p$ in der Flüssigkeit in einem räumlichen Bereich, tritt der skalare Koeffizient $\sigma$ der Grenzflächenspannung an einer Grenzfläche, falls wir einmal davon absehen, daß die übrigen Größen für das chemische Potential in der Formel (5.340) an der Grenzfläche definiert sind.

Die Thermodynamik an Grenzflächen besitzt gegenüber der Thermodynamik in räumlichen Bereichen, die keine Grenzflächen enthalten, einige Besonderheiten, die auch hier in der Rest-Ungleichung zu finden sind. Ein Gradient von einer physikalischen Größe in einem räumlichen Bereich ist an der Grenzfläche durch einen Flächengradienten einer Grenzflächen - größe und die Komponente senkrecht zur Grenzfläche ist durch einen Sprungterm gegeben. Dieser Sprungterm enthält eine Differenz, es ist die Differenz zwischen der Grenzflächengröße und der entsprechenden physikalischen Größe aus einem räumlichen Bereich. Dabei ist die physikalische Größe aus dem räumlichen Bereich als Grenzwert der physikalischen Größe bei Annäherung an die Grenzfläche zu verstehen. Diese Aussagen wollen wir jetzt an der Rest-Ungleichung erklären. Nach unseren bisherigen Aussagen soll die Grenzfläche sich in Wärme- und Materieaustausch mit ihrer Umgebung befinden und somit werden wir den Wärmestrom und den Teilchendiffusionsstrom betrachten. Der Beitrag des Wärmestromes zur Rest-Ungleichung besitzt zwei Anteile, einen Wärmestrom-Beitrag entlang der Fläche

$$\frac{\partial \Lambda^{E_s}}{\partial \vartheta_s} \vartheta_{s,A} \cdot \underset{\tau}{q}^{A} \quad , \tag{5.343a}$$

wobei $\underset{\tau}{q}^{A}$ der Wärmestrom entlang der Grenzfläche ist. Weiterhin gibt es einen Wärmestrom-Beitrag senkrecht zur Fläche, es ist ein Beitrag aus den an die Fläche angrenzenden räumlichen Bereiche, nämlich:

$$\left[ \left( \frac{1}{\vartheta} - \Lambda^{E_s} \right) \underset{n}{q} \right] \quad . \tag{5.343b}$$

$\vartheta$ ist die Temperatur des Mediums außerhalb der Grenzfläche und $\Lambda^{E_s}(\vartheta_s)$ ist die Temperaturfunktion der Grenzfläche. Die Größe $\left(\frac{1}{\vartheta} - \Lambda^{E_s}\right)$ ist eine Temperaturdifferenz, wie wir später sehen werden. $\underset{n}{q} = q_I^{\,j} e_j$ ist der Wärmestrom des umgebenden Mediums. Wir sehen hier, daß die beiden Terme (5.343) zusammen die Wärmeleitung an der Grenzfläche beschreiben.

Analoge Verhältnisse treffen wir für den Teilchendiffusionsstrom an der Grenzfläche an. Ein Beitrag der Teilchendiffusion existiert entlang der Grenzfläche, es ist der Beitrag (es ist der fünfte Term in Gl.(5.339):

$$\sum_{\delta=1}^{\lambda} \frac{\partial\, {}_{I}\underset{s}{\mu}_{\delta}}{\partial \vartheta_s} \vartheta_{s,A} \cdot \underset{\tau}{J}_{\delta}^{A} \quad , \tag{5.344a}$$

hierbei ist $\underset{\tau}{J}_{\delta}^{A} := \gamma_\delta \underset{\tau}{U}_{\delta}^{A}$ der Teilchendiffusionsstrom entlang der Fläche, und ${}_{I}\underset{s}{\mu}_{\delta}$ ist das chemische Potential der Fläche ohne geschwindigkeitsabhängige Terme. Der Diffusionsstrom - Beitrag (siehe Gl.(5.339) letzter Term) aus dem umgebenden Medium ist

$$\sum_{\sigma} \left[ \left( \mu_\sigma - \underset{s}{\mu}_{\delta} \right) \cdot \underset{n}{J}_{\sigma} \right] \quad . \tag{5.344b}$$

$J_{n\sigma} = \rho_\sigma (v_\sigma^j - w_\lambda^j) e_j$ ist der Teilchendiffusionsstrom senkrecht zur Fläche, zwischen den die Fläche umgebenden Medium und der Fläche. Die Größe $\mu_\sigma$ ist das chemische Potential für die Konstituente $\sigma$ in der Flüssigkeitsmischung außerhalb der Grenzfläche.

Wir interpretieren diese Betrachtungen wie folgt: Grob gesprochen können wir sagen, daß jedem räumlichen Gradienten einer physikalischen Grösse an der Grenzfläche, ein Flächengradient (zwei Komponenten) <u>und</u> zwei Komponenten (eine zu jeder Seite der Grenzfläche) senkrecht zur Grenzfläche äquivalent sind. Dabei sind die Komponenten der physikalischen Größe senkrecht zur Grenzfläche, Funktionen der Grenzflächenfelder und der Felder aus dem räumlichen Bereich. Diese Verkopplung der thermodynamischen Felder bringt physikalisch zum Ausdruck, daß die Fläche im Raum eingebettet ist. Daß die Fläche im mathematischen Sinne in dem Raum eingebettet ist, hatten wir dadurch berücksichtigt, daß wir die Bedingungen von Mainardi und Codazzi (siehe [13] oder [40]) berücksichtigt haben.

### 5.4.6 Konstitutive Gleichungen für die Sprungterme

Aus den vorangegangenen Bemerkungen bezüglich der Verkopplung der thermodynamischen Felder und den Bemerkungen im Anschluß an die Rest-Ungleichung (5.324) wird deutlich, daß wir konstitutive Gleichungen für den Wärmestrom und den Diffusionsstrom senkrecht zur Grenzfläche benötigen und daß diese konstitutiven Gleichungen die Rest-Ungleichung nicht verletzen dürfen. In anderen Worten, die Rest-Ungleichung erzwingt konstitutive Gleichungen für den Wärmestrom und den Diffusionsstrom senkrecht zur Grenzfläche. Aus der Nicht-Verletzbarkeit der Rest-Ungleichung folgen bestimmte Abhängigkeiten der konstitutiven Gleichungen, bezüglich der thermodynamischen Variablen.

### 5.4.6.1 Newtonsches Abkühlungsgesetz

i) Wir betrachten eine Grenzfläche mit einer wärmeleitenden Flüssigkeit ohne Materieaustausch mit der Umgebung. Aus der Restungleichung (5.339) folgt dann die vereinfachte Rest-Ungleichung (siehe auch Gl. (5.336)):

$$\frac{\partial \Lambda^{E_s}}{\partial \vartheta_s} \underset{\tau}{q}^A \vartheta_{s,A} + \left[ \left( \frac{1}{\vartheta} - \Lambda^{E_s}(\vartheta_s) \right) \underset{n}{q} \right] \geq 0 \; , \tag{5.345}$$

wobei $\underset{n}{q}$, die Komponente des Wärmestromes senkrecht zur Grenzfläche ist. Die Darstellung (5.326) für den Wärmestrom $\underset{\tau}{q}^A$ ist in diesem Fall durch

$$\underset{\tau}{q}^A = \underset{1}{\kappa}^{AB} \vartheta_{s,B} \tag{5.346}$$

gegeben. Gleichung (5.343), eingesetzt in die Rest-Ungleichung, liefert:

$$\frac{\partial \Lambda^{E_s}}{\partial \vartheta_s} \underset{1}{\kappa}^{AB} \vartheta_{s,A} \vartheta_{s,B} + \left[ \left( \frac{1}{\vartheta} - \Lambda^{E_s}(\vartheta_s) \right) \underset{n}{q} \right] \geq 0 \, . \tag{5.347}$$

Damit die Rest-Ungleichung nicht verletzbar ist, fordern wir für sie eine quadratische Form, bezüglich der Variablen $\vartheta_{s,E}$ und $\left(\frac{1}{\vartheta} - \frac{1}{\vartheta_s}\right)$. Wir betrachten die Temperaturdifferenz $\left(\frac{1}{\vartheta} - \frac{1}{\vartheta_s}\right)$ hier als Variable, wobei wir $\Lambda^{E_s}(\vartheta_s) = \frac{1}{\vartheta_s}$ setzen, was wir später zeigen werden. Der erste Term besitzt eine quadratische Form. Die Forderung, daß die Rest-Ungleichung eine quadratische Form darstellen soll, erzwingt für die Komponenten des Wärmestromes senkrecht zur Grenzfläche die konstitutiven Gleichungen:

$$\underset{n}{q}_{+} = \alpha_{+}(\rho_{\alpha}, \vartheta_{+}, \gamma, \vartheta_{s}) \cdot \left(\frac{1}{\vartheta_{+}} - \frac{1}{\vartheta_{s}}\right) \quad \text{im Bereich } \mathcal{R}^{+} \tag{5.348a}$$

und

$$\underset{n}{q}_{-} = \alpha_{-}(\rho_{\beta}, \vartheta_{-}, \gamma, \vartheta_{s}) \cdot \left(\frac{1}{\vartheta_{-}} - \frac{1}{\vartheta_{s}}\right) \quad \text{im Bereich } \mathcal{R}^{-}. \tag{5.348b}$$

ii) Ist der Wärmestrom stetig an der Grenzfläche, so ist $[\underset{n}{q}]=0$ und

$$\underset{n}{q}_{+} = \underset{n}{q}_{-} = \underset{n}{q} \, .$$

Für die Restungleichung folgt:

$$\frac{\partial \Lambda^{E_s}}{\partial \vartheta_s} \underset{1}{\kappa}^{AB} \vartheta_{s,A} \vartheta_{s,B} + \left[\frac{1}{\vartheta} - \frac{1}{\vartheta_s}\right] \underset{n}{q} \geq 0 .$$

iii) Ist die Grenzfläche einseitig adiabatisch isoliert, so ist z. B.

$$\underset{n}{q}_{+} = 0 \, .$$

### 5.4.6.2 Zur Kopplung einer chemischen Reaktion mit den Transportgleichungen

Wir betrachten jetzt einen anderen Spezialfall der Rest-Ungleichung (5.339), für den die Rest-Ungleichung ebenfalls eine bestimmte funktionale Form der konstitutiven Gleichungen erzwingt. Die bestimmte funktionale Form der konstitutiven Gleichungen erhalten wir, wenn aus der Rest-Ungleichung zusammen mit den konstitutiven Gleichungen eine quadratische Form in den relevanten thermodynamischen Variablen entsteht.

Die Rest-Ungleichung (5.339) besitzt einen grenzflächenaktiven Term

$$\sum_{r=1}^{n} \left( \sum_{\delta=1}^{\lambda} \left\{ {}_{I}\underset{S}{\mu}_{\delta} + \frac{1}{2}(U^k)^2 \right\} \zeta^r_{\delta} m_{\delta} z_r = \sum_{r=1}^{n} \sum_{\delta=1}^{\lambda} \underset{S}{\mu}_{\delta} \zeta^r_{\delta} m_{\delta} z_r \, , \tag{5.349}$$

der, mit der chemischen Affinität der Grenzfläche in Verbindung gebracht werden kann. Mit Hilfe der Definition der chemischen Affinität, die von De Donder stammt, siehe z.B. [41] , definieren wir hier die chemische Affinität $A_r$ der Reaktion $r$ für eine chemisch reagierende Flüssigkeitsmischung in der Grenzfläche:

$$A_r = -\sum_{\delta=1}^{\lambda} \zeta_\delta^r \underset{s}{\mu}_\delta \, m_\delta \, . \tag{5.350}$$

Die Zahl $\zeta_\delta^r$ heißt stöchiometrischer Koeffizient, und sie spezifiziert, wie viele Moleküle der Masse $m_\delta$ in der Reaktion r erzeugt werden (siehe Kapitel IV, Bilanz der Massendichte). $\underset{s}{\mu}_\delta$ ist das chemische Grenzflä - chenpotential. Die Größe $z_r$ (siehe Gl.(4.51)) heißt Reaktionsfluß oder auch Reaktionsrate, sie wurde, im Hinblick darauf, daß in einer Reaktion r eine bestimmte Konstituente produziert oder vernichtet werden kann,eingeführt. Die Reaktionsrate $z_r$ ist eine materialabhängige Größe. Die Bezeichnung Reaktionsfluß oder auch Reaktionsrate für die Größe $z_r$ ist verständlich, da die chemische Affinität $A_r$ als treibende Kraft für $z_r$ aufgefaßt werden kann. Für die Rest-Ungleichung folgt mit dieser Definition:

$$\begin{aligned}
&\frac{1}{\Lambda^{E_s}} \frac{\partial \Lambda^{E_s}}{\partial \vartheta_s} \vartheta_{s,A} \underset{\tau}{q}^{A} - \sum_{\delta=1}^{\lambda} \frac{1}{\gamma_\delta} \underset{1}{m}_\delta^{BA} g_{AB} \underset{\tau}{J}_\delta^{A} \vartheta_{s,A} - \sum_{\delta=1}^{\lambda} \sum_{\zeta=1}^{\lambda-1} \frac{1}{\gamma_\delta} \underset{3}{m}_{\delta\zeta}^{BA} g_{AB} \underset{\tau}{W}_A^{\zeta} \underset{\tau}{J}_\delta^{A} \\
&+ \sum_{\delta=1}^{\lambda} \frac{1}{\gamma_\delta} \frac{\partial \sigma_\delta}{\partial \vartheta_s} \underset{\tau}{J}_\delta^{A} \vartheta_{s,A} - \sum_{\delta=1}^{\lambda} \frac{\partial_{II} \underset{s}{\mu}_\delta}{\partial \vartheta_s} \underset{\tau}{J}_\delta^{A} \vartheta_{s,A} - \sum_{\delta=1}^{\lambda} \frac{1}{\gamma_\delta} \left( \underset{n}{m}_\delta - \pi_\delta \underset{n}{w}_\delta \right) \underset{n}{J}_\delta \\
&+ \sum_{r=1}^{n} A_r z_r + \sum_{\varrho=1}^{\lambda} \sum_{\delta=1}^{\lambda-1} \left( 2 k_H \sigma_\varrho + [p_\sigma] \right) \left( \frac{1}{\gamma_\delta} \delta_{\varrho\delta} + \frac{1}{\gamma_\varrho} \right) \underset{n}{J}_\delta + \frac{1}{\Lambda^{E_s}} \left[ \left( \frac{1}{\vartheta} - \Lambda^{E_s} \right) \underset{n}{q} \right] \\
&- \sum_{\sigma} \left[ \left( \mu_\sigma - \underset{s}{\mu}_\delta \right) \underset{n}{J}_\sigma \right] \geq 0 \, ,
\end{aligned} \tag{5.351}$$

hierbei ist $\mu_\sigma = {}_I\mu_\sigma + \frac{1}{2}(v_\sigma^k - w_\lambda^k)^2$ das chemische Potential in $\mathcal{R}^+$ bzw. $\mathcal{R}^-$ und $\mu_{s\delta} = {}_I\mu_{s\delta} + \frac{1}{2}(\mathcal{U}_\delta^k)^2$ ist das chemische Grenzflächenpotential. Weiterhin ist $\underset{n}{J}_\delta = \gamma_\delta \underset{n}{\mathcal{U}}_\delta$ eine Diffusionsgeschwindigkeit parallel zur äußeren Flächennormalen. Diese Rest-Ungleichung ist reichlich kompliziert. Wir bringen dennoch etwas Licht in das Verständnis dieser Ungleichung durch die Diskussion von zwei Beispielen.

## a) Kopplung zwischen einer chemischen Reaktion und der Teilchendiffusion senkrecht zur Grenzfläche

In einem ersten Spezialfall diskutieren wir eine isotherme Einbettung einer oberflächenaktivenFläche (Membran) in eine Flüssigkeitsmischung . Diese Flüssigkeitsmischung kann verschiedene Konstituenten zu beiden Seiten der Fläche besitzen. Wir betrachten keine Einwirkung von äußeren Kräften, keine Teilchendiffusion $\underset{n}{J}_\delta$ und diskutieren eine chemische Reaktion $r=1$ in der Grenzfläche.

Die isotherme Einbettung bedeutet:

i) Kein Wärmestrom $\underset{n}{q}$ , weil die dazu treibende Kraft $\frac{1}{\vartheta} - \Lambda^{\varepsilon_s} = 0$ ist.
ii) Kein Wärmestrom $\underset{\tau}{q}^A$, die treibende Kraft $\vartheta_{s,A}$ ist Null.
Keine Teilchendiffusion $\underset{n}{J}_\delta$ aufgrund der Wechselwirkungskraft $\underset{n}{m}_\delta - \pi_\delta \underset{n}{w}_\delta$ und dem Term $(2k_H \sigma_\delta + [p_\sigma])$.

Der Term

$$\sum_{\delta=1}^{\lambda} \frac{\partial\, {}_I\mu_{s\delta}}{\partial \vartheta_s} \vartheta_{s,A} \underset{\tau}{J}_\delta^A \tag{5.352}$$

wird hier nicht berücksichtigt, er kann nicht mit einer chemischen Reaktion außerhalb der Grenzfläche verbunden werden. Die verbleibende Rest-Ungleichung für eine chemische Reaktion in der Fläche ist

$$A_r z_r - \sum_\sigma [(\mu_\sigma - \mu_s \delta) \cdot J_{n\sigma}] \geq 0 \qquad (5.353a)$$

oder mit $\hat{\mu}_\sigma := \mu_\sigma - \mu_s \delta$

$$A_r z_r - \sum_\sigma [\hat{\mu}_\sigma J_{n\sigma}] \geq 0 . \qquad (5.353b)$$

Wir betrachten jetzt den Fall: $J_{n\sigma}$ sei stetig an der Fläche, d.h. $[J_{n\sigma}] = 0$ und damit $J^+_{n\sigma} = J^-_{n\sigma} = J_{n\sigma}$.

$$A_r z_r - \sum_\sigma [\hat{\mu}_\sigma] J_{n\sigma} \geq 0 . \qquad (5.353c)$$

Damit diese Rest-Ungleichung nicht verletzbar ist, folgt für die konstitutiven Gleichungen der Reaktionsrate und dem Teilchendiffusions - strom senkrecht zur Grenzfläche:

$$z_r = \sum_{\sigma=1}^{n} C_{r\sigma} [\hat{\mu}_\sigma] + C_{rr} A_r ,$$
$$J_{n\sigma} = C_{\sigma\sigma} [\hat{\mu}_\sigma] + C_{\sigma r} A_r . \qquad (5.354)$$

Substitution dieser konstitutiven Gleichungen in die Restungleichung liefert nur dann eine quadratische Form bezüglich der Affinität und $[\hat{\mu}_\sigma]$, falls :

$$C_{r\sigma} = C_{\sigma r} . \qquad (5.354c)$$

gilt.In anderen Worten, die Rest-Ungleichung erzwingt auch eine Symmetrie-Relation. Ferner gilt:

$$A_r \geq \left\{ \frac{1}{C_{rr}} \operatorname{tr}( C_{\sigma\sigma} [\hat{\mu}_\sigma]^2 ) \right\}^{\frac{1}{2}} .$$

Die Größen $C_{r\sigma}, C_{rr}, C_{\sigma\sigma}$ und $C_{\sigma r}$ sind im allgemeinen abhängig von $\rho_\alpha, \rho_\beta, \vartheta_+, \vartheta_-, \gamma_\delta, \vartheta_s, k_M, k_G$ und eventuell von Geschwindigkeitsfeldern, was hier nicht weiter von Bedeutung ist. Wir sehen hier, daß die konstitutive Gleichung (5.354a) für die Reaktionsrate $z_r$ nicht nur wie in Darstellung 5.217 vereinfacht angenommen, von Flächengrößen abhängt, sondern im allgemeinen auch von den thermodynamischen Felder der an die Fläche angrenzenden Medien. Wichtig ist der Koeffizient $C_{\sigma r}$ in der Gleichung (5.354b) für die Teilchendiffusion. Dieser Koeffizient ist der Koeffizient für den aktiven Transport einer Konstituenten $\sigma$ durch die Fläche. In anderen Worten, die Größe $C_{\sigma r}A_r$ stellt einen Beitrag zum Teilchendiffusionsstrom dar, der die Fläche durchsetzt.

b) Kopplung zwischen einer chemischen Reaktion in der Membran und dem Wärmestrom

Wir diskutieren jetzt die Rest-Ungleichung:

$$\frac{1}{\Lambda^{E_s}} \frac{\partial \Lambda^{E_s}}{\partial \vartheta_s} \vartheta_{s,A} \underset{\tau}{q}^A + A_r z_r + \frac{1}{\Lambda^{E_s}} \left[ \left( \frac{1}{\vartheta} - \Lambda^{E_s} \right) \underset{n}{q} \right] \geqslant 0. \tag{5.355}$$

Diese Rest-Ungleichung entsteht aus der Rest-Ungleichung (5.351) für eine Fläche ohne Teilchendiffusion entlang und durch die Fläche, die keinen Materieaustausch mit ihrer Umgebung besitzt - wohl aber einen Wärmeaustausch mit der Umgebung. Die Rest-Ungleichung (5.355) ist der Gl. (5.353a) mit dem Term (5.352) ähnlich, an die Stelle der Teilchendiffusion tritt hier der Wärmestrom. Der erste Term sei in diesem Zusammenhang vernachlässigt.

Es sei $[\underset{n}{q}]=0$ und somit $\underset{n}{q}_+ = \underset{n}{q}_- = \underset{n}{q}$. Für Gl.(5.355) folgt:

$$\frac{1}{\Lambda^{E_s}} \frac{\partial \Lambda^{E_s}}{\partial \vartheta_s} \vartheta_{s,A} \underset{\tau}{q}^A + A_r z_r + \frac{1}{\Lambda^{E_s}} \left[ \frac{1}{T} \right] \underset{n}{q} \geqslant 0, \tag{5.356}$$

wo $\frac{1}{T} := \frac{1}{\vartheta} - \Lambda^{E_s}(\vartheta_s)$ ist. Daraus folgen konstitutive Gleichungen für den Wärmestrom $\underset{n}{q}$ und die Reaktionsrate $z_r$ :

$$\begin{aligned} \underset{n}{q} &= - c_{11} \left[ \tfrac{1}{T} \right] - c_{1r} A_r \quad , \\ z_r &= c_{r1} \frac{1}{\Lambda^{E_s}} \left[ \tfrac{1}{T} \right] + c_{rr} \frac{1}{\Lambda^{E_s}} A_r \quad . \end{aligned} \tag{5.357}$$

Die Größen $c_{11}$, $c_{1r}$, $c_{r1}$ und $c_{rr}$ können ebenfalls von $\varrho_\alpha, \varrho_\beta, \vartheta_+, \vartheta_-, \gamma_\delta$, $\vartheta_s, k_M, k_G$ und weiterhin von Geschwindigkeitsfelder abhängen.

Auch hier erzwingt die Rest-Ungleichung die Symmetrie

$$c_{r1} = c_{1r} \ . \tag{5.358}$$

Eine Symmetrie-Relation, wie sie in der Onsager-Theorie vorkommt, braucht nicht zusätzlich angenommen zu werden. In dieser Theorie benötigen wir nicht die Onsagerschen Symmetrie-Relationen, sie folgen hier aus der Unverletzbarkeit der Rest-Ungleichung oder grob gesagt, aus dem Entropie-Prinzip. Dieses macht nochmals darauf aufmerksam, daß die hier vorgeschlagene Theorie von anderer Qualität ist, als eine Onsager-Theorie für Grenzflächen liefern könnte. Insbesondere sei daran erinnert, daß die Gleichungen (5.354) und (5.357) ohne Betrachtung des thermodynamischen Gleichgewichtes aufgestellt wurden.

Schlußbemerkung: Fall b) und Fall a) zeigen, daß sowohl eine chemische Reaktion mit einem Wärmestrom als auch mit einem Teilchendiffusionsstrom koppeln kann. Die Rest-Ungleichung erzwingt eine bestimmte Darstellung für die konstitutiven Gleichungen (Transportgleichungen) sowie eine Symmetrie-Relation zwischen den Koeffizienten in den Transportgleichungen.

## 5.4.6.3 Allgemeine Theorie der konstitutiven Gleichungen für die Sprungterme

In diesem Abschnitt begründen wir konstitutive Gleichungen für den Wärmestrom und den Diffusionsstrom, die mit der Rest-Ungleichung (5.339) verträglich sind. Aber zunächst nehmen wir noch einige Umformungen an der Rest-Ungleichung vor, wir schreiben die Ungleichung in Terme um,die von der Relativgeschwindigkeit senkrecht und tangential zur Grenzfläche abhängen. Das Resultat der Umschreibung ist:

$$\frac{1}{\Lambda^{E_s}}\frac{\partial E_s}{\partial \vartheta_s}\underset{\tau}{q}^A \vartheta_{s,A} - \sum_{\delta=1}^{\lambda-1}\sum_{\beta=1}^{\lambda-1}\left(\frac{1}{\gamma_\delta}\phi_\delta - \frac{1}{\gamma_\lambda}\phi_\lambda\right)\left(\gamma_\delta \delta_{\delta\xi} - \frac{\gamma_\delta\gamma_\beta}{\gamma}\right) g^{AB}\vartheta_{s,A}\underset{\tau}{W}_B^{\delta}$$

$$-\sum_{\delta=1}^{\lambda-1}\sum_{\xi,\beta=1}^{\lambda-1}\left\{\frac{1}{\gamma_\delta}\underset{3}{m}^{BA}_{\delta\xi} - \frac{1}{\gamma_\lambda}\underset{3}{m}^{BA}_{\lambda\xi}\right\}\left(\gamma_\delta \delta_{\delta\xi} - \frac{\gamma_\delta\gamma_\xi}{\gamma}\right)\underset{\tau}{W}_A^{\beta}\underset{\tau}{W}_B^{\xi}$$

$$-\sum_{\delta=1}^{\lambda-1}\sum_{\xi,\beta=1}^{\lambda-1}\left\{\frac{1}{\gamma_\delta}M_{\delta\xi} - \frac{1}{\gamma_\lambda}M_{\lambda\xi}\right\}\left(\gamma_\delta \delta_{\delta\xi} - \frac{\gamma_\delta\gamma_\xi}{\gamma}\right)\underset{n}{W}_\beta\underset{n}{W}_\xi \qquad (5.359)$$

$$-\sum_{r=1}^{h}\left(\sum_{\delta=1}^{\lambda}\left\{\underset{S}{I\mu}_\delta + \frac{1}{2}(U_\delta^k)^2\right\}\right)\Upsilon_\delta^r m_\delta z_r + \sum_{\delta=1}^{\lambda}\left(2k_M\sigma_\delta + [\rho_\sigma]\right)\underset{n}{W}_\delta$$

$$+\frac{1}{\Lambda^{E_s}}\left[\left(\frac{1}{\vartheta} - \Lambda^{E_s}\right)\underset{n}{q}\right] - \sum_\sigma\left[\left(I\mu_\sigma + \frac{1}{2}(v_\sigma^j - w_\lambda^j)^2 - \underset{S}{I\mu}_\delta - \frac{1}{2}(U_\delta^k)^2\right)\cdot\underset{n}{J}_\sigma\right] \geq 0 .$$

Hierbei ist die Abkürzung $\phi_\delta$ definiert durch:

$$\phi_\delta = \underset{1}{m}^{BA}_{\delta} g_{AB} - \frac{\partial\sigma_\delta}{\partial\vartheta_s} - \gamma_\delta\frac{\partial \underset{S}{I\mu}_\delta}{\partial\vartheta_s} . \qquad (5.360)$$

Die Relativgeschwindigkeiten sind

$$\underset{\tau}{W}_E^{\delta} = \underset{\tau}{w}_E^{\delta} - \underset{\tau}{w}_E^{\lambda} \qquad (5.361a)$$

und

$$\underset{n}{W}_\delta = \underset{n}{w}_\delta - \underset{n}{w}_\lambda . \qquad (5.361b)$$

Wie wir schon betont haben, werden jetzt allgemeinere konstitutive Gleichungen für den Wärmestrom $\underset{n}{q}$ und den Teilchendiffusionsstrom $\underset{n}{J}_{\sigma}$ diskutiert. Wir setzen an:

$$\begin{aligned}
\underset{n}{q}_{+} &= Q_{+}(\rho_\alpha, \vartheta_+, \gamma_\delta, \vartheta_s) + P_{+}(\rho_\alpha, \vartheta_+, \gamma_\delta, \vartheta_s)\cdot \underset{n}{W}_{\delta} \, , \\
\underset{n}{q}_{-} &= Q_{-}(\rho_\beta, \vartheta_-, \gamma_\delta, \vartheta_s) + P_{-}(\rho_\beta, \vartheta_-, \gamma_\delta, \vartheta_s)\cdot \underset{n}{W}_{\delta} \, , \\
\underset{n}{J}_{\alpha} &= \beta_{+}(\rho_\alpha, \vartheta_+, \gamma_\delta, \vartheta_s) + \alpha_{+}(\rho_\alpha, \vartheta_+, \gamma_\delta, \vartheta_s)\cdot \underset{n}{W}_{\delta} \, , \\
\underset{n}{J}_{\beta} &= \beta_{-}(\rho_\beta, \vartheta_-, \gamma_\delta, \vartheta_s) + \alpha_{-}(\rho_\beta, \vartheta_-, \gamma_\delta, \vartheta_s)\cdot \underset{n}{W}_{\delta} \, .
\end{aligned} \tag{5.362}$$

Die Koeffizienten von $\underset{n}{W}_{\delta} = (w_\delta^j - w_\lambda^j)e_j$ und $\underset{n}{J}_{\sigma} = \rho_\sigma (v_\sigma^j - w_\lambda^j)e_j$ in Gl. (5.359) enthalten thermodynamische Variable der Grenzfläche und thermodynamische Variable von den an die Grenzfläche angrenzenden Medien,die nicht unabhängig voneinander wählbar sind. Wir betrachten diese Koeffizienten als Funktion von diesen Variablen:

$$\begin{aligned}
&P_{\xi}(\rho_\alpha, \rho_\beta, \vartheta_+, \vartheta_-, \gamma_\delta, \vartheta_s, k_H) = 2k_H \sigma_\xi + [p_\xi] \, , \\
&M_{\alpha}(\rho_\alpha, \vartheta_+, \gamma_\delta, \vartheta_s, v_\alpha^j - w_\lambda^j, w_\delta^j - w_\lambda^j) = \mu_\alpha - \underset{s}{\mu}_{\delta} \, , \\
&M_{\beta}(\rho_\beta, \vartheta_-, \gamma_\delta, \vartheta_s, v_\beta^j - w_\lambda^j, w_\delta^j - w_\lambda^j) = \mu_\beta - \underset{s}{\mu}_{\delta} \, .
\end{aligned} \tag{5.362}$$

Mit (5.362) folgt für die Rest-Ungleichung:

$$\frac{1}{\Lambda^{E_s}} \frac{\partial E_s}{\partial \vartheta_s} \underset{\tau}{q}^{A} \vartheta_{s,A} - \sum_{\delta=1}^{\lambda-1} \sum_{\beta=1}^{\lambda-1} \left( \frac{1}{\gamma_\delta}\phi_\delta - \frac{1}{\gamma_\lambda}\phi_\lambda \right)\left(\gamma_\delta \delta_{\delta\xi} - \frac{\gamma_\delta \gamma_\xi}{\gamma}\right) g^{AB} \vartheta_{s,A} \underset{\tau}{W}_{B}^{\delta}$$

$$- \sum_{\delta=1}^{\lambda-1} \sum_{\xi,\beta=1}^{\lambda-1} \left\{ \frac{1}{\gamma_\delta} \underset{3}{m}_{\delta\xi}^{BA} - \frac{1}{\gamma_\lambda} \underset{3}{m}_{\lambda\xi}^{BA} \right\} \left( \gamma_\delta \delta_{\delta\xi} - \frac{\gamma_\delta\gamma_\xi}{\gamma} \right) \underset{\tau}{W}_{A}^{\beta} \underset{\tau}{W}_{B}^{\xi}$$

$$-\sum_{\delta=1}^{\lambda-1}\sum_{\varrho,\beta=1}^{\lambda-1}\left\{\frac{1}{\gamma_\delta}M_{\delta\varrho}-\frac{1}{\gamma_\lambda}M_{\lambda\varrho}\right\}\left(\gamma_\delta\delta_{\delta\varrho}-\frac{\gamma_\delta\gamma_\varrho}{\gamma}\right)\underset{n}{W}_\beta\,\underset{n}{W}_\varrho$$

$$-\sum_{r=1}^{n}\left(\sum_{\delta=1}^{\lambda}\left\{I/^{\mu}_{s\,\delta}+\frac{1}{2}\left(U^k_\delta\right)^2\right\}\right)\varrho^r_\delta m_\delta z_r+\sum_{\delta=1}^{\lambda}P_\delta\cdot\underset{n}{W}_\delta$$

$$+\left(\frac{1}{\vartheta_+}-\Lambda^{E_s}\right)\left(Q_++P_+\cdot\underset{n}{W}_\delta\right)-\left(\frac{1}{\vartheta_-}-\Lambda^{E_s}\right)\left(Q_-+P_-\cdot\underset{n}{W}_\delta\right)$$

$$-M_\alpha\cdot\left(\beta_++\alpha_+\cdot\underset{n}{W}_\delta\right)+M_\beta\cdot\left(\beta_-+\alpha_-\cdot\underset{n}{W}_\delta\right)\geqslant 0\ . \qquad (5.363)$$

An dieser Stelle sei bemerkt, daß die konstitutiven Gleichungen (5.361) nicht der Rest-Ungleichung widersprechen. Wir werden im nächsten Abschnitt die Rest-Ungleichung für einen speziellen thermodynamischen Prozess, nämlich das thermodynamische Gleichgewicht, untersuchen.

### 5.4.7 Gleichgewicht an der Grenzfläche

Wir haben das thermodynamische Gleichgewicht in 5.3.7 definiert. Diese Definition bleibt hier gültig. Zusätzlich muß im Gleichgewicht gelten:

$$z_r = 0\ . \qquad (5.364)$$

Weiterhin müssen wir verlangen:

$$\underset{n}{J}_\sigma\Big|_E = 0 \quad \text{und} \quad \underset{n}{q}_\pm\Big|_E = 0\ , \qquad (5.365)$$

d.h. wir müssen verlangen

$$\beta_\pm\Big|_E = 0 \quad \text{und} \quad Q_\pm\Big|_E = 0\ . \qquad (5.366)$$

Die Rest-Ungleichung (5.363) sehen wir als Entropie-Produktion $\Sigma$ in der Grenzfläche an, hervorgerufen durch eine Mischung von chemisch reagierenden Flüssigkeiten. Diese Entropie-Produktion nimmt im Gleichgewicht ein Minimum an, nämlich Null. Wir bezeichnen die Entropie-Produktion durch $\Sigma$ und betrachten sie als Funktion von

$$\rho_\alpha, \rho_\beta, \vartheta_+, \vartheta_-, \gamma_1, \dots, \gamma_\lambda, \vartheta_{S,A}, v_\alpha^j - w_\lambda^j, v_\beta^j - w_\lambda^j, \underset{\tau}{W}_A^\xi, \underset{n}{W}_\xi,$$
$$Q_+, Q_-, \beta_+, \beta_-, k_M, k_G. \tag{5.367}$$

Anstelle der Variablen $\gamma_1, \dots, \gamma_n$ substituieren wir $z_1, \dots, z_n$ und schreiben:

$$\Sigma = f(\rho_\alpha, \rho_\beta, \vartheta_+, \vartheta_-, \gamma_{n+1}, \dots, \gamma_\lambda, z_1, \dots, z_n, \vartheta_{S,A}, v_\alpha^j - w_\lambda^j, v_\beta^j - w_\lambda^j,$$
$$\underset{\tau}{W}_A^\xi, \underset{n}{W}_\xi, Q_+, Q_-, \beta_+, \beta_-, k_M, k_G). \tag{5.368}$$

Im Gleichgewicht gilt:

$$\Sigma\Big|_E = f(\rho_\alpha, \rho_\beta, \vartheta_+, \vartheta_-, \gamma_{n+1}, \dots, \gamma_\lambda, 0, \dots, k_M, k_G)\Big|_E = 0. \tag{5.369}$$

Die Entropie-Produktion nimmt im Gleichgewicht ihr Minimum an, nämlich $\Sigma\big|_E = 0$. Folge: Notwendige Bedingungen sind

$$\frac{\partial \Sigma}{\partial X_\Delta}\Big|_E = 0, \tag{5.370}$$

wobei $X_\Delta = \{z_r, \vartheta_{S,A}, \underset{\tau}{W}_A^\xi, \underset{n}{W}_\xi, Q_+, Q_-, \beta_+, \beta_-\}$ ist.
Für die Matrix, gebildet aus den zweiten Ableitungen von $\Sigma$, muß gelten:

$$\left(\frac{\partial^2 \Sigma}{\partial X_\Delta \partial X_\Gamma}\Big|_E\right) \quad \text{positiv semidefinit.} \tag{5.371}$$

Wir werten jetzt die Bedingungen (5.370) aus, dazu identifizieren wir die Rest-Ungleichung (5.363) mit $\Sigma$.

Aus $\frac{\partial \Sigma}{\partial z_r}\Big|_E = 0$ folgt:

$$\sum_{\delta=1}^{\lambda} \zeta_\delta^r \, m_\delta \, {}_I\mu_S^\delta \Big|_E = 0, \tag{5.372}$$

$r=1,\dots,n$ . Wir interpretieren das Resultat wie folgt: die Gl.(5.372) gilt in einer Mischung von chemisch reagierenden Flüssigkeiten und besagt, daß in dieser Mischung im Gleichgewicht die Affinität (das ist die treibende Kraft) Null ist. Die Gl.(5.372) kann als Bedingung für das detaillierte Gleichgewicht verstanden werden, wir nennen sie das Massenwirkungsgesetz an Grenzflächen.

Die Bedingungen

$$\left.\frac{\partial \Sigma}{\partial \vartheta_{s,A}}\right|_E = 0 \quad \text{und} \quad \left.\frac{\partial \Sigma}{\partial W^A_{\tau s}}\right|_E = 0 \tag{5.373}$$

liefern keine Aussage bzw. Einschränkung.

Folgerungen für die Grenzflächentemperatur $\vartheta_s$ und Identifikation des Lagrange-Multiplikators $\Lambda^{E_s}$ im Gleichgewicht $E$ :

$$\left.\frac{\partial \Sigma}{\partial Q_+}\right|_E = 0 \sim \left\{\frac{1}{\vartheta_+} - \Lambda^{E_s}(\vartheta_s)\right\}_E = 0 \quad \text{und} \quad \Lambda^{E_s}(\vartheta_s)\Big|_E = \frac{1}{\vartheta_+} = \Lambda^{E_s}(\vartheta_+)\Big|_E \; . \tag{5.374a}$$

$$\left.\frac{\partial \Sigma}{\partial Q_-}\right|_E = 0 \sim \left\{\frac{1}{\vartheta_-} - \Lambda^{E_s}(\vartheta_s)\right\}_E = 0 \quad \text{und} \quad \Lambda^{E_s}(\vartheta_s)\Big|_E = \frac{1}{\vartheta_-} = \Lambda^{E_s}(\vartheta_-)\Big|_E \; . \tag{5.374b}$$

Hieraus schließen wir, daß im Gleichgewicht $\vartheta_+ = \vartheta_- = \vartheta_s$ und

$$\Lambda^{E_s}(\vartheta_s)\Big|_E = \frac{1}{\vartheta_s} \tag{5.375}$$

gilt. Mit Gl.(5.375) ist der Lagrange-Multiplikator $\Lambda^{E_s}$ im Gleichgewicht $E$ identifiziert. Wir definieren

$$\vartheta_s^{-1} = \left(\Lambda^{E_s}(\vartheta_s)\right)^{-1} \tag{5.376}$$

als die absolute Grenzflächentemperatur und nehmen an, daß diese Definition auch im Nicht-Gleichgewicht gültig ist.

Folgerungen für das chemische Potential im Gleichgewicht $E$ :

Aus der Bedingung $\left.\frac{\partial \Sigma}{\partial \beta_+}\right|_E = 0$ folgt:

$$\left. M_\alpha(\rho_\alpha, \vartheta_+, \gamma_\delta, \vartheta_s, 0, 0)\right|_E = 0 \quad \text{und} \quad {}_I\mu_\alpha - {}_I\mu^s_\delta = 0 \,. \tag{5.377a}$$

Hierbei ist ${}_I\mu_\alpha$ das chemische Potential in einem räumlichen Bereich,es ist festgelegt durch Gl.(5.342), und ${}_I\mu^s_\delta$ ist das chemische Potential der Grenzfläche (siehe Gl.(5.340)).

Aus der Bedingung $\left.\frac{\partial \Sigma}{\partial \beta_-}\right|_E = 0$ , folgt:

$$\left. M_\beta(\rho_\beta, \vartheta_-, \gamma_\delta, \vartheta_s, 0, 0)\right|_E = 0 \quad \text{und} \quad {}_I\mu_\beta - {}_I\mu^s_\delta = 0 \,. \tag{5.377b}$$

Die Bedingungen (5.377 a,b) bringen zum Ausdruck, daß im Gleichgewicht das chemische Potential der Grenzfläche gleich dem chemischen Potential des, an die Fläche angrenzenden Bereiches ist und es gilt: ${}_I\mu_\gamma = {}_I\mu^s_\delta$ .

Letztlich folgt aus der Bedingung $\left.\frac{\partial \Sigma}{\partial {}_nW_\xi}\right|_E = 0$ eine statische Aussage

über die wirkenden "Kräfte" an der Grenzfläche:

$$\left. P_\xi \right|_E = 0 \quad \text{oder} \quad 2k_M \sigma_\xi = -[p_\sigma] \,. \tag{5.378}$$

Wir interpretieren diese Gleichung als eine Gleichgewichtsaussage. Dem Drucksprung $[p_\sigma]$ , senkrecht zur Grenzfläche, hält der Größe $2k_M\sigma_\xi$ das Gleichgewicht, wobei $\sigma_\xi$ der skalare Koeffizient der Oberflächenspannung ist und $k_M$ die mittlere Krümmung der Grenzfläche repräsentiert.

Die Bedingung (5.371) für Gl.(5.363) führt im allgemeinen Fall zu großer Schreibarbeit mit wenig anschaulichen Resultaten und deshalb soll die Auflistung der expliziten Form der Bedingung (5.371) hier unterbleiben. An konkreten Resultaten folgt aus der Bedingung (5.371), daß für den Koeffizienten in der konstitutiven Gleichung (5.326) gilt:

$$\underset{1}{k}^{BA} \leq 0 . \tag{5.379}$$

Anschaulich physikalisch besagt das Resultat, daß der Wärmestrom einem Temperaturgradienten an der Grenzfläche entgegengerichtet ist. In dem Fall einer Mischung aus zwei Konstituenten folgt, daß die Reibungskraft bezüglich der Flüssigkeit I entgegen der Relativgeschwindigkeit $w_I^j - w_{II}^j$ gerichtet ist.

## 5.4.8 Resultate für eine wärmeleitende chemisch reagierende Flüssigkeitsmischung

Wir stellen jetzt die thermodynamischen Gesetze für eine chemisch reagierende Flüssigkeitsmischung an der Grenzfläche zusammen. Die Grenzfläche selbst wird als semipermeabel betrachtet, so daß ein Materieaustausch mit den angrenzenden Volumenbereiche erfolgen kann.

Gibbssche Gleichung der Grenzflächenthermodynamik:

$$d(\gamma \eta_s) = \frac{1}{\vartheta_s} \left\{ \frac{\partial \gamma \varepsilon_s}{\partial \vartheta_s} d\vartheta_s + \sum_{\delta=1}^{\lambda} \left( \frac{\partial \gamma \varepsilon_s}{\partial \gamma_\delta} - {}_{I}\mu_{s\delta} \right) d\gamma_\delta \right\} . \tag{5.380}$$

Eine Abwandlung dieser Form ist

$$d\eta_s = \frac{1}{\vartheta_s} \left\{ \frac{\partial \varepsilon_s}{\partial \vartheta_s} d\vartheta_s + \sum_{\delta=1}^{\lambda} \left( \frac{\partial \varepsilon_s}{\partial \gamma_\delta} + \frac{1}{\gamma} (\varepsilon_s - \vartheta_s \eta_s) - \frac{1}{\gamma} {}_{I}\mu_{s\delta} \right) d\gamma_\delta \right\} . \tag{5.381}$$

Diese Gleichung heißt Gibbs-Gleichung für Mischungen von chemisch reagierenden Flüssigkeiten in der Grenzfläche. Diese Gleichung können wir direkt vergleichen mit der Gibbsschen Gleichung aus der Theorie der

Flüssigkeitsmischungen [24] für räumliche Bereiche, an die Stelle der Größen aus einem räumlichen Bereich treten die thermodynamischen Größen, die an einer gekrümmten Grenzfläche definiert sind. Bei unseren bisherigen Betrachtungen hatten wir das Dichtefeld $\gamma_\delta$ als Variable benutzt, wir führen jetzt die Konzentration $c_\delta = \frac{\gamma_\delta}{\gamma}$ ein und betrachten die innere Energie $\varepsilon_s$ und die Entropie $\eta_s$ als eine Funktion der Konzentration $c_\delta$ und der Temperatur $\vartheta_s$. Für die Gibbssche Gleichung (5.381) folgt:

$$d\eta_s = \frac{1}{\vartheta_s}\left\{\frac{\partial\varepsilon_s}{\partial\vartheta_s}\,d\vartheta_s + \left(\frac{\partial\varepsilon_s}{\partial\gamma} - \frac{\sigma}{\gamma^2}\right)d\gamma + \sum_{\delta=1}^{\lambda-1}\left(\frac{\partial\varepsilon_s}{\partial c_\delta} - \left({}_I\mu_s^\delta - {}_I\mu_s^\lambda\right)\right)dc_\delta\right\}. \tag{5.382}$$

Hieraus folgen Integrabilitätsbedingungen :

$$\frac{1}{\vartheta_s} = \frac{\dfrac{\partial\sigma}{\partial\vartheta_s}}{\sigma - \gamma^2\dfrac{\partial\varepsilon_s}{\partial\gamma}} \quad \text{oder} \quad \frac{d\ln\Lambda^{E_s}}{d\vartheta_s} = \frac{\dfrac{\partial\sigma}{\partial\vartheta_s}}{\gamma^2\dfrac{\partial\varepsilon_s}{\partial\gamma} - \sigma}\,, \tag{5.383}$$

$$\frac{\partial\varepsilon_s}{\partial c_\delta} = -\vartheta_s^2\,\frac{\partial}{\partial\vartheta_s}\left(\frac{{}_I\mu_s^\delta - {}_I\mu_s^\lambda}{\vartheta_s}\right) \tag{5.384}$$

und

$$\frac{\partial\sigma}{\partial c_\delta} = \gamma^2\,\frac{\partial\left({}_I\mu_s^\delta - {}_I\mu_s^\lambda\right)}{\partial\gamma}\,, \tag{5.385}$$

die Relationen der thermodynamischen Grenzflächengrößen untereinander darstellen. Die Gleichung (5.383) stellt einen funktionalen Zusammenhang zwischen der absoluten Temperatur $\vartheta_s$ und dem skalaren Koeffizienten $\sigma$ der Grenzflächenspannung sowie der inneren Energie $\varepsilon_s$ in der Grenzfläche dar. In anderen Worten, kennen wir den skalaren Koeffizienten $\sigma$ der Grenzflächenspannung und die innere Energie $\varepsilon_s$, dann läßt sich die absolute Temperatur bestimmen.

Das chemische Potential ${}_{I}\mu_{s\beta}$ an einer Grenzfläche ist gegeben durch :

$$ {}_{I}\mu_{s\beta} = \varepsilon_s - \vartheta_s \eta_s + \frac{\sigma}{\gamma} + \sum_{\delta=1}^{\lambda} \gamma \left( \delta_{\delta\beta} - \frac{\gamma_\delta}{\gamma} \right) \frac{\partial(\varepsilon_s - \vartheta_s \eta_s)}{\partial \gamma_\delta} \qquad (5.386) $$

und mit $\sigma(\gamma_\xi, \vartheta_s)$ folgt:

$$ {}_{I}\mu_{s\beta} = \frac{\partial \gamma(\varepsilon_s - \vartheta_s \eta_s)}{\partial \gamma_\beta} \ . \qquad (5.387) $$

Aus Gl.(5.261) folgt für die freie Energie $\varepsilon_s - \vartheta_s \eta_s$ der Mischung in der Grenzfläche:

$$ \varepsilon_s - \vartheta_s \eta_s = \sum_{\delta=1}^{\lambda} \frac{\gamma_\delta}{\gamma} \, {}_{I}\mu_{s\delta} - \frac{1}{\gamma} \sum_{\delta=1}^{\lambda} \sigma_\delta \ . \qquad (5.388) $$

Für die Entropie-Wärmestrom-Relation folgt:

$$ \underset{\tau}{\Phi}^{A} = \frac{1}{\vartheta_s} \underset{\tau}{q}^{A} - \frac{1}{\vartheta_s} \sum_{\delta=1}^{\lambda} \gamma_\delta \, \underset{\tau}{U}_{\delta}^{A} \, {}_{I}\mu_{s\delta} \ . \qquad (5.389) $$

Für die konstitutiven Gleichungen erhalten wir die folgenden Resultate:

| | | |
|---|---|---|
| $\varepsilon_s(\gamma_\delta, \vartheta_s)$ | innere Energie in der Mischung, | (5.390a) |
| $\eta_s(\gamma_\delta, \vartheta_s)$ | Entropie, | (5.390b) |
| $T_\xi^{BA} = -\sigma_\xi(\gamma_\delta, \vartheta_s) \cdot g^{AB}$ | partieller Spannungstensor für die Grenzflächenspannung, | (5.390c) |
| $\tau^{BA} = -\sigma(\gamma_\delta, \vartheta_s) \cdot g^{AB}$ | Spannungstensor für die Mischung in der Grenzfläche, | (5.390d) |
| $\underset{\tau}{q}^{A} = -\underset{1}{\kappa}^{AB} \vartheta_{s,B} + \sum_{\xi=1}^{\lambda-1} \underset{3\xi}{\kappa}^{AB} \underset{\tau}{W}_B^{\xi}$ | Wärmestrom , | (5.390e) |
| $\underset{n}{\mathcal{M}}_\delta = \sum_{\xi=1}^{\lambda-1} M_{\delta\xi} \underset{n}{W}_\xi$ | Wechselwirkungskraft senkrecht zur Grenzfläche, | (5.390f) |

$$ \underset{\tau}{\mathcal{M}}_\delta^{A} = \underset{1}{m}_\delta^{AB} \vartheta_{s,B} + \sum_{\xi=1}^{\lambda-1} \underset{3}{m}_{\delta\xi}^{AB} \underset{\tau}{W}_B^{\xi} + g^{AB} \sum_{\xi=1}^{\lambda} \left\{ \frac{\partial \sigma_\delta}{\partial \gamma_\xi} - \gamma_\delta \frac{\partial \, {}_{I}\mu_{s\delta}}{\partial \gamma_\xi} \right\} \gamma_{\xi,B} \qquad (5.390g) $$

Wechselwirkungskraft tangential zur Grenzfläche.

Zu diesen Resultaten gehören auch die konstitutiven Gleichungen (5.361) für den Wärmestrom und den Teilchendiffusionsstrom, diese Gleichungen sind wichtig, da über sie ein Wärme- und/oder Materieaustausch mit den umgebenden Medien erfolgt in die die Grenzfläche eingebettet ist.

Sichtung der konstitutiven Gleichungen (5.390) und (5.361) zeigt,daß nur die konstitutive Gleichung (5.390g) von einem Dichtegradienten ab - hängt. Wir fragen jetzt nach den Einschränkungen, die daraus folgen,wenn wir keinen Dichtegradienten in der Wechselwirkungskraft $\mathcal{M}^{A}_{\tau\delta}$ tangential zur Grenzfläche und in den übrigen konstitutiven Gleichungen zulassen. Die Bedingung, daß kein Dichtegradient in $\mathcal{M}^{A}_{\tau\delta}$ beiträgt, lautet:

$$\frac{\partial\sigma_{\xi}}{\partial\gamma_{\tau}} - \gamma_{\xi}\frac{\partial{}_{I}\mu_{s\xi}}{\partial\gamma_{\tau}} = 0 \tag{5.391}$$

oder

$$\frac{1}{\gamma_{\xi}}\frac{\partial\sigma_{\xi}}{\partial\gamma_{\tau}} = \frac{\partial{}_{I}\mu_{s\xi}}{\partial\gamma_{\tau}} \quad . \tag{5.392}$$

Mit der Definition (5.387) des chemischen Potentials

$${}_{I}\mu_{s\xi} = \frac{\partial\gamma(\varepsilon_s - \vartheta_s\eta_s)}{\partial\gamma_{\xi}} \tag{5.393}$$

an der Grenzfläche, folgt für die Bedingung (5.392)

$$\frac{1}{\gamma_{\xi}}\frac{\partial\sigma_{\xi}}{\partial\gamma_{\tau}} = \frac{\partial^2\gamma(\varepsilon_s - \vartheta_s\eta_s)}{\partial\gamma_{\tau}\,\partial\gamma_{\xi}} \; . \tag{5.394}$$

Die Größe $\gamma(\varepsilon_s - \vartheta_s\eta_s)$ heißt freie Energie **F** der Grenzfläche. Im Lichte einer exakten Differentialgleichung (Pfaffsche Differentialgleichung), muß die linke Seite von Gl.(5.392) eine Integrabilitätsbedingung bezüglich des chemischen Potentials ${}_{I}\mu_{s\xi}$ an der Grenzfläche erfüllen. Bevor wir diese Integrabilitätsbedingung untersuchen, sind einige Klarstellungen notwendig.

Ersetzen wir in der Bedingung (5.392) das chemische Potential ${}_{I}\mu_{s\xi}$ an einer Grenzfläche durch das entsprechende chemische Potential ${}_{I}\mu_{\xi}$ für eine Mischung in einem räumlichen Bereich und ersetzen wir den skalaren Koeffizienten $\sigma_\xi$ der Grenzflächenspannung $T_\xi^{BA}$ durch den isotropen Druck $p_\xi$, so erhalten wir die entsprechende Bedingung in einem räumlichen Bereich [24, 42]. In der Bedingung (5.392) ist $\sigma_\xi$ und ${}_{I}\mu_{s\xi}$ eine Funktion von der Partialdichte $\gamma_\tau$, $\tau=1,\ldots,\lambda$ und der Grenzflächentemperatur $\vartheta_s$. In anderen Worten, der skalare Koeffizient $\sigma_\xi$ der Grenzflächenspannung $T_\xi^{BA}$ für die Konstituente $\xi$ hängt von allen Partialdichten $\gamma_\tau$, $\tau=1,\ldots,\lambda$, ab.

Um die Integrabilitätsbedingung bezüglich des chemischen Grenzflächenpotentials zu erhalten, differenzieren wir die linke Seite der Gl.(5.392) bezüglich der Partialdichte $\gamma_\eta$. Wir erhalten:

$$\frac{\partial}{\partial\gamma_\eta}\left(\frac{1}{\gamma_\xi}\frac{\partial\sigma_\xi}{\partial\gamma_\tau}\right) = -\frac{1}{\gamma_\xi^2}\delta_{\eta\xi}\frac{\partial\sigma_\xi}{\partial\gamma_\tau} + \frac{1}{\gamma_\xi}\frac{\partial^2\sigma_\xi}{\partial\gamma_\eta\partial\gamma_\tau} \quad . \tag{5.395}$$

Vertauschen wir $\gamma_\tau$ mit $\gamma_\eta$, so gilt:

$$\frac{\partial}{\partial\gamma_\tau}\left(\frac{1}{\gamma_\xi}\frac{\partial\sigma_\xi}{\partial\gamma_\eta}\right) = -\frac{1}{\gamma_\xi^2}\delta_{\tau\xi}\frac{\partial\sigma_\xi}{\partial\gamma_\eta} + \frac{1}{\gamma_\xi}\frac{\partial^2\sigma_\xi}{\partial\gamma_\tau\partial\gamma_\eta} \quad . \tag{5.396}$$

Da $\gamma_\tau$ und $\gamma_\eta$ beliebige Dichten sind, ist die linke Seite von Gl.(5.395) gleich der linken Seite von Gl.(5.396). Aus Gl.(5.395) und Gl.(5.396)erhalten wir dann

$$\frac{1}{\gamma_\xi^2}\delta_{\eta\xi}\frac{\partial\sigma_\xi}{\partial\gamma_\tau} = \frac{1}{\gamma_\tau^2}\delta_{\tau\xi}\frac{\partial\sigma_\xi}{\partial\gamma_\eta} \quad , \tag{5.397}$$

wobei $\sigma_\xi(\gamma_\tau, \vartheta_s)$ ist. Daraus folgen Einschränkungen, die jetzt diskutiert werden sollen.

Sei $\eta=\xi$, so ist $\delta_{\tau\xi}=0$ und die Folge ist:

$$\frac{\partial\sigma_\xi}{\partial\gamma_\tau} = 0 \quad , \tag{5.398}$$

falls $\varsigma \neq \tau$ ist. Dieses Resultat hat zur Folge, daß die linke Seite von Gl. (5.392) Null ist:

$$\frac{\partial\, {}_{I}\!/\!_{s}\mu_{\varsigma}}{\partial \gamma_{\tau}} = 0 \tag{5.399}$$

bzw.

$$\frac{\partial^{2} \gamma (\varepsilon_{s} - \vartheta_{s} \eta_{s})}{\partial \gamma_{\tau}\, \partial \gamma_{\varsigma}} = 0\,. \tag{5.400}$$

Wir können jetzt sagen, der skalare Koeffizient $\sigma_{\varsigma}$ der Grenzflächenspannung und das chemische Potential ${}_{I}\!/\!_{s}\mu_{\varsigma}$ an der Grenzfläche hängen nicht von $\gamma_{\tau}$ ab:

$$\begin{aligned} &\sigma_{\varsigma}(\gamma_{\varsigma}, \vartheta_{s})\,,\\ &{}_{I}\!/\!_{s}\mu_{\varsigma}(\gamma_{\varsigma}, \vartheta_{s})\,. \end{aligned} \tag{5.401}$$

Das ist eine gewaltige Einschränkung gegenüber dem Fall, bei dem Dichtegradienten in den konstitutiven Gleichungen für eine Flüssigkeitsmischung erlaubt sind und es erscheint deshalb gerechtfertigt, die Theorie der Mischungen ohne Dichtegradienten als einfache Mischungen zu bezeichnen.

Wir untersuchen jetzt

$$\frac{\partial^{2} \gamma (\varepsilon_{s} - \vartheta_{s} \eta_{s})}{\partial \gamma_{\tau}\, \partial \gamma_{\varsigma}} = 0 \quad \text{für } \varsigma \neq \tau = 1, \ldots, \lambda. \tag{5.402}$$

Die Größen $\gamma_{\varsigma}$, $\varepsilon_{s}$, $\vartheta_{s}$ und $\eta_{s}$ sind an der Grenzfläche definiert. Die Differentialgleichung (5.402) ist zu lösen, um weitere Aussagen bezüglich der Berücksichtigung von Dichtegradienten in den konstitutiven Gleichungen zu erhalten. Aber zunächst eine Klarstellung. Eine analoge Gleichung existiert in der Thermodynamik der Flüssigkeitsmischungen für räumliche Bereiche [24]. Die Schlußfolgerung dort ist die folgende: Ein Variablensatz für die konstitutiven Gleichungen ohne Dichtegradienten entsprechen speziellen Flüssigkeitsmischungen, sie werden als einfache Mischungen bezeichnet. In diesen einfachen Mischungen hängt, z.B. die innere Energie für eine Flüssigkeitskonstituente nicht von allen Dichten ab, sondern nur von **einer** Dichte, dasselbe gilt für die Partial-Entropie. Wir müssen prüfen und wir werden zeigen, daß diese Schlußfolgerung auch für Flüssigkeitsmischungen in der Grenzfläche zutreffen. Wir orientieren uns an der Lösungstheorie der Thermodynamik der Flüssigkeitsmischungen für räumliche Bereiche und untersuchen die Differentialgleichung (5.402), die an der Grenzfläche gültig ist. Wir müssen verifizieren, daß der Rateansatz

$$\gamma(\varepsilon_s - \vartheta_s \eta_s) = \sum_{\delta=1}^{\lambda} \gamma_\delta F_\delta(\gamma_\delta, \vartheta_s), \tag{5.403}$$

Lösung der Differentialgleichung (5.402) ist. Wir differenzieren die Gl. (5.403) und erhalten:

$$\begin{aligned}
\frac{\partial^2 \gamma(\varepsilon_s - \vartheta_s \eta_s)}{\partial \gamma_\tau \partial \gamma_\xi} &= \frac{\partial}{\partial \gamma_\tau} \left\{ \frac{\partial}{\partial \gamma_\xi} \sum_{\delta=1}^{\lambda} \gamma_\delta F_\delta(\gamma_\delta, \vartheta_s) \right\} \\
&= \frac{\partial}{\partial \gamma_\tau} \sum_{\delta=1}^{\lambda} \left\{ \delta_{\delta\xi} F_\delta(\gamma_\delta, \vartheta_s) + \gamma_\delta \frac{\partial F_\delta(\gamma_\delta, \vartheta_s)}{\partial \gamma_\delta} \delta_{\delta\xi} \right\} \\
&= \frac{\partial}{\partial \gamma_\tau} \left\{ F_\xi(\gamma_\xi, \vartheta_s) + \gamma_\xi \frac{\partial F_\xi(\gamma_\xi, \vartheta_s)}{\partial \gamma_\xi} \right\} \\
&= \left( 2 \frac{\partial F_\xi(\gamma_\xi, \vartheta_s)}{\partial \gamma_\xi} + \frac{\partial^2 F_\xi(\gamma_\xi, \vartheta_s)}{\partial \gamma_\xi^2} \right) \delta_{\xi\tau} = 0 ,
\end{aligned}$$

wegen der Voraussetzung $\xi \neq \tau$. Differenzieren wir Gl.(5.403) bezüglich $\vartheta_s$ und beachten die Gleichung (5.280d), so folgt:

$$\gamma \eta_s = \sum_{\delta=1}^{\lambda} \gamma_\delta \, {}_s\eta_\delta(\gamma_\delta, \vartheta_s) \quad \text{mit} \quad {}_s\eta_\delta = - \frac{\partial F_\delta(\gamma_\delta, \vartheta_s)}{\partial \vartheta_s} . \tag{5.404}$$

Benutzen wir diese Gl.(5.404) und setzen sie in die Gl.(5.403) ein, so erhalten wir

$$
\begin{aligned}
\gamma\, \varepsilon_S &= \sum_{\delta=1}^{\lambda} \gamma_\delta \left( F_\delta(\gamma_\delta, \vartheta_S) + \eta_S \vartheta_S \right) \\
&= \sum_{\delta=1}^{\lambda} \gamma_\delta \, {}_S\epsilon_\delta(\gamma_\delta, \vartheta_S) \quad ,
\end{aligned}
\tag{5.405}
$$

wobei ${}_S\epsilon_\delta(\gamma_\delta, \vartheta_S)$ durch

$$
{}_S\epsilon_\delta(\gamma_\delta, \vartheta_S) = F_\delta(\gamma_\delta, \vartheta_S) - \vartheta_S \eta_\delta(\gamma_\delta, \vartheta_S)
\tag{5.406}
$$

definiert ist. Aus der Gl.(5.405) und der Gl.(5.406) lesen wir ab, daß die innere Energie $\varepsilon_S$ und die Entropie $\eta_S$ für die Konstituente $\delta$ Funktionen der Partialdichte $\rho_\delta$ und der Grenzflächentemperatur $\vartheta_S$ sind und wir nennen diese Flüssigkeitsmischungen einfache Mischungen.

## VI Betrachtung an einer fluiden Grenzfläche

Das Ziel dieser Untersuchungen ist es, die in den vorhergehenden Abschnitten systematisch entwickelte Theorie auf einfache Problemstellungen anzuwenden. Konkret bedeutet dieses, daß wir die konstitutiven Gleichungen aus Abschnitt V in die Bilanzgleichungen des Abschnittes IV einsetzen, um die notwendigen Feldgleichungen zu erhalten. Die Feldgleichungen stellen einen Satz von partiellen Differentialgleichungen von erster Ordnung in der Zeit dar, mit denen wir das dynamische Verhalten von semipermeablen Grenzbereichen, wie semipermeable biologische Modell-Membranen und semipermeable Grenzflächen mit oder ohne Massenbelegung studieren. Das Problem ist es, Lösungen dieser Feldgleichungen an Grenzflächen zu finden. Dazu sind einerseits Anfangs- und Randwerte des Grenzflächenfeldes der Dichte, der Geschwindigkeit und der Temperatur notwendig und andererseits müssen wir die Sprungterme in den Feldgleichungen kennen. Die Sprungterme enthalten konstitutive Gleichungen, die wir kennen, so z.B. in der Impulsbilanz den Spannungstensor. Für den konvektiven Impulsfluß im Sprungterm der Impulsbilanz müssen wir eine Materialgleichung formulieren (siehe unten).

Die Lösungen dieser Feldgleichungen sind die Felder der Dichte, der Geschwindigkeit und der Temperatur, sie bestimmen vollständig den momentanen thermodynamischen Zustand der Grenzfläche bzw. des Grenzflächenbereiches. Die Werte dieser Felder können als Anfangs- und Randwerte von beweglichen Rändern angesehen werden, die notwendig sind, um die Differentialgleichungen in den angrenzenden Raumbereichen lösen zu können.

Unsere Absicht in diesem Abschnitt ist es, mit Hilfe der Feldgleichungen an Grenzflächen bzw. Vereinfachungen davon, das dynamische Verhalten von Grenzflächen zu studieren. Da unsere Feldgleichungen sehr allgemein sind, können wir damit verschiedene physikalische Situationen untersuchen. In dieser Arbeit werden Grenzflächen im Hinblick auf biologische Membranen untersucht, insbesondere wird in einer ersten Untersuchung eine Grenzfläche diskutiert, die verschiedene Medien voneinander trennt und semipermeabel ist. Der Fall einer geschlossenen, freibeweglichen Grenzfläche mit einem Medium innerhalb und einem anderen Medium außerhalb der Grenzfläche ist für uns von besonderem Interesse, weil dieser Fall der Situation einer biologischen Membran mit einer extrazellulären und einer intrazellulären Flüssigkeit entspricht. Für diesen Fall sind wir an Lösungen der räumlichen Feldgleichungen, zum Beispiel der Navier-Stokes Gleichung innerhalb der geschlossenen Fläche bei beweglichem Rand interessiert. Außerhalb der Fläche benötigen wir ebenso die Lösung der Navier-Stokes Gleichung. Mathematisch ausgedrückt, wir haben die Navier-Stokes Gleichung unter der Nebenbedingung eines freien Randes zu lösen. Nach meinem Wissen ist die Lösungstheorie, Spektraltheorie etc. für Probleme mit freien Rändern mathematisch weitgehend unerforscht, wir betreten hier in einem gewissen Sinne Neuland. Es ist klar, daß dieses ein gänzlich anderes Problem ist als das Aufsuchen von Lösungen der Navier-Stokes Gleichung unter Vorgabe von Anfangs- und Randwerten an starren Rändern. Das liegt daran, daß die Gleichungen für den freien Rand selbst partielle Differentialgleichungen sind. Es sind die oben erklärten Feldgleichungen an Unstetigkeitsflächen. Deshalb ist es begründet,diesen Satz von Feldgleichungen als einen vollständigen Satz von Randbedingungen zu bezeichnen.

Um aus dieser Problemstellung ein lösbares Problem zu machen, sind physikalische Abstraktionen vorzunehmen. Sie sind so vorzunehmen, daß möglichst alle strukturellen Gesichtspunkte berücksichtigt werden. In einem zweiten Schritt sind dann unsere Feldgleichungen für Grenzflächen an das physikalische Problem anzupassen.

## 6.1 Formulierung des Problems

Um die Situation an einer biologischen Membran physikalisch zu erfassen, ist es notwendig außerhalb der Grenzfläche viskose Flüssigkeiten zu betrachten. In dem Fall von nicht-mischbaren Flüssigkeiten haben wir eine viskose Grenzfläche.

In einer ersten Untersuchung wird die Stabilität bzw. Instabilität einer Grenzfläche diskutiert, die verschiedene Medien voneinander trennt, nämlich zwei nicht-mischbare Flüssigkeiten. Dabei wird zugelassen, daß die Grenzfläche für eine weitere Flüssigkeit permeabel ist. Für dieses Modell einer semipermeablen Grenzfläche sollen im folgenden die Feldgleichungen angepaßt werden. Diese Untersuchung ist wichtig in verschiedener Hinsicht. Zunächst können wir aus diesem Modell etwas lernen über den dynamischen Zustand an einer semipermeablen Grenzfläche bei Anbringung einer Störung. Sodann dient uns dieses einfache Beispiel als Wegweiser realistischere Situationen bezüglich des dynamischen Verhaltens zu behandeln, wie zum Beispiel eine semipermeable Membran, bestehend aus lyotroper Materie. Wir können aber auch sagen, daß diese Untersuchungen exakt zutreffen, an der Oberfläche einer realen semipermeablen Membran, sie geben die Situation einer, als eine mit Materie belegten Grenzfläche idealisierten Membran, nur für den Fall, daß die Konzentration der Grenzflächenmaterie vernachlässigbar ist, richtig wieder.

Wir können unsere Untersuchungen wesentlich vereinfachen, wenn wir von einer Krümmung der Grenzfläche absehen (gekrümmte Grenzflächen sollen in einer später folgenden Arbeit näher untersucht werden). Dieses Vorgehen ist nur durch didaktische Überlegungen geprägt, in welcher Weise sich dadurch Vereinfachungen ergeben, soll später an Hand der Gleichungen diskutiert werden. Wir diskutieren die folgende Situation:

Halbraum $\mathcal{R}^+$ : Flüssigkeiten mit der Dichte $\rho_\alpha^+$ , $\rho_\mu^+$

Grenzfläche in der x-y-Ebene liegend.

Halbraum $\mathcal{R}^-$ : Flüssigkeiten mit der Dichte $\rho_\alpha^-$ , $\rho_\nu^-$

Zwei nicht-mischbare viskose Flüssigkeiten mit der Dichte $\rho_\mu^+$ im Halbraum $\mathcal{R}^+$ und mit der Dichte $\rho_\nu^-$ im Halbraum $\mathcal{R}^-$ bilden die ebene Grenzfläche. Eine weitere viskose Flüssigkeit der Dichte $\rho_\alpha$ sei in beiden Halbräumen $\mathcal{R}^+$ und $\mathcal{R}^-$ vorhanden mit der Möglichkeit, daß diese die Grenzfläche durchsetzen kann. D.h. die Flüssigkeit der Dichte $\rho_\alpha$ ist mit den Flüssigkeiten der Dichte $\rho_\mu^+$ und $\rho_\nu^-$ mischbar, sie stellt eine semipermeable Grenzfläche dar. Die folgenden Betrachtungen sind exakt für permeable Grenzflächen ohne Materiebelegung, inwieweit die Resultate auch für eine Grenzfläche mit Massenbelegung richtig sind, muß gesondert untersucht werden.

## 6.2 Modellbeschreibung

Wir betrachten eine ebene Grenzfläche in der x-y-Ebene, wobei die z-Richtung senkrecht zur Grenzfläche orientiert ist und in dem Halbraum $\mathcal{R}^+$ zeigt.

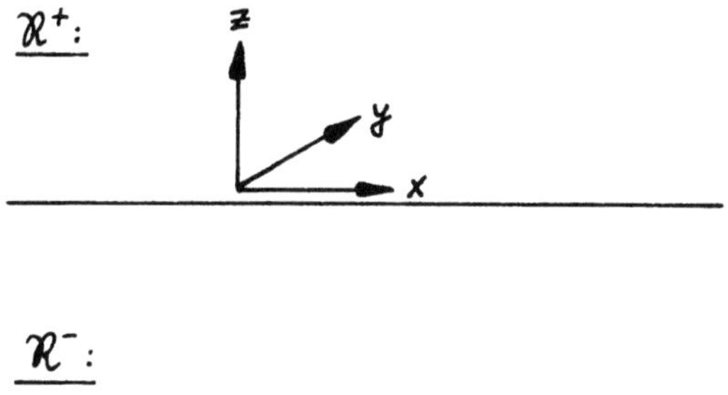


Für ein Geschwindigkeitsfeld $v^j(x,y,z,t)$, z.B. im Halbraum $\mathcal{R}^+$ oder $\mathcal{R}^-$ schreiben wir

$$v^j(x,y,z,t) = \begin{cases} u(x,y,z,t)\,, \\ v(x,y,z,t)\,, \\ w(x,y,z,t)\,, \end{cases} \tag{6.1}$$

dabei sind $u(x,y,z,t)$, $v(x,y,z,t)$ und $w(x,y,z,t)$ die Komponenten des Geschwindigkeitsfeldes in den drei Raumrichtungen. An dieser Stelle treffen wir eine weitere Vereinfachung, sie besteht darin, daß wir eine Abhängigkeit von der y-Richtung nicht zulassen. In anderen Worten, wir betrachten ein ebenes Problem in der z-x-Ebene. Die Komponenten des Geschwindigkeitsfeldes reduzieren sich auf

$$u(x,z,t) \quad \text{und} \quad w(x,z,t)\,. \tag{6.2}$$

Um die Tangentialimpulsbilanz auswerten zu können, benötigen wir die Geschwindigkeitsfelder der beteiligten viskosen Flüssigkeiten in den beiden Halbräumen $\mathcal{R}^+$ und $\mathcal{R}^-$. Die Geschwindigkeitsfelder für die Teilchen der Dichte $\varrho_\mu^+$ und $\varrho_\nu^-$ bestimmen wir aus der Navier-Stokes Gleichung. Nach unseren Vorüberlegungen bei der Formulierung des Problems lassen sich sofort Randbedingungen formulieren, die die Lösung der Navier-Stokes Gleichung in dem Halbraum $\mathcal{R}^+$ und $\mathcal{R}^-$ an der Grenzfläche erfüllen muß. Die Flüssigkeiten der Dichte $\varrho_\mu^+$ und $\varrho_\nu^-$ sind nicht mischbar, sie bilden ja die Grenzfläche. D.h. kein Teilchen der Dichte $\varrho_\mu^+$ ist im Halbraum $\mathcal{R}^-$ anzutreffen und kein Teilchen der Dichte $\varrho_\nu^-$ in $\mathcal{R}^+$. Hat ein Teilchen $\varrho_\mu^+$ aus dem Raumbereich $\mathcal{R}^+$ die Grenzfläche erreicht, so bewegt es sich mit der Geschwindigkeit der Grenzfläche. Bleibt die Grenzfläche in Ruhe, so gilt:

$$w_\mu^+(x,t)\Big|_{z=0} = 0 \tag{6.3}$$

für die Normalkomponente des Geschwindigkeitsfeldes in $\mathcal{R}^+$ und entsprechend im Halbraum $\mathcal{R}^-$:

$$w_\nu^-(x,t)\Big|_{z=0} = 0 \, . \tag{6.4}$$

Über die Tangentialkomponenten der Geschwindigkeitsfelder können wir noch frei verfügen. Wir nehmen an, daß die Tangentialkomponente der Geschwindigkeitsfelder im Halbraum $\mathcal{R}^+$ und $\mathcal{R}^-$ stetig sind. Folglich gilt:

$$u_\mu^+(x,t)\Big|_{z=0} = u_\nu^-(x,t)\Big|_{z=0} \, . \tag{6.5}$$

Für die Diffusion der Flüssigkeit mit der Dichte $\varrho_\alpha$ durch die Halbräume müssen wir die Diffusionsgleichung lösen und mit deren Hilfe, können wir sodann den Einfluß der Konzentrationsstörung in der Tangentialimpulsbilanz an der Grenzfläche berechnen. Je nach den Eigenschaften des Hintergrundmediums in den beiden Halbräumen $\mathcal{R}^+$ und $\mathcal{R}^-$ gibt es eine Reibungswechselwirkung (hydrodynamische Wechselwirkung), diese berücksichtigen wir durch unterschiedliche Diffusionskoeffizienten in den beiden Halbräumen.

Für die Flüssigkeit der Dichte $\varrho_\alpha$ geben wir in den beiden Halbräumen an der Grenzfläche ein lineares Konzentrationsprofil vor. Es wird angenommen, daß ein stationärer Zustand für die Konzentration der Teilchensorte $\alpha$ existiere, der für die Aufrechterhaltung des Konzentrationsprofiles sorgt. Physikalisch bedeutet dieses, eine Diffusion der Flüssigkeit mit der Dichte $\varrho_\alpha$ durch das Hintergrundmedium mit der Dichte $\varrho_\mu^+$ und der Dichte $\varrho_\nu^-$ in $\mathcal{R}^+$ und $\mathcal{R}^-$. Diese Konzentrationsprofile werden durch eine Konzentrationsstörung gestört und über die Oberflächenspannung macht sich diese Störung in der Tangentialimpulsbilanz bemerkbar, die wir studieren werden.
Vorgabe eines Konzentrationsprofils für die Teilchen der Dichte $\varrho_\alpha$ in der folgenden Form

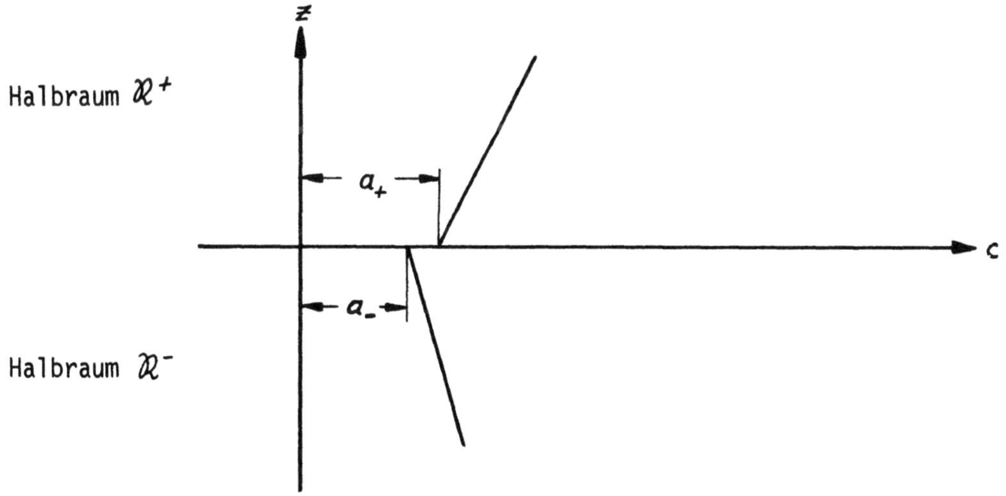


Wir machen den folgenden Ansatz mit unterschiedlichen Konzentrationsverteilungen in den beiden Halbräumen:

$$c_o^+ = a_+ + b_+ z \qquad \text{in} \quad \mathcal{R}^+ \tag{6.6a}$$

und

$$c_o^- = a_- - b_- z \qquad \text{in} \quad \mathcal{R}^-. \tag{6.6b}$$

Die Steilheit der Geraden ist ein Maß für den Konzentrationsanstieg in den beiden Bereichen $\mathcal{R}^+$ und $\mathcal{R}^-$.

Unterschiedliche Werte der Konzentrationsverteilung an der Stelle $z=0$ besagen, daß die Konzentrationsverteilung an der Grenzfläche $(z=0)$ einen Sprung macht.

Wie wir oben ausgeführt haben, besitzt eine Grenzfläche eine mechanische Steifigkeit und wir erwarten, daß durch eine Änderung der Steifigkeit, die Stabilität der Grenzfläche gerade mit dieser Steifigkeitsänderung in Verbindung steht. Die Steifigkeit selbst ist durch die Grenzflächenspannung gegeben. Wir können uns überlegen, daß es zwei Sorten von Grenzflächenspannungen geben muß, die jetzt begrifflich analysiert werden sollen. Bei unseren Untersuchungen in den Arbeiten [21,22,36] hatten wir eine thermodynamische Feldtheorie für eine mit Materie belegten Grenzfläche vorgeschlagen. Im Rahmen dieser Überlegungen hatten wir deduziert, daß der skalare Koeffizient der Grenzflächenspannung in der konstitutiven Gleichung für den Spannungstensor eine Funktion der partiellen Grenzflächendichte $\gamma_\delta$ und der Grenzflächentemperatur $\vartheta_s$ ist

$$\sigma\,(\gamma_\delta, \vartheta_s\,). \tag{6.7}$$

Ein weiteres Resultat, das wir hier zitieren ist, daß sich $\sigma(\gamma_\delta, \vartheta_s)$ durch die Ableitung der freien Energie der Grenzfläche nach der Partialdichte $\gamma_\xi$ in einer Mischung mit $\lambda$ Konstituenten wie folgt darstellen läßt

$$\sigma\,(\gamma_\delta\,, \vartheta_s\,) = \gamma \sum_{\xi=1}^{\lambda} \gamma_\xi \, \frac{\partial(\varepsilon_s - \vartheta_s \eta_s)}{\partial \gamma_\xi} \quad , \tag{6.8}$$

hierbei ist $\varepsilon_s$ die innere Energie und $\eta_s$ die Entropie der Fläche. Weiterhin hatten wir festgestellt, daß in einer nicht-viskosen Flüssigkeitsmischung mit $\lambda$ Konstituenten, der partielle Koeffizient der Grenzflächenspannung für die Flüssigkeit $\mu$ in der Grenzfläche durch

$$\sigma_\mu(\gamma_\delta, \vartheta_s) \tag{6.9}$$

gegeben ist. Diese Darstellung besagt, daß die Größe $\sigma_\mu(\gamma_\delta, \vartheta_s)$ von allen Partialdichten $\gamma_\delta$ , $\delta = 1, \ldots, \lambda$ an der Grenzfläche abhängt. Der Vollständigkeit wegen, sei noch die Darstellung für den Spannungstensor $\tau^{AB} = -\sigma(\gamma_\delta, \vartheta_s) g^{AB}$ notiert, für unsere augenblicklichen Betrachtungen benötigen wir die angegebene Darstellung nicht.

Jetzt soll die zweite Sorte von Grenzflächenspannung begründet werden, diese Grenzflächenspannung beobachten wir an Grenzflächen, die keine zusätzliche Materieverteilung besitzen. Gedankenexperiment: Für eine Grenzfläche ohne Massenbelegung zwischen einer Flüssigkeit und einem Gas ist die Grenzflächenspannung der Flüssigkeit eine Funktion der Dichte und der Temperatur der Flüssigkeit. Dasselbe gilt, falls wir statt einer Flüssigkeit eine Flüssigkeitsmischung betrachten. Nehmen wir nun an, die Grenzfläche sei für eine zweite Flüssigkeit mit anderer Dichte permeabel, so wird die Grenzflächenspannung durch die Dichte der zusätzlichen Flüssigkeit geändert. Ist diese Dichteänderung lokal, so können an der Grenzfläche Tangentialverschiebungen in der Materie auftreten, die ihre Ursache in einer lokal veränderten Grenzflächenspannung haben. Machen wir ein weites Gedankenexperiment, bei dem wir zwei nicht-mischbare Flüssigkeiten übereinanderschichten, dabei wird sich eine gemeinsame Grenzfläche ausbilden, die eine Grenzflächenspannung besitzt und durch die beteiligten Flüssigkeiten dichteabhängig ist. Ist diese Grenzfläche für eine weitere Flüssigkeit permeabel, so wird durch diese Flüssigkeit ebenfalls die Grenzflächenspannung geändert. Aufgrund dieser Gedankenexperimente können wir sagen, daß der skalare Koeffizient der Grenzflächenspannung eine Funktion von den Dichten der beteiligten Flüssigkeiten und der Temperatur sein wird. Wie dieser Fall im Rahmen unserer Feldgleichungen behandelt werden kann, wird in den folgenden Abschnitten besprochen und insbesondere werden wir dann auf den Begriff der Grenzflächenspannung zurückkommen.

Wir haben oben dargelegt, daß lokale Dichtestörungen der Grenzflächenspannung Veränderungen in der Grenzflächenspannung hervorrufen, die Folge sind Tangentialverschiebungen der Materie an der Grenzfläche. Wir simulieren diese Situation, indem wir der oben eingeführten statischen Konzentrationsverteilung eine kleine Störung überlagern und diese Störung in der Tangentialimpulsbilanz untersuchen.

## 6.3 Untersuchungen an einer Grenzfläche

### 6.3.1 Eingeschränkte Feldgleichungen an einer fluiden semipermeablen Grenzfläche

Das Ziel in diesem Abschnitt ist es, die Bilanzgleichungen aus Abschnitt IV auf eine fluide semipermeable Grenzfläche anzuwenden. Die in Abschnitt IV zusammengestellten Gleichungen sind für semipermeable Grenzbereiche und für semipermeable Grenzflächen gültig. Die Bilanzgleichungen für Grenzflächen sind für Grenzflächen gültig, die eine Massendichte, Impulsdichte, Dichte an innerer Energie und Entropiedichte besitzen, eine eingeschränkte Form von diesen Gleichungen wollen wir jetzt besprechen, es sind die Bilanzgleichungen an einer Grenzfläche ohne zusätzliche Dichteverteilungen. Die mechanischen Eigenschaften der Grenzfläche werden durch die Oberflächen- bzw. Grenzflächenspannung erfaßt. In den folgenden Betrachtungen wird eine semipermeable Grenzfläche ohne zusätzliche Dichteverteilungen an der Grenzfläche untersucht und die dazugehörigen Gleichungen werden diskutiert. Um die Diskussion nicht zu erschweren, betrachten wir im folgenden keine Temperaturabhängigkeit der Grenzfläche, d.h. wir berücksichtigen nicht die Bilanz der inneren Energie an der Grenzfläche. Das hat zur Folge, daß wir bei den Stabilitätsbetrachtungen die Effekte vernachlässigen, die sich aufgrund einer Temperaturstörung bzw. einer konstanten Temperaturdifferenz an einer fluiden Grenzfläche einstellen. In wieweit es richtig ist, die Bilanz der inneren Energie nicht zu betrachten, muß von Fall zu Fall entschieden werden. Bei biologischen Membranen und biologischer Materie können wir davon ausgehen, daß in erster Näherung keine großen Temperaturunterschiede auftreten. Für den dynamischen Zustand der Grenzfläche genügt es dann die Massenbilanz und die Impulsbilanz zu untersuchen. Diese Bilanzgleichungen in aufsummierter Form und in totalen Zeitableitungen geschrieben , haben die folgende Form:

$$d_t \gamma + \frac{\dot{g}}{2g}\gamma + \gamma \underset{\tau}{w}{}^A{}_{;A} + [\varrho(v^j - w_\lambda^j)e^j] = 0 \,, \tag{6.10}$$

$$\gamma d_t w^k - T^{kA}{}_{;A} + [(v^k - w^k)\varrho(v^j - w_\lambda^j)e^j - t^{kj}e^j] = \gamma F^k . \tag{6.11}$$

Diese Form der Bilanzen müssen wir an unser physikalisches Problem noch anpassen. Die zu untersuchende Grenzfläche zwischen zwei nicht-mischbaren Flüssigkeiten hat keine zusätzliche Massendichte und damit können wir die entsprechenden Terme in den Bilanzgleichungen (6.10) und (6.11) weglassen, wir erhalten:

$$[\rho(v^j - w^j)e^j] = 0\,, \tag{6.12}$$

$$-T^{kA}{}_{;A} + [(v^k - w^k)\rho(v^j - w^j)e^j - t^{kj}e^j] = 0. \tag{6.13}$$

Die Massenbilanz reduziert sich auf einen Sprungterm an der Grenzfläche, dieser enthält einen Massendiffusionsstrom normal zur Grenzfläche. Die Impulsbilanz enthält einen Sprungterm mit dem Spannungstensor aus den räumlichen Bereichen und einen konvektiven Impulsterm sowie einen Grenzflächenspannungsterm $T^{kA}$.

Im folgenden sollen die Gleichungen (6.12) und (6.13) näher untersucht werden und an das physikalische Problem angepaßt werden.

a) Folgerungen aus der Massenbilanz

Nach unserem Modell ist die Gesamtdichte $\rho_+$ im Halbraum $\mathcal{R}^+$ die Summe aus den Partialdichten $\rho_\alpha^+$ und $\rho_\mu$ der beteiligten Flüssigkeiten, so daß gilt:

$$\rho_+ = \rho_\alpha^+ + \rho_\mu \tag{6.14}$$

und entsprechend ist

$$\rho_- = \rho_\alpha^- + \rho_\nu \tag{6.15}$$

die Gesamtdichte im Raumbereich $\mathcal{R}^-$. Die Größe $w^j$ in Gl.(6.12) ist das Geschwindigkeitsfeld der Grenzfläche und $v^j$ ist die Geschwindigkeit der Flüssigkeitsmischung in dem Halbraum $\mathcal{R}^+$ bzw. $\mathcal{R}^-$. Sie ist definiert durch

$$v^j = \sum_{\beta=1}^{\nu} \frac{\rho_\beta}{\rho} v_\beta{}^j \tag{6.16}$$

in einer Mischung mit $\nu$ Konstituenten (siehe [21], 3.12). Ausgeschrieben bedeutet die Bilanz (6.12):

$$[\varrho(v^j - w^j)e^j] = \varrho_+(v_+^j e^j - w^j e^j)\Big|_{z=0} - \varrho_-(v_-^j e^j - w^j e^j)\Big|_{z=0} . \tag{6.17}$$

Mit dem Dichtefeld (6.14), (6.15) und dem Geschwindigkeitsfeld $v^j$ von Gl.(6.16) können wir schreiben:

$$[\varrho(v^j - w^j)e^j] = \varrho_+\left(\frac{\varrho_\alpha^+}{\varrho_+} v_\alpha^j e^j + \frac{\varrho_\mu}{\varrho_+} v_\mu^j e^j - w^j e^j\right)\Big|_{z=0} - \varrho_-\left(\frac{\varrho_\alpha^-}{\varrho_-} \vartheta_\alpha^j e^j + \frac{\varrho_\nu}{\varrho_-} \vartheta_\nu^j e^j - w^j e^j\right)\Big|_{z=0} ,$$

$$= \varrho_+\left(\frac{\varrho_\alpha^+}{\varrho_+} v_\alpha^j e^j + \frac{\varrho_\mu}{\varrho_+} v_\mu^j e^j - \frac{\varrho_\alpha^+ + \varrho_\mu}{\varrho_+} w^j e^j\right)\Big|_{z=0}$$

$$- \varrho_-\left(\frac{\varrho_\alpha^-}{\varrho_-} \vartheta_\alpha^j e^j + \frac{\varrho_\nu}{\varrho_-} \vartheta_\nu^j e^j - \frac{\varrho_\alpha^- + \varrho_\nu}{\varrho_-} w^j e^j\right)\Big|_{z=0} ,$$

$$[\varrho(v^j - w^j)e^j] = \left\{\varrho_\alpha^+ (v_\alpha^j - w^j)e^j + \varrho_\mu (v_\mu^j - w^j)e^j\right\}_{z=0}$$

$$- \left\{\varrho_\alpha^- (\vartheta_\alpha^j - w^j)e^j + \varrho_\nu (\vartheta_\nu^j - w^j)e^j\right\}_{z=0} , \tag{6.18}$$

dabei ist $w_\mu = v_\mu^j e^j$ und $w_\nu = \vartheta_\nu^j e^j$ das Geschwindigkeitsfeld senkrecht zur Grenzfläche in dem Halbraum $\mathcal{R}^+$ bzw. in dem Halbraum $\mathcal{R}^-$. Die Teilchen mit den Dichten $\varrho_\mu$ und $\varrho_\nu$ sind nach Voraussetzung nicht mischbar. Ein Teilchen $\mu$ aus dem Halbraum $\mathcal{R}^+$ kann nicht im Halbraum $\mathcal{R}^-$ vorhanden sein und entsprechend ein Teilchen $\nu$ nicht in $\mathcal{R}^+$. Diese Aussage bedeutet, erreicht ein Teilchen $\mu$ aus dem Halbraum $\mathcal{R}^+$ die Grenzfläche und bleibt dort haften, so kann es sich nur mit der Geschwindigkeit der Grenzfläche bewegen. Daraus folgt für die Normalkomponente des Geschwindigkeitsfeldes die Bedingung

$$w_\mu - w_n = 0 \tag{6.19a}$$

und für das Geschwindigkeitsfeld der $\nu$-Teilchen im Halbraum $\mathcal{R}^-$ die Bedingung

$$w_\nu - \underset{n}{w} = 0 \,, \tag{6.19b}$$

wobei $\underset{n}{w} = w^i e^j$ die Normalgeschwindigkeit der Grenzfläche ist. Von der rechten Seite von Gl.( 6.18 ) bleibt wegen der Bedingung ( 6.19 ) noch übrig:

$$\left\{ \rho_\alpha^+ ( w_\alpha^+ - \underset{n}{w} ) - \rho_\alpha^- ( w_\alpha^- - \underset{n}{w} ) \right\}_{z=0} = 0, \tag{6.20}$$

wo $w_\alpha^+ = v_\alpha^j e^j$ und $w_\alpha^- = \vartheta_\alpha^j e^j$ ist. Die Bedingung ( 6.12 ) hat sich vollständig auf die Aussage ( 6.20 ) reduziert, es existiert eine Bilanz für die $\alpha$-Teilchen an der Grenzfläche. In anderen Worten,die Massendiffusion $J_\alpha^+ = \rho_\alpha^+ ( w_\alpha^+ - \underset{n}{w} )$ im Halbraum $\mathcal{R}^+$ zur Grenzfläche ist gleich der Massendiffusion $J_\alpha^- = \rho_\alpha^- ( w_\alpha^- - \underset{n}{w} )$ in $\mathcal{R}^-$ an der Grenzfläche oder $J_\alpha$ ist stetig an der Grenzfläche

$$[\, J_\alpha \,] = 0 \,. \tag{6.21}$$

Im allgemeinen ist für $J_\alpha$ eine konstitutive Gleichung zu formulieren wie wir in Arbeit [36] gezeigt haben. Wir werden hier für die Massendiffusion $J_\alpha$ der Teilchensorte $\alpha$ eine konstitutive Gleichung der Form

$$J_\alpha = D \frac{\partial c}{\partial z} \tag{6.22}$$

annehmen. $D$ ist eine Diffusionskonstante und $c$ ist die Konzentration der $\alpha$-Teilchen, die wir in Abschnitt 6.3.4 aus einer linearisierten Diffusionsgleichung berechnen.

b) Diskussion der Impulsbilanz

Zunächst formen wir den Sprungterm in Gl.(6.13) um, wir schreiben:

$$[(v^k-w^k)\varrho(v^j-w^j)e^j - t^{kj}e^j] = v_+^k\varrho_+(v_+^j-w^j)e^j - w^k\varrho_+(v_+^j-w^j)e^j - t_+^{kj}e^j$$
$$- v_-^k\varrho_-(v_-^j-w^j)e^j + w^k\varrho_-(v_-^j-w^j)e^j + t_-^{kj}e^j . \tag{6.23}$$

Bei dieser Formulierung ist Vorsicht geboten, die Komponenten der Geschwindigkeit $v_+^k$ im Halbraum $\mathcal{X}^+$ sind nach Gl.(6.16) gegeben durch:

$$v_+^k = \frac{\varrho_\alpha^+}{\varrho_+} v_\alpha^k + \frac{\varrho_\mu}{\varrho_+} v_\mu^k ,$$

und für das Feld der Gesamtdichte müssen wir die Definition (6.14) nehmen. Für den Halbraum $\mathcal{X}^-$ gilt wörtlich dasselbe. Das Geschwindigkeitsfeld $v_-^k$ ist durch Gl.(6.16) gegeben und die Gesamtdichte ist durch Gl. (6.15) definiert.

Mit Hilfe der Formel (4.88) für den Spannungstensor

$$t^{kj} = \sum_{\sigma=1}^{2} ( t_\sigma^{kj} - \varrho_\sigma u_\sigma^k u_\sigma^j ) , \tag{6.24}$$

der Diffusionsgeschwindigkeit $u_\sigma^k = v_\sigma^k - v^k$, der Gl.(6.16) sowie (6.14) und (6.15) läßt sich der Sprungterm (6.23) in der Impulsbilanz in analoger Weise wie die Bilanz der Massendichte umformen. Aufgrund dessen verzichten wir hier auf die entsprechenden Umformungsschritte. Das Resultat der Umformungen ist

$$[(v^k-w^k)\varrho(v^j-w^j)e^j - t^{kj}e^j] = \Big\{(v_\alpha^k-w^k)\varrho_\alpha^+(v_\alpha^j-w^j)e^j - t_\mu^{kj}e^j - t_\alpha^{kj}e^j$$
$$- (v_\alpha^k-w^k)\varrho_\alpha^-(v_\alpha^j-w^j)e^j + t_\nu^{kj}e^j + t_\alpha^{kj}e^j\Big\}_{z=0} . \tag{6.25}$$

b1) Berechnung der tangentialen Grenzflächenspannung

Nach unseren Überlegungen bezüglich der Drehimpulserhaltung in Abschnitt V folgt, daß der Spannungstensor $T^{kA}$ in Gl.(6.13) die Darstellung hat

$$T^{kA} = T^{BA} x^k_{;B} \; . \tag{6.26}$$

Wir berechnen die kovariante Ableitung des Spannungstensors $T^{kB}$ bezüglich der Flächenkoordinaten und erhalten

$$T^{kB}_{\;;B} = \left( T^{AB} x^k_{,A} \right)_{;B} = T^{AB}_{\;;B}\, x^k_{,A} + T^{AB} b_{AB} e^k \, , \tag{6.27}$$

dabei haben wir Gl.(3.27) benutzt. Die Anpassung der Gl.(6.27) an unser Problem, nämlich die Anpassung an eine ebene Grenzfläche reduziert die Darstellung (6.27). An einer ebenen Grenzfläche ist der Krümmungstensor Null, so daß der zweite Term in (6.27) entfällt. Weiterhin reduziert sich der Spannungstensor $T^{AB}$ für ein Newtonsches Fluid (siehe Gl. (5.90)) auf die Form:

$$T^{AB} = \left( \sigma + \kappa g^{CD} d_{CD} \right) g^{AB} + \varepsilon \left( g^{AC} g^{BD} + g^{AD} g^{BC} - g^{AB} g^{CD} \right) d_{CD} \; . \tag{6.28}$$

Wir haben jetzt den Term $T^{AB}_{\;;B}\, x^k_{,A}$ mit dem Spannungstensor (6.28) zu berechnen, diesen Teil der Rechnung entnehmen wir der Literatur [43]. Wir erhalten:

$$\begin{aligned} T^{kA}_{\;;A} = T^{AB}_{\;;B}\, x^k_{,A} &= x^k_{,A}\, g^{AB} \sigma_{,B} + (\kappa + \varepsilon) x^k_{,A}\, g^{AB} \left( g^{CD} x^j_{,C}\, v_{j,D} \right)_{;B} \\ &\quad - \varepsilon\, x^k_{,A}\, \varepsilon^{AB} \left\{ \varepsilon^{CD} \left( x^j_{,D}\, v_j \right)_{;C} \right\}_{;B} \; . \end{aligned} \tag{6.29}$$

Vorstehende Gleichung soll jetzt für eine ebene Grenzfläche an der Stelle $z=0$ ausgewertet werden. Die Koordinaten $x$ und $y$ sind die Grenzflächenkoordinaten, sie sind identisch mit $u^1$ und $u^2$:

$$u^1 = x^1 = x \;,\quad u^2 = x^2 = y \quad \text{und} \quad x^3 = z = 0 \,. \tag{6.30}$$

Damit folgt für $x^k_{,A} = \dfrac{\partial x^k}{\partial u^A}$:

$$x^1_{,1} = \frac{\partial x^1}{\partial u^1} = 1 \;,\quad x^1_{,2} = 0 \;,\quad x^2_{,1} = 0 \;,\quad x^2_{,2} = 1$$

und somit ist

$$x^k_{,A} = \delta^k_A \quad \text{für} \quad A, k = \{1, 2\} \,. \tag{6.31}$$

Für den Metriktensor $g_{AB}$ der Grenzfläche folgt:

$$g_{AB} = x^j_{,A}\, x^k_{,B}\, g_{jk} = \delta^j_A\, \delta^k_B\, g_{jk} \;, \tag{6.32}$$

mit

$$g_{ik} = \left\{ \begin{matrix} 0 & \text{für} & j \neq k \\ 1 & & j = k \end{matrix} \right\} \;, \tag{6.33}$$

wobei $g_{ik}$ der Metriktensor des Raumes ist, in dem die Fläche eingebettet ist. Wir benötigen den Beitrag der tangentialen Grenzflächenspannung bezüglich der $x$-Achse. Wir setzen $k=1$ und erhalten aus Gl.(6.29) für die tangentiale Grenzflächenspannung:

$$\begin{aligned} T^{AB}_{\;\;,B}\, \delta^1_A &= \delta^1_A\, g^{AB}\, \sigma_{,B} + (\kappa+\varepsilon)\, \delta^1_A\, g^{AB} \left( g^{CD}\, \delta^j_C\, v_{j,D} \right)_{,B} - \varepsilon\, \delta^1_A\, \varepsilon^{AB} \left\{ \varepsilon^{CD} \left( \delta^j_D\, v_j \right)_{,C} \right\}_{,B} \\ &= \frac{\partial \sigma}{\partial u^1} + (\kappa+\varepsilon) \frac{\partial}{\partial u^1} \left( g^{CD}\, v_{C,D} \right) - \varepsilon\, \varepsilon^{1B} \frac{\partial}{\partial u^B} \left\{ \varepsilon^{CD} \left( v_{D,C} \right) \right\} \,. \end{aligned} \tag{6.34}$$

Bezeichnen wir das Geschwindigkeitsfeld in $x$-Richtung mit $u$ und mit $v$

das Geschwindigkeitsfeld in $y$-Richtung, so folgt aus (6.34) mit der Eigenschaft $\varepsilon^{21} = -\varepsilon^{12} = -1$ des $\varepsilon$-Tensors die Form:

$$T^{AB}{}_{,B}\,\delta^1_A = \frac{\partial\sigma}{\partial x} + (\kappa+\varepsilon)\frac{\partial}{\partial x}\left(\frac{\partial u}{\partial x} + \frac{\partial v}{\partial y}\right) - \varepsilon\frac{\partial}{\partial y}\left(\frac{\partial u}{\partial y} - \frac{\partial v}{\partial x}\right) \tag{6.35}$$

und

$$T^{11}{}_{,1} = \frac{\partial\sigma}{\partial x} + (\kappa+\varepsilon)\frac{\partial^2 u}{\partial x^2} \quad , \tag{6.36}$$

wenn wir keine Abhängigkeit bezüglich der $y$-Koordinate betrachten.

## b2) Auswertung der Spannungstensoren für ein Newtonsches Fluid

Wir berechnen jetzt den Spannungstensor $t^{kj}$ in Gl.(6.25), wobei wir im Moment auf eine Indizierung durch $\mu, \nu$ oder $\alpha$ verzichten. Der Spannungstensor $t^{kj}$ hat für ein Newtonsches Fluid die folgende Darstellung:

$$t^{kj} = -p\,\delta^{kj} + \lambda\, tr(\underset{\approx}{d})\,\delta^{kj} + 2\mu\, d^{kj} . \tag{6.37}$$

Der isotrope Druck $p$ und die skalaren Koeffizienten $\lambda$ und $\mu$ sind Funktionen der Dichte und der Temperatur. $d^{kj}$ ist der symmetrische Anteil des Geschwindigkeitsgradienten, für den wir schreiben:

$$d^{kj} = \frac{\partial v^{(k}}{\partial x^{j)}} = \frac{1}{2}\left(g^{jp} v^k{}_{,q} + g^{kp} v^j{}_{,p}\right). \tag{6.38}$$

Multiplizieren wir den Spannungstensor (6.37) mit $e_j$, so erhalten wir die Vektorkomponenten von $t^k$ in der Form:

$$t^k = \left(-p + \lambda\, tr(\underset{\approx}{d})\right)e^k + \mu\left(g^{jq} v^k{}_{,q} + g^{kp} v^j{}_{,p}\right)e_j \tag{6.39}$$

bzw.

$$t^k = -p e^k + (\lambda + 2\mu)\,tr(\underset{\approx}{d})\,e^k - \mu\, g_{mn}\, e_j\, \varepsilon^{mjp}\, \varepsilon^{nkq}\,(v_{p,q} + v_{q,p}) . \quad (6.40)$$

Bei der Schreibweise (6.40) haben wir die Identität

$$g_{mn}\, \varepsilon^{mjp}\, \varepsilon^{nkq} = g^{jk} g^{pq} - g^{jq} g^{pk} \quad (6.41)$$

benutzt. Mit dieser Identität läßt sich leicht verifizieren, daß aus (6.39) die Darstellung (6.40) folgt. Für diese Verifikation formen wir den letzten Term von (6.40) um und erhalten:

$$-\mu\, g_{mn}\, e_j\, \varepsilon^{mjp}\, \varepsilon^{nkq}\,(v_{p,q} + v_{q,p}) = -\mu\,(g^{jk} g^{pq} - g^{jq} g^{pk})(v_{p,q} + v_{q,p})\, e_j$$

$$= -\mu\, g^{jk} g^{pq} v_{p,q} e_j + \mu\, g^{jq} g^{pk} v_{p,q} e_j - \mu\, g^{jk} g^{pq} v_{q,p} e_j + \mu\, g^{jq} g^{pk} v_{q,p} e_j$$

$$= -\mu e^k\, tr(\underset{\approx}{d}) + \mu\, g^{jq} v^k{}_{,q}\, e_j - \mu e^k\, tr(\underset{\approx}{d}) + \mu\, g^{pk} v^j{}_{,p}\, e_j$$

$$= -2\mu\, tr(\underset{\approx}{d})\, e^k + \mu\,(g^{jq} v^k{}_{,q} + g^{kp} v^j{}_{,p})\, e_j .$$

Setzen wir vorstehenden Ausdruck in die Darstellung (6.40) ein, so folgt direkt die Gl. (6.39).

Wir berechnen jetzt aus der Komponentendarstellung (6.40) die Komponente für die $x$-Koordinate in der ebenen Grenzfläche. Beachten wir die gewählte Geometrie (6.30), Gl.(6.33) und daß $e^k = (0,0,1)$ ist, so folgt aus dem dritten Term der Gl.(6.40) unmittelbar:

$$t^1 = -\mu\, \varepsilon^{n3p}\, \varepsilon^{n1q}\,(v_{p,q} + v_{q,p}) . \quad (6.42)$$

Mit der Identität $\varepsilon^{ijk}\varepsilon^{pqk} = \delta^{ip}\delta^{jq} - \delta^{iq}\delta^{jp}$ folgt letztlich:

$$t^1 = \mu\left(\frac{\partial u}{\partial z} + \frac{\partial w}{\partial x}\right) . \quad (6.43)$$

Die hier auftretenden Geschwindigkeiten $u$ und $w$ sind die Geschwindigkeitsfelder, die wir aus der Navier-Stokes Gleichung berechnen müssen. Wir werden deshalb im nächsten Abschnitt uns der Navier-Stokes Gleichung zuwenden und einige Besonderheiten aufzeigen. Wir werden die Navier-Stokes Gleichung in einer linearen Version angeben und Lösungen konstruieren, die wir an unser physikalisches Problem, einer ebenen Grenzfläche, anpassen. Im Anschluß daran werden wir die Diffusion einer Flüssigkeit durch ein Hintergrundmedium diskutieren, um dann schließlich aus der tangentiale Impulsbilanz ( 6.13 ) für die $x$ -Koordinate Folgerungen ziehen zu können.

### 6.3.2 Navier-Stokes-Gleichung für den Halbraum $\mathcal{R}^+$ und $\mathcal{R}^-$

Im Rahmen einer konstitutiven Theorie ist die Navier-Stokes Gleichung nichts anderes als die Impulsbilanz für kontinuierliche Medien:

$$\partial_t(\varrho v^i) + \frac{\partial}{\partial x^j}(\varrho v^i v^j - t^{ij}) = \varrho f^i \tag{6.44}$$

mit einer konstitutiven Gleichung für den Spannungstensor $t^{ij}$, die linear vom symmetrischen Teil des Geschwindigkeitsgradienten $\frac{\partial v^{(i}}{\partial x^{j)}}$ abhängt. Für die wirkende äußere Kraft $f^i$ ist ebenfalls eine konstitutive Gleichung notwendig. $\rho(x^k,t)$ ist die Massendichte und $v^i(x^k,t)$ sind die Komponenten der Geschwindigkeit in dem Halbraum $\mathcal{R}^+$ und $\mathcal{R}^-$.

Für eine viskose wärmeleitende Flüssigkeit läßt sich eine explizite Darstellung für den Spannungstensor begründen, allerdings sind einige Annahmen notwendig.

Annahmen: i) $t^{ij}$ sei eine stetige Funktion des Deformationstensors $d^{ij} := \frac{\partial v^{(i}}{\partial x^{j)}}$ (es ist der symmetrische Anteil des Geschwindigkeitsgradienten $\frac{\partial v^i}{\partial x^j}$ ) und des lokalen thermodynamischen Zustandes.

ii) Die Flüssigkeit sei homogen, d.h. $t^{ij}$ hängt nicht explizit von $\underset{\sim}{x}$ ab.

iii) Die Flüssigkeit sei isotrop, d.h. es soll keine spezielle Richtung ausgezeichnet sein.

iv) Der Spannungstensor $t^{ij}$ soll linear vom Geschwindigkeitsgradienten abhängen.

Der Spannungstensor $t^{ij}$ , der diesen Annahmen genügt, entnehmen wir der Literatur [24] , er besitzt die Darstellung:

$$t^{ij} = - p(\rho,\vartheta)\delta^{ij} + \lambda(\rho,\vartheta)\,\mathrm{tr}(\underset{\approx}{d})\,\delta^{ij} + 2\mu(\rho,\vartheta)\,d^{ij}. \tag{6.45}$$

Die Konstante $\lambda(\rho,\vartheta)$ heißt Volumenviskosität und Materialien die durch diesen Ansatz approximiert werden können, nennen wir Newtonsche Medien bzw. Newtonsches Fluid.( Historisch: Newton hat wahrscheinlich als erster die innere Reibung in viskosen Flüssigkeiten durch eine Materialgleichung beschrieben, bei der die Spannung linear vom Geschwindigkeitsgradienten abhängt.)

Der Ansatz ( 6.45 ) zusammen mit der Impulsbilanz ( 6.44 ) ist die,in der Literatur bekannte Navier-Stokes Gleichung :

$$\rho\dot{v}^i + \frac{\partial p}{\partial x^i} = (\lambda+\mu)\frac{\partial}{\partial x^j}\frac{\partial v^j}{\partial x^i} + \mu\frac{\partial}{\partial x_j}\frac{\partial}{\partial x^j}v^i + \rho f^i \tag{6.46}$$

bzw. koordinatenfrei formuliert

$$\rho\dot{\underset{\sim}{v}} + \underset{\sim}{\nabla} p = (\lambda+\mu)\,\mathrm{grad}\,\mathrm{div}\,\underset{\sim}{v} + \mu\nabla^2\underset{\sim}{v} + \rho\underset{\sim}{f} \quad , \tag{6.47}$$

hierbei bedeutet $\dot{v}^i = \partial_t v^i + v^j\frac{\partial v^i}{\partial x^j}$ die totale Ableitung.

Die Darstellung (6.45) für den Spannungstensor $t^{ij}$ stellt eine linearisierte Form der Darstellung des Spannungstensors für wärmleitende viskose Medien dar. Eine exakte Begründung für den wärmeleitenden viskosen Spannungstensor ist in [24] gegeben, so daß wir hier darauf verzichten können.

### 6.3.3 Spezielle Lösung der Navier-Stokes-Gleichung

Die Grenzfläche liege in der x-y-Ebene und wir wollen im folgenden spezielle Lösungen in der z-x-Ebene, das ist die Ebene senkrecht zur Grenzfläche,untersuchen. Für diesen Fall reduziert sich die Navier-Stokes Gleichung auf

$$\frac{\partial u}{\partial t} + u\frac{\partial u}{\partial x} + w\frac{\partial u}{\partial z} = -\frac{1}{\varrho}\frac{\partial p}{\partial x} + \nu\left(\frac{\partial^2 u}{\partial x^2} + \frac{\partial^2 u}{\partial z^2}\right), \tag{6.48}$$

$$\frac{\partial w}{\partial t} + u\frac{\partial w}{\partial x} + w\frac{\partial w}{\partial z} = -\frac{1}{\varrho}\frac{\partial p}{\partial z} + \nu\left(\frac{\partial^2 w}{\partial x^2} + \frac{\partial^2 w}{\partial z^2}\right), \tag{6.49}$$

hierbei ist $u(x,z,t)$ bzw. $w(x,z,t)$ die Geschwindigkeitskomponente in x-Richtung bzw. die Geschwindigkeitskomponente in z-Richtung. Den Druckgradienten auf der rechten Seite werden wir durch ein Standardargument eliminieren. Subtrahieren wir die Gl. (6.48) von Gl. (6.49), nachdem wir die erste nach z und die zweite nach x differenziert haben und berücksichtigen die Bedingung für inkompressible Flüssigkeiten

$$\operatorname{div} \underset{\sim}{v} = \frac{\partial u}{\partial x} + \frac{\partial v}{\partial y} + \frac{\partial w}{\partial z} = 0, \tag{6.50}$$

so folgt:

$$\partial_t\left(\frac{\partial w}{\partial x}-\frac{\partial u}{\partial z}\right)+u\frac{\partial^2 w}{\partial x^2}-u\frac{\partial^2 u}{\partial z\partial x}+w\frac{\partial^2 w}{\partial x\partial z}-w\frac{\partial^2 u}{\partial z^2}=$$

$$\nu\left(\frac{\partial^3 w}{\partial x^3}+\frac{\partial^3 w}{\partial x\partial z^2}-\frac{\partial^3 u}{\partial z\partial x^2}-\frac{\partial^3 u}{\partial z^3}\right), \tag{6.51}$$

eine nichtlineare partielle Differentialgleichung in $u$ und $w$. Diese Gleichung formen wir durch Einführung von Stromfunktionen

$$w=-\frac{\partial\psi}{\partial x}\qquad \text{und}\qquad u=\frac{\partial\psi}{\partial z} \tag{6.52}$$

um. Als Resultat erhalten wir:

$$\partial_t\left(\frac{\partial^2\psi}{\partial x^2}+\frac{\partial^2\psi}{\partial z^2}\right)-\frac{\partial\psi}{\partial x}\left(\frac{\partial^3\psi}{\partial x^2\partial z}+\frac{\partial^3\psi}{\partial z^3}\right)+\frac{\partial\psi}{\partial z}\left(\frac{\partial^3\psi}{\partial x^3}+\frac{\partial^3\psi}{\partial x\partial z^2}\right)$$

$$=\nu\left(\frac{\partial^4\psi}{\partial x^4}+2\frac{\partial^4\psi}{\partial x^2\partial z^2}+\frac{\partial^4\psi}{\partial z^4}\right). \tag{6.53}$$

Wir suchen Lösungen dieser Gleichung, die periodisch in x sind. Durch diese Voraussetzung benötigen wir von Gl. (6.53) nicht die Fouriertransformierte, eine Fourierreihe ist ausreichend.
Periodischer Ansatz in x-Richtung in Form einer Fourierreihe:

$$\psi(x,z,t)=\sum_{n=-\infty}^{\infty}\phi_n(z,t)\,e^{inkx}\,. \tag{6.54}$$

Dabei sind die $\phi_n(z,t)$ die Fourierkoeffizienten. Beachten wir, daß die Geschwindigkeitskomponenten $u$ und $w$ reell sind, so liefert dieses eine Bedingung für die Fourierkoeffizienten in der Form

$$\phi_n=\phi^*_{-n}\,, \tag{6.55}$$

für alle $n$ (Beachte: Es ist zweckmäßig, die Untersuchung für $n \geq 0$ und $n<0$ getrennt durchzuführen.).Für die Fourierkoeffizienten erhalten wir die folgende nichtlineare Gleichung:

$$\partial_t \left( \frac{\partial^2 \phi_n}{\partial z^2} - n^2 k^2 \phi_n \right) - ik \sum_{m=-\infty}^{\infty} \left\{ (n-m)\, \phi_{n-m} \left( \frac{\partial^3 \phi_n}{\partial z^3} - m^2 k^2 \frac{\partial \phi_m}{\partial z} \right) \right.$$
$$\left. - m \frac{\partial \phi_{n-m}}{\partial z} \left( \frac{\partial^2 \phi_m}{\partial z^2} - m^2 k^2 \phi_m \right) \right\} \tag{6.56}$$
$$= \nu \left\{ n^4 k^4 \phi_n - 2 n^2 k^2 \frac{\partial^2 \phi_n}{\partial z^2} + \frac{\partial^4 \phi_n}{\partial z^4} \right\} .$$

Wir schränken jetzt unsere Diskussion ein und vernachlässigen die nichtlinearen Terme bezüglich $\phi_n$ . Aus dieser Linearisierung folgt:

$$\partial_t \left( \frac{\partial^2 \phi_n}{\partial z^2} - n^2 k^2 \phi_n \right) = \nu \left( \frac{\partial^4 \phi_n}{\partial z^4} - 2 n^2 k^2 \frac{\partial^2 \phi_n}{\partial z^2} + n^4 k^4 \phi_n \right) . \tag{6.57}$$

Bemerkung: Die Linearisierung hat zur Folge, daß die Fourierkoeffizienten nicht in einer verkoppelten Form auftreten.

Die allgemeinste Lösung von Gl. (6.57) ist :

$$\phi_n (z,t) = \sum_i A_i \, \varphi_{ni}(z)\, e^{\omega_i t} . \tag{6.58}$$

Allgemeine Bemerkungen:

i) Zur Eigenfunktion $\varphi_{ni}(z)$ gehört der Eigenwert $\omega_i$ .

ii) Die $A_i$ sind Konstanten, die von dem speziellen Anfang- und Randwertproblem abhängen.

iii) Stabilität erwarten wir (Hurwitz Kriterium), falls $\mathcal{R}e(\omega_i) < 0 \ \forall t$.

iv) Für die Entscheidung, Stabilität oder Instabilität, ist die Kenntnis des Spektrums von Gl. (6.57) erforderlich und dieses Spektrum wollen wir jetzt untersuchen .

Beh. Es gibt analytische Lösungen für Gl. (6.57).

Verifikation: Mit dem Ansatz $\phi_n(z,t) = \varphi_n(z)\, e^{\omega t}$, erhalten wir für Gl. (6.57):

$$\varphi_n^{(iv)} - 2n^2k^2\varphi_n'' + n^4k^4\varphi_n = \frac{\omega}{\nu}\left(\varphi_n'' - n^2k^2\varphi_n\right). \tag{6.59}$$

Dabei haben wir mit $\varphi' = \frac{\partial\varphi}{\partial z}$ abgekürzt.

Lösung für $\omega = 0$:

$$\varphi_n(z) = B_1 e^{p_n z} + B_2 e^{-p_n z} + B_3 z\, e^{p_n z} + B_4 z\, e^{-p_n z}. \tag{6.60}$$

Lösung für $\omega \neq 0$:

$$\varphi_n(z) = A_1 e^{p_n z} + A_2 e^{-p_n z} + A_3 e^{q_n z} + A_4 e^{-q_n z}, \tag{6.61}$$

mit

$$p_n := nk \quad \text{und} \quad q_n := nk\sqrt{1 + \frac{\omega}{\nu n^2 k^2}}. \tag{6.62}$$

Daraus folgt für die Geschwindigkeitskomponente in x-Richtung

$$u(x,z,t) = \frac{\partial\psi}{\partial z} = \varphi'(z)\, e^{ikx} e^{\omega t} = e^{ikx} e^{\omega t}\left\{kA_1e^{kz} - kA_2e^{-kz} + qA_3e^{qz} - qA_4e^{-qz}\right\} \tag{6.63}$$

und für die Geschwindigkeitskomponente in z-Richtung

$$w(x,z,t) = -\frac{\partial\psi}{\partial x} = -ik\varphi(z)e^{ikx}e^{\omega t} = -ike^{ikx}e^{\omega t}\left\{A_1e^{kz} + A_2e^{-kz} + A_3e^{qz} + A_4e^{-qz}\right\}. \tag{6.64}$$

Zunächst betrachten wir die Lösungen nur für einen Wert von $n$ . Wir wählen $n=1$ und passen diese Lösungen an unser spezielles Problem an, dabei gelten die Ausführungen unten, ganz entsprechend für die anderen $n$-Werte . Die vorstehenden Lösungen an unser Problem anpassen, d.h., daß die Geschwindigkeitsfelder für die Teilchen mit der Dichte $\varrho_\mu^+$ im Bereich $\mathcal{R}^+$ und für die Teilchen mit der Dichte $\varrho_\nu^-$ aus $\mathcal{R}^-$ bestimmte Randbedingungen erfüllen müssen. Diese Randbedingungen lauten:

i) Die Lösungen für $w_\mu^+$ und $u_\mu^+$ im Halbraum $\mathcal{R}^+$ seien endlich für $z \to +\infty$.

Diese Forderung verlangt, daß

$$A_1=0 \quad \text{und} \quad A_3=0 \tag{6.65}$$

ist. Wir erhalten

$$u_\mu^+(x,z,t) = e^{ikx} e^{\omega t}\left(-kA_2 e^{-kz} - q_+ A_4 e^{-q_+ z}\right), \tag{6.66a}$$

$$w_\mu^+(x,z,t) = -ik e^{ikx} e^{\omega t}\left(A_2 e^{-kz} + A_4 e^{-q_+ z}\right). \tag{6.66b}$$

ii) Die Lösungen für $w_\nu^-$ und $u_\nu^-$ im Halbraum $\mathcal{R}^-$ seien endlich für $z \to -\infty$ . Dieses verlangt, daß

$$A_2=0 \quad \text{und} \quad A_4=0 \tag{6.67}$$

ist und für die Geschwindigkeitsfelder folgt aus

$$u_\nu^-(x,z,t) = e^{ikx} e^{\omega t}\left(kA_1 e^{kz} + q_- A_3 e^{q_- z}\right), \tag{6.68a}$$

$$w_\nu^-(x,z,t) = -ik e^{ikx} e^{\omega t}\left(A_1 e^{kz} + A_3 e^{q_- z}\right). \tag{6.68b}$$

Wir benutzen ferner die in Abschnitt 6.2 besprochenen physikalischen Randbedingungen, nämlich:

iii) Randbedingung (6.3) und (6.4). Mit diesen Randbedingungen folgt:

$$A_2 = -A_4 \quad \text{und} \quad A_1 = -A_3 \,. \tag{6.69}$$

iv) Mit der Randbedingung (6.5) erhalten wir eine Relation zwischen der Konstante $A_1$ und der Konstante $A_2$ in der folgenden Form:

$$A_1 = -\frac{k-q_+}{k-q_-} A_2 \,. \tag{6.70}$$

Damit folgt für die Geschwindigkeitsfelder

Bereich $\mathcal{R}^+$:

$$u_\mu^+ = A_2 \left(-ke^{-kz} + q_+ e^{-q_+ z}\right) e^{ikx} e^{\omega t} \,, \tag{6.71a}$$

$$w_\mu^+ = -ikA_2 \left(e^{-kz} - e^{-q_+ z}\right) e^{ikx} e^{\omega t} \,, \tag{6.71b}$$

hierbei ist $q_+ = \sqrt{k^2 + \frac{\omega}{\nu_+}}$ und die Funktion $\varphi(z)$ hat die Form

$$\varphi_+(z) = A_2 \left(e^{-kz} - e^{-q_+ z}\right) . \tag{6.72}$$

Bereich $\mathcal{R}^-$:

$$u_\nu^- = -A_2 \frac{k-q_+}{k-q_-} \left(ke^{kz} - q_- e^{q_- z}\right) e^{ikx} e^{\omega t} \,, \tag{6.73a}$$

$$w_\nu^- = ikA_2 \frac{k-q_+}{k-q_-} \left(e^{kz} - e^{q_- z}\right) e^{ikx} e^{\omega t} \,, \tag{6.73b}$$

mit $q_- = \sqrt{k^2 + \frac{\omega}{\nu_-}}$ und

$$\varphi_-(z) = -A_2 \frac{k-q_+}{k-q_-} \left(e^{kz} - e^{q_- z}\right) . \tag{6.74}$$

## 6.3.4 Diffusion durch ein Hintergrundmedium

In der Modellbeschreibung hatten wir festgelegt, daß die Flüssigkeit mit der Dichte $\varrho_\alpha$ in den beiden Halbräumen $\mathcal{X}^+$ und $\mathcal{X}^-$ vorliegt und daß die Grenzfläche für diese Flüssigkeit permeabel sei. Für diese Flüssigkeit führen wir die Konzentration $c = \frac{\varrho_\alpha}{\varrho}$ ein, wobei $\varrho$ die Gesamtdichte der Flüssigkeit ist. Für die Konzentration c gilt die folgende Diffusionsgleichung

$$\frac{\partial c}{\partial t} + v^i \frac{\partial c}{\partial x^i} = D \frac{\partial^2 c}{\partial x^{i\,2}} \quad . \tag{6.75}$$

Wir passen diese Gleichung an das vorliegende Problem in der x-z-Ebene an und erhalten:

$$\frac{\partial c}{\partial t} + u \frac{\partial c}{\partial x} + w \frac{\partial c}{\partial z} = D \left( \frac{\partial^2 c}{\partial x^2} + \frac{\partial^2 c}{\partial z^2} \right) . \tag{6.76}$$

Für den stationären Zustand hatten wir ein lineares Konzentrationsprofil

$$c_o^{\pm} = a_{\pm} + b_{\pm} z \tag{6.77}$$

in den beiden Halbräumen $\mathcal{X}^+$ und $\mathcal{X}^-$ vorgegeben. Wir müssen jetzt noch eine Annahme für die Konzentrationsstörung machen. Wir nehmen an, daß das lineare Konzentrationsprofil durch eine kleine Konzentrationsstörung $|C| \ll |c_o|$ gestört sei und schreiben

$$c(x,z,t) = c_o(z) + C(x,z,t). \tag{6.78}$$

Setzen wir diesen Ansatz in die Diffusionsgleichung (6.76) ein, so erhalten wir eine Differentialgleichung für die Störgröße $C$ in der folgenden Form:

$$\frac{\partial c'}{\partial t} + w\frac{\partial c_0}{\partial z} = D\left\{\frac{\partial^2 c'}{\partial x^2} + \frac{\partial^2 c'}{\partial z^2}\right\}, \tag{6.79}$$

wobei wir wegen Kleinheit der Konzentrationsstörung $|c'| \ll |c_0|$ die Terme $u\frac{\partial c'}{\partial x}$ und $w\frac{\partial c'}{\partial z}$ gegenüber dem Term $w\frac{\partial c_0}{\partial z}$ vernachlässigt haben.

Das Problem jetzt ist , Lösungen der inhomogenen Diffusionsgleichung

$$\frac{\partial c'}{\partial t} - D\left(\frac{\partial^2 c'}{\partial x^2} + \frac{\partial^2 c'}{\partial z^2}\right) = -w\frac{\partial c_0}{\partial z} \tag{6.80}$$

zu finden. Bei der Behandlung der Inhomogenität ist äußerste Vorsicht geboten, da wir das Geschwindigkeitsfeld $w$ für die Teilchen der Dichte $\varrho_\alpha$ nicht kennen. Nehmen wir aber an, daß die Konzentration der Teilchen $\alpha$ klein im Vergleich zum Hintergrundmedium ist, so erscheint es physikalisch sinnvoll anzunehmen, daß die Teilchen $\alpha$ in erster Näherung der Bewegung des Hintergrundmediums folgen. Dieses motiviert uns in erster Näherung das Geschwindigkeitsfeld der $\alpha$ -Teilchen durch das Geschwindigkeitsfeld des Hintergrundmediums zu approximieren. Damit folgt für den Störterm

$$-w\frac{\partial c_0}{\partial z} = ik\, e^{ikx} e^{\omega t} \begin{Bmatrix} \varphi_+(z)\, b_+ \\ \varphi_-(z)\, b_- \end{Bmatrix} \text{ im Bereich } \begin{cases} \mathcal{R}^+. \\ \mathcal{R}^-. \end{cases} \tag{6.81}$$

Die vorangegangenen Überlegungen motivieren uns für die Konzentrationsstörung, einen dem Geschwindigkeitsfeld analogen Ansatz zu benutzen:

$$c'(x,z,t) = f(z)\, e^{ikx} e^{\omega t}. \tag{6.82}$$

Setzen wir diesen Ansatz unter Beachtung der Störung (6.81) in die Differentialgleichung (6.80) ein, so folgt eine Gleichung für die unbekannte Funktion $f(z)$ in der folgenden Form

$$f''(z) - s^2 f(z) = -\frac{ik}{D} \begin{Bmatrix} b_+ \varphi_+(z) \\ b_- \varphi_-(z) \end{Bmatrix} \text{ im Bereich } \begin{Bmatrix} \mathcal{R}^+ \\ \mathcal{R}^- \end{Bmatrix}, \tag{6.83}$$

wobei $s = \left(k^2 + \frac{\omega}{D}\right)^{\frac{1}{2}}$ ist.

Die Lösung der homogenen Gl. (6.83) ist

$$f(z) = \mathcal{C}_1 e^{sz} + \mathcal{C}_2 e^{-sz} \tag{6.84}$$

mit zwei freien Konstanten $\mathcal{C}_1$ und $\mathcal{C}_2$.

Wir müssen jetzt noch die inhomogene Gleichung

$$f_+''(z) - s_+^2 f(z) = -\frac{ikb_+}{D_+} A_2 \left(e^{-kz} - e^{-q_+ z}\right) \tag{6.85}$$

lösen. Wegen der Unterschiedlichkeit der Störung in den beiden Raumbereichen $\mathcal{R}^+$ und $\mathcal{R}^-$, ist es notwendig die Lösung der inhomogenen Gleichung in den beiden Raumbereichen getrennt zu bestimmen.

Um die Lösung der inhomogenen Gleichung (6.83) zu finden benutzen wir ein Standard-Verfahren, nämlich wir setzen einen Ansatz vom Typ der rechten Seite der inhomogenen Gleichung mit unbekannten zu bestimmenden konstanten Koeffizienten $a_i$ an. Nach Einsetzen dieses Ansatzes in die inhomogene Differentialgleichung lassen sich die $a_i$ nach der Methode des Koeffizientenvergleichs ermitteln. Bei diesem Verfahren für lineare Differentialgleichungen mit konstanten Koeffizienten, muß vorausgesetzt werden, daß die Störfunktion nicht auch Lösung der homogenen Gleichung ist. Diese Voraussetzung ist stets zu überprüfen, denn ist diese Voraussetzung nicht erfüllt, dann versagt das Standard-Verfahren.

Der Grund dafür ist einfach. Ist die Störfunktion Lösung der homogenen Gleichung (deren rechte Seite per definitionem identisch verschwindet), so kann die mit einem konstanten Faktor multiplizierte gleiche Funktion nicht auch noch Lösung der inhomogenen Gleichung sein (deren rechte Seite per definitionem nicht verschwindet).

Wir benutzen den Ansatz

$$F(z) = a_1 e^{-kz} + a_2 e^{-q_+ z} \tag{6.86}$$

vom Typ der rechten Seite von Gl.(6.85) und setzen diesen sowie die **zweite** Ableitung nach z davon in die linke Seite der Gl.(6.85). Sodann machen wir einen Koeffizientenvergleich von $e^{-kz}$ und $e^{-q_+ z}$ und erhalten für die Konstanten

$$a_1 = \frac{ikb_+ A_2}{\omega} \tag{6.87}$$

und

$$a_2 = -\frac{a_1}{1 - \frac{D_+}{v_+}} \quad . \tag{6.88}$$

Wir müssen jetzt noch die Voraussetzung überprüfen, ob die Störfunktion, Lösung der homogenen Differentialgleichung ist. Da es sich bei der vorliegenden Differentialgleichung um eine lineare Gleichung mit konstanten Koeffizienten handelt, ist es erlaubt, die Störfunktion als Überlagerung von zwei Störfunktionen aufzufassen. Dementsprechend kann man jede einzelne Störfunktion prüfen, ob sie Lösung der homogenen Gleichung ist. Wir erhalten: Die Störfunktion ist nicht Lösung der homogenen Gleichung, es sei denn $k^2$ wäre gleich $s_+^2$ und $q_+^2$ wäre gleich $s_+^2$, was nicht stimmt.

Die gesamte Lösung ergibt sich sodann durch Kombination der Lösung der homogenen Gleichung mit der Lösung der inhomogenen Gleichung zu

$$f_+(z) = \mathcal{C}_1 e^{s_+ z} + \mathcal{C}_2 e^{-s_+ z} + a_1 e^{-kz} - \frac{a_1}{1 - \frac{D_+}{\nu_+}} e^{-q_+ z} . \tag{6.89}$$

Analog erhalten wir für die inhomogene Differentialgleichung

$$f_-''(z) - s_-^2 f(z) = - \frac{ikb_-}{D_-} \frac{k - q_+}{k - q_-} A_2 \left(e^{kz} - e^{q_- z}\right), \tag{6.90}$$

gültig im Raumbereich $\mathcal{R}^-$ eine Lösung in der folgenden Form

$$f_-(z) = \mathcal{C}_3 e^{s_- z} + \mathcal{C}_4 e^{-s_- z} + b_1 e^{kz} - \frac{b_1}{1 - \frac{D_-}{\nu_-}} e^{q_- z} , \tag{6.91}$$

wobei $b_1 = - \frac{ikb_- A_2}{\omega} \frac{k - q_+}{k - q_-}$ gilt. Auch in diesem Fall ist leicht zu überprüfen, daß die Störfunktion im Bereich $\mathcal{R}^-$ nicht Lösung der homogenen Differentialgleichung in diesem Bereich ist. Es verbleibt jetzt noch die Aufgabe die Konstanten $\mathcal{C}_1, \ldots, \mathcal{C}_4$ zu bestimmen. Dazu sind weitere Überlegungen bezüglich der Funktionen im Unendlichen und an der Grenzfläche notwendig. Wir fordern, daß die Konzentrationsstörung für große Abstände von der Grenzfläche Null sei, d.h.

$$\lim_{z \to \pm \infty} c' = 0 . \tag{6.92}$$

Diese Bedingung verlangt, daß $\mathcal{C}_1 = 0$ und $\mathcal{C}_4 = 0$ sein müssen. Für die noch verbleibenden freien Konstanten $\mathcal{C}_2$ und $\mathcal{C}_3$ benötigen wir noch zwei Bedingungen. Diese zwei Bedingungen begründen wir physikalisch wie folgt:

i) Die Werte $a_+$ und $a_-$ sind die konstanten Werte der Konzentration an der Grenzfläche (Stelle $z=0$ ), die in den beiden Halbräumen an der Stelle $z=0$ nicht gleich zu sein brauchen. Wir charakterisieren die Abweichung durch das Verhältnis:

$$\chi = \frac{a_-}{a_+} = \frac{c_o^-(z)\big|_{z=0}}{c_o^+(z)\big|_{z=0}} . \tag{6.93}$$

Annahme: Wir nehmen an, daß die Konzentrationsstörungen im Halbraum $\mathcal{R}^+$ und $\mathcal{R}^-$ an der Grenzfläche $(z=0)$ in dem gleichen Verhältnis wie die ungestörten Konzentrationen stehen.

Folge aus dieser Annahme:

$$\chi f_+(z)\Big|_{z=0} = f_-(z)\Big|_{z=0} . \tag{6.94}$$

ii) Aus der Massenbilanz an der Grenzfläche folgt:

$$\left[D \frac{\partial c}{\partial z}\right] = 0 . \tag{6.95}$$

Folge:

$$D_+ \frac{\partial c_+}{\partial z}\Big|_{z=0} = D_- \frac{\partial c_-}{\partial z}\Big|_{z=0} . \tag{6.96}$$

Aus dieser Forderung erhalten wir unter Berücksichtigung von Gl. (6.88) und Gl.(6.92) eine weitere Bedingung, sie lautet:

$$\frac{D_+}{D_-}\left\{b_+ + \frac{\partial f_+(z)}{\partial z} e^{ikx} e^{\omega t}\right\}_{z=0} = \left\{b_- + \frac{\partial f_-(z)}{\partial z} e^{ikx} e^{\omega t}\right\}_{z=0} \tag{6.97}$$

bzw.

$$\left( \frac{D_+}{D_-} b_+ - b_- \right)_{z=0} = - \left( \frac{D_+}{D_-} \frac{\partial f_+(z)}{\partial z} - \frac{\partial f_-(z)}{\partial z} \right)_{z=0} e^{ikx} e^{\omega t} . \tag{6.98}$$

Hieraus folgern wir, daß im ungestörten Zustand gilt:

$$\frac{D_+}{D_-} = \left. \frac{b_-}{b_+} \right|_{z=0} . \tag{6.99}$$

Wir definieren $r^2 = D_+ / D_-$ .

<u>Annahme</u>: Wir nehmen an, daß die erste Ableitung der Konzentrationsstörung bezüglich $z$ im Bereich $\mathcal{R}^+$ und $\mathcal{R}^-$ an der Grenzfläche in dem gleichen Verhältnis stehen, wie die Konzentrationsgradienten im ungestörten Zustand an der Stelle $z = 0$.

Aus dieser Annahme folgt:

$$\frac{\left. \frac{\partial f_-(z)}{\partial z} \right|_{z=0}}{\left. \frac{\partial f_+(z)}{\partial z} \right|_{z=0}} = \left. \frac{b_-}{b_+} \right|_{z=0} . \tag{6.100}$$

Mit Gl.(**6.94**) und Gl.(**6.100**) berechnen wir unbekannte Koeffizienten $\mathcal{C}_2$ und $\mathcal{C}_3$ . Wir erhalten:

$$f_+(z) = \mathcal{C}_2 e^{-s_+ z} + a_1 e^{-kz} - \frac{a_1}{1 - \frac{D_+}{\nu_+}} e^{-q_+ z} \qquad \text{in } \mathcal{R}^+ \tag{6.101}$$

und

$$f_-(z) = \mathcal{C}_3 e^{s_- z} + b_1 e^{kz} - \frac{b_1}{1 - \frac{D_-}{\nu_-}} e^{q_- z} \qquad \text{in } \mathcal{R}^- , \tag{6.102}$$

mit

$$\varphi_2 = \frac{a_1\left\{-kr^2\left(1-\frac{D_+}{\nu_+}\right)+q_+r^2+s_-\varkappa\frac{D_+}{\nu_+}\right\}}{\left(1-\frac{D_+}{\nu_+}\right)\left(s_-\varkappa+s_+r^2\right)} - \frac{b_1\left\{k\left(1-\frac{D_-}{\nu_-}\right)-q_-+s_-\frac{D_-}{\nu_-}\right\}}{\left(1-\frac{D_-}{\nu_-}\right)\left(s_-\varkappa+s_+r^2\right)} \tag{6.103}$$

und

$$\varphi_3 = \frac{a_1 m r^2\left\{-k\left(1-\frac{D_+}{\nu_+}\right)+q_+-s_+\frac{D_+}{\nu_+}\right\}}{\left(1-\frac{D_+}{\nu_+}\right)\left(s_-\varkappa+s_+r^2\right)} - \frac{b_1\left\{mk\left(1-\frac{D_-}{\nu_-}\right)-mq_--s_+r^2\frac{D_-}{\nu_-}\right\}}{\left(1-\frac{D_-}{\nu_-}\right)\left(s_-\varkappa+s_+r^2\right)} . \tag{6.104}$$

## 6.3.5 Auswertung der tangentialen Impulsbilanz , Dispersionsgleichung

In diesem Abschnitt diskutieren wir die aus Gl.(6.13) folgende tangentiale Impulsbilanz für die $x$-Koordinate. Aufgrund der vorangegangenen Diskussion erhalten wir mit Hilfe von Gl.(6.25) und Gl. (6.43) aus Gl. (6.13) für die tangentiale Impulsbilanz die Form:

$$\begin{aligned} T^{11}{}_{,1} = \Big\{ & (v_\alpha^k-w^k)\rho_\alpha^+(v_\alpha^j-w^j)e^j-(v_\alpha^k-w^k)\rho_\alpha^-(v_\alpha^j-w^j)e^j \\ & -\mu_+\left(\frac{\partial u_\mu}{\partial z}+\frac{\partial w_\mu}{\partial x}\right)+\mu_-\left(\frac{\partial u_\nu}{\partial z}+\frac{\partial w_\nu}{\partial x}\right)\Big\}\Big|_{z=0} . \end{aligned} \tag{6.105}$$

Hierbei sind $\mu_+$ und $\mu_-$ die Viskositäten der nichtmischbaren Flüssigkeiten in $\mathcal{R}^+$ und $\mathcal{R}^-$. $u_\mu$ und $w_\mu$ sind die Geschwindigkeitsfelder der Flüssigkeit mit der Dichte $\rho_\mu$ in dem Halbraum $\mathcal{R}^+$, entsprechend sind $u_\nu$ und $w_\nu$ die Geschwindigkeitsfelder der Flüssigkeit mit der Dichte $\rho_\nu$ in dem Halbraum $\mathcal{R}^-$. Die Größe $\rho_\alpha^+(v_\alpha^j-w^j)e^j\big|_{z=0}$ bzw. $\rho_\alpha^-(v_\alpha^j-w^j)e^j\big|_{z=0}$ ist uns aus der Massenbilanz Gl.(6.20) bekannt, es ist ein Materiestrom normal zur Grenzfläche. Für diesen Materiestrom wählen wir die konstitutive Gleichung (6.22). Dieses motiviert uns für $(v_\alpha^k - w^k)$ zu schreiben

$$\frac{1}{\varrho_\alpha^+} \varrho_\alpha^+ (v_\alpha^k - w^k)\Big|_{z=0} = \frac{1}{\varrho_\alpha^+} \underset{+\alpha}{J}^k \Big|_{z=0} \; . \tag{6.106}$$

Der Materiestrom $\underset{+\alpha}{J}^k$ besitzt drei Komponenten, für die tangentiale Impulsbilanz benötigen wir nur die Komponente $(k=1)$ entlang der $x$ -Koordinate. Wir nehmen an, daß der Diffusionskoeffizient für eine Diffusion entlang der x -Koordinate und entlang der $z$ -Koordinate gleich ist. Der Massenstrom $\underset{+\alpha}{J}^1$ ist dann durch eine konstitutive Gleichung (6.22) gegeben.

Mit Hilfe von Gl. (6.22) und der Lösung der Diffusionsgleichung (6.101) erhalten wir

$$\underset{+\alpha}{J}^1\Big|_{z=0} = \varrho_\alpha^+ (v_\alpha^1 - w^1)\Big|_{z=0} = D_+ \frac{\partial c_+}{\partial x}\Big|_{z=0} = i k e^{ikx} e^{\omega t} D_+ f_+(z)\Big|_{z=0} \; . \tag{6.107}$$

Beachten wir für den Diffusionsstrom normal zur Grenzfläche die Gleichung

$$\underset{+\alpha}{J}^3\Big|_{z=0} = D_+ \frac{\partial c_+}{\partial z}\Big|_{z=0} \tag{6.108}$$

und vernachlässigen $\frac{\partial f_+(z)}{\partial z}\Big|_{z=0} e^{ikx} e^{\omega t}$ wegen Kleinheit gegenüber dem stationären Wert $b_+$ ,

$$| b_+ | \gg \left| \frac{\partial f_+(z)}{\partial z}\Big|_{z=0} e^{ikx} e^{\omega t} \right| , \tag{6.109}$$

so folgt:

$$\underset{+\alpha}{J}^3\Big|_{z=0} = D_+ b_+ \; . \tag{6.110}$$

Vorstehende Überlegungen erlauben für den konvektiven Impulsterm im Halbraum $\mathcal{R}^+$ zu schreiben:

$$\rho_\alpha^+ (v_\alpha^k - w^k)(v_\alpha^j - w^j) e^j = ik\, D_+ b_+ \Delta_+ e^{ikx} e^{\omega t} f_+(z) \Big|_{z=0} \tag{6.111}$$

und entsprechend gilt:

$$\rho_\alpha^- (v_\alpha^k - w^k)(v_\alpha^j - w^j) e^j = ik\, D_- b_- \Delta_- e^{ikx} e^{\omega t} f_-(z) \Big|_{z=0} , \tag{6.111}$$

für den konvektiven Impulsterm im Halbraum $\mathcal{R}^-$. Dabei wurde definiert:

$$\Delta_+ = \frac{D_+}{\rho_\alpha^+} \quad und \quad \Delta_- = \frac{D_-}{\rho_\alpha^-} . \tag{6.112}$$

Damit folgt für die tangentiale Impulsbilanz Gl.(6.105) mit Hilfe von Gl.(6.36) und unter Beachtung von (6.99) die Gleichung:

$$\left\{ \frac{\partial\sigma}{\partial c}\frac{\partial c}{\partial x} + (k+\varepsilon)\frac{\partial^2 u}{\partial x^2} \right\}_{z=0} = ik\, e^{ikx} e^{\omega t} D_+ b_+ \left( \Delta_+ f_+(z)\Big|_{z=0} - \Delta_- f_-(z)\Big|_{z=0} \right)$$
$$- \mu_- \left( \frac{\partial u_\mu}{\partial z} + \frac{\partial w_\mu}{\partial x} \right) + \mu_+ \left( \frac{\partial u_\nu}{\partial z} + \frac{\partial w_\nu}{\partial x} \right). \tag{6.113}$$

Die Geschwindigkeitsfelder $u_\mu$ und $u_\nu$ sind an der Stelle $z=0$ gleich und deshalb können wir im zweiten Term auf der linken Seite von Gl.(6.113) für $u$ das Geschwindigkeitsfeld $u_\nu$ einsetzen. Berücksichtigen wir aus Abschnitt 6.3.3, die Geschwindigkeitsfelder $u_\mu, \ldots, w_\nu$ und aus Abschnitt 6.3.4 die Funktion $f_+(z)\big|_{z=0}$, so erhalten wir jetzt für Gl.(6.113):

$$\mu_-(k+q_-) + \mu_+(k+q_+) + (K+\varepsilon)k^2 = -\frac{k^2 b_+ r^2}{\omega} \cdot \frac{\left( \varkappa \frac{\partial\sigma}{\partial c} - D_+ b_+ (\Delta_+ - \varkappa \Delta_-) \right)_{z=0}}{r^2 s_+ + \varkappa s_-} \cdot$$
$$\left\{ \frac{1}{k-q_+}\left( k - \frac{q_+ - s_+ \frac{D_+}{\nu_+}}{1 - \frac{D_+}{\nu_+}} \right) - \frac{1}{k-q_-}\left( k - \frac{q_- - s_- \frac{D_-}{\nu_-}}{1 - \frac{D_-}{\nu_-}} \right) \right\}. \tag{6.114}$$

In dieser Gleichung bedeutet:

$\mu_-$ Viskosität der Flüssigkeit mit der Dichte $\varrho_\mu$ im Halbraum $\mathcal{R}^+$,

$\mu_+$ Viskosität der Flüssigkeit mit der Dichte $\varrho_\nu$ im Halbraum $\mathcal{R}^-$,

$\kappa$ Viskosität der Dehnung der fluiden Grenzfläche ,

$\varepsilon$ Viskosität der Scherung der fluiden Grenzfläche.

$r^2 = \frac{b_-}{b_+} = \frac{D_+}{D_-}$ $b_-/b_+$ ist das Verhältnis der stationären Konzentrationsgradienten aus dem Bereich $\mathcal{R}^-$ und $\mathcal{R}^+$ , dieses Verhältnis ist gleich dem Verhältnis $D_+/D_-$, der Diffusionskonstanten aus dem Bereich $\mathcal{R}^+$ und $\mathcal{R}^-$ .

$\varkappa = \frac{a_-}{a_+}$ ist das Verhältnis der ungestörten Konzentrationen an der Stelle $z = 0$.

$$\Delta_+ = \frac{D_+}{\varrho_\alpha^+} \equiv \frac{D_+}{c_+\varrho_+}$$

$$\Delta_- = \frac{D_-}{\varrho_\alpha^-} \equiv \frac{D_-}{c_-\varrho_-}$$

$$q_+ = k\left(1 + \frac{\omega}{k^2\nu_+}\right)^{\frac{1}{2}}, \quad q_- = k\left(1 + \frac{\omega}{k^2\nu_-}\right)^{\frac{1}{2}}$$

Wellenzahlen in der Lösung der Navier-Stokes Gleichung für den Halbraum $\mathcal{R}^+$ bzw. $\mathcal{R}^-$.

$\nu_+ = \frac{\mu_+}{\varrho_+}$ kinematische Viskosität

$$s_+ = k\left(1 + \frac{\omega}{k^2 D_+}\right)^{\frac{1}{2}}, \quad s_- = k\left(1 + \frac{\omega}{k^2 D_-}\right)^{\frac{1}{2}}$$

Wellenzahlen in der Lösung der Diffusionsgleichung für den Halbraum $\mathcal{R}^+$ und $\mathcal{R}^-$.

$\left.\frac{\partial\sigma}{\partial c}\right|_{z=0}$ ist die Ableitung des skalaren Koeffizienten der Grenzflächenspannung bezüglich der Konzentration $c$ der $\alpha$-Teilchen, die die Grenzfläche durchsetzen. Der skalare Koeffizient ist eine Funktion der Dichte $\varrho_\mu, \varrho_\nu, \varrho_\alpha$ und der Temperatur $\vartheta_s$. Mit diesem funktionalen Zusammenhang können wir die Dichte $\varrho_\alpha$ eliminieren und durch die Konzentration c der $\alpha$-Teilchen ersetzen. Hier existiert ein Problem, es ist das Problem, was wir als Konzentration $c$ der $\alpha$-Teilchen mit der Dichte $\varrho_\alpha$ in der Grenzfläche zu verstehen haben. Im Raumbereich $\mathcal{R}^+$ und $\mathcal{R}^-$ haben wir die Konzentration $c_+$ und $c_-$, für diese gilt:

$$c_+ = \frac{\varrho_\alpha^+}{\varrho_+} \quad mit \quad \varrho_+ = \varrho_\alpha^+ + \varrho_\mu^+$$

und

$$c_- = \frac{\varrho_\alpha^-}{\varrho_-} \quad mit \quad \varrho_- = \varrho_\alpha^- + \varrho_\nu^- .$$

Ist uns der skalare Koeffizient $\sigma$ als analytische Funktion gegeben, so können wir die Ableitung $d\sigma/dc$ berechnen. Im Moment müssen wir auf eine analytische Bestimmung der Ableitung verzichten, und deshalb müssen wir die Größe vorgeben.

$+b_+(\Delta_+ - \varkappa\Delta_-)$ Dieser Term repräsentiert den Beitrag des konvektiven Impulses.

Die Gl.(6.114) ist eine Dispersionsgleichung.Es ist unschön,daß die Frequenz $\omega$ in den Wurzelausdrücken $q_+$, $q_-$, $s_+$ und $s_-$ enthalten ist, weil dadurch eine explizite Auflösung nach $\omega$ praktisch nicht möglich ist. Die Gl.(6.114) selbst hängt von den Systemparametern, nämlich der Flächenviskosität, den Diffusionskonstanten, den Konzentrationen und den Viskositäten in den beiden Halbräumen $\mathcal{R}^+$ und $\mathcal{R}^-$,ab. Durch spezifische Wahl der Systemparameter erhalten wir Aussagen über das Frequenzverhalten der Grenzfläche. Dieses Beispiel einer Grenzfläche zeigt,wie durch eine systematische Anwendung der aufgestellten Feldgleichungen an Grenzflächen,die physikalischen Vorgänge beschrieben werden können. Das dargestellte Problem der Grenzfläche, bestehend aus zwei nichtmischbaren Flüssigkeiten, ist nicht neu.Die hier durchgeführte Analyse erfolgte in Anlehnung an eine Idee von Sternling/Scriven [44] ,die die Grenzfläche (repräsentiert durch zwei nichtmischbare Flüssigkeiten) bei einer Konzentrationsstörung in der Fläche untersuchen. Die beiden Autoren sind von einer Gleichung für das Schubspannungsgleichgewicht [45,Seite 47] an der Grenzfläche ausgegangen. Der Startpunkt hier sind Bilanzgleichungen und konstitutive Gleichungen,dabei wurde der konvektive Impulsanteil in der Tangentialimpulsbilanz berücksichtigt. Neben den oben besprochenen Systemparametern kann der konvektive Impulsterm das Frequenzverhalten über die Größen $a_+$ und $a_-$ beeinflussen.Bezüglich der allgemeinen Diskussion verweisen wir auf [44,45]sowie auf eine Arbeit von Sørensen [46]. Sørensen führt in einem Vergleich aus,daß sein Modell der Flächenbilanzen in vielen Fällen dasselbe oder nahezu dasselbe Resultat, bezüglich Stabilität/Instabilität ergibt, wie das einfache Modell von Sternling und Scriven. Das gibt für uns einen Anlaß nachzudenken, wo die Ursachen liegen.

Kurzum: Die Ursache liegt in der Annahme über die Konzentration der Stoffe in der Grenzfläche.In einer ersten Analyse der dissipativen Strukturbildung beim Marangoni-Effekt,erhalten wir aus der Dispersionsrelation $\omega(k)$ für den Fall $\mathrm{Re}\,\omega(k)=0$ ( reelle k-Werte existieren) für die Wellenlänge $\lambda=0{,}36\cdot10^{-3}$ $\mathrm{cm}^{-1}$,wobei als Systemparameter $\chi=1$, $\varsigma=\frac{\nu_+}{\nu_-}=2$, $r^2=-1{,}5$, $d\sigma/dc = -100$ dyn $\mathrm{cm}^{-1}/(\mathrm{g\ cm}^{-3})$ gewählt wurde. Es ist bekannt, daß $\sigma$=f(Dichte,Temperatur) ist.Folglich kann die dissipative Strukturbildung auch bei einem Temperaturgradienten über die Phasengrenzfläche auftreten oder bei einer Überlagerung von Dichte- und Temperaturänderung.

Anhang

## A1 Berechnung des Normalenvektors $N^k$ senkrecht zur Mantelfläche $\Omega(t)$

Für die Berechnung der Transportgrößen durch die Mantelfläche $\Omega(t)$ benötigen wir das gerichtete Flächenelement (siehe Anhang A2) auf der Mantelfläche und den Normalenvektor $N^k$ senkrecht zur Mantelfläche $\Omega(t)$. Die Konstruktion aus den Komponenten der Tangentialvektoren, die im Punkte $Q$ auf der Mantelfläche $\Omega(t)$ eine Tangentialebene aufspannen, liefert:

$$N_i = \frac{1}{2} \varepsilon^{AB} \varepsilon_{ijk} \underset{\Omega}{x}^j{}_{,A} \underset{\Omega}{x}^k{}_{,B} , \tag{A1.1}$$

hierbei ist $\varepsilon^{AB}$ der $\varepsilon$-Tensor auf der Mantelfläche $\Omega(t)$. Wir berechnen zunächst den Ausdruck $\varepsilon^{AB} \underset{\Omega}{x}^j{}_{,A} \underset{\Omega}{x}^k{}_{,B}$ auf der Mantelfläche und erhalten

$$\begin{aligned} \varepsilon^{AB} \underset{\Omega}{x}^j{}_{,A} \underset{\Omega}{x}^k{}_{,B} &= \varepsilon^{1B} \underset{\Omega}{x}^j{}_{,1} \underset{\Omega}{x}^k{}_{,B} + \varepsilon^{2B} \underset{\Omega}{x}^j{}_{,2} \underset{\Omega}{x}^k{}_{,B} \\ &= \varepsilon^{12} \underset{\Omega}{x}^j{}_{,1} \underset{\Omega}{x}^k{}_{,2} + \varepsilon^{21} \underset{\Omega}{x}^j{}_{,2} \underset{\Omega}{x}^k{}_{,1} , \end{aligned} \tag{A1.2}$$

unter Beachtung von $\varepsilon^{11}=0$ und $\varepsilon^{22}=0$. Mit der Formel *A1.2* läßt sich *A 1.1* umschreiben, wir erhalten:

$$\begin{aligned} N_i &= \frac{1}{2} \varepsilon^{12} \left\{ \varepsilon_{ijk} \underset{\Omega}{x}^j{}_{,1} \underset{\Omega}{x}^k{}_{,2} - \varepsilon_{ijk} \underset{\Omega}{x}^j{}_{,2} \underset{\Omega}{x}^k{}_{,1} \right\} \\ &= \varepsilon^{12} \varepsilon_{ijk} \underset{\Omega}{x}^j{}_{,1} \underset{\Omega}{x}^k{}_{,2} . \end{aligned} \tag{A1.3}$$

Mit $\varepsilon^{12} = \gamma^{-\frac{1}{2}} \epsilon^{12}, \epsilon^{12} = 1$ und den Komponenten der Tangentialvektoren

$$\frac{\partial \underset{\Omega}{x}^j}{\partial u^1} = \frac{\partial \underset{\Omega}{x}^j}{\partial \xi} = e^j ,$$

$$\frac{\partial \underset{\Omega}{x}^k}{\partial u^2} = \frac{\partial \underset{\Omega}{x}^k}{\partial \zeta} = \mathcal{N}^k ,$$

folgt:

$$N_i = \frac{1}{\sqrt{\gamma}} \varepsilon_{ijk} e^k \mathcal{N}^j = \frac{1}{\sqrt{\gamma}} \varepsilon_{ijk} e^k (\nu^j - \xi b_A^C x^j_{,C} \nu^A) . \tag{A1.4}$$

An der Schnittlinie $S^{(o)}$ der Fläche $\Sigma_o$ mit der Mantelfläche bilden $n^i, \nu^i$ und $e^i$ ein Dreibein und somit folgt aus

$$\varepsilon_{ijk} n^i \nu^j e^k = 1 \tag{A1.5}$$

die Formel

$$n_i = \varepsilon_{ijk} \nu^j e^k . \tag{A1.6}$$

Diese Formel benutzen wir,um den ersten Term in $A1.4$ umzuformen, wir erhalten:

$$N_i = \frac{1}{\sqrt{\gamma}} (n_i - \varepsilon_{ijk} \xi b_A^C x^j_{,C} \nu^A e^k) . \tag{A1.7}$$

Diese Formel interpretieren wir so, der erste Term repräsentiert die Komponenten des Einheitsvektors senkrecht zur Tangentialebene an der Mantelfläche, wobei gleichzeitig die Tangentialebene die Schnittlinie $S^{(o)}$ in einem Punkte berührt. Der zweite Term berücksichtigt die Änderung von $n_i$, wenn wir uns auf einer, zur Schnittlinie $S^{(o)}$ parallelen Schnittlinie $S^{(\xi)}$ befinden. Den zweiten Term in $A1.7$ formen wir mit Hilfe der Formel $\varepsilon_{ijk} x^j_{,C} e^k = -g^{BL} \varepsilon_{BC} x_{i,L}$ und der Formel $\varepsilon_{AC} b_B^C - \varepsilon_{BC} b_A^C = 2k_H \varepsilon_{AB}$ um.Als Resultat erhalten wir:

$$\begin{aligned} N_i &= \frac{1}{\sqrt{\gamma}} (n_i + \xi g^{BL} x_{i,L} \varepsilon_{BC} b_A^C \nu^A) \\ &= \frac{1}{\sqrt{\gamma}} (n_i + \xi g^{BL} x_{i,L} (\varepsilon_{AC} b_B^C - 2k_H \varepsilon_{AB}) \nu^A) \end{aligned} \tag{A1.8}$$

und mit $\varepsilon_{AC} \nu^A = n_C$ , $\varepsilon_{AB} \nu^A = n_B$ sowie $g^{BL} x_{i,L} n_B = n_i$ folgt für $A1.8$ :

$$N_i = \frac{1}{\sqrt{\gamma}} \left( n_i \left(1 - 2k_H \xi\right) + \xi b^{CL} x_{i,L} n_c \right). \qquad \text{(A1.9)}$$

Berücksichtigen wir, daß $n_c = x^j{}_{,c} n_j$ ist, so folgt aus $A1.9$ für den Normalenvektor

$$N_i = \frac{1}{\sqrt{\gamma}} \left( n_i \left(1 - 2k_H \xi\right) + \xi b^{CL} x_{i,L} x^j{}_{,c} n_j \right). \qquad \text{(A1.10)}$$

Mit Hilfe von $n_i = \delta^j_i n_j$ können wir aus der Formel $A1.10$ die Größe $n_j$ ausklammern. Das Kroneckersymbol $\delta^j_i$ im ersten Term der Formel $A1.10$ ersetzen wir sodann durch seine Zerlegung

$$\delta^j_i = e_i e^j + g^{CL} x_{i,L} x^j{}_{,c}, \qquad \text{(A1.11)}$$

bezüglich der Normalkomponenten und der Tangentialkomponenten der Dreibein-Vektoren an der Fläche und erhalten für den Normalenvektor

$$N_i = \frac{1}{\sqrt{\gamma}} n_j \left\{ \left(1 - 2k_H \xi\right) e_i e^j + \left(1 - 2k_H \xi\right) g^{CL} x_{i,L} x^j{}_{,c} + \xi b^{CL} x_{i,L} x^j{}_{,c} \right\}. \qquad \text{(A1.12)}$$

Berücksichtigen wir die Orthogonalität von $n_j$ mit $e^j$ und $x_{i,L} = g_{ik} x^k{}_{,L}$, so erhalten wir aus Formel $A1.12$ eine Darstellung für den Normalenvektor

$$N^k = \frac{1}{\sqrt{\gamma}} n_j \left\{ \left(1 - 2k_H \xi\right) g^{CL} + \xi b^{CL} \right\} x^k{}_{,L} x^j{}_{,c}. \qquad \text{(A1.13)}$$

Die Größe $N^k$ tritt in verschiedenen Integranden der Bilanzgleichung auf. Es ist deshalb zweckmäßig, den Ausdruck in der geschweiften Klammer so umzuformen, daß die Größe $F(\xi)$ explizit auftritt. Benutzen wir die Formel $F(\xi) = 1 - 2\xi k_H + \xi^2 k_G$, so folgt für die geschweifte Klammer in $A1.13$ die Form:

$$\{(1-2\xi k_H)g^{CL}+\xi b^{CL}\}=(F(\xi)-\xi^2 k_G)g^{CL}+\xi b^{CL}=:D^{CL}(\xi)\,. \tag{A1.14}$$

Die so definierte Größe $D^{CL}(\xi)$ enthält $F(\xi)$ explizit und einen ärgerlichen Rest. Wir haben

$$D^{CL}(\xi)=F(\xi)g^{CL}+E^{CL}(\xi)\,, \tag{A1.15}$$

wobei die geometrische Größe

$$E^{CL}(\xi)=:-\xi k_G g^{CL}+\xi b^{CL} \tag{A1.16}$$

von dem Metriktensor $g^{CL}$ und dem Krümmungstensor $b^{CL}$ abhängt. Letztlich erhalten wir mit den vorstehenden Definitionen für den Normalenvektor:

$$N^k=\frac{1}{\sqrt{\gamma}}n_j D^{CL}(\xi)x^k_{,L}x^j_{,C} \tag{A1.17}$$

bzw.

$$N^k=\frac{1}{\sqrt{\gamma}}n_j D^{kj}(\xi)\,, \tag{A1.18}$$

wobei $D^{kj}(\xi)=x^k_{,L}x^j_{,C}D^{CL}(\xi)$ ist.

## A2 Flächenelemente an der Berandung und das Volumenelement des Grenzbereiches

a) Das Flächenelement $d\Sigma$ an einer zur Referenzfläche $\Sigma_0$ parallelen Fläche $\Sigma^{(\xi)}$ ist durch

$$d\Sigma=F(\xi)\,d\sigma \quad \text{mit} \quad d\sigma=\sqrt{g}\,du^1du^2 \tag{A2.1}$$

gegeben. Zur Verifikation benutzen wir die Überlegungen aus Abschnitt 3.4.2. Wir schreiben für das gerichtete Flächenelement

$$d\Sigma_i = \varepsilon_{ijk}\, \underset{(1)}{dx}^j \, \underset{(2)}{dx}^k \tag{A2.2}$$

und mit

$$\underset{(1)}{dx}^j = \frac{\partial \underset{(1)}{x}^j}{\partial u^1}\, du^1 \tag{A2.3}$$

folgt:

$$d\Sigma_i = \varepsilon_{ijk}\, \underset{(1)}{x}^j{}_{,1}\, \underset{(2)}{x}^k{}_{,2}\, du^1 du^2 . \tag{A2.4}$$

Beachten wir die Formel $\varepsilon_{ijk}\, \underset{(1)}{x}^j{}_{,1}\, \underset{(2)}{x}^k{}_{,2} = e_i F(\xi)\, \varepsilon_{12}$ und $\varepsilon_{12} = \sqrt{g}\, \epsilon_{12}$, so ist

$$d\Sigma_i = e_i\, F(\xi)\, \sqrt{g}\, du^1 du^2 \tag{A2.5}$$

oder

$$d\Sigma = F(\xi)\, d\sigma , \tag{A2.6}$$

wobei $d\sigma = \sqrt{g}\, du^1 du^2$ ist.

b) Mit Hilfe des Normalenvektors $N^k$ aus Anhang A1 und $d\Omega = \sqrt{g}\, d\xi d\zeta$ ist

$$d\Omega^k = N^k d\Omega = n_j\, D^{CE}(\xi)\, x^k{}_{,C}\, x^j{}_{,E}\, d\xi d\zeta \tag{A2.7}$$

bzw.

$$d\Omega_j = n^p\, D^{CE}(\xi)\, x_{j,C}\, x_{p,E}\, d\xi d\zeta , \tag{A2.8}$$

das gerichtete Flächenelement auf der Mantelfläche $\Omega$.

c) Das Volumenelement im Grenzbereich ist

$$d\tau = d\Sigma\, d\xi , \tag{A2.9}$$

wobei das Flächenelement $d\Sigma$ durch A2.6 gegeben ist.

## A 3 Der nichtkonvektive und der konvektive Fluß durch $\Omega(t)$

a) Umformungen für das Integral $\int_{\Omega(t)} \Phi^j d\Omega_j$

In das Integral $\int_{\Omega(t)} \Phi^j d\Omega_j$ setzen wir den Ausdruck

$d\Omega_j = D^{AB}(\xi)\, x_{j,A}\, x_{p,B} n^p d\xi d\zeta$ (Anhang A2) für das gerichtete Flächen-

element ein und erhalten

$$\int_{\Omega(t)} \Phi^j d\Omega_j = \oint_{\mathcal{C}} \int_{\xi_1}^{\xi_2} \Phi^j D^{CE}(\xi)\, x_{j,C}\, x_{p,E}\, g^{AB} x^p_{,B}\, n_A\, d\xi\, d\zeta, \tag{A3.1}$$

$$= \oint_{\mathcal{C}} \Big( x_{j,B} \int_{\xi_1}^{\xi_2} \Phi^j D^{CB}(\xi)\, d\xi \Big) n_A\, d\zeta \quad , \tag{A3.2}$$

dabei haben wir berücksichtigt, daß sich der räumliche Tangentialvektor $n^p = g^{AB} x^p_{,B}\, n_A$ an der Mantelfläche $\Omega(t)$ in Termen von $x^p_{,B}$ darstellen läßt und $\mathcal{C}$ identisch der Schnittlinie ist, die sich als Schnitt der Referenzfläche $\Sigma_0$ mit der Mantelfläche $\Omega$ ergibt. Die in der runden Klammer eingeschlossene Größe ist als die Komponentendarstellung eines kontravarianten Flächenvektors erkennbar, dieses motiviert uns zu der folgenden Definition.

<u>Def.:</u>

$$\underset{\tau}{\Phi}{}^A := x_{j,B} \int_{\xi_1}^{\xi_2} \Phi^j D^{CB}(\xi)\, d\xi . \tag{A3.3}$$

Mit der Definition A3.3 erhalten wir für die rechte Seite von A3.2 die Formel

$$\int_{\Omega(t)} \Phi^j d\Omega_j = \oint_{\mathcal{C}} \underset{\tau}{\Phi}{}^A n_A\, d\zeta . \tag{A3.4}$$

Jetzt benutzen wir den Satz von Stokes für die rechte Seite von $A3.4$ und schreiben $\oint_{\mathcal{C}} \underset{\tau}{\Phi}{}^{A} n_A \, d\varsigma = \int_{\Sigma_o} \underset{\tau}{\Phi}{}^{A}{}_{;A} \, d\sigma$ . Mit dieser Umschreibung des Linienintegrals entlang der Kurve $\mathcal{C}$ in ein Flächenintegral über die Referenzfläche $\Sigma_o$ haben wir unser Ziel erreicht. Es ist:

$$\int_{\Omega(t)} \Phi^{j} \, d\Omega_j = \int_{\Sigma_o} \underset{\tau}{\Phi}{}^{A}{}_{;A} \, d\sigma . \tag{A3.5}$$

b) Berechnung des Integrals $\int_{\Omega(t)} \psi \cdot (v^j - \underset{\Omega}{\dot\sigma}{}^{j}) \, d\Omega_j$ .

Mit dem gerichteten Flächenelement $A2.8$ aus Anhang $A2$ folgt für das zu berechnende Integral:

$$\int_{\Omega(t)} \psi \cdot (v^j - \underset{\Omega}{\dot\sigma}{}^{j}) \, d\Omega_j = \oint_{\mathcal{C}} \int_{\xi_1}^{\xi_2} \psi \cdot (v^j - \underset{\Omega}{\dot\sigma}{}^{j}) \, D^{CE}(\xi) \, x_{j,C} \, x_{p,E} \, n^p \, d\xi \, d\varsigma \tag{A3.6}$$

$$= \oint_{\mathcal{C}} \int_{\xi_1}^{\xi_2} \psi \cdot (v^j - \underset{\Omega}{\dot\sigma}{}^{j}) \, D^{CA}(\xi) \, x_{j,C} \, n_A \, d\xi \, d\varsigma . \tag{A3.7}$$

Das in $A3.7$ auftretende Geschwindigkeitsfeld $\underset{\Omega}{\dot\sigma}{}^{j}$ haben wir in Abschnitt 3.4.4 berechnet. Wir setzen das berechnete Geschwindigkeitsfeld $\underset{\Omega}{\dot\sigma}{}^{j}$ in $A3.7$ ein und erhalten:

$$\begin{aligned} \int_{\Omega(t)} \psi \cdot (v^j - \underset{\Omega}{\dot\sigma}{}^{j}) \, d\Omega_j &= \oint_{\mathcal{C}} \int_{\xi_1}^{\xi_2} \psi \cdot (v^j - \underset{n}{w} e^j - x^j_{;E} \underset{\tau}{u}{}^{E} + \xi \underset{n}{w}{}_{;E} \, x^j_{;F} \, g^{EF}) D^{CA}(\xi) x_{j,C} \, n_A \, d\xi \, d\varsigma \\ &= \oint_{\mathcal{C}} \Big\{ \int_{\xi_1}^{\xi_2} \psi \, v^j D^{CA}(\xi) \, x_{j,C} \, d\xi - \int_{\xi_1}^{\xi_2} \psi x^j_{;E} \underset{\tau}{u}{}^{E} D^{CA}(\xi) x_{j,C} n_A \, d\xi \\ &\quad + \int_{\xi_1}^{\xi_2} \psi \, \xi \underset{n}{w}{}_{;C} \, D^{CA}(\xi) \, d\xi \Big\} n_A \, d\varsigma . \end{aligned} \tag{A3.8}$$

Inspektion der rechten Seite von Gl.(*A3.8*) zeigt, daß der Integrand im zweiten Integralterm eine Größe $x^j_{;C}$ enthält, die wir durch Gl.(3.67) ersetzen können. Wir untersuchen jetzt die Kombination $D^{CA}(\xi)\, x_{j,C}\, x^j_{;E}$ in der nachfolgenden Behauptung.

Beh.: $D^{CA}(\xi)\, x_{j,C}\, x^j_{;E} = \delta^A_E\, F(\xi)$.

Verifikation mit $x^i_{;E} = (\delta^L_E - \xi b^L_E) x^i_{,L}$ aus Gl.(3.67):

$$
\begin{aligned}
D^{CA}(\xi)\, x_{j,C}\, x^j_{;E} &= D^{CA}(\xi)\,(\delta^L_E - \xi b^L_E)\, x^j_{,L}\, x_{j,C} \\
&= D^{CA}(\xi)\,(\delta^L_E - \xi b^L_E)\, g_{LC} \\
&= D^{CA}(\xi)\,(g_{EC} - \xi b_{EC}) \qquad\qquad (A3.9) \\
&= \left\{ (F(\xi) - \xi^2 k_G)\, g^{CA} + \xi b^{CA} \right\} (g_{EC} - \xi b_{EC}) \\
&= (F(\xi) - \xi^2 k_G)\,\delta^A_E - \xi\,(F(\xi) - \xi^2 k_G)\, b^A_E + \xi b^A_E - \xi^2 b^{CA} b_{EC} \,.
\end{aligned}
$$

Der letzte Term in *A3.8*, läßt sich mit der Relation $b^A_E\, b^E_C - 2k_M\, b^A_C + k_G\, \delta^A_C = 0$ umformen, da $b^{CA} b_{EC} = b^A_E\, b^E_C$ ist. Wir erhalten damit:

$$
\begin{aligned}
D^{CA}(\xi)\, x_{j,C}\, x^j_{;E} = (F(\xi) - \xi^2 k_G)\,\delta^A_E - \xi(1 - 2\xi k_M)\, b^A_E + \xi b^A_E - 2k_M \xi^2 b^A_E \\
+ \xi^2 k_G\, \delta^A_E \qquad\qquad (A3.10)
\end{aligned}
$$

und hieraus als Resultat die Behauptung

$$
F(\xi)\,\delta^A_E = D^{CA}(\xi)\, x_{j,C}\, x^j_{;E} \,. \qquad (A3.11)
$$

Mit vorstehender Behauptung, folgt für den Flußterm *A3.8* die Form

$$\int\limits_{\Omega(t)} \psi\cdot(v^j-\underset{\Omega}{\dot{\sigma}}{}^j)\,d\Omega_j = \oint\limits_{\ell}\Big(\int\limits_{\xi_1}^{\xi_2}\psi v^j D^{CA}(\xi)x_{j,C}\,d\xi - \int\limits_{\xi_1}^{\xi_2}\psi F(\xi)\underset{\tau}{u}{}^A\,d\xi + \int\limits_{\xi_1}^{\xi_2}\psi D^{CA}(\xi)\underset{n}{w}{}_{;C}\,\xi\,d\xi\Big)n_A\,ds \;. \tag{A3.12}$$

Mit dem Satz von Stokes erhalten wir letztlich

$$\int\limits_{\Omega(t)} \psi\cdot(v^j-\underset{\Omega}{\dot{\sigma}}{}^j)\,d\Omega_j = \int\limits_{\Sigma_0} \underset{\tau}{\hat{\Phi}}{}^A{}_{;A}\,d\sigma \tag{A3.13}$$

mit

$$\underset{\tau}{\hat{\Phi}}{}^A{}_{;A} := \int\limits_{\xi_1}^{\xi_2}\psi\Big\{\big(v^j x_{j,C} + \xi\,\underset{n}{w}{}_{;C}\big)D^{AB}(\xi) - F(\xi)\,\underset{\tau}{u}{}^A\Big\}\,d\xi. \tag{A3.14}$$

## A 4 Berechnung von partiellen Ableitungen der Größe $F(\xi)$

Wir berechnen hier partielle Ableitungen der Größe $F(\xi)$, nämlich $\left.\frac{\partial F(\xi)}{\partial \xi}\right|_{u^A,t}$ und $\left.\frac{\partial F(\xi)}{\partial t}\right|_{u^A,\xi}$. Dazu benutzten wir die Formel 3.72 und beachten, daß die geometrischen Größen an der Grenzfläche von der Zeit $t$ abhängen.

a) Berechnung von $\partial F(\xi)/\partial\xi$ :

$$\left.\frac{\partial F(\xi)}{\partial \xi}\right|_{u^A,t} = -2(k_H - \xi k_G)\;. \tag{A4.1}$$

b) Berechnung von $\partial F(\xi)/\partial t$ :

$$\left.\frac{\partial F(\xi)}{\partial t}\right|_{u^A,\xi} = -2\xi \left.\frac{\partial k_H}{\partial t}\right|_{u^A,\xi} + \xi^2 \left.\frac{\partial k_G}{\partial t}\right|_{u^A,\xi} . \tag{A4.2}$$

b.1) Wir berechnen zunächst $\partial_t k_H|_{u^A,\xi}$ und beachten, daß die mittlere Krümmung $k_H = \frac{1}{2} g^{AB} b_{AB}$ ist.

$$\left.\partial_t k_H\right|_{u^A,\xi} = \frac{1}{2} \left\{ \left(\partial_t g^{AB}\right) b_{AB} + g^{AB} \partial_t b_{AB} \right\} . \tag{A4.3}$$

Aus $g^{AB} g_{BC} = \delta^B_C$ folgt:

$$\left(\partial_t g^{AB}\right) g_{BC} + g^{AB} \left(\partial_t g_{BC}\right) = 0 \tag{A4.4}$$

und

$$\partial_t g^{AB} = -g^{AC} g^{BD} \left(\partial_t g_{CD}\right) . \tag{A4.5}$$

Berücksichtigen wir die Formel ( 3.44 ) aus Abschnitt III, dann folgt für die zeitliche Ableitung des kontravarianten Metriktensors

$$\partial_t g^{AB} = 2 \underset{n}{w} g^{AC} g^{BD} b_{CD} .$$

Der zweite Term auf der rechten Seite ist aus Abschnitt III bekannt (siehe Gl.( 3.50 )), so daß wir jetzt für die zeitliche Ableitung der mittleren Krümmung schreiben können:

$$\begin{aligned} \left.\partial_t k_H\right|_{u^A,\xi} &= \underset{n}{w} b_{AB} g^{AC} g^{BD} b_{CD} + \frac{1}{2} g^{AB} \left( \underset{n}{w}_{;AB} - 2 k_H \underset{n}{w} b_{AB} + k_G \underset{n}{w} g_{AB} \right) \\ &= \underset{n}{w} b^C_B b^B_C + \frac{1}{2} g^{AB} \underset{n}{w}_{;AB} - k_H \underset{n}{w} b^A_A + \frac{1}{2} k_G \underset{n}{w} g^{AB} g_{AB} \\ &= \underset{n}{w} \left(4 k_H^2 - 2 k_G\right) + \frac{1}{2} g^{AB} \underset{n}{w}_{;AB} - 2 k_H^2 \underset{n}{w} + k_G \underset{n}{w} \\ &= 2 k_H^2 \underset{n}{w} - k_G \underset{n}{w} + \frac{1}{2} g^{AB} \underset{n}{w}_{;AB} . \end{aligned} \tag{A4.7}$$

b.2) Berechnung von $\partial_t k_G \big|_{u^A,\xi}$ mit Hilfe der Darstellung $k_G = det(\underset{\approx}{b}) = \frac{b}{g}$ für die Gaußsche Krümmung $k_G$.

$$\partial_t k_G \Big|_{u^A,\xi} = g^{-1} \partial_t b + b\, \partial_t (g^{-1})$$

$$= \frac{1}{g} \partial_t b - \frac{b}{g^2} \partial_t g \qquad \text{(A4.8)}$$

$$= \frac{1}{g} \frac{\partial b}{\partial b_{AB}} \frac{\partial b_{AB}}{\partial t} - \frac{b}{g^2} \frac{\partial g}{\partial g_{AB}} \frac{\partial g_{AB}}{\partial t}$$

$$= 2 k_M g^{AB} \underset{n}{w}_{;AB} - b^{AB} \underset{n}{w}_{;AB} + 2 \underset{n}{w} k_M k_G .$$

Mit den vorstehenden Resultaten erhalten wir jetzt für die zeitliche Ableitung der geometrischen Größe $F(\xi)$ die Formel:

$$\frac{\partial F(\xi)}{\partial t}\Big|_{u^A,\xi} = -2\xi \left(2 k_M^2 \underset{n}{w} - k_G \underset{n}{w} + \tfrac{1}{2} g^{AB} \underset{n}{w}_{;AB}\right)$$

$$+ \xi^2 \left(2 k_M g^{AB} \underset{n}{w}_{;AB} - b^{AB} \underset{n}{w}_{;AB} + 2 k_M k_G \underset{n}{w}\right)$$

$$= g^{AB} \underset{n}{w}_{;AB} \left\{ 2\xi^2 k_M - \xi \right\} - \xi^2 b^{AB} \underset{n}{w}_{;AB}$$

$$+ 2 \underset{n}{w} \left\{ \xi k_G - 2\xi k_M^2 + \xi^2 k_M k_G \right\} . \qquad \text{(A4.9)}$$

## A5 Begründung von konstitutiven Gleichungen für eine viskose wärmeleitende Flüssigkeitsmischung

Wir stellen hier konstitutive Gleichungen für eine viskose wärmeleitende Mischung von Flüssigkeiten an einer Grenzfläche auf, wobei wir auf eine explizite Anwendung des Entropie-Prinzips verzichten.

Für eine Mischung von viskosen Flüssigkeiten in der Grenzfläche benötigen wir konstitutive Gleichungen für

die materialabhängige Größe $z_r$ in der Massenproduktion,

die innere Energie $\varepsilon_S$ ,

die Wechselwirkungskraft $m_\delta^k$ ,

den Wärmestrom $\underset{\tau}{Q}^A$ ,

und den Spannungstensor $T_\delta^{kA}$. (A5.1)

Wie wir in Abschnitt 5.4 gesehen haben, benötigen wir für die Auswertung des Entropieprinzipes zwei Hilfsgrößen, die Entropie $\eta_S$ und den Entropiestrom $\underset{\tau}{\Phi}^A$ , die hier für später folgende Betrachtungen mit angeschrieben werden.

Wir nehmen an, daß die konstitutiven Gleichungen an einem Flächenpunkt mit den Koordinaten $u^1, u^2$ und der Zeit $t$ von den Werten der Größen

$$\gamma_\delta(u^1,u^2,t),\ \vartheta_S(u^1,u^2,t),\ \gamma_{\delta,A}(u^1,u^2,t),\ \vartheta_{S,A}(u^1,u^2,t),\ w_\delta^k(u^1,u^2,t),$$
$$w_{\delta;A}^k(u^1,u^2,t),\ x^k_{,A}(u^1,u^2,t),\ e^k_{,A}(u^1,u^2,t) \tag{A5.2}$$

abhängen.

Die ersten fünf Felder sollen ausreichen, um viskose wärmeleitende Flüssigkeiten in Mischungen zu beschreiben. Mit Hilfe der beiden letzten Variablen lassen sich die Krümmungseigenschaften der Fläche beschreiben. Für die funktionale Abhängigkeit der konstitutiven Gleichungen folgt:

$$C = \mathcal{C}(\gamma_\delta,\ \vartheta_S,\ x^k_{,B}\gamma_{\delta,k},\ x^k_{,B}\vartheta_{S,k},\ w_\delta^k,\ g^{AB}w^k_{\delta;A}x^\ell_{,B},\ x^k_{,A},\ e^k_{,A}). \tag{A5.3}$$

An Stelle der Normalgeschwindigkeit $w_n$ und der Ableitung der Tangentialgeschwindigkeit $w_{\tau\, D;A}$ treten hier die entsprechenden Größen für die Konstituente $\delta$ auf.

Die Untersuchungen bezüglich des Geschwindigkeitsgradienten gelten hier für die Konstituente $\delta$ des Geschwindigkeitsgradienten wörtlich genau wie wir das in Abschnitt 5.3 diskutiert haben:

$$\bar{d}_{\delta}^{ij} = Q^{ip} Q^{jq} d_{pq}^{\delta} \tag{A5.4}$$

mit

$$d_{\delta}^{pq} = g^{AB} g^{DC} x^{(p}_{;B} x^{q)}_{;C} \left( \underset{\tau}{w}^{\delta}_{D;A} - \underset{n}{w}_{\delta} b_{DA} \right) . \tag{A5.5}$$

Nach unserem bisherigen Wissen erhalten wir für die Variablenliste der konstitutiven Gleichung (A5.1):

$$\gamma_{\delta} , \ \vartheta_{S} , \ x^{j}_{;B} \gamma_{\delta,j} , \ x^{j}_{;B} \vartheta_{S,j} , \ d_{\delta}^{jk} , \ x^{j}_{;A} , \ e^{j}_{;A} . \tag{A5.6}$$

Die konstitutiven Funktionen für eine viskose Mischung von Flüssigkeiten sind skalar-wertig, bezüglich den Transformationsregeln für Galilei Transformation. D.h. unsere Untersuchung reduziert sich hier auf die Diskussion des Transformationsverhaltens für eine skalar-wertige Funktion abhängig von Skalaren, räumlichen Vektoren tangential zur Fläche und einem Tensor, dem Geschwindigkeitsgradienten. Für diese skalar-wertige Funktion schreiben wir $\mathcal{g}$, mit dem Wert $G$, sie hat die funktionale Form

$$G = \mathcal{g}\left( \gamma_{\delta}, \vartheta_{S} , x^{j}_{;B} \gamma_{\delta,j} , x^{j}_{;B} \vartheta_{S,j} , W_{\delta}^{k} , d_{\delta}^{jk} , x^{j}_{;A} , e^{j}_{;A} \right), \tag{A5.7}$$

die jetzt diskutiert werden soll.

Wir fordern:

$$\mathcal{g}(\Omega) = \mathcal{g}(\bar{\Omega}) , \tag{A5.8}$$

wobei $\Omega = \{ \gamma_\delta , \vartheta_s , \dots , x^j_{;A} , e^j_{;A} \}$ ist. Explizit lautet die Forderung:

$$\begin{aligned} & g(\gamma_\delta , \vartheta_s , x^j_{;B} \gamma_{\delta,j} , x^j_{;B} \vartheta_{s,j} , W_\delta^{\ k} , d_\delta^{jk} , x^j_{;A} , e^j_{;A}) \\ &= g(\overline{\gamma}_\delta , \overline{\vartheta}_s , \overline{x^j_{;B}\gamma_{\delta,j}} , \overline{x^j_{;B}\vartheta_{s,j}} , \overline{W_\delta^{\ k}} , \overline{d_\delta^{jk}} , \overline{x^j_{;A}} , \overline{e^j_{;A}}) \qquad \text{(A5.9)} \\ &= g(\gamma_\delta , \vartheta_s , \gamma_{\delta,A} , \vartheta_{s,A} , Q^{kp} W_\delta^{\ p} , Q^{jp} Q^{kq} d_\delta^{pq} , Q^{jp} x^p_{;A} , Q^{jp} e^p_{;A}) . \end{aligned}$$

Aus dieser Funktionalgleichung erhalten wir eine Darstellung für die Funktion $g$ (siehe Kapitel 5.3 und Kapitel 5.4), wobei wir nur solche Variable aus $\Omega$ und Kombinationen von Variablen berücksichtigen, so daß $g$ dargestellt werden kann als skalar-wertige Funktion, bezüglich Galilei Transformation. In niedrigster Näherung existieren die folgenden unabhängige Terme

$$\begin{aligned} & x^j_{;A} x^k_{;B} g_{jk} = g_{AB} , \quad -x^j_{;A} e^k_{;B} g_{jk} = b_{AB} , \\ & W_\delta^{\ j} x^k_{;A} g_{jk} = \underset{\tau}{W}{}^{\delta}_{A} , \quad W_\delta^{\ j} e^k_{;A} g_{jk} = \underset{n}{W}_\delta , \qquad \text{(A5.10)} \\ & d^\delta_{jk} x^j_{;A} x^k_{;B} = d^\delta_{AB} , \end{aligned}$$

wobei $d^\delta_{AB} = \underset{\tau}{w}{}^\delta_{(A;B)} - \underset{n}{w}_\delta b_{AB}$ ist.

Die konstitutive Gleichung (A5.3) lautet jetzt:

$$C = \mathcal{C}(\gamma_\delta , \vartheta_s , \gamma_{\delta,A} , \vartheta_{s,A} , \underset{n}{W}_\delta , \underset{\tau}{W}_\delta^{\ A} , d^\delta_{AB} , g_{AB} , b_{AB}) . \qquad \text{(A5.11)}$$

Eigentlich müßten wir hier gegenüber (A5.3) ein anderes Funktionssymbol benutzen, weil (A5.3) eine andere Funktion repräsentiert. Wir verzichten hier auf diese Unterscheidung.

$C$ steht hier für die Größen $z_r$, $\varepsilon_s$, $\eta_s$, $\underset{n}{\mathcal{M}}_\zeta$, $\underset{\tau}{\mathcal{M}}{}^A_\zeta$, $\underset{\tau}{q}{}^A$, $\underset{\tau}{\Phi}{}^A$ und $T^{BA}_\zeta$, sie sind skalar-wertig, bezüglich einer Galilei Transformation. Bezüglich einer Transformation der Flächenkoordinaten sind es skalar-wertige, vektor-wertige bzw. tensor-wertige Funktionen. Wir untersuchen jetzt ihr Transformationsverhalten, bezüglich Transformation der Flächenkoordinaten. Die Transformation der thermodynamischen Felder und der konstitutiven Gleichungen, bezüglich Transformation der Flächenkoordinaten verweisen wir auf Abschnitt 5.4.3. Wie im Abschnitt 5.4 untersuchen wir hier die folgenden physikalisch reduzierten konstitutiven Gleichungen, nämlich

$$
\begin{aligned}
z_r &= \mathfrak{z}_r\,(\gamma_\delta,\ \vartheta_s,\ d^\delta_{AB},\ g_{AB},\ b_{AB})\,,\\
\varepsilon_s &= \epsilon_s\,(\gamma_\delta,\ \vartheta_s,\ d^\delta_{AB},\ g_{AB},\ b_{AB})\,,\\
\eta_s &= \eta_s\,(\gamma_\delta,\ \vartheta_s,\ d^\delta_{AB},\ g_{AB},\ b_{AB})\,,\\
T^{BA}_\xi &= T^{BA}_\xi\,(\gamma_\delta,\ \vartheta_s,\ d^\delta_{AB},\ g_{AB},\ b_{AB})\,,\\
\underset{n}{\mathcal{M}}_\xi &= \underset{n}{m}_\xi\,(\gamma_\delta,\ \vartheta_s,\ \underset{n}{W}_\delta,\ d^\delta_{AB},\ g_{AB},\ b_{AB})\,,\\
\underset{\tau}{\mathcal{M}}{}^A_\xi &= \underset{\tau}{m}{}^A_\xi\,(\gamma_\delta,\ \vartheta_s,\ \gamma_{\delta,A},\ \vartheta_{s,A},\ \underset{\tau}{W}{}^A_\delta,\ d^\delta_{AB},\ g_{AB},\ b_{AB})\,,\\
\underset{\tau}{q}{}^A &= \underset{\tau}{q}{}^A\,(\gamma_\delta,\ \ldots\qquad\qquad,\ b_{AB})\,,\\
\underset{\tau}{\Phi}{}^A &= \underset{\tau}{\Phi}{}^A\,(\gamma_\delta,\ \ldots\qquad\qquad,\ b_{AB})\,.
\end{aligned}
\tag{A5.12}
$$

Für eine viskose Flüssigkeitsmischung erhalten wir die folgenden Funktionalgleichungen:

$$
\begin{aligned}
\mathfrak{z}_r(\gamma_\delta,\vartheta_s,d^\delta_{AB},g_{AB},b_{AB}) &= \mathfrak{z}_r(\gamma_\delta,\vartheta_s,\overset{-1}{h}{}^G_A\overset{-1}{h}{}^H_B d^\delta_{GH},\overset{-1}{h}{}^G_A\overset{-1}{h}{}^H_B g_{GH},\overset{-1}{h}{}^G_A\overset{-1}{h}{}^H_B b_{GH}),\\
\epsilon_s(\gamma_\delta,\ldots\qquad,b_{AB}) &= \epsilon_s(\gamma_\delta,\ldots\qquad,\overset{-1}{h}{}^G_A\overset{-1}{h}{}^H_B b_{GH}),\\
\eta_s(\gamma_\delta,\ldots\qquad,b_{AB}) &= \eta_s(\gamma_\delta,\ldots\qquad,\overset{-1}{h}{}^G_A\overset{-1}{h}{}^H_B b_{GH}),\\
h^K_C h^L_D T^{CD}_\xi(\gamma_\delta,\ldots\qquad,b_{AB}) &= T^{KL}_\xi(\gamma_\delta,\ldots\qquad,\overset{-1}{h}{}^G_A\overset{-1}{h}{}^H_B b_{GH}),
\end{aligned}
\tag{A5.13}
$$

$$\underset{n}{m}_{\varsigma}(\gamma_\delta, \vartheta_s, \underset{n}{W}_\delta, g_{AB}, b_{AB}) =$$

$$\underset{n}{m}_{\varsigma}(\gamma_\delta, \vartheta_s, \underset{n}{W}_\delta, \overset{-1}{h}{}^G_A \overset{-1}{h}{}^H_B g_{GH}, \overset{-1}{h}{}^G_A \overset{-1}{h}{}^H_B b_{GH}) \quad ,$$

$$h^K_C \underset{\tau}{m}{}^C_{\varsigma}(\gamma_\delta, \vartheta_s, \gamma_{\delta,A}, \vartheta_{s,A}, \underset{\tau}{W}{}^\delta_A, d^\delta_{AB}, g_{AB}, b_{AB})$$

$$= \underset{\tau}{m}{}^K_{\varsigma}(\gamma_\delta, \vartheta_s, \overset{-1}{h}{}^G_A \gamma_{\delta,G}, \overset{-1}{h}{}^G_A \vartheta_{s,G}, \overset{-1}{h}{}^G_A \underset{\tau}{W}{}^\delta_G, \overset{-1}{h}{}^G_A \overset{-1}{h}{}^H_B d^\delta_{GH}, \overset{-1}{h}{}^G_A \overset{-1}{h}{}^H_B g_{GH}, \overset{-1}{h}{}^G_A \overset{-1}{h}{}^H_B b_{GH}),$$

$$h^K_C \underset{\tau}{q}{}^C(\gamma_\delta, \vartheta_s, \gamma_{\delta,A}, \vartheta_{s,A}, \underset{\tau}{W}{}^\delta_A, d^\delta_{AB}, g_{AB}, b_{AB})$$

$$= \underset{\tau}{q}{}^K(\gamma_\delta, \ldots \qquad , \overset{-1}{h}{}^G_A \overset{-1}{h}{}^H_B b_{GH})$$

$$h^K_C \underset{\tau}{\Phi}{}^C(\gamma_\delta, \vartheta_s, \gamma_{\delta,A}, \vartheta_{s,A}, \underset{\tau}{W}{}^\delta_A, d^\delta_{AB}, g_{AB}, b_{AB})$$

$$= \underset{\tau}{\Phi}{}^K(\gamma_\delta, \ldots \qquad , \overset{-1}{h}{}^G_A \overset{-1}{h}{}^H_B b_{GH})$$

(A5.13)

Aus diesen Funktionalgleichungen gewinnen wir explizite Darstellungen für die konstitutiven Gleichungen.

a) Für die <u>skalar-wertigen Funktionen</u>, abhängig von den skalaren Größen

$$\gamma_\delta, \vartheta_s, k_H, k_G, tr(\underset{\approx}{d}_\delta), tr(\underset{\approx}{d}{}^2_\delta), tr(\underset{\approx}{b}\underset{\approx}{d}_\delta), \qquad (A5.14)$$

folgt die Darstellung:

$$\begin{aligned} z_r &= \mathfrak{z}_r(\gamma_\delta, \vartheta_s, k_H, k_G, tr(\underset{\approx}{d}_\delta), tr(\underset{\approx}{d}{}^2_\delta), tr(\underset{\approx}{b}\underset{\approx}{d}_\delta)), \\ \varepsilon_s &= \epsilon_s(\gamma_\delta, \vartheta_s, k_H, k_G, tr(\underset{\approx}{d}_\delta), tr(\underset{\approx}{d}{}^2_\delta), tr(\underset{\approx}{b}\underset{\approx}{d}_\delta)), \qquad (A5.15) \\ \eta_s &= \eta_s(\gamma_\delta, \vartheta_s, k_H, k_G, tr(\underset{\approx}{d}_\delta), tr(\underset{\approx}{d}{}^2_\delta), tr(\underset{\approx}{b}\underset{\approx}{d}_\delta)). \end{aligned}$$

Für die Komponente der Wechselwirkungskraft senkrecht zur Grenzfläche, folgt aus (A5.13e) die folgende Darstellung:

$$\underset{n}{m}_\delta(\gamma_\varsigma, \vartheta_s, \underset{n}{W}_\varsigma, k_H, k_G) = \sum_{\varsigma=1}^{\lambda-1} M_{\delta\varsigma} \underset{n}{W}_\varsigma , \qquad (A5.16)$$

wobei die Koeffizienten $M_{\delta\xi}$ der hydrodynamischen Wechselwirkung von $\gamma_\xi$, $\vartheta_s$, $k_H$ und $k_G$ abhängen.

b) Untersuchung einer vektor-wertigen Funktion

Eine explizite Darstellung für die Wechselwirkungskraft, den Wärmestrom und den Entropiestrom erhalten wir durch Konstruktion mit Hilfe der skalar-wertigen Hilfsfunktion F, wie folgt:

$$F(\alpha_K, \gamma_\delta, \vartheta_s, \overset{-1}{h}{}^G_A \gamma_{\delta,G}, \dots, \overset{-1}{h}{}^G_A \overset{-1}{h}{}^H_B b_{GH}) = \alpha_K \underset{\tau}{q}{}^K(\gamma_\delta, \dots, \overset{-1}{h}{}^G_A \overset{-1}{h}{}^H_B b_{GH}). \tag{A5.17}$$

Es wird hier dieselbe Methode benutzt, die wir bereits kennen. Die Funktion F kann von allen skalaren Größen $\gamma_\delta$, $\vartheta_s$, $k_H$, $k_G$, $tr(\underset{\approx}{d}_\delta)$, $tr(\underset{\approx}{d}{}^2_\delta)$, $tr(\underset{\approx}{b}\underset{\approx}{d}_\delta)$

$$\begin{array}{lll}
\gamma_{\delta,A}\gamma_{\delta,B}g^{AB}, & \vartheta_{s,A}\vartheta_{s,B}g^{AB}, & \underset{\tau}{W}{}^\delta_A \underset{\tau}{W}{}^\delta_B g^{AB}, \\
\gamma_{\delta,A}\gamma_{\delta,B}b^{AB}, & \vartheta_{s,A}\vartheta_{s,B}b^{AB}, & \underset{\tau}{W}{}^\delta_A \underset{\tau}{W}{}^\delta_B b^{AB}, \\
\gamma_{\delta,A}\gamma_{\delta,B}d^{AB}_\delta, & \vartheta_{s,A}\vartheta_{s,B}d^{AB}_\delta, & \underset{\tau}{W}{}^\delta_A \underset{\tau}{W}{}^\delta_B d^{AB}_\delta, \\
\gamma_{\delta,A}\vartheta_{s,B}g^{AB}, & \gamma_{\delta,A}\underset{\tau}{W}{}^\delta_B g^{AB}, & \vartheta_{s,A}\underset{\tau}{W}{}^\delta_B g^{AB}, \\
\gamma_{\delta,A}\vartheta_{s,B}b^{AB}, & \gamma_{\delta,A}\underset{\tau}{W}{}^\delta_B b^{AB}, & \vartheta_{s,A}\underset{\tau}{W}{}^\delta_B b^{AB}, \\
\gamma_{\delta,A}\vartheta_{s,B}d^{AB}_\delta, & \gamma_{\delta,A}\underset{\tau}{W}{}^\delta_B d^{AB}_\delta, & \vartheta_{s,A}\underset{\tau}{W}{}^\delta_B d^{AB}_\delta
\end{array} \tag{A5.18}$$

abhängen.

Da F linear von $\alpha_K$ abhängt, folgt:

$$\alpha_K g^{KA}\vartheta_{s,A},\ \alpha_K d^{KA}_\xi \vartheta_{s,A},\ \alpha_K b^{KA}\vartheta_{s,A},\ \alpha_K g^{KA}\gamma_{\xi,A},\ \alpha_K d^{KA}_\xi \gamma_{\xi,A},\ \alpha_K b^{KA}\gamma_{\xi,A},$$
$$\alpha_K g^{KA}\underset{\tau}{W}{}^\xi_A,\ \alpha_K d^{KA}_\xi \underset{\tau}{W}{}^\xi_A,\ \alpha_K b^{KA}\underset{\tau}{W}{}^\xi_A.$$

Terme der Form $\alpha_K \vartheta_{s,A}(\underset{\approx}{d}{}^2_\xi)^{KA}, \dots, \alpha_K \underset{\tau}{W}{}^\xi_A(\underset{\approx}{d}{}^2_\xi)^{KA}, \alpha_K \underset{\tau}{W}{}^\xi_A(\underset{\approx}{g}{}^2)^{KA}$ und $\alpha_K \underset{\tau}{W}{}^\xi_A(\underset{\approx}{b}{}^2)^{KA}$ treten nicht auf, wegen dem Hamilton-Cayley-Theorem (5.81) für symmetrische 2X2 Matrizen. Mit diesem Theorem lassen sich die Terme der Form $\vartheta_{s,A}(\underset{\approx}{B}{}^\nu)^{KA}$, $\nu>2$ reduzieren.

Da $F$ eine lineare Funktion bezüglich $\alpha_K$ sein soll, schreiben wir:

$$F(\alpha_K;\ldots) = \alpha_K \cdot \Big\{ \underset{1}{\kappa}^{KA} \vartheta_{S,A} + \sum_{\varsigma=1}^{\lambda} \underset{2}{\kappa}_{\varsigma}\, d_{\varsigma}^{KA} \vartheta_{S,A} + \sum_{\varsigma=1}^{\lambda} \underset{3}{\kappa}_{\varsigma}^{KA} \gamma_{\varsigma,A} + \sum_{\varsigma=1}^{\lambda} \underset{4}{\kappa}_{\varsigma}\, d_{\varsigma}^{KA} \gamma_{\varsigma,A}$$
$$+ \sum_{\varsigma=1}^{\lambda-1} \underset{5}{\kappa}_{\varsigma}^{KA} \underset{\tau}{W}_A^{\varsigma} + \sum_{\varsigma=1}^{\lambda-1} \underset{6}{\kappa}_{\varsigma}\, d_{\varsigma}^{KA} \underset{\tau}{W}_A^{\varsigma} \Big\}. \tag{A5.19}$$

Für den Wärmestrom folgt aus (A5.19) die Darstellung:

$$\underset{\tau}{q}^B = \underset{1}{\kappa}^{BA} \vartheta_{S,A} + \sum_{\varsigma=1}^{\lambda} \underset{2}{\kappa}_{\varsigma}\, d_{\varsigma}^{BA} \vartheta_{S,A} + \sum_{\varsigma=1}^{\lambda} \underset{3}{\kappa}_{\varsigma}^{BA} \gamma_{\varsigma,A} + \sum_{\varsigma=1}^{\lambda} \underset{4}{\kappa}_{\varsigma}\, d_{\varsigma}^{BA} \gamma_{\varsigma,A}$$
$$+ \sum_{\varsigma=1}^{\lambda-1} \underset{5}{\kappa}_{\varsigma}^{BA} \underset{\tau}{W}_A^{\varsigma} + \sum_{\varsigma=1}^{\lambda-1} \underset{6}{\kappa}_{\varsigma}\, d_{\varsigma}^{BA} \underset{\tau}{W}_A^{\varsigma}. \tag{A5.20}$$

Für den Entropiestrom und die Wechselwirkungskraft folgt:

$$\underset{\tau}{\Phi}^B = \underset{1}{\varphi}^{BA} \vartheta_{S,A} + \sum_{\varsigma=1}^{\lambda} \underset{2}{\varphi}_{\varsigma}\, d_{\varsigma}^{BA} \vartheta_{S,A} + \sum_{\varsigma=1}^{\lambda} \underset{3}{\varphi}_{\varsigma}^{BA} \gamma_{\varsigma,A} + \sum_{\varsigma=1}^{\lambda} \underset{4}{\varphi}_{\varsigma}\, d_{\varsigma}^{BA} \gamma_{\varsigma,A}$$
$$+ \sum_{\varsigma=1}^{\lambda-1} \underset{5}{\varphi}_{\varsigma}^{BA} \underset{\tau}{W}_A^{\varsigma} + \sum_{\varsigma=1}^{\lambda-1} \underset{6}{\varphi}_{\varsigma}\, d_{\varsigma}^{BA} \underset{\tau}{W}_A^{\varsigma}, \tag{A5.21}$$

$$\underset{\tau}{\mathcal{M}}_{\delta}^{B} = \underset{1}{m}_{\delta}^{BA} \vartheta_{S,A} + \sum_{\varsigma=1}^{\lambda} \underset{2}{m}_{\delta\varsigma}\, d_{\varsigma}^{BA} \vartheta_{S,A} + \sum_{\varsigma=1}^{\lambda} \underset{3}{m}_{\delta\varsigma}^{BA} \gamma_{\varsigma,A} + \sum_{\varsigma=1}^{\lambda} \underset{4}{m}_{\delta\varsigma}\, d_{\varsigma}^{BA} \gamma_{\varsigma,A}$$
$$+ \sum_{\varsigma=1}^{\lambda-1} \underset{5}{m}_{\delta\varsigma}^{BA} \underset{\tau}{W}_A^{\varsigma} + \sum_{\varsigma=1}^{\lambda-1} \underset{6}{m}_{\delta\varsigma}\, d_{\varsigma}^{BA} \underset{\tau}{W}_A^{\varsigma}. \tag{A5.22}$$

Die Koeffizienten sind definiert durch

$$\underset{1}{\kappa}^{BA} = \underset{1}{Q}\, g^{BA} + \underset{2}{Q}\, b^{BA}, \qquad \underset{1}{\varphi}^{BA} = \underset{1}{\phi}\, g^{BA} + \underset{2}{\phi}\, b^{BA},$$
$$\underset{3}{\kappa}_{\varsigma}^{BA} = \underset{3}{Q}_{\varsigma}\, g^{BA} + \underset{4}{Q}_{\varsigma}\, b^{BA}, \qquad \underset{3}{\varphi}_{\varsigma}^{BA} = \underset{3}{\phi}_{\varsigma}\, g^{AB} + \underset{4}{\phi}_{\varsigma}\, b^{BA},$$
$$\underset{5}{\kappa}_{\varsigma}^{BA} = \underset{5}{Q}_{\varsigma}\, g^{BA} + \underset{6}{Q}_{\varsigma}\, b^{BA}, \qquad \underset{5}{\varphi}_{\varsigma}^{BA} = \underset{5}{\phi}_{\varsigma}\, g^{AB} + \underset{6}{\phi}_{\varsigma}\, b^{BA},$$
$$\underset{1}{m}_{\varsigma}^{BA} = \underset{1}{M}_{\varsigma}\, g^{BA} + \underset{2}{M}_{\varsigma}\, b^{BA},$$
$$\underset{3}{m}_{\delta\varsigma}^{BA} = \underset{3}{M}_{\delta\varsigma}\, g^{BA} + \underset{4}{M}_{\delta\varsigma}\, b^{BA},$$
$$\underset{5}{m}_{\delta\varsigma}^{BA} = \underset{5}{M}_{\delta\varsigma}\, g^{BA} + \underset{6}{M}_{\delta\varsigma}\, b^{BA}. \tag{A5.23}$$

Die skalaren Koeffizienten

$$\underset{1}{Q},\ \underset{2}{Q},\ \underset{3}{Q}_{\varsigma},\ \ldots,\ \underset{6}{Q}_{\varsigma},\ \underset{2}{K}_{\varsigma},\ \underset{4}{K}_{\varsigma},\ \underset{6}{K}_{\varsigma},$$
$$\underset{1}{\phi},\ \underset{2}{\phi},\ \underset{3}{\phi}_{\varsigma},\ \ldots,\ \underset{6}{\phi}_{\varsigma},\ \underset{2}{\varphi}_{\varsigma},\ \underset{4}{\varphi}_{\varsigma},\ \underset{6}{\varphi}_{\varsigma}, \tag{A5.24}$$
$$\underset{1}{M}_{\varsigma},\ \underset{2}{M}_{\varsigma},\ \underset{3}{M}_{\delta\varsigma},\ \ldots,\ \underset{6}{M}_{\delta\varsigma},\ \underset{2}{m}_{\delta\varsigma},\ \underset{4}{m}_{\delta\varsigma},\ \underset{6}{m}_{\delta\varsigma}$$

sind Funktionen der skalaren Variablen.

## c) Untersuchung einer symmetrischen tensor-wertigen Funktion

Eine explizite Darstellung für den symmetrischen Spannungstensor erhalten wir durch Konstruktion mit Hilfe der skalar-wertigen Hilfsfunktion

$$H(\beta_{KL}, \gamma_\delta, \vartheta_S, \bar{h}_A^{-1G}\bar{h}_B^{-1H}d_{GH}^\delta, \bar{h}_A^{-1G}\bar{h}_B^{-1H}g_{GH}, \bar{h}_A^{-1G}\bar{h}_B^{-1H}b_{GH})$$

$$\beta_{KL} \cdot T_\xi^{KL}(\gamma_\delta, \ldots, \bar{h}_A^{-1G}\bar{h}_B^{-1H}b_{GH}).$$

Hieraus folgt:

$$H(\beta_{KL}; \ldots) = \beta_{KL}\{A_\xi g^{KL} + B_\xi b^{KL} + C_\xi d_\xi^{KL} + D_\xi (d_\xi b)^{KL}\} \tag{A5.25}$$

und letztlich für den Spannungstensor

$$T_\xi^{KL} = A_\xi g^{KL} + B_\xi b^{KL} + C_\xi d_\xi^{KL} + D_\xi d_{\xi\ A}^{(K} b^{L)A}. \tag{A5.26}$$

Die Koeffizienten $A_\xi, \ldots, D_\xi$ sind Funktionen von:

$$\gamma_\delta, \vartheta_S, k_H, k_G, \operatorname{tr}(d_\xi), \operatorname{tr}(d_\xi^2), \operatorname{tr}(b\, d_\xi). \tag{A5.27}$$

## A6 Newtonsches Fluid-Gemisch in der Grenzfläche

Wir diskutieren hier ein Newtonsches Fluid-Gemisch. Die Newtonschen Fluide sind dadurch charakterisiert, daß der Spannungstensor nur linear vom Geschwindigkeitsgradienten $d_{AB}^\delta$ abhängt.

Wir reduzieren jetzt die Darstellung (A5.26) für den viskosen Spannungstensor $T_\xi^{KL}$ auf eine Form, bei der $T_\xi^{KL}$ nur linear von dem Geschwindigkeitsgradienten abhängt. Beachten wir die Abhängigkeit der Koeffizienten $A_\xi, \ldots, D_\xi$ von (A5.26), so können wir schreiben:

$$
\begin{aligned}
T_{\xi}^{KL} = {} & \underset{1}{a}_{\xi}\, g^{KL} + \underset{2}{a}_{\xi}\, g^{KL} \operatorname{tr}(\underset{\approx}{d}_{\xi}) + \underset{3}{a}_{\xi}\, g^{KL} \operatorname{tr}(\underset{\approx}{d}_{\xi}^{2}) + \underset{4}{a}_{\xi}\, g^{KL} \operatorname{tr}(\underset{\approx}{b}\,\underset{\approx}{d}_{\xi}) \\
& + \underset{1}{b}_{\xi}\, b^{KL} + \underset{2}{b}_{\xi}\, b^{KL} \operatorname{tr}(\underset{\approx}{d}_{\xi}) + \underset{3}{b}_{\xi}\, b^{KL} \operatorname{tr}(\underset{\approx}{d}_{\xi}^{2}) + \underset{4}{b}_{\xi}\, b^{KL} \operatorname{tr}(\underset{\approx}{b}\,\underset{\approx}{d}_{\xi}) \\
& + \underset{1}{c}_{\xi}\, d_{\xi}^{KL} + \underset{2}{c}_{\xi}\, d_{\xi}^{KL} \operatorname{tr}(\underset{\approx}{d}_{\xi}) + \underset{3}{c}_{\xi}\, d_{\xi}^{KL} \operatorname{tr}(\underset{\approx}{d}_{\xi}^{2}) + \underset{4}{c}_{\xi}\, d_{\xi}^{KL} \operatorname{tr}(\underset{\approx}{b}\,\underset{\approx}{d}_{\xi}) \qquad \text{(A6.1)} \\
& + \underset{1}{d}_{\xi}\, d_{\xi\ A}^{(K} b^{L)A} + \underset{2}{d}_{\xi}\, d_{\xi\ A}^{(K} b^{L)A} \operatorname{tr}(\underset{\approx}{d}_{\xi}) + \underset{3}{d}_{\xi}\, d_{\xi\ A}^{(K} b^{L)A} \operatorname{tr}(\underset{\approx}{d}_{\xi}^{2}) + \underset{4}{d}_{\xi}\, d_{\xi\ A}^{(K} b^{L)A} \operatorname{tr}(\underset{\approx}{b}\,\underset{\approx}{d}_{\xi}) .
\end{aligned}
$$

Mit der Annahme, daß der Spannungstensor nur linear vom Geschwindigkeitsgradienten abhängen soll, erhalten wir:

$$
\begin{aligned}
T_{\xi}^{KL} = {} & a_{\xi}\, g^{KL} + c_{\xi}\, b^{KL} + e_{\xi}\, d_{\xi}^{KL} + f_{\xi}\, g^{KL} \operatorname{tr}(\underset{\approx}{d}_{\xi}) + h_{\xi}\, b^{KL} \operatorname{tr}(\underset{\approx}{d}_{\xi}) \qquad \text{(A6.2)} \\
& + i_{\xi}\, g^{KL} \operatorname{tr}(\underset{\approx}{b}\,\underset{\approx}{d}_{\xi}) + j_{\xi}\, b^{KL} \operatorname{tr}(\underset{\approx}{b}\,\underset{\approx}{d}_{\xi}) + k_{\xi}\, d_{\xi\ A}^{(K} b^{L)A} ,
\end{aligned}
$$

wobei die Koeffizienten $a_{\xi}, \dots, k_{\xi}$ skalare Funktionen von

$$\gamma_{\delta},\ \vartheta_{S},\ k_{M} \quad \text{und} \quad k_{G}$$

sind.

## Literaturverzeichnis


1. W.Helfrich, Physics Letters, 43A, 409-410 (1973).

2. W.Helfrich, Z. Naturforsch. 28c, 693-703 (1973).

3. L.Waldmann, Z. Naturforsch. 22a, 1269-1280 (1967).

4. D.Bedeaux, A.M.Albano and P.Mazur, Physica 82A, 438-462 (1976).

5. E.Gorter,F.Grendel, J.Exp.Med. 41, 439-443 (1925).

6. K.A.Fisher, W.Stoeckenius, Biophysik, Springer-Verlag,Berlin 1978.

7. E.Sackmann, Berichte der Bunsen-Gesellschaft,78,929-941 (1974).

8. P.G.de Gennes, The Physics of Liquid Crystals, Clarendon Press Oxford 1974.

9. M.Höfer, Transport durch biologische Membranen, Verlag Chemie Weinheim-New York 1977.

10. M.Durand, P.Favard, Die Zelle, Vieweg + Sohn Braunschweig 1970.

11. J.Meyer, Dissertation, Universität Frankfurt, 1973.

12. F.Sauer, Handbook of Physiology Sec. 8, The American Physiological Society, Washington D.C. 1973.

13. I.S.Sokolnikoff, Tensor Analysis, J.Wiley & Sons, Inc.London 1964.

14. A.J.Mc Connell, Applications of Tensor Analysis, Dover Publications, Inc. New York 1957.

15. C.Truesdell, R.Toupin, The Classical Field Theories in Handbuch der Physik III,1, Springer-Verlag, Berlin 1960.

16. A.C.Eringen, E.S.Suhubi, Elastodynamics, Vol.I, Academic Press, New York 1974.

17. R.Ghez, Surface Science 4, 125-140 (1966).

18. G.P.Moeckel, Arch.Rat.Mech.Anal. 57, 255 (1974).

19. K.A.Lindsay, B.Straughan, Arch.Rat.Mech.Anal.71, 307-326 (1979).

20. K.Voss, Mathe.Annalen 131, 180-218 (1956).

20.1 H.Brauner, Differentialgeometrie, Vieweg & Sohn,Wiesbaden 1981.

21. A.Grauel, Physica 103A, 468-520 (1980).

22. A.Grauel, International Journal of Mathematical Modelling, Part I, 3, 17-33 (1982).

23. I.Müller, Arch.Rat.Mech.Anal. 40, 15-36 (1970).

24. I.Müller, Thermodynamik, Grundlagen der Materialtheorie, Bertels - mann Universitätsverlag, Düsseldorf 1973.

25. J.Kovac, Physica 86A, 1 (1977).

26. F.Vodác, Physica 93A, 244 (1978).

27. J.C.Slattery, Ind.Eng.Chem.Fundamentals 6, 108-115 (1967).

28. F.P.Buff, J.Chem.Phys. 25, 146 (1956).

29. A.R.Deemer, J.C.Slattery, Int.J.Multiphase Flow, 4 171-192 (1978).

30. F.Dumais, Physica 104A, 143-180 (1980).

31. M.Hennenberg, T.S.Sørensen und A.Sanfeld, J.C.S.Faraday II, 73, 48-66 (1977).

32. K.Hutter, A.A.F.van de Ven, Field Matter Interactions in Thermoelastic Solids, Lecture Notes in Physics, Springer-Verlag Berlin 1978.

33. M.Grmela, Centre de Recherche de Mathématiques Appliquées - 354 Université de Montréal , Montréal, P.Q., H3C 3J7, Canada, private Mitteilung.

34. L.E.Scriven, Chemical Engineering Science, 12, 98-108 (1960).

35. I.Müller, Arch.Rat.Mech.Anal. 40, 1 (1971).

36. A.Grauel, International Journal of Mathematical Modelling, Part II, 3, 35-57 (1982).

37. I-Shih Liu,Arch.Rat.Mech.Anal.,46,131 (1972).

38. E.A.Guggenheim, Thermodynamics, North-Holland Publ.Company, Amsterdam 1967.

39. I.Müller, Z. Naturforschung 28a, 1801 (1973).

40. E.Klingbeil, Tensorrechnung, BI-Taschenbuch 197/197a, Mannheim 1966.

41. S.R.De Groot, Thermodynamik irreversibler Prozesse, BI-Taschenbuch 18/18a, Mannheim 1960.

42. I.Müller, Quaderno del Gruppo Nazionale di Fisica Mathematica del Consiglio Nazionale delle Ricerche, Firenze (1978).

43. R.Aris, Vectors, Tensors and the Basic Equations of Fluid Mechanics, Prentice-Hall,Inc.Englewood Cliffs, N.J. 1962.

44. C.V.Sternling, L.E.Scriven, A.I.Ch.E.Journal, 5, 514-523 (1959).

45. E.Kahrig, H.Beßerdich, Dissipative Strukturen, VEB Georg Thieme, Leipzig 1977.

46. T.S.Sørensen in Dynamics and Instability of Fluid Interfaces, Lecture Notes in Physics, Springer-Verlag Berlin 1979.

# Lecture Notes in Mathematics

Vol. 1236: Stochastic Partial Differential Equations and Applications. Proceedings, 1985. Edited by G. Da Prato and L. Tubaro. V, 257 pages. 1987.

Vol. 1237: Rational Approximation and its Applications in Mathematics and Physics. Proceedings, 1985. Edited by J. Gilewicz, M. Pindor and W. Siemaszko. XII, 350 pages. 1987.

Vol. 1250: Stochastic Processes – Mathematics and Physics II. Proceedings 1985. Edited by S. Albeverio, Ph. Blanchard and L. Streit. VI, 359 pages. 1987.

Vol. 1251: Differential Geometric Methods in Mathematical Physics. Proceedings, 1985. Edited by P.L. García and A. Pérez-Rendón. VII, 300 pages. 1987.

Vol. 1255: Differential Geometry and Differential Equations. Proceedings, 1985. Edited by C. Gu, M. Berger and R.L. Bryant. XII, 243 pages. 1987.

Vol. 1256: Pseudo-Differential Operators. Proceedings, 1986. Edited by H.O. Cordes, B. Gramsch and H. Widom. X, 479 pages. 1987.

Vol. 1258: J. Weidmann, Spectral Theory of Ordinary Differential Operators. VI, 303 pages. 1987.

Vol. 1260: N.H. Pavel, Nonlinear Evolution Operators and Semigroups. VI, 285 pages. 1987.

Vol. 1263: V.L. Hansen (Ed.), Differential Geometry. Proceedings, 1985. XI, 288 pages. 1987.

Vol. 1265: W. Van Assche, Asymptotics for Orthogonal Polynomials. VI, 201 pages. 1987.

Vol. 1267: J. Lindenstrauss, V.D. Milman (Eds.), Geometrical Aspects of Functional Analysis. Seminar. VII, 212 pages. 1987.

Vol. 1269: M. Shiota, Nash Manifolds. VI, 223 pages. 1987.

Vol. 1270: C. Carasso, P.-A. Raviart, D. Serre (Eds.), Nonlinear Hyperbolic Problems. Proceedings, 1986. XV, 341 pages. 1987.

Vol. 1272: M.S. Livšic, L.L. Waksman, Commuting Nonselfadjoint Operators in Hilbert Space. III, 115 pages. 1987.

Vol. 1273: G.-M. Greuel, G. Trautmann (Eds.), Singularities, Representation of Algebras, and Vector Bundles. Proceedings, 1985. XIV, 383 pages. 1987.

Vol. 1275: C.A. Berenstein (Ed.), Complex Analysis I. Proceedings, 1985–86. XV, 331 pages. 1987.

Vol. 1276: C.A. Berenstein (Ed.), Complex Analysis II. Proceedings, 1985–86. IX, 320 pages. 1987.

Vol. 1277: C.A. Berenstein (Ed.), Complex Analysis III. Proceedings, 1985–86. X, 350 pages. 1987.

Vol. 1283: S. Mardešić, J. Segal (Eds.), Geometric Topology and Shape Theory. Proceedings, 1986. V, 261 pages. 1987.

Vol. 1285: I.W. Knowles, Y. Saitō (Eds.), Differential Equations and Mathematical Physics. Proceedings, 1986. XVI, 499 pages. 1987.

Vol. 1287: E.B. Saff (Ed.), Approximation Theory, Tampa. Proceedings, 1985–1986. V, 228 pages. 1987.

Vol. 1288: Yu. L. Rodin, Generalized Analytic Functions on Riemann Surfaces. V, 128 pages, 1987.

Vol. 1294: M. Queffélec, Substitution Dynamical Systems – Spectral Analysis. XIII, 240 pages. 1987.

Vol. 1299: S. Watanabe, Yu.V. Prokhorov (Eds.), Probability Theory and Mathematical Statistics. Proceedings, 1986. VIII, 589 pages. 1988.

Vol. 1300: G.B. Seligman, Constructions of Lie Algebras and their Modules. VI, 190 pages. 1988.

Vol. 1302: M. Cwikel, J. Peetre, Y. Sagher, H. Wallin (Eds.), Function Spaces and Applications. Proceedings, 1986. VI, 445 pages. 1988.

Vol. 1303: L. Accardi, W. von Waldenfels (Eds.), Quantum Probability and Applications III. Proceedings, 1987. VI, 373 pages. 1988.

# Lecture Notes in Physics

Vol. 303: P. Breitenlohner, D. Maison, K. Sibold (Eds.), Renormalization of Quantum Field Theories with Non-linear Field Transformations. Proceedings, 1987. VI, 239 pages. 1988.

Vol. 304: R. Prud'homme, Fluides hétérogènes et réactifs: écoulements et transferts. VIII, 239 pages. 1988.

Vol. 305: K. Nomoto (Ed.), Atmospheric Diagnostics of Stellar Evolution: Chemical Peculiarity, Mass Loss, and Explosion. Proceedings, 1987. XIV, 468 pages. 1988.

Vol. 306: L. Blitz, F.J. Lockman (Eds.), The Outer Galaxy. Proceedings, 1987. IX, 291 pages. 1988.

Vol. 307: H.R. Miller, P.J. Wiita (Eds.), Active Galactic Nuclei. Proceedings, 1987, XI, 438 pages. 1988.

Vol. 308: H. Bacry, Localizability and Space in Quantum Physics. VII, 81 pages. 1988.

Vol. 309: P.E. Wagner, G. Vali (Eds.), Atmospheric Aerosols and Nucleation. Proceedings, 1988. XVIII, 729 pages. 1988.

Vol. 310: W.C. Seitter, H.W. Duerbeck, M. Tacke (Eds.), Large-Scale Structures in the Universe – Observational and Analytical Methods. Proceedings, 1987. II, 335 pages. 1988.

Vol. 311: P.J.M. Bongaarts, R. Martini (Eds.), Complex Differential Geometry and Supermanifolds in Strings and Fields. Proceedings, 1987. V, 252 pages. 1988.

Vol. 312: J.S. Feldman, Th.R. Hurd, L. Rosen, "QED: A Proof of Renormalizability." VII, 176 pages. 1988.

Vol. 313: H.-D. Doebner, T.D. Palev, J.D. Hennig (Eds.), Group Theoretical Methods in Physics. Proceedings, 1987. XI, 599 pages. 1988.

Vol. 314: L. Peliti, A. Vulpiani (Eds.), Measures of Cemplexity. Proceedings, 1987. VII, 150 pages. 1988.

Vol. 315: R.L. Dickman, R.L. Snell, J.S. Young (Eds.), Molecular Clouds in the Milky Way and External Galaxies. Proceedings, 1987. XVI, 475 pages. 1988.

Vol. 316: W. Kundt (Ed.), Supernova Shells and Their Birth Events. Proceedings, 1988. VIII, 253 pages. 1988.

Vol. 317: C. Signorini, S. Skorka, P. Spolaore, A. Vitturi (Eds.), Heavy Ion Interactions Around the Coulomb Barrier. Proceedings, 1988. X, 329 pages. 1988.

Vol. 318: B. Mercier, An Introduction to the Numerical Analysis of Spectral Methods. V, 154 pages. 1989.

Vol. 319: L. Garrido (Ed.), Far from Equilibrium Phase Transitions. Proceedings, 1988. VIII, 340 pages. 1988.

Vol. 320: D. Coles (Ed.), Perspectives in Fluid Mechanics. Proceedings, 1985. VII, 207 pages. 1988.

Vol. 321: J. Pitowsky, Quantum Probability – Quantum Logic. IX, 209 pages. 1989.

Vol. 322: M. Schlichenmaier, An Introduction to Riemann Surfaces, Algebraic Curves and Moduli Spaces. XIII, 148 pages. 1989.

Vol. 323: D.L. Dwoyer, M.Y. Hussaini, R.G. Voigt (Eds.), 11th International Conference on Numerical Methods in Fluid Dynamics. XIII, 622 pages. 1989.

Vol. 324: P. Exner, P. Šeba (Eds.), Applications of Self-Adjoint Extensions in Quantum Physics. Proceedings, 1987. VIII, 273 pages. 1989.

Vol. 325: E. Brändas, N. Elander (Eds.), Resonances, Proceedings, 1987. XVIII, 564 pages. 1989.

Vol. 326: A. Grauel, Feldtheoretische Beschreibung der Thermodynamik für Grenzflächen. IX, 317 Seiten. 1989.

MIX
Papier aus verantwortungsvollen Quellen
Paper from responsible sources
FSC® C105338

If you have any concerns about our products,
you can contact us on
**ProductSafety@springernature.com**

In case Publisher is established outside the EU,
the EU authorized representative is:
**Springer Nature Customer Service Center GmbH**
**Europaplatz 3, 69115 Heidelberg, Germany**

Printed by Libri Plureos GmbH
in Hamburg, Germany